工业和信息化**精品系列**教材

计算机应用基础项目化教程

第2版 | 翻转课堂版

王韦伟 钱政◎主编

人民邮电出版社
北京

图书在版编目（CIP）数据

计算机应用基础项目化教程 : 翻转课堂版 / 王韦伟, 钱政主编. -- 2版. -- 北京 : 人民邮电出版社, 2024.5
工业和信息化精品系列教材
ISBN 978-7-115-64067-3

Ⅰ. ①计… Ⅱ. ①王… ②钱… Ⅲ. ①电子计算机－高等学校－教材 Ⅳ. ①TP3

中国国家版本馆CIP数据核字(2024)第064347号

内 容 提 要

本书内容以 Windows 10 操作系统及 Office 2016 办公应用软件为基础，在课程的体系设计、案例设计中引入翻转课堂教学理念。本书的主要内容包括计算机基础知识，Windows 操作和应用——管理计算机资源，Word 文档基本编排与表格操作——制作新生报到须知文档，Word 图文混排与邮件合并——制作录取通知书文档，Word 长文档编排——毕业论文排版，Excel 数据输入与格式设置——制作员工信息表，Excel 数据编辑、运算和统计操作——制作员工工资表、员工出勤情况统计表，Excel 数据管理的应用——商品销售表的管理与分析，用 PowerPoint 制作演示文稿——制作大学生职业生涯规划演示文稿，认识计算机网络与信息安全技术等。

本书可作为职业院校计算机教育公共基础课程的教材，也可作为计算机初学者的学习参考书。

◆ 主　　编　王韦伟　钱　政
　责任编辑　刘晓东
　责任印制　王　郁　焦志炜

◆ 人民邮电出版社出版发行　　北京市丰台区成寿寺路 11 号
　邮编　100164　　电子邮件　315@ptpress.com.cn
　网址　https://www.ptpress.com.cn
　固安县铭成印刷有限公司印刷

◆ 开本：787×1092　1/16
　印张：16.75　　2024 年 5 月第 2 版
　字数：428 千字　　2024 年 9 月河北第 6 次印刷

定价：59.80 元

读者服务热线：(010)81055256　印装质量热线：(010)81055316
反盗版热线：(010)81055315
广告经营许可证：京东市监广登字 20170147 号

前　言 FOREWORD

本书全面贯彻党的二十大精神，积极培育和践行社会主义核心价值观。本书遵循职业教育、技术技能人才成长和学生身心发展规律，强化学生职业素养养成和专业技术积累，深入挖掘和融入专业精神、职业精神和工匠精神，为全面建设社会主义现代化国家添砖加瓦。

本书在教学项目中自然融入素养元素，引导学生形成正确的世界观、人生观和价值观；通过展示我国在航天工程、脱贫攻坚、全面建成小康社会、教育强国等方面取得的伟大成就，体现我国科技自立自强的特点，激发学生的爱国主义情怀，增强学生的责任感和使命感；通过介绍《中华人民共和国数据安全法》，引导学生坚定不移地贯彻总体国家安全观；通过展示中华优秀传统文化，引导学生坚定文化自信；通过引入二十大代表优秀事迹，帮助学生坚定中国特色社会主义信念，坚定实现中华民族伟大复兴的信心，坚定不移听党话、跟党走。

本书充分考虑高素质、技能型人才培养对学生信息素养的要求，兼顾全国高等学校计算机水平考试（CCT）和全国计算机等级考试（NCRE）的实际需求，内容覆盖全国计算机等级考试一级计算机基础及 MS Office 应用考试大纲要求。本书采用项目化模式，强调理论与实践相结合，突出对学生实际操作能力及职业能力的培养，重点培养学生的自主学习能力、实践能力和创新能力。

本书基于工作真实情境进行内容的设计，采用的教学项目来源于生活和工作中的实际任务。本书根据翻转课堂及分层教学的需求，在设计教学项目时，采用了课前、课中、课后三段式架构。本书内容的组织逻辑为：明确项目总要求，提出解决方案并进行技术分析，在完成课前准备的前提下介绍任务的操作步骤；最后进行项目总结，展开技能拓展训练。

本书由安徽电子信息职业技术学院王韦伟、钱政任主编，参加编写的人员还有朱正月、胡北辰、蔡瑞瑞、王大灵，安徽云宝信息技术集团有限公司吴健提供部分项目案例，并对部分项目进行审核。

由于编者水平有限，书中难免存在不足之处，敬请广大读者指正。

编　者

2024 年 1 月

目录 CONTENTS

项目一　计算机基础知识……………………1

1.1　项目总要求……………………1
1.2　任务一 认识人类的好助手——计算机……………………2
1.2.1　课前准备……………………2
一、课前预习……………………2
二、预习测试……………………6
三、预习情况解析……………………7
1.2.2　任务实现……………………7
一、数据在计算机中的表示……………………7
涉及知识点：数制及其转换、数据单位、信息编码方式……………………7
二、计算机的工作原理及硬件系统的组成……………………12
涉及知识点：计算机的工作原理、计算机硬件系统的组成、微型计算机系统……………………12
三、计算机软件系统……………………19
涉及知识点：软件、系统软件、应用软件……………………19
1.3　任务二 了解计算机的重要应用领域……………………20
1.3.1　课前准备……………………20
一、课前预习……………………20
二、预习测试……………………22
三、预习情况解析……………………22
1.3.2　任务实现……………………22
一、数据库概述……………………22
涉及知识点：信息、数据与数据处理、数据库……………………22
二、多媒体技术……………………23
涉及知识点：多媒体技术……………………23
三、电子商务与电子政务……………………24
涉及知识点：电子商务、电子政务……………………24
1.4　项目总结……………………25
1.5　技能拓展……………………25
1.5.1　理论考试练习……………………25
1.5.2　实践案例……………………27

项目二　Windows 操作和应用——管理计算机资源……………………28

2.1　项目总要求……………………28
2.2　任务一 计算机资源管理……………………29
2.2.1　课前准备……………………29
一、课前预习……………………29
二、预习测试……………………36
三、预习情况解析……………………38
2.2.2　任务实现……………………38
一、建立文件管理体系……………………38
涉及知识点：常用的文件类型……………………38
二、创建文件夹……………………39
涉及知识点：创建文件夹、重命名文件夹、创建快捷方式……………………39
三、文件的选定、移动、复制和删除……………………41
涉及知识点：文件的选定、移动、复制和删除……………………41
四、设置文件和文件夹属性……………………43
涉及知识点：设置文件和文件夹的属性，文件和文件夹的备份、显示与隐藏……………………43
五、搜索文件和文件夹……………………44
涉及知识点：文件和文件夹的搜索……………………44
2.3　任务二 设置个性化环境……………………44
2.3.1　课前准备……………………44
一、课前预习……………………44
二、预习测试……………………46
三、预习情况解析……………………46
2.3.2　任务实现……………………47
一、个性化桌面背景……………………47
涉及知识点：“显示”属性的设置……………………47
二、安装和删除应用程序……………………48
涉及知识点：安装应用程序、删除应用程序……………………48

三、添加新用户……49
涉及知识点：添加新用户……49
四、修改系统日期和时间……51
涉及知识点：修改系统日期和时间……51
2.4 项目总结……51
2.5 技能拓展……52
2.5.1 理论考试练习……52
2.5.2 实践案例……54

项目三 Word 文档基本编排与表格操作——制作新生报到须知文档……55

3.1 项目总要求……56
3.2 任务一 Word 文档基本编排……57
3.2.1 课前准备……57
一、课前预习……57
二、预习测试……63
三、预习情况解析……65
3.2.2 任务实现……65
一、新建并保存新生报到须知文档……65
涉及知识点：新建、命名、保存文件……65
二、输入、编辑文本内容……67
涉及知识点：文本的基本操作……67
三、格式设置……68
涉及知识点：字体格式、段落格式、标尺、边框与底纹、分栏、首字下沉、文字特殊效果、落款与日期格式……68
3.3 任务二 创建与编辑 Word 表格……72
3.3.1 课前准备……72
一、课前预习……72
二、预习测试……75
三、预习情况解析……76
3.3.2 任务实现……76
一、表格的创建与编辑……76
涉及知识点：表格的创建与编辑……76
二、表格的格式设置及数学公式的使用……77
涉及知识点：表格格式的设置、单元格的格式设置、数学公式的使用……77
三、表格与文本的互相转换……78
涉及知识点：文本转换成表格、表格转换成文本的方法……78
3.4 任务三 页面设置与打印输出……79
3.4.1 课前准备……79
一、课前预习……79
二、预习测试……79
三、预习情况解析……79
3.4.2 任务实现……80
涉及知识点：页面设置、打印输出……80
3.5 项目总结……81
3.6 技能拓展……81
3.6.1 理论考试练习……81
3.6.2 实践案例……82

项目四 Word 图文混排与邮件合并——制作录取通知书文档……84

4.1 项目总要求……84
4.2 任务一 Word 图文混排……86
4.2.1 课前准备……86
一、课前预习……86
二、预习测试……88
三、预习情况解析……89
4.2.2 任务实现……89
一、新建录取通知书文档并进行页面边框的设置……89
涉及知识点：页面边框的设置……89
二、插入艺术字并设置格式……90
涉及知识点：艺术字的插入与格式设置、文字环绕方式的设置……90
三、插入文本框并设置格式……91
涉及知识点：文本框的插入、编辑与格式设置……91
四、插入图片并设置格式……94
涉及知识点：图片的插入与格式设置……94
五、设置页面背景与水印……95
涉及知识点：页面背景的设置、水印设置……95
4.3 任务二 邮件合并……96
4.3.1 课前准备……96
一、课前预习……96
二、预习测试……97
三、预习情况解析……97
4.3.2 任务实现……97
涉及知识点：邮件合并……97
4.4 项目总结……100
4.5 技能拓展……101
4.5.1 理论考试练习……101
4.5.2 实践案例……101

项目五 Word 长文档编排——毕业论文排版……103

5.1 项目总要求……103

5.2 任务一 用样式和模板设置文档格式 107
5.2.1 课前准备 107
一、课前预习 107
二、预习测试 109
三、预习情况解析 110
5.2.2 任务实现 110
一、使用模板 110
涉及知识点：模板的创建、编辑 110
二、使用样式 111
涉及知识点：样式的应用、修改 111
5.3 任务二 长文档分页分节与页眉页脚的设置 113
5.3.1 课前准备 113
一、课前预习 113
二、预习测试 115
三、预习情况解析 116
5.3.2 任务实现 116
一、插入分隔符 116
涉及知识点：分节符、分页符的插入 116
二、插入页眉和页脚 118
涉及知识点：页眉、页脚和页码的设置，数学公式的插入、编辑，超链接的设置 118
5.4 任务三 生成目录、预览和打印 123
5.4.1 课前准备 123
一、课前预习 123
二、预习测试 123
三、预习情况解析 124
5.4.2 任务实现 124
一、目录的生成 124
涉及知识点：目录的生成、目录样式的修改 124
二、预览和打印 126
涉及知识点：打印预览、设置打印参数 126
5.5 项目总结 127
5.6 技能拓展 128
5.6.1 理论考试练习 128
5.6.2 实践案例 129

项目六 Excel 数据输入与格式设置——制作员工信息表 131

6.1 项目总要求 131
6.2 任务一 Excel 基本数据输入 132
6.2.1 课前准备 132
一、课前预习 132
二、预习测试 135
三、预习情况解析 135
6.2.2 任务实现 136
一、新建工作簿文件 136
涉及知识点：工作簿的新建和保存 136
二、规划表格结构 136
涉及知识点：单元格和单元格区域、数据输入 136
三、输入员工的相关信息 137
涉及知识点：各种类型的数据的输入和编辑，自动填充，单元格行与列的插入、删除、隐藏、恢复 137
6.3 任务二 Excel 的格式设置 143
6.3.1 课前准备 143
一、课前预习 143
二、预习测试 146
三、预习情况解析 146
6.3.2 任务实现 146
一、设置工作表格式 146
涉及知识点：边框与底纹的设置、格式设置与样式的使用 146
二、Excel 的页面设置 150
涉及知识点：页面设置、分页符的使用、打印工作表 150
6.4 项目总结 153
6.5 技能拓展 153
6.5.1 理论考试练习 153
6.5.2 实践案例 154

项目七 Excel 数据编辑、运算和统计操作——制作员工工资表、员工出勤情况统计表 156

7.1 项目总要求 156
7.2 任务一 制作员工工资表 158
7.2.1 课前准备 158
一、课前预习 158
二、预习测试 159
三、预习情况解析 160
7.2.2 任务实现 160
一、创建员工工资表 160
涉及知识点：工作表的复制、重命名，表结构的修改 160

二、通过工作表间的数据复制完成员工工资表的数据输入……161
涉及知识点：工作表间数据的复制，选择性粘贴以及公式、IF 函数的使用……161
7.3 任务二 制作员工出勤情况统计表……164
7.3.1 课前准备……164
一、课前预习……165
二、预习测试……165
三、预习情况解析……166
7.3.2 任务实现……166
一、制作员工出勤情况统计表的表结构……166
涉及知识点：插入新工作表、表结构的制作……166
二、使用函数进行出勤情况的统计……166
涉及知识点：工作表间的数据引用，函数的使用……166
7.4 项目总结……171
7.5 技能拓展……171
7.5.1 理论考试练习……171
7.5.2 实践案例……172

项目八 Excel 数据管理的应用——商品销售表的管理与分析……173

8.1 项目总要求……173
8.2 任务一 Excel 数据统计操作……174
8.2.1 课前准备……174
一、课前预习……174
二、预习测试……176
三、预习情况解析……176
8.2.2 任务实现……176
一、实现商品销售表的数据排序……176
涉及知识点：数据排序的应用……176
二、利用筛选功能分析数据……178
涉及知识点：数据的自动筛选和高级筛选……178
8.3 任务二 Excel 数据管理分析……181
8.3.1 课前准备……181
一、课前预习……181
二、预习测试……182
三、预习情况解析……182
8.3.2 任务实现……182
一、利用分类汇总功能分析数据……182
涉及知识点：数据的分类汇总……182
二、创建销售数据透视表……183
涉及知识点：数据透视表的创建……183
三、制作数据图表……185
涉及知识点：图表的创建、编辑和美化……185
8.4 项目总结……187
8.5 技能拓展……187
8.5.1 理论考试练习……187
8.5.2 实践案例……188

项目九 用 PowerPoint 制作演示文稿——制作大学生职业生涯规划演示文稿……189

9.1 项目总要求……190
9.2 任务一 新建并设计大学生职业生涯规划演示文稿……191
9.2.1 课前准备……191
一、课前预习……191
二、预习测试……196
三、预习情况解析……197
9.2.2 任务实现……197
一、新建并保存大学生职业生涯规划演示文稿文件……197
涉及知识点：新建、打开、保存演示文稿文件……197
二、新建幻灯片……198
涉及知识点：新建幻灯片……198
三、设计幻灯片……198
涉及知识点：设置幻灯片版式、主题、背景样式……198
四、插入和格式化对象……199
涉及知识点：插入和设置图片、文本、超链接、形状、表格、艺术字、背景音乐等对象的格式……199
9.3 任务二 设置演示文稿的动态效果……204
9.3.1 课前准备……204
一、课前预习……205
二、预习测试……208
三、预习情况解析……209
9.3.2 任务实现……210
一、设置动画效果……210
涉及知识点：动画效果的设置、计时、预览……210
二、设置幻灯片的切换效果……210
涉及知识点：设置幻灯片的切换效果、插入切换声音……210
三、设置幻灯片的放映方式……211

涉及知识点：设置幻灯片的放映方式、排练计时、录制幻灯片演示 …… 211
四、演示文稿的打印和打包 …… 211
涉及知识点：打印、打包演示文稿 …… 211
9.4 项目总结 …… 212
9.5 技能拓展 …… 213
9.5.1 理论考试练习 …… 213
9.5.2 实践案例 …… 214

项目十 认识计算机网络与信息安全技术 …… 216

10.1 项目总要求 …… 216
10.2 任务一 规划和组建部门局域网 …… 217
10.2.1 课前准备 …… 217
一、课前预习 …… 217
二、预习测试 …… 227
三、预习情况解析 …… 228
10.2.2 任务实现 …… 229
一、配置部门局域网内的计算机 …… 229
涉及知识点：计算机名称、工作组和网络位置的设置 …… 229
二、设置和访问局域网共享资源 …… 231
涉及知识点：IP 地址分类、静态与动态 IP 的配置、文件夹的共享设置 …… 231
10.3 任务二 接入 Internet 获取信息和资源 …… 234
10.3.1 课前准备 …… 234
一、课前预习 …… 234
二、预习测试 …… 238
三、预习情况解析 …… 239
10.3.2 任务实现 …… 240
一、获取 Internet 信息和资源 …… 240
涉及知识点：网页的浏览、保存和收藏，搜索引擎的使用 …… 240
二、设置 Web 浏览器的功能选项 …… 241
涉及知识点：Web 浏览器功能选项的设置 …… 241
三、使用 Outlook 2016 收发电子邮件 …… 243
涉及知识点：Outlook 2016 电子邮件账户的配置和邮件收发 …… 243
10.4 任务三 使用工具软件保障信息安全 …… 245
10.4.1 课前准备 …… 245
一、课前预习 …… 245
二、预习测试 …… 253
三、预习情况解析 …… 254
10.4.2 任务实现 …… 254
一、使用 360 杀毒软件 …… 254
涉及知识点：安装和设置 360 杀毒软件、查杀计算机病毒 …… 254
二、使用 360 安全卫士 …… 255
涉及知识点：安装和设置 360 安全卫士、防护计算机系统 …… 255
10.5 项目总结 …… 256
10.6 技能拓展 …… 256
10.6.1 理论考试练习 …… 256
10.6.2 实践案例 …… 260

项目一　计算机基础知识

学习目标

随着社会的发展和进步，计算工具经历了从简单到复杂、从低级到高级的发展过程，出现过诸如绳结、算盘、计算尺、手摇机械计算机等多种计算工具。这些计算工具在不同的历史时期发挥着不同的作用，也孕育了电子计算机的设计思想。

通过对本项目的学习，读者能够掌握全国计算机等级考试（NCRE）及全国高等学校计算机水平考试（CCT）的相关知识点，达到下列学习目标。

知识目标

- 了解计算机的发展与应用、熟悉计算机的特点与分类。
- 了解计算机的信息编码方式、数制及其转换。
- 了解计算机的系统基本结构及工作原理。
- 了解微型计算机系统的硬件组成及各部分的功能、性能指标。
- 了解计算机系统软件、应用软件、计算机语言。
- 了解计算机新兴应用领域。

技能目标

- 掌握不同数制之间的转换方法。
- 理解数据库及数据库管理系统的概念。
- 了解多媒体技术的基础知识。
- 了解电子商务、电子政务等基础知识。
- 了解物联网及应用。
- 了解云计算、大数据和计算思维。

1.1 项目总要求

小明是一名大一新生，在接下来的学习中会经常用到计算机。在进入大学前，他就接触了计算机，但只会上网、玩游戏，为了更好地学习专业课程，他需要系统地认识计算机。

小明将通过完成以下任务，对计算机形成系统的认知。

1. 对计算机形成全面的认知

小明准备从计算机的发展与应用、工作原理和具体构成等方面形成对计算机的第一印象。首先，了解计算机的发展史、应用、特点；其次，依次掌握计算机中数制的概念以及进制之间的转换方法；再次，掌握计算机的工作原理以及硬件系统的组成；最后，了解计算机软件系统，对计算机进行全面的认知。

2. 了解计算机在实际生活和工作中的应用

知道计算机的来龙去脉之后，小明还需要通过了解各种计算机的应用领域来认识计算机在实际生活和工作中是如何起作用的，这将大大加深他对计算机的理解。他需要了解计算机在物联网、云计算、大数据、人工智能等领域的应用；理解数据库的概念，以及计算机在数据库管理系统中的作用；了解计算机在多媒体技术领域的应用，以及其在电子商务、电子政务等新兴领域的应用。

1.2 任务一 认识人类的好助手——计算机

1.2.1 课前准备

为保证任务能够顺利完成，请在实际操作前预习以下内容，了解计算机的发展与应用，熟悉计算机的特点与分类，会进行计算机基本操作。

一、课前预习

进入 21 世纪以来，计算机的发展非常迅速，已经渗透科学技术、国防事业、国民经济、工农业生产以及社会生活等各个领域，成为目前信息社会不可缺少的一部分。

1. 计算机的发展与应用

（1）计算机的产生

1946 年 2 月，世界上第一台通用电子计算机——电子数字积分计算机（Electronic Numerical Integrator and Computer，ENIAC）在美国宾夕法尼亚大学研制成功，如图 1-1 所示。ENIAC 共用了 18000 多个电子管，占地约 170m^2，总重约 30t，功率约为 150 kW，它的运算速度是每秒 5000 次加法或 400 次乘法，主要用于计算弹道轨迹。

图 1-1 世界上第一台通用电子计算机——ENIAC

在研制 ENIAC 的过程中，美籍匈牙利人约翰·冯·诺依曼（John von Neumann）（后简称冯·诺依曼）发表了一个全新的“存储程序通用电子计算机方案”—— EDVAC（Electronic Discrete Variable Automatic Computer），报告介绍了制造电子计算机和设计程序的新思想。这份报告是计算机发展史上一个划时代的文献，它向世界宣告电子计算机的时代开始了。EDVAC 明确了新机器由运算器、控制器、存储器、输入和输出设备五部分组成并描述了这五部分的功能和相互关系。报告中，冯·诺依曼对 EDVAC 的两大设计思想做了进一步的论证，为计算机的设计树立了一座里程碑。

EDVAC 的两大设计思想如下。

① 在计算机中采用二进制代码。在计算机中，程序和数据均采用二进制代码表示。

② 存储程序控制。程序和数据存放在存储器中，计算机在执行程序时，能自动运行并得到预期的结果。

由冯·诺依曼提出的 EDVAC 可知，计算机是一种在存储的指令集的控制下，接收输入数据、存储数据、处理数据，并产生输出的电子设备。这些理论的提出，解决了计算机运算自动化的问题和速度配合问题，对后来的计算机的发展起到决定性的作用，因此冯·诺依曼被称为“计算机之父”。

（2）计算机发展的 4 个阶段

科学技术的进步推动了计算机的快速发展，计算机的功能越来越强，体积越来越小，应用范围越来越广。按计算机所采用的电子元器件（各种电子元器件如图 1-2～图 1-4 所示）来划分，计算机的发展经历了表 1-1 所示的 4 个阶段。

表 1-1　计算机发展的 4 个阶段

代次	起止年份	采用的电子元器件	数据处理方式	运算速度	应用领域
第一代	1946—1957 年	电子管	机器语言	几千～几万次/秒	军事、科学研究
第二代	1958—1964 年	晶体管	高级语言	几万～几十万次/秒	工程设计、数据处理
第三代	1965—1970 年	中小规模集成电路	操作系统、高级语言	几十万～几百万次/秒	工业控制、文字处理
第四代	1971 年至今	大规模和超大规模集成电路	分时、实时数据处理，计算机网络	几百万～上亿次/秒	工业、生活等各方面

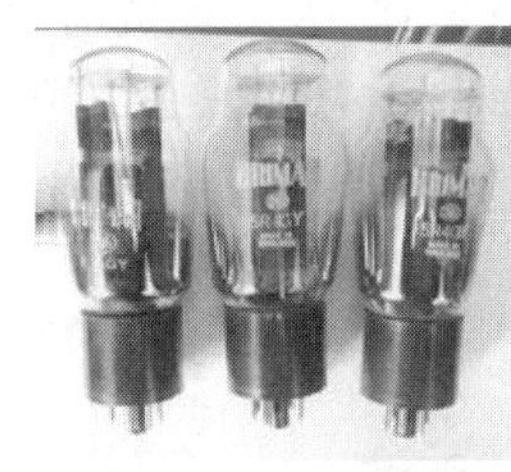

图 1-2　电子管

图 1-3　晶体管

图 1-4　集成电路

目前第五代智能计算机已成为各国的重点研究对象。第五代计算机将把信息存储、数据采集、信息处理、通信和人工智能等密切结合在一起，能理解自然语言、声音、文字和图像，并具有推理、联想、学习和解释能力。

（3）计算机的发展趋势

计算机将向微型化、巨型化、网络化和智能化方向发展。

① 微型化。20 世纪 70 年代以来，由于大规模和超大规模集成电路的飞速发展，微处理器芯片的集成度越来越高，计算机的元器件越来越小，使得计算机的运算速度更快、功能更强、体积更小、价格更低，加上拥有丰富的软件和外部设备、操作简单，微型计算机很快在社会的各个领域得到普及并走进千家万户。

② 巨型化。巨型化是指计算机的运算速度更快、存储容量更大、功能更强。目前正在研制的巨型计算机其运算速度可达每秒亿亿次，甚至更高。巨型计算机主要用于尖端科学技术、军事国防系统、气象等领域的研究开发。巨型计算机的发展集中体现了计算机科学技术的发展水平。

③ 网络化。网络化是指利用通信技术和计算机技术，把分布在不同地点的计算机互联起来，按照网络协议相互通信，以达到所有用户都可共享软件、硬件和数据资源的目的。

④ 智能化。智能化要求计算机能模拟人的感觉和思维能力，也是第五代计算机要实现的目标。智能化计算机的研究领域有很多，其中最有代表性的领域是专家系统和机器人。智能化是未来计算机发展的总趋势，第五代计算机将会代替人类某些方面的脑力劳动。

（4）计算机的应用

党的二十大报告指出，必须坚持科技是第一生产力、人才是第一资源、创新是第一动力。计算机的应用领域已渗透社会的各行各业，正在改变着传统的工作方式、学习方式和生活方式，推动着社会的发展。计算机的主要应用领域如下。

① 科学计算。科学计算一直是计算机应用的一个重要领域，主要是指利用计算机来解决

科学研究和工程设计中提出的数学计算问题。在现代科学技术工作中，利用计算机的高速计算、大存储容量和能连续运算的能力，可以解决人工无法解决的各种科学计算问题。

② 信息管理（数据处理）。信息管理包括对数据资料的收集、存储、加工、分类、检索等一系列工作。数据处理已广泛地应用于办公自动化、企事业计算机辅助管理与决策、情报检索、图书管理、电影电视动画设计、会计电算化等领域。

③ 实时控制。实时控制也称为过程控制，采用计算机进行过程控制，不仅可以大大提高控制的自动化水平，而且可以提高控制的及时性和准确性，从而改善劳动条件、提高产品质量及合格率。因此，计算机过程控制已在机械、冶金、石油、化工、纺织、水电、航天等领域得到广泛的应用。

④ 计算机辅助技术。计算机辅助技术是指利用计算机系统辅助设计人员进行工程或产品设计，以实现设计效果的一种技术。计算机辅助技术包括计算机辅助设计（Computer-Aided Design，CAD）、计算机辅助制造（Computer-Aided Manufacturing，CAM）及计算机辅助教学（Computer-Aided Instruction，CAI）等。计算机辅助技术被广泛地应用于飞机、汽车、机械、电子、建筑和轻工业等领域。

⑤ 电子商务。电子商务是指利用计算机技术、网络技术和通信技术，实现整个商务（买卖）过程中的电子化、数字化和网络化。电子商务主要为电子商户提供服务，实现消费者的网上购物、商户之间的网上交易和在线电子支付的新型商业模式。

⑥ 人工智能。人工智能是指计算机能模拟人类的智能活动，如模拟人类的感知、判断、理解、学习、问题求解等活动。人工智能的研究领域包括专家系统、模式识别、机器翻译、自动定理证明、自动程序设计、智能机器人、知识工程等。

⑦ 办公自动化。办公自动化是指将现代化办公和计算机网络功能结合起来的一种新型的办公方式。办公自动化主要表现为“无纸办公”，Internet 平台可以为企业员工提供信息的共享、交换、组织、传递、监控等功能，提供协同工作的环境。

⑧ 家庭生活。计算机已经成为人们工作、娱乐、学习和通信必不可少的工具。人们可以在家中通过计算机浏览全世界的信息，通过邮件、QQ 等方式和亲友联系，还可以通过远程学习接受更多的教育等。

2. 计算机的特点与分类

（1）计算机的特点

虽然各种类型的计算机在用途、性能、结构等方面有所不同，但它们都具备以下特点。

① 运行高度自动化。计算机能在程序控制下自动、连续地快速运算。用户只需根据实际应用需求，事先设计、存储运行步骤和程序，计算机就会严格地按照程序规定的步骤操作，整个过程无须人工干预。

② 具有记忆和逻辑判断能力。计算机的存储系统由内存储器和外存储器组成，具有存储大量信息的能力，能把大量的数据、程序存入存储器，进行处理和计算，并保存结果。计算机借助逻辑运算可以进行逻辑判断，并根据判断结果自动确定下一步该做什么。

③ 运算速度快。目前的巨型计算机的运算速度已达到每秒亿亿次，微型计算机也可达每秒几百万次以上，使大量复杂的科学计算问题得以解决。过去依靠人工计算需要几年甚至更长时间才能完成的工作，现在用计算机只需几天甚至几分钟就可以完成。

④ 计算精度高。科学技术的发展需要高精度的计算。一般计算机可以有十几位甚至几十位（二进制）的有效数字，计算精度可达千分之几到百万分之几，这是其他任何计算工具望尘莫及的。

⑤ 可靠性高。大规模和超大规模集成电路的发展，使计算的可靠性大大提高，现代计算

机连续无故障运行的时间可达几十万小时。

（2）计算机的分类

按计算机的用途、运算速度、所处理的数据类型等，计算机可分为多种类别。

① 按照用途分类，计算机可分为通用计算机和专用计算机。

a. 通用计算机。通用计算机适用于一般科学计算、学术研究、工程设计和数据处理等广泛用途的计算。通常所说的计算机均指通用计算机。

b. 专用计算机。专用计算机是指为适应某种特殊应用而设计的计算机，其效率较高，运算速度较快，且运算精度较高。飞机的自动驾驶仪、坦克的火控系统中用的计算机都是专用计算机。

② 按照 1989 年美国电气与电子工程师学会（Institute of Electrical and Electronics Engineers，IEEE）科学巨型机委员会提出的运算速度分类法，计算机可依照总体规模和运算速度分为巨型机、大型机、中型机、小型机、工作站和微型机。

③ 按照所处理的数据类型，计算机可分为模拟计算机、数字计算机和混合型计算机等。

3. 计算机基本操作

（1）开关机操作

在进行计算机操作之前，需要先打开计算机。虽然操作比较简单，但是不恰当的操作方法可能会对计算机造成不必要的损坏。

① 启动计算机。步骤 1：启动显示器。显示器的电源开关一般在屏幕右下角，旁边还有一个指示灯，轻轻地按到底，再轻轻地松开，指示灯变亮表示显示器电源已经接通。步骤 2：启动主机。主机的开关一般在机箱正面，也有的在机箱上面，是最大的一个按钮，旁边也有指示灯，轻轻地按到底，再轻轻地松开，指示灯变亮，可以听到机箱里发出声音，这时显示器的指示灯会由黄色变为黄绿色，表示主机电源已经接通。

② 关闭计算机。关闭计算机是指关闭计算机的系统并切断电源。先关闭所有打开软件的窗口，关闭所有窗口后，单击屏幕左下方的“开始”菜单，依次单击“电源”按钮和“关机”按钮。

屏幕提示“正在关闭计算机...”，然后主机上的电源指示灯熄灭，显示器上的指示灯变成橘黄色，再按一下显示器的电源开关，关闭显示器，显示器的指示灯熄灭，这时计算机就安全关闭了。

（2）计算机键盘布局与打字指法

① 键盘布局。计算机标准键盘分成 5 个小区：上面一行是功能键区和状态指示区；下面的 5 行是主键盘区、控制键区和数字键区，如图 1-5 所示。

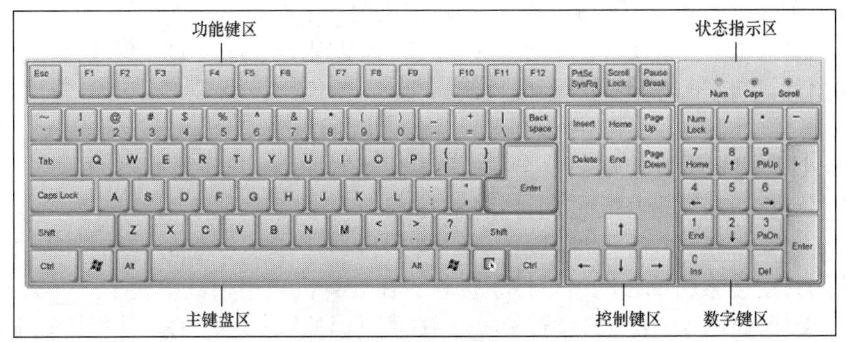

图 1-5　计算机标准键盘布局

文字录入时最常使用的是主键盘区，它包括 26 个英文字母、10 个阿拉伯数字、一些特殊符号和一些功能键。

② 打字指法。准备打字时，除拇指外其余的 8 根手指分别放在基准键上，拇指放在空格键上，十指分工明确。其中，F 键、J 键的键帽下方往往会有小凸起，作为左右手食指的基准键。每根手指除了操作指定的基准键，还分工有其他字键，具体如图 1-6 所示。

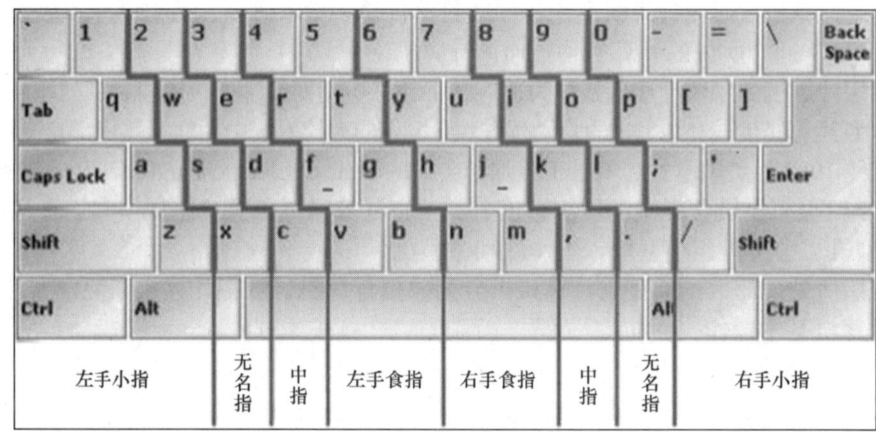

图 1–6　键盘手指键位

二、预习测试

单项选择题

（1）电子计算机与其他计算工具的本质区别是____。

A. 能进行算术运算　　B. 运算速度快

C. 计算精度高　　D. 存储并自动执行程序

（2）计算机之所以能自动连续运算，是因为采用了____工作原理。

A. 布尔逻辑　　B. 存储程序　　C. 数字电路　　D. 集成电路

（3）现代计算机采用的电子元器件是____。

A. 电子管　　B. 中、小规模集成电路

C. 大规模、超大规模集成电路　　D. 晶体管

（4）目前我们日常使用的笔记本计算机的处理器主要应用____技术制造。

A. 电子管　　B. 晶体管

C. 集成电路　　D. 超大规模集成电路

（5）以下关于计算机发展趋势的描述中错误的是____。

A. 微型化　　B. 巨型化　　C. 智能化　　D. 规范化

（6）利用计算机进行工业锅炉温度控制属于____。

A. 科学计算　　B. 电子商务

C. 计算机辅助设计　　D. 实时控制

（7）按照计算机应用分类，使用计算机在淘宝上完成购物属于____。

A. 电子商务　　B. 动画设计　　C. 科学计算　　D. 实时控制

（8）使用百度搜索引擎在网络上搜索资料，在计算机应用领域中属于____。

A. 数据处理　　B. 科学计算　　C. 过程控制　　D. 计算机辅助测试

（9）使用计算机解决科学研究与工程设计中的数学问题属于____。

A. 科学计算　　B. 计算机辅助制造

C. 过程控制　　D. 娱乐休闲

（10）根据计算机总体规模和运算速度来分类，笔记本计算机属于____。

A. 大型机　　B. 中型机　　C. 小型机　　D. 微型机

三、预习情况解析

1. 涉及知识点

计算机的产生与发展，计算机的分类，计算机的应用领域。

2. 测试题解析

见表 1-2。

表 1-2　“认识人类的好助手——计算机”预习测试题解析

测试题序号	答案	参考知识点	测试题序号	答案	参考知识点
第（1）题	D	见课前预习“1.（1）”	第（6）题	D	见课前预习“1.（5）”
第（2）题	B	见课前预习“1.（1）”“2.（1）”	第（7）题	A	见课前预习“1.（5）”
第（3）题	C	见课前预习“1.（2）”	第（8）题	A	见课前预习“1.（5）”
第（4）题	D	见课前预习“1.（2）”	第（9）题	A	见课前预习“1.（5）”
第（5）题	D	见课前预习“1.（3）”	第（10）题	D	见课前预习“2.（2）”

3. 易错点统计分析

师生根据预习反馈情况自行总结。

1.2.2　任务实现

人们若要使用计算机来解决各种问题，首先要将现实问题转换为计算机能够识别的计算机指令，使用计算机解决问题的过程如图 1-7 所示。

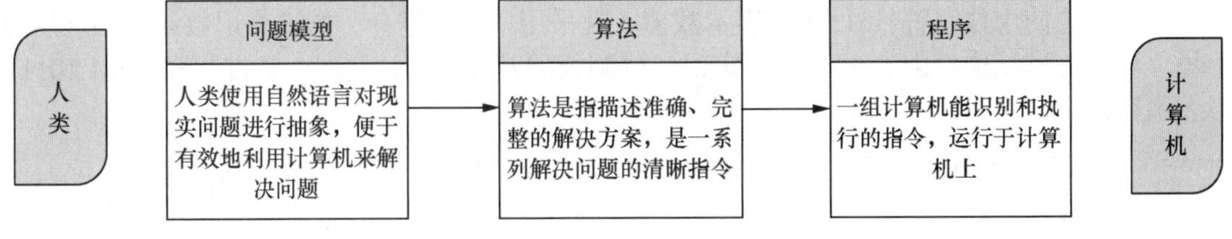

图 1-7　使用计算机解决问题的过程

一、数据在计算机中的表示

涉及知识点：数制及其转换、数据单位、信息编码方式

数据是计算机处理的对象。数据的形式有数值、文字、图形、图像、视频等。由于技术实现简单、运算规则简明、适合逻辑运算、易于进行转换等，计算机中的数据和指令都是用二进制代码表示的。

1. 数制

按进位的原则进行记数称为进位记数制，简称“数制”。长期以来人们在日常生活中形成了多种进位记数制。数制不仅有经常使用的十进制，还有十二进制（年份）、六十进制（分、秒的计时）等。计算机内部使用二进制，但由于二进制数码冗长，书写和阅读都不太方便，所以在编写程序时多用八进制数、十进制数、十六进制数等来代替二进制数。

（1）十进制数

十进制数使用数字符号 0～9 来表示数值，且采用“逢十进一”的进位记数制。十进制数中处于不同位置上的数字符号代表不同的值。例如，小数点左边第 1 位为个位，小数点左边第 2 位为十位，而小数点右边第 1 位为十分位等，这称为数的位权。十进制数中每个数字符号的位权由 10 的幂次决定，10 称为十进制的基数。例如，1234.5 可表示为以下形式。

$$1234.5 = 1\times10^3 + 2\times10^2 + 3\times10^1 + 4\times10^0 + 5\times10^{-1}$$

事实上，无论是哪种数制，其记数和运算都具有共同的规律与特点。采用位权表示的数制具有以下 3 个特点。

① 数字符号的总个数等于基数，如十进制数使用 10 个数字符号（0～9）。

② 最大的数字符号比基数小 1，如十进制数中最大的数字符号为 9。

③ 每个数字符号都要乘以基数的幂次，该幂次由每个数字符号所在的位置决定。

一般地，对于 N 进制而言，基数为 N，使用 N 个数字符号表示数值，其中最大的数字符号为 $N-1$。任何一个具有 $n+1$ 位整数和 m 位小数的 N 进制数 A 可以表示为以下形式。

$$A = A_n A_{n-1} A_{n-2} \cdots A_1 A_0 A_{-1} A_{-2} \cdots A_{-m}$$

也可表示为以下形式。

$$\begin{aligned} A &= A_n A_{n-1} A_{n-2} \cdots A_1 A_0 A_{-1} A_{-2} \cdots A_{-m} \\ &= A_n \times N^n + A_{n-1} \times N^{n-1} + A_{n-2} \times N^{n-2} + \cdots + A_1 \times N^1 + A_0 \times N^0 + A_{-1} \times N^{-1} + A_{-2} \times N^{-2} \cdots + A_{-m} \times N^{-m} \\ &= \sum_{i=n}^{0} A_i \times N^i + \sum_{i=-1}^{-m} A_i \times N^i \\ &= \sum_{i=n}^{-m} A_i \times N^i \end{aligned}$$

（2）二进制数

二进制数使用数字符号 0、1 来表示数值，且采用“逢二进一”的进位记数制。二进制数中每个数字符号的位权由 2 的幂次决定，二进制数的基数为 2。例如，二进制数 $(1001.1011)_2$ 可表示为以下形式。

$$(1001.1011)_2 = 1\times2^3 + 0\times2^2 + 0\times2^1 + 1\times2^0 + 1\times2^{-1} + 0\times2^{-2} + 1\times2^{-3} + 1\times2^{-4}$$

（3）八进制数

八进制数使用数字符号 0～7 来表示数值，且采用“逢八进一”的进位记数制。八进制数中每个数字符号的位权由 8 的幂次决定，八进制数的基数为 8。例如，八进制数 $(32.17)_8$ 可表示为以下形式。

$$(32.17)_8 = 3\times8^1 + 2\times8^0 + 1\times8^{-1} + 7\times8^{-2}$$

（4）十六进制数

十六进制数使用数字符号 0～9 和字母 A、B、C、D、E、F 来表示数值，其中 A、B、C、D、E、F 分别对应十进制数 10、11、12、13、14、15。十六进制数的记数方法为“逢十六进一”，十六进制数中每个数字符号的位权由 16 的幂次决定，十六进制数的基数为 16。例如，十六进制数 $(5D6)_{16}$ 可表示为以下形式。

$$(5D6)_{16} = 5\times16^2 + 13\times16^1 + 6\times16^0$$

以上介绍的几种常用数制的基数、数字符号及符号表示见表 1-3。

表 1-3　常用数制的基数、数字符号及符号表示

数制属性	十进制	二进制	八进制	十六进制
基数	10	2	8	16
数字符号	0～9	0、1	0～7	0～9、A、B、C、D、E、F
符号表示	D 或 10	B 或 2	O 或 8	H 或 16

2. 不同数制之间的转换

将数由一种进制数转换为另一种进制数称为数制之间的转换。在计算机中引入八进制、十进制和十六进制是为了书写和表示上的方便，计算机内部信息的存储和处理仍然采用二进制。

（1）将十进制数转换为其他进制数

将十进制数转换为其他进制数分为整数和小数部分的转换。

① 将十进制整数转换为其他进制整数。转换原则为除基取余法，即将十进制整数逐次除以转换数制的基数，直到商为 0 为止，然后将所得的余数倒序排列。

② 将十进制小数转换为其他进制小数。转换原则为乘基取整法，即将十进制小数逐次乘以转换数制的基数，直到小数的当前值等于 0 或满足所要求的精度为止，最后将所得到的乘积的整数部分顺序排列。

【例 1-1】 将十进制数 46.25 转换为二进制数。

【解】 46 ÷ 2=23　…余 0

23 ÷ 2=11　…余 1

11 ÷ 2=5　…余 1

5 ÷ 2=2　…余 1

2 ÷ 2=1　…余 0

1 ÷ 2=0　…余 1

0.25 × 2=0.5　…取整得 0

0.5 × 2=1.0　…取整得 1

结果为：46.25D=101110.01B

（2）将其他进制数转换为十进制数

转换原则为按位权展开求和。

【例 1-2】 将二进制数 10111.11 转换为十进制数。

【解】 10111.11B=$(1\times2^4+0\times2^3+1\times2^2+1\times2^1+1\times2^0+1\times2^{-1}+1\times2^{-2})$D

=23.75D

【例 1-3】 将八进制数 172 转换为十进制数。

【解】 172O=$(1\times8^2+7\times8^1+2\times8^0)$ D=122D

（3）二进制数与八进制数、十六进制数之间的转换

① 二进制数与八进制数之间的转换。转换原则为 3 位一组法。

【例 1-4】 将二进制数 11100010011 转换为八进制数。

【解】 11100010011B=($\underline{011}$ $\underline{100}$ $\underline{010}$ $\underline{011}$)B　——高位不足 3 位补 0

3　4　2　3

=3423O

② 二进制数与十六进制数之间的转换。转换原则为 4 位一组法。

【例 1-5】将二进制数 11100011101 转换为十六进制数。

【解】11100011101B=(0111 0001 1101)B ——高位不足 4 位补 0

7 1 D

=71DH

表 1-4 列出了二进制数、八进制数、十进制数和十六进制数的对应关系，借助该表读者可以快速地进行数制之间的转换。

表 1-4 二进制数、八进制数、十进制数和十六进制数的对应关系

二进制数	八进制数	十进制数	十六进制数	二进制数	八进制数	十进制数	十六进制数
0000	0	0	0	1001	11	9	9
0001	1	1	1	1010	12	10	A
0010	2	2	2	1011	13	11	B
0011	3	3	3	1100	14	12	C
0100	4	4	4	1101	15	13	D
0101	5	5	5	1110	16	14	E
0110	6	6	6	1111	17	15	F
0111	7	7	7	10000	20	16	10
1000	10	8	8	……	……	……	……

3. 数据单位

任何类型的数据在计算机内均表示为二进制形式，二进制在计算机中有不同的度量单位。

（1）位

位（bit）也称为比特，是计算机存储数据的最小单位，是二进制数据中的一个位，一个二进制位表示二进制信息 0 或 1。一个二进制位能表示 2^1=2 种状态，如 ASCII 用 7 位二进制数组合编码，能表示 2^7=128 个信息。

（2）字节

字节（Byte）简记为 B，规定一个字节等于 8 个二进制位，即 1B=8bit。字节是数据处理的基本单位，即以字节为单位存储和解释信息。通常，一个 ASCII 用一个字节存放，一个汉字国标码用两个字节存放。

在计算机中，经常使用的度量单位有 KB、MB、GB 和 TB，它们之间的换算如下。

1KB=2^{10} B=1024B　　1MB=2^{10} KB=1024KB

1GB=2^{10} MB=1024MB　　1TB=2^{10} GB=1024GB

4. 信息编码方式

由于计算机内部采用二进制的方式记数，因此输入计算机中的各种数字、文字、符号或图形等数据都使用二进制数编码。不同类型的字符数据其编码方式是不同的，编码的方法也很多。下面介绍最常用的 ASCII 和汉字编码。

（1）ASCII

ASCII 是由美国国家标准委员会制定的一种包括数字、字母、通用符号、控制符号在内的字符编码，全称为美国信息交换标准代码（American Standard Code for Information Interchange）。

ASCII 能表示英文字符集，包括 128 种国际上通用的西文字符，只需用 7 位二进制数（2^7=128）表示。ASCII 采用 7 位二进制数表示一个字符时，为了便于对字符进行检索，把 7 位二进制数分为高 3 位（$b_7b_6b_5$）和低 4 位（$b_4b_3b_2b_1$）。7 位 ASCII 如表 1-5 所示。利用该表可查找字母、运算符、标点符号以及控制字符与 ASCII 之间的对应关系。例如，大写字母“A”的 ASCII 为 1000001，小写字母“a”的 ASCII 为 1100001。

表 1-5　7 位 ASCII

$b_4b_3b_2b_1$	$b_7b_6b_5$							
	000	001	010	011	100	101	110	111
0000	NUL	DLE	SP	0	@	P	’	p
0001	SOH	DC1	!	1	A	Q	a	q
0010	STX	DC2	"	2	B	R	b	r
0011	ETX	DC3	#	3	C	S	c	s
0100	EOT	DC4	$	4	D	T	d	t
0101	ENQ	NAK	%	5	E	U	e	u
0110	ACK	SYN	&	6	F	V	f	v
0111	BEL	ETB	‘	7	G	W	g	w
1000	BS	CAN	(	8	H	X	h	x
1001	HT	EM	)	9	I	Y	i	y
1010	LF	SUB	*	:	J	Z	j	z
1011	VT	ESC	+	;	K	[	k	{
1100	FF	FS	,	<	L	\	l	|
1101	CR	GS	-	=	M	]	m	}
1110	SO	RS	.	>	N	^	n	～
1111	SI	US	/	?	O	_	o	DEL

表中高 3 位为 000 和 001 的两列是一些控制符。例如，“NUL”表示空白、“ETX”表示文本结束、“CR”表示回车等。

（2）汉字编码

计算机在处理汉字时也要将汉字转换为二进制数，这就需要对汉字进行编码。由于汉字具有特殊性，因此汉字输入、输出、存储和处理过程不同，所使用的汉字编码也不同。例如，录入汉字需用输入码，计算机内部汉字的存储和处理要用机内码，汉字在通信中使用国标码，汉字输出用字形码等。

① 输入码。汉字主要是从键盘输入，汉字的输入码是计算机输入的汉字代码，是代表某个汉字的一组键盘符号。汉字的输入码也称为外部码（简称“外码”）。现行的汉字输入法众多，常用的有拼音输入和五笔字型输入等。每种输入法对同一汉字的输入代码都不相同，但经过转换后存入计算机的机内码相同。

② 国标码。我国根据有关国际标准于 1980 年制定并颁布了汉字编码的国家标准：《信息交换用汉字编码字符集 基本集》（GB/T 2312—1980），简称“国标码”。国标码的字符集共收录 6763 个常用汉字和 682 个非汉字图形符号，其中使用频率较高的 3755 个汉字为一级字符，以汉语拼音为序排列，使用频率稍低的 3008 个汉字为二级字符，以偏旁部首进行排列。682 个非汉字图形符号主要包括拉丁字母、俄文字母、日文平假名、希腊字母、汉语拼音符号、汉语注音字母、数字、常用符号等。

③ 机内码。汉字的机内码是计算机系统内部统一对汉字进行存储、处理、传输等操作的代码，又称为汉字内码。由于汉字数量多，一般用两个字节来存放一个汉字的机内码。在计

算机内，汉字字符必须与英文字符区别开，以免造成混乱。英文字符的机内码是用一个字节来存放 ASCII，一个 ASCII 占一个字节的低 7 位，最高位为 0，为了区分，汉字的机内码中两个字节的每个字节的最高位置为 1。

④ 字形码。存储在计算机内的汉字在屏幕上显示或在打印机上输出时，必须以汉字字形输出，才能被人们接受和理解。计算机中汉字字形是以点阵方式表示汉字，即将汉字分解成由若干个“点”组成的点阵字形，将此点阵字形置于网状方格上，每个小方格就是点阵中的一个“点”。以 24×24 点阵为例，网状方格横向划分为 24 格，纵向也划分成 24 格，共 576 个“点”，点阵中的每个点可以有黑、白两种颜色，有字形笔画的点用黑色，反之用白色，用这样的点阵就可以描写出汉字的字形。图 1-8 所示是汉字“永”的字形点阵。

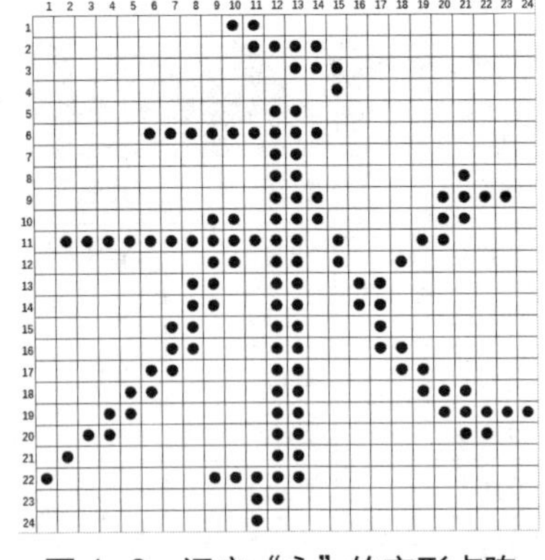

图 1-8　汉字“永”的字形点阵

根据汉字输出精度的要求，有不同密度的点阵。汉字字形点阵有 16×16、24×24、32×32、48×48 等类型。汉字字形点阵中每个点的信息用一位二进制码来表示，1 表示对应位置处是黑色，0 表示对应位置处是白色。

字形点阵的信息量很大，所占存储空间也很大。例如，16×16 点阵，每个汉字要占 32 个字节；24×24 点阵，每个汉字要占 72 个字节。因此字形点阵只用来构成“字库”，而不能用来代替机内码用于机内存储，字库中存储了每个汉字的字形点阵代码，不同的字体对应不同的字库。在输出汉字时，计算机要先到字库中找到它的字形描述信息，然后输出字形。汉字信息处理过程如图 1-9 所示。

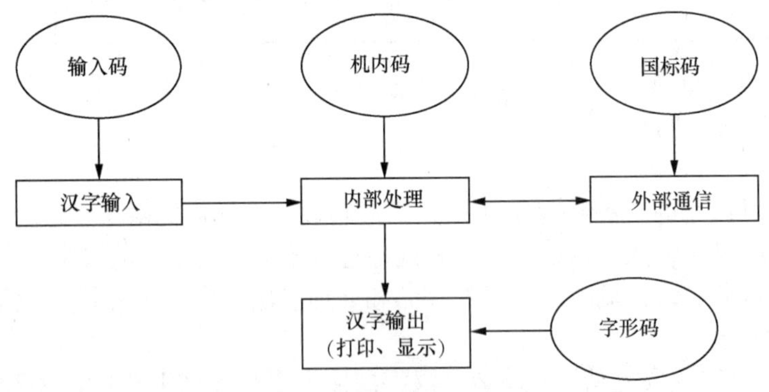

图 1-9　汉字信息处理过程

二、计算机的工作原理及硬件系统的组成

涉及知识点：计算机的工作原理、计算机硬件系统的组成、微型计算机系统

1. 计算机的工作原理

计算机是一个能够实现数据处理的自动化电子装置，这是因为它采用了“存储程序”的工作原理。存储程序工作原理是计算机能连续自动工作的基础，该原理由美籍匈牙利科学家冯·诺依曼所领导的研究小组正式提出，其核心是程序的存储与控制。

计算机硬件系统（简称硬件）由运算器、存储器、输入设备、输出设备和控制器五大部件组成。其中：运算器用于实现各种算术运算及逻辑运算；存储器用于存储需要计算机处理的数据、命令及结果；输入设备用于输入原始数据及相关处理方法；输出设备实现数据的输出显示；控制器用于实现对计算机内部工作流程的控制。计算机的基本工作原理如图 1-10 所示。

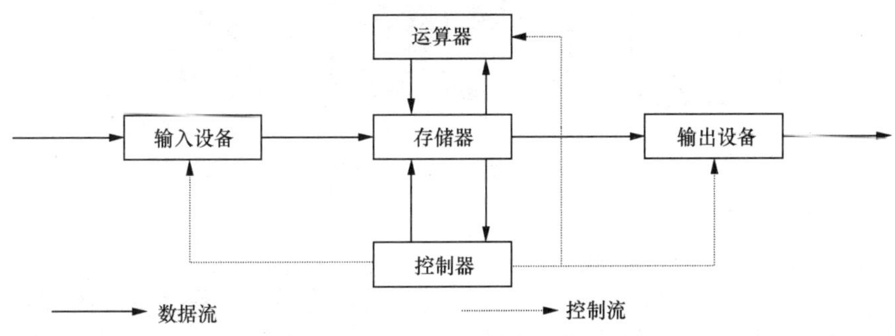

图 1-10 计算机的基本工作原理

2. 计算机硬件系统的组成

计算机硬件系统的组成如图 1-11 所示，硬件之间通过系统总线连接为一个整体。

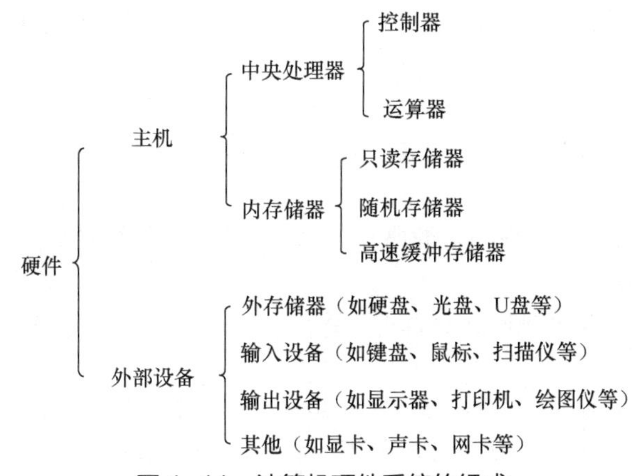

图 1-11 计算机硬件系统的组成

（1）CPU

中央处理器（Central Processing Unit，CPU）是计算机的核心部件，由运算器和控制器组成。CPU 是判断计算机性能高低的首要标准，它一般安插在主板的 CPU 插槽上。

目前，世界上最大的 CPU 生产厂商是美国的英特尔（Intel）公司和超威（AMD）公司，图 1-12（a）、图 1-12（b）所示分别是英特尔公司和超威公司的 CPU 产品。我国也于 2002 年研发了“龙芯一号”CPU，2005 年正式发布“龙芯二号”CPU，其性能与英特尔公司的 1GHz 奔腾 4 处理器相当。2019 年 12 月，龙芯中科发布了最新的龙芯 3A4000 与 3B4000 处理器，该芯片采用 28nm 工艺，工作主频为 1.8～2.0GHz。2020 年龙芯中科推出了龙芯指令系统架构——龙架构（LoongArch）。基于龙架构，龙芯中科于 2021 年研制成功面向桌面应用的四核 64 位处理器芯片龙芯 3A5000，工作主频为 2.5GHz；于 2022 年研制成功面向服务器应用的 16 核 64 位处理器芯片龙芯 3C5000，工作主频为 2.0～2.2GHz。图 1-12（c）所示为龙芯中科的 CPU 产品。

党的二十大报告提出“坚持面向世界科技前沿、面向经济主战场、面向国家重大需求、面向人民生命健康，加快实现高水平科技自立自强”。目前，龙芯 3A5000 与龙芯 3C5000 已在电子政务、能源、交通、金融、通信、教育等领域得到广泛应用。龙架构生态已形成一定基础并正在高速发展，为构建新型信息技术体系和产业生态命运共同体贡献一份力量。

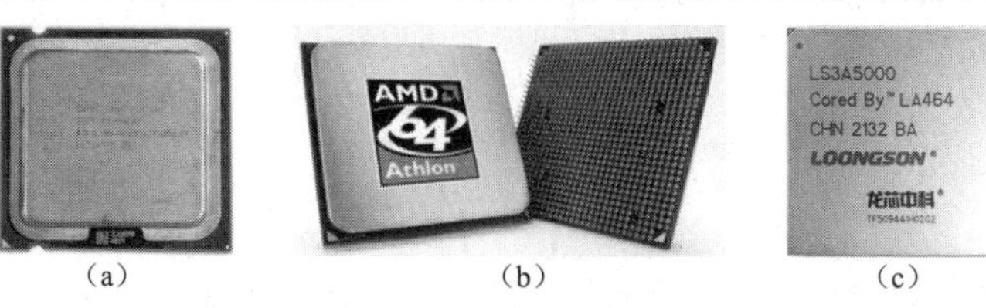

（a）（b）（c）

图 1–12 英特尔公司、超威公司和龙芯中科的 CPU 产品

① CPU 的基本功能。

CPU 包含两大部件：运算器和控制器。

a. 运算器（Arithmetic Unit）。运算器是计算机的核心部件，是计算机中直接执行各种操作的部件。运算器不断地从存储器中得到要加工的数据，对其进行算术运算和逻辑运算，并将最后的结果送回存储器中，整个过程在控制器的指挥下有条不紊地进行。

b. 控制器（Control Unit）。控制器是计算机的指挥控制中心，主要作用是使计算机能够自动地执行命令。控制器负责从存储器中取出指令，对指令进行分析，根据指令的要求，按时间的先后顺序向其他部件发出相应的控制信号，统一指挥整个计算机各部件及其之间的工作。

② CPU 性能指标。

a. 字长是指 CPU 一次能处理的二进制数据的位数，字长越长，CPU 的运算能力越强、精度越高。

b. 主频是指 CPU 的时钟频率，通常用来表示 CPU 的运行速度，单位是赫兹（Hz），主频越高，CPU 性能越好。

c. 运算速度是指 CPU 每秒能执行的指令数。

（2）内存储器

内存储器又称为主存储器，简称“内存”，是具有“记忆”功能的物理部件，由一组高度集成的互补金属氧化物半导体（Complementary Metal-Oxide-Semiconductor，COMS）集成电路组成，用来存放数据和程序。内存储器中的每个基本单元都有一个唯一的序号，我们称此序号为这个内存单元的地址。相比外存储器，内存储器的容量相对较小，可以采用虚拟存储器来扩大内存储器的寻址空间。图 1-13 所示为内存储器的一般外形。

图 1–13 内存储器

内存储器按其功能可分为只读存储器（Read-Only Memory，ROM）、随机存储器（Random Access Memory，RAM）和高速缓冲存储器（Cache）。

① 只读存储器。只读存储器主要用于存储由计算机厂家为该计算机编写好的一些基本的检测、控制、引导程序和系统配置等，如基本输入输出系统（Basic Input/Output System，BIOS）（主板上常用 CMOS 芯片保存 BIOS 设置数据，因此 BIOS 设置有时也称为 CMOS 设置）。只读存储器的特点是存储的信息只能被读取，不能被写入，断电后信息不会丢失。

② 随机存储器。随机存储器又称为读写存储器，随机存储器有两个特点：一是既可以被读出数据，又可以被写入数据，它主要用于存放当前正在使用或经常要使用的程序和数据；二是易失性，一旦断电则用它存储的内容立即丢失。因此微型计算机每次启动时都要对随机存储器重新进行配置。

③ 高速缓冲存储器。高速缓冲存储器按其功能可分为两种：CPU 内部的高速缓冲存

储器和 CPU 外部的高速缓冲存储器。CPU 内部的高速缓冲存储器称为一级高速缓冲存储器，它是 CPU 内核的一部分，负责在 CPU 内部的寄存器与外部的高速缓冲存储器之间的缓冲。CPU 外部的高速缓冲存储器为二级高速缓冲存储器，它是独立于 CPU 的部件，主要用于扩充 CPU 内部高速缓冲存储器的容量，负责 CPU 与内存储器之间的缓冲。

（3）外存储器

外存储器简称“外存”，它是内存储器的延伸，主要用于存储暂时不用又需要保存的系统文件、应用程序、用户程序、文档、数据等。CPU 不直接访问外存储器，当 CPU 需要执行外存储器中的某个程序或调用数据时，首先由外存储器将相应程序调入内存储器，然后才能供 CPU 访问，即通过内存储器访问外存储器。

与内存储器相比，外存储器的特点是存储容量大、价格较低，而且在断电的情况下也可以长期保存信息，所以又称为永久性存储器。外存储器主要包括软盘、硬盘、光盘、U 盘、移动硬盘等。

① 软盘。软盘是个人计算机（Personal Computer，PC）中最早使用的可移动存储介质。它由软盘、软盘驱动器和软盘适配器三部分组成。软盘是活动的存储介质，存取速度慢，容量小，但可装、可卸、携带方便，但现在已基本被淘汰。

② 硬盘。硬盘是微型计算机中最重要的一种外部存储器，它的存储容量大，主要用于存入系统文件、用户的应用程序和数据。硬盘是由若干张磁性盘片组成的，每张磁性盘片都是一种涂有磁性材料的铝合金圆盘，被永久性地密封、固定在硬盘驱动器中，通过主板上的集成驱动电接口（Integrated Drive Electronics interface，IDE interface）与系统单元连接。在实际使用中，需要对硬盘进行分区和格式化操作，将一个物理硬盘分为几个逻辑硬盘。目前常见的品牌硬盘有希捷、西部数据等，硬盘产品容量可达 80GB、200GB、500GB、750GB、2TB 等。常见的硬盘如图 1-14 所示。

固态硬盘（Solid State Disk，SSD）简称“固盘”，是指用固态电子存储芯片阵列而成的硬盘，由控制单元和存储单元组成。固盘已经进入存储市场的主流行列，它具有传统机械硬盘不具备的快速读写、质量轻、能耗低及体积小等特点，它在接口的规范、定义、功能及使用方法上与普通硬盘完全相同，在产品外形和尺寸上也基本与普通的 2.5in（1in≈2.54cm）硬盘一致。固态硬盘被广泛应用于军事、车载、视频监控、网络监控、网络终端、电力、医疗、航空、导航设备等领域。

③ 光盘。光盘利用光学方式读写数据，采用塑料基片的凸凹来记录信息。常见的光盘如图 1-15 所示。光盘的特点是记录密度高、存储容量大、数据保存时间长。

目前被使用较多的光盘主要有 3 类：只读存储光盘、一次性写入光盘和可擦型光盘。

a. 只读存储光盘（CD-ROM）。只读存储光盘上的信息只能读出，不能写入，可提供 680MB 存储空间。

b. 一次性写入光盘（CD-R）。一次性写入光盘只能写一次，写后不能修改，必须采用专用的光盘刻录机才能刻录信息。

c. 可擦型光盘（CD-RW）。可擦型光盘是可反复擦写的光盘。这种光盘的驱动器既可作为光盘刻录机，用来写入信息；又可作为普通光盘驱动器，用来读取信息。

④ U 盘。U 盘又称为闪盘，采用闪速存储器（Flash Memory）存储数据，它是一种能直接在通用串行总线（Universal Serial Bus，USB）接口上进行读写的新一代外存储器。U 盘目前被广泛使用，其特点是容量大、体积小、保存信息可靠和易于携带等。常见的 U 盘如图 1-16 所示。

图 1-14　硬盘

图 1-15　光盘

图 1-16　U 盘

⑤ 移动硬盘。移动硬盘是一种采用了计算机外设标准接口（USB 或 IEE1394）的便携式、大容量存储系统。移动硬盘一般由硬盘体加上带有 USB 或 IEE1394 的控制芯片及外围电路板的配套硬盘盒构成。移动硬盘具有以下特性：容量大（能提供几太字节的储存空间或更大）、存取速度快、兼容性好、具有良好的抗震性能。

（4）输入/输出设备

① 输入设备。输入设备是用于将信息输入计算机的装置，常用的输入设备有键盘、鼠标、扫描仪、视频摄像头、数码照相机和数码摄像机等。

a. 键盘。键盘（见图 1-17）通过键盘电缆线与主机相连。

b. 鼠标。鼠标是计算机的输入设备，分为有线和无线两种。最常用的鼠标一般有左右两个键，中间有一个滚轮，通常称为 3D 鼠标，如图 1-18 所示。

c. 扫描仪。扫描仪是一种光、机、电一体化的输入设备，它是将各种形式的图像信息输入计算机的重要工具。目前使用最普遍的是由电荷耦合器件（Charge Coupled Device，CCD）阵列而成的电子扫描仪，其主要技术指标有分辨率、扫描幅面、扫描速度。图 1-19 所示为图形扫描仪。

图 1-17　键盘

图 1-18　3D 鼠标

图 1-19　图形扫描仪

d. 视频摄像头。视频摄像头又称为计算机相机，是一种视频输入设备，被广泛地运用于视频会议、远程医疗及实时监控等方面。

e. 数码照相机和数码摄像机。数码照相机和数码摄像机都可以作为计算机的输入设备。数码照相机拍摄的相片保存为图片文件后，可以将其存储到计算机中进行加工和处理。数码摄像机拍摄动态视频后，通过配置视频采集卡，可以将其输入计算机中进行处理。

② 输出设备。输出设备是将计算机中的数据信息传送给用户的设备，显示器、打印机、绘图仪、音箱等都是常用的输出设备。

a. 显示器。显示器通过电子屏幕显示计算机的处理结果及用户需要的程序、数据、图形等信息。显示器的主要性能指标是分辨率，一般用“横向点数 × 纵向点数”来表示。

显示器按使用技术的不同，可分为阴极射线显像管（Cathode Ray Tube，CRT）显示器和液晶显示（Liquid Crystal Display，LCD）器两种。液晶显示器具有图像显示清晰、体积小、质量轻、便于携带、能耗低和对人体辐射小等优点。图 1-20 所示为液晶显示器。

b. 打印机。打印机是重要的输出设备，它将计算机处理完毕的信息输出打印在纸上，以便长期保存。一台计算机上可以安装多台打印机，在安装第一台打印机时，操作系统会将它指定为默认打印机。打印机主要有针式打印机、喷墨打印机和激光打印机 3 种。目前市场上常见的打印机品牌有佳能（Canon）、联想（Lenovo）、惠普（HP）、爱普生（Epson）等。图 1-21 所示为喷墨打印机和激光打印机。

图 1-20　液晶显示器

图 1-21　喷墨打印机和激光打印机

c. 绘图仪。绘图仪是指按照人们的要求自动绘制图形的设备，它可将计算机的输出信息以图形的形式输出，是各种计算机辅助设计不可缺少的工具。图 1-22 所示为绘图仪。

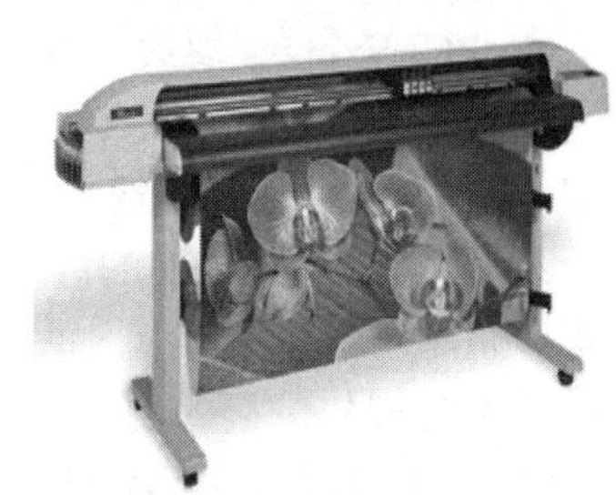

图 1-22　绘图仪

d. 音箱。音箱是多媒体计算机中一种必不可少的设备，用来输出计算机中的声音。音箱一般由扬声器、分频器、箱体等部分组成。音箱只能在有声卡的微型计算机中使用，声卡的主要功能是输入、输出音频信号，其作用是对各种声音信息进行解码，并将解码后的结果送入音箱中播放。

部分计算机设备既能输入数据又能输出数据，如调制解调器（Modem）和网络适配器（网卡）。调制解调器是调制和解调传输信号的设备，使得数字数据能够在模拟传输设备上传输。计算机常通过 Modem 连接电话线接入 Internet。根据形态和安装方式，调制解调器大致可以分为外置式、内置式、PCMCIA 插卡式、机架式 4 种。网卡是局域网中连接计算机和传输介质的接口，它用于实现联网计算机和网络电缆之间的物理连接，为计算机之间相互通信提供一条物理通道，并通过这条通道进行高速数据传输。

3. 微型计算机系统

（1）概述

微型计算机又称为个人计算机，它由运算器、控制器、存储器、输入设备和输出设备五大部件组成。微型计算机的核心部件是微处理器，其集成了运算器和控制器两大部件。

目前微型计算机有以下几种类型。

① 台式机。台式机是一种各部件相对独立的计算机，主机、显示器等设备一般都是相对独立的，体积较大。台式机的性能相对较好、散热性较好、易于扩展。

② 计算机一体机。它的芯片、主板与显示器集成在一起，因此只要将键盘和鼠标连接到显示器上，就能使用计算机。

③ 笔记本计算机。笔记本计算机是一种小型、可携带的个人计算机，它的架构和台式机的架构类似，但更便携。

④ 掌上计算机。掌上计算机是一种运行在嵌入式操作系统和内嵌式应用软件之上的、小巧、轻便、易带、实用、价廉的手持式计算机。

⑤ 平板计算机。平板计算机是一款无须翻盖、没有键盘、大小不等、形状各异但功能完整的计算机。其构成组件与笔记本计算机的构成组件基本相同，可以利用触屏笔在屏幕上书写。

⑥ 嵌入式计算机。嵌入式计算机即嵌入式系统，是一种以应用为中心、以微处理器为基

础，软硬件可裁剪的，适应应用系统对功能、可靠性、成本、体积、功耗等综合性严格要求的专用计算机。

（2）总线

总线（Bus）是连接 CPU、内存储器和外部设备（输入/输出设备）的公共信息通道。微型计算机常用的总线有以下几种。

① ISA 总线。ISA 总线是 16 位总线，使用范围广，目前很多的接口卡都是根据 ISA 总线标准生产的。

② EISA 总线。EISA 总线是为扩展工业标准结构而设计的总线，是 ISA 总线的扩展，其是一种 32 位总线，目前这种总线用在服务器系统板上。

③ PCI 总线。PCI 总线是一种 32 位总线，也支持 64 位数据传送。这种总线具有一个管理层，用来协调数据传输，支持 3～4 个扩展槽，数据传送率较高，目前主要用在服务器和奔腾微型计算机系统板上。

④ PCI Express 总线。PCI Express 是新一代的总线接口。早在 2001 年，英特尔公司就提出了要用新一代的技术取代 PCI Express 总线和多种芯片的内部连接，并称之为第三代输入/输出总线技术。第三代输入/输出总线技术采用目前业内流行的点对点串行连接，比起 PCI Express 总线以及更早期的计算机总线的共享并行架构，其每个设备都有自己的专用连接，不需要向整个总线请求带宽，而且可以把数据传输频率提高到一个很高的频率，达到 PCI Express 总线所不能提供的高带宽。

⑤ USB 总线。USB 总线是由英特尔公司提出的一种新型接口标准。利用它可以将一些低速设备（如键盘、鼠标、扫描仪）连接在一起。USB 总线支持多个并行操作，能为设备接入电源。

（3）主板

主板（MainBoard）又称为母板（Mother Board），英文缩写为“M/B”，它安装在机箱内，是微型计算机最基本也最重要的部件之一。主板一般为矩形集成电路板，由微处理器模块、内存模块、输入/输出接口（用于连接 CPU 和输入/输出设备）、中断控制器、直接存储器访问（Direct Memory Access，DMA）控制器及系统总线组成。主板是整个计算机内部结构的基础，无论是 CPU、内存、显卡，还是鼠标、键盘、声卡、网卡，都是由主板来协调工作的。因此，主板的质量将直接影响计算机性能的发挥。主板主要包括 CPU 插座、内存插槽、总线扩展槽、外设接口插座、串行和并行端口等部分，如图 1-23 所示。

图 1-23　主板

主板中还集成了以下直接连接外围设备的接口电路。

① 硬盘接口。硬盘接口可分为 IDE 接口和串行先进技术总线附属接口（Serial Advanced Technology Attachment Interface，SATA）。

② 软驱接口。34 针连接软驱所用，多位于 IDE 接口旁。

③ 串行通信端口（COM）。目前大多数主板都提供了两个 COM，分别为 COM1 和 COM2，其作用分别是连接串行鼠标和外置 Modem 等设备。

④ PS/2 接口。PS/2 接口的功能比较单一，仅能用于连接键盘和鼠标。

⑤ USB 接口。USB 接口是现在最为流行的接口。

⑥ LPT 接口（并口）。一般用来连接打印机或扫描仪。

⑦ IEEE 1394 接口。其是苹果（Apple）公司开发的串行标准。

三、计算机软件系统

涉及知识点：软件、系统软件、应用软件

计算机系统由硬件系统和软件系统两部分组成，软件系统（简称软件）必须在硬件系统的支持下才能运行，两者构成了统一、协调的整体。丰富的软件功能是对硬件功能强有力的扩充，使计算机系统的功能更强，可靠性更高，使用更方便。

1. 软件

软件（Software）是计算机系统中各类程序、相关文档以及所需要的数据的总称。软件是计算机的核心，其包括指挥、控制计算机各部分协调工作并完成各种功能的程序和数据。计算机系统的软件种类极为丰富，通常分为系统软件和应用软件两大类。

2. 系统软件

系统软件的主要功能是对整个计算机系统进行调度、管理、监视和服务，还可以为用户使用计算机提供方便，扩大计算机功能，提高使用效率。系统软件一般由厂家提供给用户。

（1）操作系统

操作系统（Operating System，OS）是最基本、最重要的系统软件。操作系统是对计算机系统进行控制和管理的程序，它可以有效地管理计算机的所有硬件和软件资源，合理地组织计算机的工作流程，并为用户提供一个良好的环境和接口。

操作系统是用户和计算机硬件系统之间的接口。其主要功能是进行 CPU 管理、作业管理、存储管理、文件管理和设备管理。当代操作系统一般允许一个用户同时运行多个程序，具有多任务处理功能。

（2）计算机语言

计算机语言是用于编写计算机程序的语言，也称为程序设计语言。它是根据相应的规则由相应的符号构成的符号串的集合。计算机程序由算法和数据结构组成，计算机中对解决问题的操作步骤的描述称为算法，算法会直接影响程序的优劣。计算机语言经历了机器语言、汇编语言、高级语言三代的发展。

① 机器语言。机器语言采用二进制数码 0 和 1 表示，是能被计算机直接识别和执行的语言。机器语言程序是计算机能够唯一识别的、可直接执行的程序，因此，机器语言的优点是执行效率高、执行速度快；缺点是不便于阅读、记忆，易出错，难以修改和维护。

② 汇编语言。汇编语言用助记符号表示机器语言中的指令和数据，如 MOV 表示传送指令、ADD 表示加法指令等。相对于机器语言程序来说，汇编语言程序更容易理解，便于记忆。但对计算机来说，汇编语言程序不能直接执行，必须将汇编语言程序翻译成机器语言程序，然后执行。用汇编语言编写的程序称为汇编语言源程序，被翻译成的机器语言程序称为目标程序。汇编语言比机器语言使用起来更方便，但因为不同型号的计算机系统一般有不同的汇编语言，导致程序不能移植，通用性较差。

③ 高级语言。为了进一步提高效率，解决机器语言和汇编语言依赖于机器、通用性差的问题，人们发明了接近于人类自然语言的高级语言。例如，在 C 语言中，printf 表示输出，用符号+、－、*、/表示加、减、乘、除等。另外，高级语言和计算机硬件无关，使用者不需要熟悉计算机的指令系统，只需要考虑解决的问题和算法即可。计算机高级语言的种类很多，常用的有 C 语言、C++、C#、Visual Basic 和 Java 等。进行程序设计的语言可分为结构化程序设计语言和面向对象程序设计语言两种，C 语言使用常见的结构化程序设计语言，而 C++、Java 采用面向对象程序设计语言。结构化程序设计包含顺序结构、选择结构和循环结构 3 种基本结构。

3. 应用软件

应用软件是指为了解决各种计算机应用中的实际问题而编制的程序，如为了延长显示器寿命而编制的屏幕保护程序。应用软件具有很强的实用性、专业性，使计算机的应用日益渗透到社会的方方面面。应用软件包括文字处理软件、表格处理软件、辅助设计软件、多媒体处理软件等。

（1）文字处理软件

文字处理软件主要用于对各类文件进行编辑、排版、存储、传送、打印等操作。目前，常用的文字处理软件有 Microsoft Office Word 和 WPS 等，它们除具备文字处理功能以外，还具有简单的图形、表格处理功能。

（2）表格处理软件

表格处理软件主要用于对表格中的数据进行编辑、排序、筛选及各种计算，并可用数据制作各种图表等。目前，常用的表格处理软件有 Microsoft Office Excel 等。

（3）辅助设计软件

计算机辅助设计技术是近 20 年来最有成效的工程技术之一。由于计算机具有快速的数值计算、数据处理以及模拟的能力，因此目前在汽车、飞机、船舶、超大规模集成电路等的设计、制造过程中，计算机辅助设计占据着越来越重要的地位。辅助设计软件主要用于绘制、修改、输出工程图纸。目前，常用的辅助设计软件有 AutoCAD 等。

（4）多媒体处理软件

多媒体技术已经成为计算机技术的一个重要方面，因此多媒体处理软件在软件领域的应用非常广泛。多媒体处理软件主要包括图形图像处理软件、动画制作软件、音频处理软件等。目前常用的多媒体处理软件有 Photoshop、Flash、美图秀秀等。

软件按是否收费常分为收费软件和免费软件，收费软件中的共享软件是在试用基础上提供的商业软件。

1.3 任务二 了解计算机的重要应用领域

1.3.1 课前准备

为保证任务能够顺利完成，请在实际操作前预习以下基本概念，了解物联网、云计算、大数据和人工智能等新兴应用领域。

一、课前预习

信息技术是当今创新性最强、渗透性最强、影响面最广的领域之一。新一代信息技术正以前所未有的速度转化为现实生产力，深刻改变着世界科技和经济发展形态，其中以物联网、云计算、大数据、人工智能等应用领域最为典型。

1. 物联网

随着计算机信息技术和微电子技术的发展，物联网得到国家的高度重视和较快发展。党的二十大报告提出：加快发展物联网，建设高效顺畅的流通体系，降低物流成本。我国物联网产业跨越电子信息制造业、智能装备制造业、软件和信息服务业三大产业，其特点是产业链长、和行业结合的信息渗透能力强、经济带动能力强。物联网产业被认为是继计算机、互联网之后的世界信息产业的第三次浪潮。

物联网（Internet of Things）是指通过射频识别（Radio Frequency Indentification，RFID）、红外感应器、全球定位系统、激光扫描器等信息传感设备，按约定的协议，把任何物品与互联网连接起来，进行信息交换和通信，以实现智能化识别、定位、跟踪、监控和管理的一种网络。

自“物联网”这个词被提出后，物联网的概念就一直在被不断地发展和扩充。如果从广泛的角度来说，物联网就是“物物相连的互联网”，这有两层意思：第一，物联网的核心和基础仍然是互联网，是在互联网的基础上延伸和扩展的网络；第二，其用户端延伸和扩展到任何物品与物品之间，并进行信息交换和通信。

2. 云计算

云计算（Cloud Computing）是分布式计算的一种，指的是通过网络“云”将巨大的数据计算处理程序分解成无数个小程序，然后，通过多部服务器组成的系统进行处理和分析这些小程序得到结果并返回给用户。过去往往用“云”来表示电信网，后来也用其来表示互联网和底层基础设施的抽象形态。云计算可以让用户体验拥有每秒 10 万亿次的运算能力，拥有这么强大的计算能力可以模拟核爆炸、预测气候变化和市场发展趋势。用户可通过计算机、笔记本计算机、手机等接入数据中心，按自己的需求进行运算。

云计算使计算分布在大量的分布式计算机上进行，而非本地计算机或远程服务器中，企业数据中心的运行将与互联网的运行更相似。这使得企业能够将资源切换到需要的应用上，根据需求访问计算机和存储系统。

3. 大数据

大数据（Big Data）是继云计算、物联网之后，信息技术行业进行的又一大颠覆性的技术革命。人们用它来描述和定义信息爆炸时代产生的海量数据，并用它命名与之相关的技术发展与创新。“大数据”时代已经降临，在商业、经济及其他领域中，决策将逐渐基于数据和分析做出。

大数据具有以下特征。

① 数据量大（Volume）。大数据的起始计量单位至少是 PB（1024TB）、EB（1024PB）或 ZB（1024EB）。

② 类型繁多（Variety）。大数据的类型包括网络日志、音频、视频、图片、地理位置信息等，多类型的数据对数据的处理能力提出更高的要求。

③ 价值密度低（Value）。大数据价值密度相对较低，如随着物联网的广泛应用，信息无处不在，有海量信息，但信息的价值密度较低，如何通过强大的机器算法更迅速地完成数据价值的“提纯”，是大数据时代亟待解决的难题。

④ 速度快、时效要求高（Velocity）。速度快、时效要求高是大数据挖掘区分于传统数据挖掘最显著的特征。

4. 人工智能

人工智能的研究主要包括计算机实现智能的原理、制造出类似于人脑的智能计算机，使计算机能实现更高层次的应用。人工智能的研究领域包括机器人、语言识别、图像识别、自然语言处理和专家系统等。

人工智能就其本质而言，是对人的思维的模拟。

对人的思维的模拟可以从两条道路进行。一是结构模拟，即仿照人脑的内部结构，制造出“类人脑”的机器；二是功能模拟，即暂时撇开人脑的内部结构，而对其功能进行模拟。现代电子计算机便是对人脑思维功能的模拟，是对人的思维的信息处理过程的模拟。

人工智能从诞生以来，理论和技术日益成熟，应用领域也不断扩大。党的二十大强调，推动战略性新兴产业融合集群发展，构建新一代信息技术、人工智能、生物技术、新能源、新材料、高端装备、绿色环保等一批新的增长引擎。截至 2022 年 11 月，我国已建设 11 个“国家新一代人工智能创新应用先导区”和 18 个“国家新一代人工智能创新发展试验区”，形成了产业区域覆盖面积最广、应用场景最多、科技企业最集中的区域协同的发展体系。融入千行百业，蓬勃向上的人工智能产业将为国家的发展提供强大的动力和支持。

二、预习测试

单项选择题

（1）下列哪项不是物联网常用的信息传感设备____。

A. 射频识别　B. 红外感应器　C. 全球定位系统　D. 激光打印机

（2）云计算使计算分布在大量的____上进行。

A. 分布式计算机　B. 本地计算机

C. 远程服务器　D. 本地服务器

（3）大数据的数据量大，起始计量单位至少是____。

A. MB　B. GB　C. TB　D. PB

（4）以下说法哪种不是大数据的特征____。

A. 数据量大　B. 类型繁多　C. 价值密度高　D. 速度快、时效要求高

（5）人工智能是让计算机能模仿人的一部分智能。下列____不属于人工智能领域中的应用。

A. 机器人　B. 银行信用卡　C. 人机对弈　D. 机械手

三、预习情况解析

1. 涉及知识点

物联网、云计算、大数据、人工智能。

2. 测试题解析

见表 1-6。

表 1-6　“了解计算机的重要应用领域”预习测试题解析

测试题序号	答案	参考知识点	测试题序号	答案	参考知识点
第（1）题	D	见课前预习“1.”	第（4）题	C	见课前预习“3.”
第（2）题	A	见课前预习“2.”	第（5）题	B	见课前预习“4.”
第（3）题	D	见课前预习“3.”			

3. 易错点统计分析

师生根据预习反馈情况自行总结。

1.3.2　任务实现

一、数据库概述

涉及知识点：信息、数据与数据处理、数据库

随着计算机技术的广泛应用，数据库在现代计算机系统中发挥着越来越重要的作用，应用范围越来越广泛。小到学生成绩管理系统，大到企事业管理、银行业务处理系统等，都需要用数据库来存储和处理数据。

1. 信息、数据与数据处理

信息（Information）是对现实世界事物的存在方式或运动状态的反映。信息存在于人们

生活的方方面面。人们通过信息认识事物，并借助信息进行交流、沟通、互相协作，从而推动社会不断前进。信息处理包括信息收集、信息加工、信息存储、信息传递等内容。

数据是描述事物的符号，它有多种表现形式，可以是数值、文字、声音、图形、图像等。数据是信息的载体，而信息则是数据的内涵，是对数据的语义解释。

数据处理是指对各种数据进行收集、存储、加工和传播的一系列活动的总和。其目的是从大量的原始数据中进行收集、处理，最后得出具有价值的信息，供人们决策参考。

2. 数据库

（1）数据库

数据库（DataBase，DB）是长期存储在计算机内的、有组织的、可共享的数据集合。其特点有：数据按一定的数据模型组织、描述和存储；具有较小的冗余度；具有较高的数据独立性和易扩充性；可共享给各种用户。

（2）数据库管理系统

数据库管理系统（DataBase Management System，DBMS）是位于用户与操作系统之间的数据管理软件。它具有数据定义、数据操纵、运行管理、数据库建立与维护等功能。

（3）数据库系统

数据库系统（DataBase System，DBS）是采用数据库技术的计算机系统。其一般是数据库、数据库管理系统、应用系统和开发工具、数据库用户等的统称，其中专门负责建立、管理和维护数据库的相关工作人员，称为数据库管理员（DataBase Administrator，DBA）。数据库系统的数据模型有层次模型、网状模型、关系模型 3 种。

二、多媒体技术

涉及知识点：多媒体技术

20 世纪 80 年代，随着微电子、计算机和数字声像技术的飞速发展，多媒体技术应运而生。多媒体技术的出现标志着信息技术一次新的革命性的飞跃，它为人们枯燥、单调的生活增添了生机和乐趣。

1. 多媒体概述

人们在信息的沟通、交流中要使用各种各样的信息载体，多媒体（Multimedia），顾名思义就是多种表示和传播信息的载体，即指多种信息载体的表现形式和传递方式。在日常生活中，报纸、杂志、画册、电视、广播、电影等都是常见的多媒体。

在计算机领域中，媒体有两种含义：一是指用于存储信息的实体，如磁盘、光盘和磁带等；二是指信息的载体，如文字、声音、视频、图形、图像和动画等。多媒体计算机技术中的媒体指的是后者，它是应用计算机技术将各种媒体以数字化的方式集成在一起，从而使计算机具有表现、处理和存储各种媒体信息的综合能力和交互能力。

多媒体技术（Multimedia Technology）是利用计算机对文本、图形、图像、声音、动画、视频等多种信息进行综合处理、建立逻辑关系和发挥人机交互作用的技术。

2. 多媒体类型

（1）文本

文本是指各种文字，包括数字、字母、符号、汉字等。它是常见的一种媒体形式，也是人与计算机交互的主要形式。

（2）图像

从现实生活中获得数字图像的过程称为图像的获取。例如，用数码照相机或数码摄像机对选定的景物进行拍摄，对印刷品、照片进行扫描等。图像的获取过程实质上是模拟信息的数字化过程，它的处理步骤基本分为 4 步：扫描、分色、取样、量化。通过此方法所获取的数字图像称为取样图像，它是静止图像的数字化表示，通常简称为“图像”。图形和图像由多种颜色组成，常使用 RGB 颜色模型（红、绿、蓝三色模型）来表示。

图像有两种来源：扫描静态图像和合成静态图像。前者通过扫描仪、普通相机与模数转换装置、数码照相机等从现实世界中捕捉；后者由计算机辅助创建或生成，即通过程序、屏幕截取等生成。目前，Internet 和个人计算机中常用的几种图像文件的格式为 GIF、JPEG、TIFF、BMP、JP2 等。

（3）视频与动画

视频（又称为运动图像）以位图形式存储，因此缺乏语义描述，需要较大的存储能力，分为捕捉视频与合成视频。前者通过普通摄像机与模数转换装置、数码摄像机等从现实世界中捕捉；后者由计算机辅助创建或生成，即通过程序、屏幕截取等生成。

动画是采用图形与图像处理技术，借助于编程或软件生成一系列的图像画面，以一定的速度连续播放静止图像的方法产生物体运动的效果。它可以辅助制作传统的卡通动画片，或通过对物体运动、场景变化、虚拟摄像机及光源设置的描述，逼真地模拟三维景物随时间变化而变化的过程，所生成的一系列画面以每秒 24 帧左右的速率演播时，利用人眼的视觉暂留现象便可产生连续运动或变化的效果。

（4）声音

声音是文字、图形之外表达信息的另一种有效的方式，属于感觉媒体。计算机获取声音信息的过程主要是进行数字化处理，因为只有经过数字化处理后声音信息才能像文字、图形信息一样进行存储、检索、编辑和处理。声音信息数字化过程的 3 个步骤为：采样、量化和编码。

三、电子商务与电子政务

涉及知识点：电子商务、电子政务

1. 电子商务

电子商务对人们来说是一个新生事物，它的产生是计算机技术和互联网技术高速发展以及商务应用需求驱动的必然结果。

（1）电子商务的概念

从形式上来说，电子商务主要指利用 Web 提供的通信手段在网上进行交易活动，包括通过 Internet 买卖产品和提供服务。产品可以是实体化的，如电视机、日用品等；也可以是数字化的，如软件、电子书等。

电子商务的出现，打破了以往企业与企业间和企业与客户间时间和空间的界限，创造了一个全球性的、没有时间和空间距离的另一个维度的空间。它的出现和发展改变了企业的格局、价值体系、经营模式，甚至改变了企业形式。在电子商务的作用下，一些基于 Internet 的全新的企业经营、管理模式等正在不断地诞生和发展。从这个意义上来说，电子商务所指的商务不仅包含交易，还涵盖贸易、经营、管理、服务和消费等各个领域，其主题是多元化的，其功能是全方位的，涉及社会经济活动的各个层面。

（2）电子商务的分类

从企业电子商务系统业务处理过程涉及的范围出发，可以将电子商务分为企业内部的电子商务、企业间的电子商务、企业与消费者之间的电子商务、企业与政府之间的电子商务等 4 种电子商务类型。

① 企业内部的电子商务是指企业通过企业内网（Intranet）自动进行商务流程的处理，增加对重要系统和关键数据的存储，保持组织间的联系。

② 企业间的电子商务也称为 BtoB 或 B2B，是指有业务联系的公司之间将关键的商务处理过程连接起来，形成网上的虚拟企业圈。

③ 企业与消费者之间的电子商务是人们最熟悉的一种类型，也称为 BtoC 或 B2C，其主要是指借助 Internet 开展的在线销售活动。大量的网上商店利用 Internet 提供的双向交互式通信，完成在网上进行购物的过程。

④ 企业与政府之间的电子商务也称为 BtoG 或 B2G，企业与政府之间的各项事务都可以涵盖在其中。

2. 电子政务

电子政务是指政府机构在其管理和服务职能中运用现代信息技术，实现政府组织结构和工作流程的重组优化，不受时间、空间和部门分隔的制约，建成一个精简、高效、廉洁、公平的政府运作模式。它包含多方面的内容，如政府办公自动化、政府部门间的信息共建共享、政府实时信息发布、公民网上查询政府信息、电子化民意调查和社会经济统计等。

政府信息应及时上传至网络，以满足未来的信息网络化社会需要，提高工作效率和政务透明度，实现政府办公电子化、自动化、网络化。通过互联网，政府可以让公众及时了解政府机构的组成、职能、办事章程及各项政策法规，增加办事执法的透明度，并自觉接受公众的监督。同时，政府也可以在网上与公众进行交流，为公众与政府部门打交道提供方便，公众在网上行使对政府的民主监督权利。

在电子政务中，政府机关的各种数据、文件、档案、社会经济数据都以数字形式存储于网络服务器中，可通过计算机检索机制快速查询，并可以从中挖掘出许多有用的知识和信息，服务于政府决策。

1.4 项目总结

本项目主要介绍了计算机的发展与应用、特点与分类、应用领域；信息的表示与常用数制之间的转换；计算机的工作原理及硬件系统的组成；数据库、多媒体、电子商务、电子政务等相关概念。

1.5 技能拓展

1.5.1 理论考试练习

1. 单项选择题

（1）计算机的发展阶段通常是按计算机所采用的____来划分。

A. 内存容量　B. 操作系统　C. 程序设计语言　D. 电子元器件

（2）现代计算机中的微处理器属于超大规模集成电路，这些计算机属于____计算机？

A. 第一代　B. 第二代　C. 第三代　D. 第四代

（3）现代数字电子计算机运行时遵循的存储程序工作原理最初是由____提出的。

A. 图灵　B. 冯·诺依曼　C. 乔布斯　D. 布尔

（4）目前的智能手机也属于现代计算机的范畴，其处理器主要应用____技术制造。

A. 电子管　B. 晶体管

C. 集成电路　D. 超大规模集成电路

（5）淘宝网的网上购物属于计算机现代应用领域中的____。
A. 计算机辅助系统　B. 电子政务
C. 电子商务　D. 办公自动化

（6）按照计算机应用分类，12306 火车票网络购票系统属于计算机的____应用领域。
A. 数据处理　B. 动画设计　C. 科学计算　D. 实时控制

（7）计算机中采用二进制，二进制的基数是____。
A. 0、1　B. 16　C. 10　D. 2

（8）通常所说的 RGB 颜色模型是____三色模型。
A. 绿、青、蓝　B. 红、黄、蓝
C. 红、绿、蓝　D. 以上都不是

（9）“神舟八号”飞船使用计算机进行飞行状态的调整属于计算机的____应用领域。
A. 科学计算　B. 数据处理
C. 实时控制　D. 计算机辅助设计

（10）CAM 是计算机主要应用领域之一，其含义是____。
A. 计算机辅助制造　B. 计算机辅助设计
C. 计算机辅助测试　D. 计算机辅助教学

（11）以下设备中属于输出设备的是____。
A. 键盘　B. 鼠标　C. 打印机　D. 扫描仪

（12）使用搜狗输入法进行汉字“安徽”的录入时，会在键盘上分别按下键“A”“N”“H”“U”“I”，这属于汉字的____。
A. 输入码　B. 机内码　C. 国标码　D. ASCII

（13）美图秀秀是一款免费影像处理软件，可以用来处理扩展名为____的文件。
A. doc　B. docx　C. bin　D. bmp

（14）十进制数 0.6875 对应的二进制数是____。
A. 0.1101　B. 0.1011　C. 0.0111　D. 0.1100

（15）二进制数 10000001 对应的十进制数是____。
A. 126　B. 127　C. 128　D. 129

2. 多项选择题

（1）要正常关机，以下操作中不恰当的有____。
A. 拔掉电源，中断供电
B. 按下主机开关再轻轻松开
C. 长按主机开关再轻轻松开
D. 按下显示器开关再轻轻松开

（2）在下列关于计算机软件系统组成的叙述中，错误的有____。
A. 软件系统由程序和数据组成
B. 软件系统由软件工具和应用程序组成
C. 软件系统由软件工具和测试软件组成
D. 软件系统由系统软件和应用软件组成

（3）以下属于系统软件的有____。
A. Microsoft Office 2010　B. Windows 10
C. Windows XP　D. Linux

（4）下列关于微型机中汉字编码的叙述，正确的是____。

A. 五笔字型是汉字输入码

B. 汉字库中寻找汉字字模时采用输入码

C. 字形码是汉字字库中存储的汉字字形的数字化信息

D. 存储或处理汉字时采用机内码

（5）下列存储器中，CPU 能直接访问的有____。

A. 内存储器　B. 硬盘存储器　C. 高速缓冲存储器　D. 光盘

1.5.2 实践案例

党的二十大报告指出：“基础研究和原始创新不断加强，一些关键核心技术实现突破，战略性新兴产业发展壮大，载人航天、探月探火、深海深地探测、超级计算机、卫星导航、量子信息、核电技术、新能源技术、大飞机制造、生物医药等取得重大成果，进入创新型国家行列。”下述文字讲述了我国建设航天强国的成就。

探索浩瀚宇宙，发展航天事业，建设航天强国，是我们不懈追求的航天梦。党的十八大以来，我国航天科技实现跨越式发展，自主创新能力显著增强。运载火箭升级换代，太空探索范围更深更广；载人航天迈入新阶段，中国空间站建造全面实施，6 名航天员先后进驻，开启了有人长期驻留时代；探月工程“绕、落、回”圆满收官，“嫦娥五号”带回 1731 克月壤；“天问一号”实现中国航天从地月系到行星际探测的跨越，在火星上首次留下中国印迹……随着中国航天事业快速发展，中国人探索太空的脚步会迈得更稳更远。

请练习计算机开机操作，并在记事本中输入上述文字。

项目二　Windows 操作和应用——管理计算机资源

学习目标

Windows 操作系统是目前应用最为广泛的一种图形用户界面操作系统，它利用图像、图标、菜单和其他可视化部件控制计算机。本项目通过计算机资源管理和设置个性化环境两个任务介绍 Windows 10 中的文件管理操作、软硬件管理等相关知识，以提高读者对该操作系统的整体认识，让读者在进行计算机办公的过程中更得心应手，达到事半功倍的效果。

通过对本项目的学习，读者能够掌握计算机水平考试及计算机等级考试的相关知识点，达到下列学习目标。

知识目标：

- 了解操作系统、文件、文件夹等有关概念。
- 了解 Windows 10 的特点及启动、退出方法，了解附件的使用。
- 了解“开始”菜单、窗口、快捷方式的作用，了解回收站及应用。
- 熟悉利用资源管理器完成系统软硬件管理的方法。
- 熟悉利用控制面板添加硬件、添加或删除程序等的方法。

技能目标：

- 能够使用资源管理器进行系统管理。
- 能够对文件和文件夹进行基本的操作、设置文件的属性。
- 能够使用控制面板进行个性化工作环境设置。

2.1 项目总要求

小王是学生会主席，他把学生会成员的信息随意存储在计算机的 F 盘中。新生入学后，小王开展了招新工作，学生会成员信息等文件越来越多，加上以前存储的计算机作业、影视娱乐视频、照片等文件和文件夹，一大堆文件显得杂乱无章，想要找一个成员的信息，需要查找很长时间，不利于工作的开展。因此，他希望对计算机中的这些文件进行有效的管理。小王带着这些问题前去请教赵老师，希望赵老师指导自己对 F 盘里的所有文件、文件夹进行归类整理；完成文件的归类整理后，再对计算机操作系统进行个性化设置，从而构建一个个性化的 Windows 10。

赵老师对小王计算机中 F 盘里的文件进行初步分析后，决定让小王在对文件进行归类整理的同时，对计算机系统进行一次优化，为今后的学生会工作提供更大的便利，还让小王对计算机系统的属性设置做一些修改，完成计算机系统的个性化设置。赵老师对此次任务提出了以下要求。

首先采用正确的方法启动计算机，为下面的文件与文件夹管理、个性化设置工作做好准备。

1. 文件、文件夹管理

① 分析所有文件、文件夹的类型，建立一套简单、清晰的文件管理体系。

② 根据文件、文件夹类型的分析结果和工作的需求，在 F 盘中创建“娱乐”“私人”“学习”“学生会成员管理”4 个文件夹，以及创建“学生会成员管理”文件夹的快捷方式。

③ 归类整理文件和文件夹，将“学生会成员管理”文件夹中的学生会成员信息文件进行分类存放，可以按照部门、专业或班级进行分类存放。

2. 个性化设置

① 设置文件和文件夹的属性，将“学生会成员管理”文件夹里的内容在 E 盘中做一份备份。

② 为计算机设置一个有特色的桌面背景，并且为计算机安装 Microsoft Office 2016，并将 Microsoft Office 2007 删除，以节省计算机存储空间。

③ 为计算机设置多个用户，以满足多个用户共同使用一台计算机的情况。

2.2 任务一 计算机资源管理

2.2.1 课前准备

为保证任务能够顺利完成，请在实际操作前先预习以下内容：了解操作系统、文件、文件夹等有关概念，了解 Windows 10 的特点及启动、退出方法，了解“开始”菜单、窗口、快速启动栏的作用以及回收站及其应用。

一、课前预习

1. 操作系统的主要作用、特点和类型

操作系统是用户和计算机硬件之间的接口，是对计算机硬件系统的扩充，用户通过操作系统来使用计算机系统。操作系统的主要作用体现在进程管理、存储管理、文件管理、设备管理、作业管理这 5 个方面。操作系统具有并发性、共享性、虚拟性和不确定性 4 个基本特点。人们对使用的计算机要求不同，因此对计算机操作系统的性能要求也不同。操作系统按照服务功能分为单用户操作系统、批处理操作系统、分时操作系统、实时操作系统、网络操作系统和分布式操作系统等。目前计算机中常见的操作系统有 DOS、OS/2、UNIX、Linux、Windows、NetWare 等。其中，Windows 操作系统（以下简称 Windows）的主要特点有：直观、高效的面向对象的图形用户界面，易学易用，多用户、多任务，网络支持良好，多媒体功能出色，硬件支持良好，应用程序众多等。

2. Windows 10 的启动、退出方法

Windows 10 的启动方法：启动 Windows 10 前，要先熟悉正确的开机步骤，即先打开接线板的电源开关，再打开显示器开关，最后打开计算机主机的开关。打开主机后，计算机会自动启动 Windows 10。

Windows 10 的退出方法：单击【开始】|【电源】|【关机】命令，系统会自动保存相关信息；如果用户忘记关闭某些软件，那么会弹出相关警告信息。正常退出系统后，主机的电源也会自动关闭，指示灯熄灭代表已经成功关机，然后关闭显示器即可。

3. “此电脑”窗口和文件资源管理器

（1）Windows 10 的“此电脑”窗口

双击桌面上的“此电脑”图标，在打开的“此电脑”窗口中包含计算机中的各种驱动器，如图 2-1 所示。双击某个驱动器图标，在文件夹内容窗口中会显示该驱动器中包含的文件和文件夹列表。

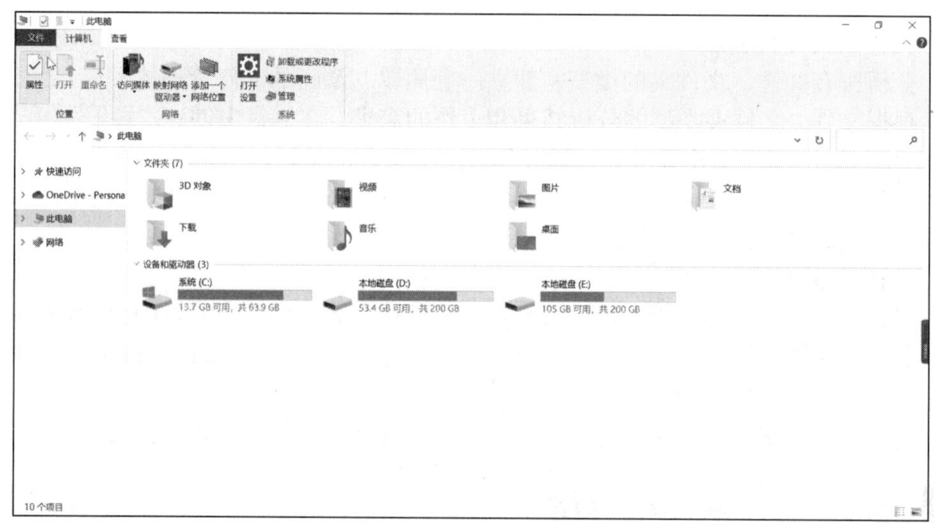

图 2-1 “此电脑”窗口

（2）文件资源管理器

在任务栏上的“开始”菜单处单击鼠标右键后，在弹出的快捷菜单中单击“文件资源管理器”命令，就可以打开“文件资源管理器”窗口，如图 2-2 所示。“文件资源管理器”窗口的左侧是树形结构目录，右侧是当前路径下的文件及文件夹窗格，其中列出了计算机中储存的全部资源和它们的组织方式。

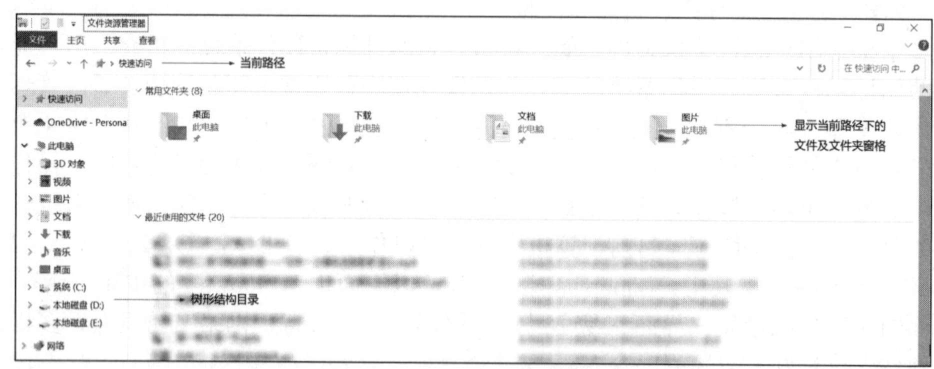

图 2-2 “文件资源管理器”窗口

文件资源管理器是 Windows 主要的文件浏览和管理工具，是操作系统中管理文件的另外一种窗口，通过文件资源管理器的树形结构目录，可以更加方便地对计算机中的文件进行管理。Windows 中很大一部分操作都是在资源管理器中完成的，它最大的特点是左侧显示了磁盘文件系统的树形结构目录。

Windows 10 的文件资源管理器在管理设计方面更利于用户使用，特别是在查看和切换文件夹时。查看文件夹时，上方目录会根据目录级别依次显示，中间还有向右的小箭头 ›。当用户单击某个小箭头时，该箭头的方向会变为向下 ⌄，“文件资源管理器”窗口的右侧显示了该目录下所有文件夹的名称。单击其中任意一个文件夹，即可快速切换至该文件夹访问页面，非常方便用户快速切换目录。

4. Windows 10 桌面

打开计算机后，Windows 10 呈现一个工作界面，也就是我们称的桌面。以下将从桌面开始，介绍计算机的基本使用方法。

Windows 10 桌面主要由以下几部分组成：任务栏（由“开始”菜单、快速启动栏、应用程序列表、系统托盘等组成）、桌面背景和桌面图标等，如图 2-3 所示。

图 2-3 系统桌面

（1）任务栏

任务栏一般位于桌面的底部，通常由“开始”菜单、快速启动栏、应用程序列表和系统托盘等组成。

“开始”菜单：单击操作系统桌面上的“开始”菜单图标，弹出“开始”菜单，在这个菜单里，可以访问系统中安装的“计算器”“画图”等工具。

快速启动栏：是任务栏的一部分，在“开始”菜单的右侧。单击快速启动栏里的应用程序或软件，可以方便、快捷地访问某些应用程序和软件。

应用程序列表：用户每打开一个窗口，任务栏就会出现一个代表该窗口的图标。例如，在图 2-3 中，由于打开了 Word 应用程序和 Google Chrome 浏览器，任务栏上便出现了这两个窗口的图标。单击相应图标就可以在已打开的各个窗口之间进行切换，可以同时打开多个应用程序窗口，但是只有一个应用程序窗口是当前窗口。

系统托盘：存放的是系统在开机状态下存于内存中的一些项目，如“系统时钟”显示、“反病毒实时监控程序”等，它们位于任务栏的右侧。系统托盘里还存放了常驻内存程序的图标，如图 2-3 中的“音量调节”“汉字输入法”“时间”等图标。

（2）桌面背景

桌面背景也称为墙纸、壁纸，即桌面的背景图案。

（3）桌面图标

Windows 是一个可视化的操作系统，在 Windows 环境下，所有应用程序、文件、文件夹等对象的桌面图标都是由一张可以反映对象类型的图片和相关文字说明组成的，双击相应图标即可打开并运行相应的应用程序和文件。

5. 回收站

回收站是硬盘总空间的一部分，它是用来存放被临时删除的文件的地方，相当于生活中的垃圾桶，不需要的东西统统被扔到垃圾桶。被临时删除的文件，会在回收站中被保存起来，此时文件只是在逻辑上被删除了；如果需要，还可以恢复被删除的文件。恢复文件的操作方法：打开“回收站”窗口，里面存放着所有被删除的文件，在需要恢复的文件或文件夹上单击鼠标右键，在弹出的快捷菜单中单击“还原”命令，文件就会恢复到原来的位置。

与逻辑删除对应的是物理删除，如果对某个对象进行了物理删除，该对象便不会在回收站中被保存起来，而是直接从计算机中被清除掉了，一般情况下不能再被恢复。

在回收站中选中被删除的文件，单击鼠标右键后弹出快捷菜单（快捷菜单即单击鼠标右键时出现的菜单，快捷菜单中显示了与当前特定项目相关的一系列命令），如图 2-4 所示，单击“删除”命令，这时会打开图 2-5 所示的对话框，单击“是”按钮即可将文件进行物理删除。我们还可以直接选中想要进行物理删除的文件，然后按 Shift+Delete 组合键进行物理删除。

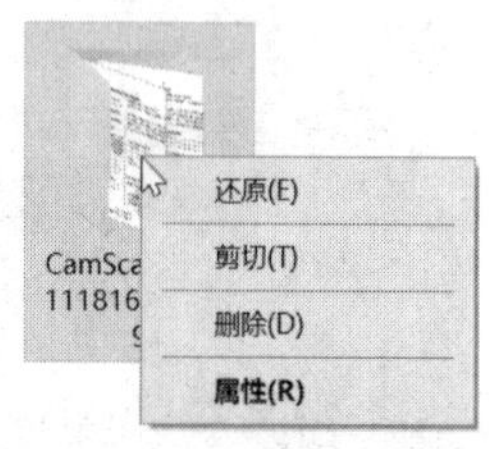

图 2-4　快捷菜单

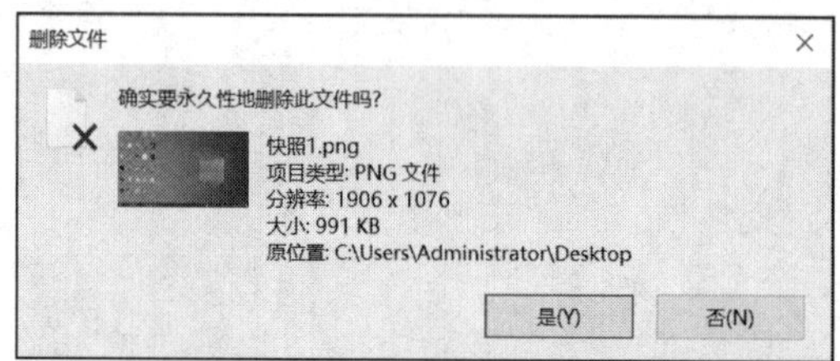

图 2-5　“删除文件”对话框

6. 窗口的组成

Windows 窗口包括窗口控制按钮、地址栏、菜单栏、工具栏、工作区、状态栏和滚动条等，如图 2-6 所示。

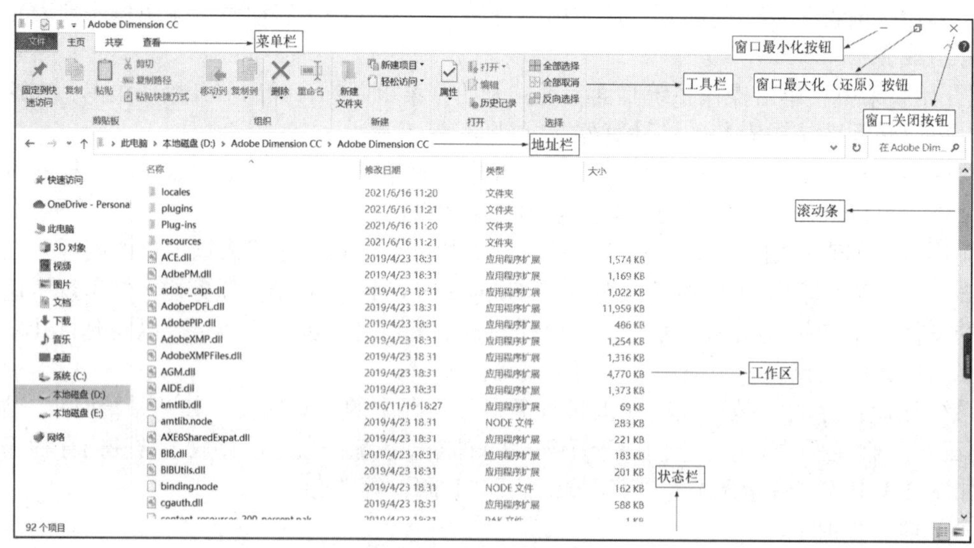

图 2-6　窗口的组成

（1）窗口控制按钮

窗口控制按钮包括窗口最小化按钮、窗口最大化按钮、窗口还原按钮、窗口关闭按钮。

① 窗口最小化按钮。单击窗口最小化按钮 – ，当前窗口就会回到任务栏，转到后台运行，完成最小化的操作。

② 窗口最大化按钮。单击窗口最大化按钮 □ 执行最大化。

③ 窗口还原按钮。单击窗口还原按钮 ⧉ 可以使窗口恢复到原来的大小。

④ 窗口关闭按钮。单击窗口关闭按钮 × ，此时窗口会被关闭，如需要打开需要重新操作。

（2）地址栏

单击地址栏中的某个箭头 › 前的名称可以直接跳转至该位置，单击地址栏的空白处，可以显示出存放相应软件或文件的完整路径。

（3）菜单栏

菜单栏中包括大多数应用程序命令，通过菜单命令可以对窗口中的对象进行各种操作，不同的应用程序提供的菜单栏不完全相同。

（4）工具栏

工具栏包括常用的功能按钮，工具栏中的按钮可以自己设置。

（5）工作区

窗口中最主要的区域是工作区，操作对象都存放在工作区内。

（6）状态栏

状态栏位于窗口的最下面，用于显示该窗口的状态，以及显示进行某种操作时与该操作有关的一些提示信息。

（7）滚动条

当工作区中的内容在界面中不能被完整显示时便会出现滚动条，可使用位于窗口底部或右边的滚动条（向右或向下移动），以查看未显示的其余部分。

7. 窗口的操作

窗口是 Windows 最大的特点，窗口操作也是 Windows 中的最基本操作。

（1）打开窗口

双击需要打开的对象，或选中对象，单击鼠标右键，在弹出的快捷菜单中单击“打开”命令。

（2）关闭窗口

关闭窗口的常用方法如下。

① 单击窗口右上角的“关闭”按钮 × 。

② 在窗口左上角位置双击。

③ 在窗口左上角单击鼠标右键，在弹出的快捷菜单中单击“关闭”命令。

④ 按 Alt+F4 组合键。

⑤ 单击【文件】|【关闭】命令。

（3）调整窗口的大小

在工作过程中，有时候会打开很多窗口，为了能同时查看其他窗口中的内容，需要调整各个窗口的大小。可以利用窗口控制按钮 – ▫ × 实现对窗口大小的调整，也可以使用鼠标调整窗口的大小。使用鼠标调整窗口大小的方法是：将鼠标指针放置到窗口的任意一个四角处，当鼠标指针变成↖或↗，按住鼠标左键拖曳，就可以任意调整窗口的大小。

（4）切换窗口

桌面上可同时存在多个已打开的窗口，但只有一个窗口处于当前状态，这个窗口称为当前窗口，其他窗口称为后台窗口。切换窗口最方便的方法是直接单击要激活的窗口，或者单击任务栏上需要激活的窗口的图标，也可以按 Alt+Tab 组合键进行窗口切换。

8. 文件和文件夹

（1）文件

文件是存储在外部介质上的信息集合。在计算机中，文件一般保存在磁盘中，因此文件也称为磁盘文件。文件名就像每个人的姓名，是存储文件的依据，即“按名存储”。

（2）文件夹

在现实生活中，为了便于管理各种文件，我们会对它们进行分类，并将其放在不同的文件夹中。Windows 10 用树形结构以文件夹的形式来组织和管理文件。

（3）文件和文件夹的命名规则

文件名的构成：主文件名.扩展名。例如，文件“第二章.docx”，“第二章”是文件的主文件名，“.docx”是文件的扩展名。扩展名决定文件的类型，文件类型不同，显示的图标也不同。表 2-1 所示为常用扩展名与文件类型的对应关系。

表 2-1　常用扩展名与文件类型的对应关系

扩展名	说明	扩展名	说明
.exe	可执行文件	.sys	系统文件
.com	命令文件	.zip	压缩文件
.htm	网页文件	.docx	Word 文件
.txt	文本文件	.c	C 语言源程序
.bmp	图像文件	.psd	Photoshop 文件
.fla	Flash 文件	.wav	声音文件
.java	Java 语言源程序	.cpp	C++语言源程序

文件、文件夹的命名规则：最多可由 255 个字符组成；不区分大小写；允许使用汉字；不能使用“\”“、”“/”“:”“*”“?”“<”“>”“|”等字符，可以使用空格符；扩展名用于说明文件类型；主文件名和扩展名之间用“.”隔开；同一文件夹内不允许有相同的文件名和文件夹名。

9. 文件和文件夹的基本操作

（1）文件和文件夹的创建

在文件夹窗口中单击【主页】|【新建文件夹】命令，可以在当前文件夹中创建一个新的文件夹。如果要创建“记事本文件”“Word 文件”等特定类型的文件，可以单击【主页】|【新建项目】命令，在子菜单中选择要创建的文件类型；也可以使用快捷菜单创建，在文件夹内容窗格中的任意空白处单击鼠标右键，在弹出的快捷菜单中单击“新建”命令，选择需要创建的文件类型。

（2）文件和文件夹的选中

在“文件资源管理器”窗口中要对文件或文件夹进行操作，首先要选中文件或文件夹对象，从而确定操作的范围。

① 选中单个对象

在文件夹内容窗格中单击想要选择的文件或文件夹的图标或名字，所选中的文件名或文件夹名以蓝底形式显示。

② 连续选中多个对象

如果要选中多个连续的对象，操作方法有以下两种。

a. 在文件夹内容窗格中单击要选中的第一个对象，然后移动鼠标指针到要选中的最后一个对象，按住 Shift 键并单击最后一个对象，这样多个连续的对象即被选中了。

b. 按住鼠标左键从连续对象区的左上角开始向右下角拖动，这时会出现一个虚线矩形框，直到虚线矩形框将所有要选中的对象框住为止，然后松开鼠标左键。

③ 选中不连续的多个对象

如果要选中的多个对象分布在几个不连续的区域中，可以进行以下操作：在文件夹内容窗格中，按住 Ctrl 键并单击所要选中的每一个对象，全部选中后，放开 Ctrl 键即可。

④ 选中全部对象

如果要选中全部对象，操作方法有以下两种。

a. 单击【主页】|【全部选择】命令，可以选中当前文件夹中的全部文件和文件夹对象。

b. 按 Ctrl+A 组合键，可以选中文件夹内容窗格中的全部对象。

⑤ 取消选中的对象

单击文件夹内容窗格中的任意空白处，即可取消已经选中的所有对象；按住 Ctrl 键并分别单击需取消的对象，可以部分取消已选中的对象。

（3）文件或文件夹的复制

复制文件或文件夹的方法有以下 4 种。

① 选中要复制的对象后，单击【主页】|【复制】命令，然后在需要粘贴的位置单击【主页】|【粘贴】命令。

② 选中要复制的对象后，单击鼠标右键并在弹出的快捷菜单中单击“复制”命令，然后在需要粘贴的位置单击鼠标右键，在弹出的快捷菜单中单击“粘贴”命令。

③ 选中要复制的对象后，按 Ctrl+C 组合键，然后在需要粘贴的位置按 Ctrl+V 组合键。

④ 选中要复制的对象后，在按住 Ctrl 键的同时按住鼠标左键将选中的对象拖到目标位置。

（4）文件或文件夹的移动

移动文件或文件夹的方法有以下 4 种。

① 选中要移动的对象后，单击【主页】|【剪切】命令，然后在需要粘贴的位置单击【主页】|【粘贴】命令。

② 选中要移动的对象后，单击鼠标右键并在弹出的快捷菜单中单击“剪切”命令，然后在需要粘贴的位置单击鼠标右键，在弹出的快捷菜单中单击“粘贴”命令。

③ 选中要移动的对象后，按 Ctrl+X 组合键，然后在需要粘贴的位置按 Ctrl+V 组合键。

④ 选中要移动的对象后，按住鼠标左键将选中的对象拖到目标位置。

（5）文件或文件夹的删除

删除文件或文件夹的方法如下。

① 直接使用 Delete 键删除。选中要删除的对象，按 Delete 键。

② 使用“主页”菜单或工具栏按钮。选中要删除的对象，单击【主页】|【删除】命令。

③ 使用快捷菜单。选中要删除的对象，单击鼠标右键，在弹出的快捷菜单中单击“删除”命令。

④ 直接拖动要删除的对象到回收站。选中要删除的对象并按住鼠标左键将其拖动到“回收站”图标上松开鼠标，即可删除对象。

⑤ 按 Shift +Delete 组合键。操作系统还提供了一种彻底删除对象的快捷操作方式：选中要删除的对象按 Shift+Delete 组合键，打开“删除文件”对话框，单击“是”按钮。此操作为物理删除，一般情况下不可复原，因此在使用该操作时一定要慎重。

（6）文件或文件夹的重命名

当计算机中的文件或文件夹的名称已经不再满足要求时，可以对文件或文件夹进行重命名。重命名的方法有：选中需要重命名的文件或文件夹，然后单击鼠标右键弹出快捷菜单，单击“重命名”命令，输入新文件或文件夹名后按 Enter 键；选中文件或文件夹，然后单击【主

页】|【重命名】命令，输入新文件或文件夹名后按Enter键；选中文件或文件夹，然后按F2键，输入新文件或文件夹名后按Enter键；先选中要重命名的文件或文件夹，然后单击文件或文件夹名文本框，输入新文件或文件夹名后按Enter键。

（7）文件或文件夹的查找和替换

打开“此电脑”窗口，会看到右上角有个输入框，输入框中有“在此电脑中搜索”的字样，如图2-7所示。输入想要搜索的文件或文件夹的名称，即可进行搜索。

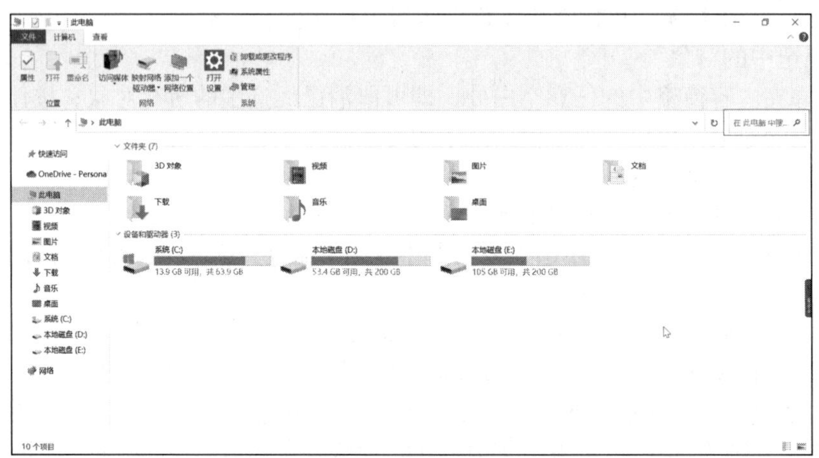

图2-7　搜索输入框

Windows 10的搜索功能较为强大，只要输入文件名中包含的数字或文字即能搜索到含有该字词的文件和文件夹。

如果想提高搜索的准确率和速度，可以在相应的磁盘或文件夹中进行搜索。例如，记得需要搜索的文件在“D盘”的“我的图片”文件夹中，那么就可以在相应的文件夹中进行搜索，搜索的速度和准确率会高很多。

如果我们懂得一些查找与替换的文件通配符，再在Word中进行查找与替换就会更加方便和快捷，工作效率也会大大提高。通配符“？”在查找文字里代表一个字符；通配符“*”在查找文字里代表任意多个字符。

二、预习测试

1. 单项选择题

（1）启动Windows 10后，在屏幕上即可看到Windows 10桌面。在默认情况下，Windows 10的桌面是由______个部分组成的。

A. 桌面背景、桌面图标和任务栏　B. 键盘、鼠标指针和任务栏

C. 显示桌面、搜索和通知区域　D. 键盘、搜索和鼠标指针

（2）下面关于操作系统的叙述，错误的是____。

A. 操作系统是用户与计算机硬件之间的接口

B. 操作系统直接作用于硬件上，并为其他应用软件提供支持

C. 操作系统可分为单用户、多用户等类型

D. 操作系统可直接编译高级语言源程序并执行

（3）计算机操作系统协调和管理计算机软硬件资源，同时还是____之间的接口。

A. 主机和外设　B. 用户和计算机硬件

C. 系统软件和应用软件　D. 高级语言和计算机语言

（4）在 Windows 中，要取消已经选中的多个文件或文件夹中的一个，应该按____键再单击要取消的对象。

A. Alt　　B. Ctrl　　C. Shift　　D. Esc

（5）Windows 目录的文件结构是____。

A. 网状结构　　B. 环形结构　　C. 矩形结构　　D. 树形结构

（6）下面关于 Windows 窗口的描述，错误的是____。

A. 窗口是 Windows 应用程序中的基本操作单元

B. 按 Shift+Tab 组合键可以在各窗口之间切换

C. 用户可以改变窗口的大小

D. Windows 窗口由窗口控制按钮、地址栏、菜单栏、工具栏、工作区、状态栏和滚动条等组成

（7）在 Windows 中，为了查找文件名以“A”字母开头的所有文件，应当在搜索输入框内输入____。

A. A　　B. A*　　C. A?　　D. A#

（8）当一个应用程序窗口被最小化后，该应用程序将____。

A. 被终止执行　　B. 继续在前台执行

C. 被暂停执行　　D. 转入后台执行

（9）要选中多个不连续的文件（文件夹），要先按住____，再选中文件。

A. Alt 键　　B. Ctrl 键　　C. Shift 键　　D. Tab 键

（10）在 Windows 10 中，需要移动文件或文件夹时，可以使用______组合键。

A. Ctrl+X 和 Ctrl+V　　B. Ctrl+C 和 Ctrl+V

C. Ctrl+Z 和 Ctrl+V　　D. Ctrl+C 和 Ctrl+Z

（11）在 Windows 10 中，Ctrl+C 是____命令的组合键。

A. 复制　　B. 粘贴　　C. 剪切　　D. 打印

（12）下面是关于 Windows 10 文件名的叙述，错误的是____。

A. 文件名中允许使用汉字　　B. 文件名中允许使用多个圆点分隔符

C. 文件名中允许使用空格　　D. 文件名中允许使用西文字符“|”

（13）在 Windows 10 中，利用“回收站”可恢复____上被误删除的文件。

A. 硬盘　　B. 软盘　　C. 内存储器　　D. 光盘

（14）在 Windows 10 中，要将文件直接删除而不是放入回收站，正确的操作是____。

A. 按 Delete 键　　B. 按 Shift 键

C. 按 Shift+Delete 组合键　　D. 单击【文件】|【删除】命令

2. 多项选择题

（1）在 Windows 10 中，更改文件名的正确方法包括____。

A. 单击鼠标右键弹出快捷菜单，然后单击“重命名”命令，输入新文件名后按 Enter 键

B. 选中文件，然后单击【文件】|【重命名】命令，输入新文件名后按 Enter 键

C. 选中文件或文件夹，然后按 F2 键，输入新文件名后按 Enter 键

D. 选中文件，然后单击文件名文本框，输入新文件名后按 Enter 键

（2）下面关于操作系统的叙述中，错误的是____。

A. 操作系统是用户与计算机之间的接口

B. 操作系统是对计算机硬件系统的扩充

C. 操作系统具有并发性、共享性、虚拟性和不确定性四个基本特点

D. 操作系统只有单用户操作系统、批处理操作系统、分时操作系统

3. 操作题

（1）将“实训 2-1”文件夹下 SKIN 文件夹中的文件 KEEP.wps 删除。

（2）在“实训 2-1”文件夹下 JIMI 文件夹中建立一个名为 POKE 的新文件夹。

（3）将“实训 2-1”文件夹下 GAME 文件夹中的文件 FINE.pas 移动到“实训 2-1”文件夹下的 MODE 文件夹中，并将文件名改为 FIRST.prg。

（4）将“实训 2-1”文件夹下 HYR 文件夹中的文件 BASIC.for 复制到“实训 2-1”文件夹下的 TIG 文件夹中。

（5）将“实训 2-1”文件夹下的 SQRE 文件夹更名为 PERI。

三、预习情况解析

解析视频

1. 涉及知识点

操作系统、文件、文件夹等有关概念，Windows 的特点及启动、退出方法，文件和文件夹的创建、复制、移动、删除、重命名等基本操作，搜索文件的方法。

2. 测试题解析

见表 2-2。

表 2-2 “计算机资源管理”预习测试题解析

测试题序号	答案	参考知识点	测试题序号	答案	参考知识点
第 1.（1）题	A	见课前预习“4.”	第 1.（10）题	A	见课前预习“9.（4）”
第 1.（2）题	D	见课前预习“1.”	第 1.（11）题	A	见课前预习“9.（3）”
第 1.（3）题	B	见课前预习“1.”	第 1.（12）题	D	见课前预习“8.（3）”
第 1.（4）题	B	见课前预习“9.（2）”	第 1.（13）题	A	见课前预习“5.”
第 1.（5）题	D	见课前预习“3.（2）”	第 1.（14）题	C	见课前预习“9.（5）”
第 1.（6）题	B	见课前预习“6.”“7.”	第 2.（1）题	ABCD	见课前预习“9.（6）”
第 1.（7）题	B	见课前预习“9.（7）”	第 2.（2）题	ACD	见课前预习“5.”
第 1.（8）题	D	见课前预习“6.（1）”	第 3 题	见微课视频	
第 1.（9）题	B	见课前预习“9.（2）”			

3. 易错点统计分析

师生根据预习反馈情况自行总结。

2.2.2 任务实现

一、建立文件管理体系

涉及知识点：常用的文件类型

【任务 1】对 F 盘内所有文件、文件夹，按照用途进行分类

赵老师根据小王的介绍，对 F 盘内所有文件、文件夹，按照所属分类进行了认真的分析，具体分析结果如表 2-3 所示。

表 2-3 F 盘文件分类

<table>
<tr><th>所属分类</th><th colspan="2">文件、文件夹名称</th><th>文件、文件夹类别</th></tr>
<tr><td rowspan="3">私人类</td><td colspan="2">个人简历</td><td>Word 文件</td></tr>
<tr><td colspan="2">照片</td><td>文件夹</td></tr>
<tr><td colspan="2">日记</td><td>Word 文件</td></tr>
<tr><td rowspan="3">学习类</td><td colspan="2">计基作业</td><td>文件夹</td></tr>
<tr><td colspan="2">PS CS6</td><td>可执行文件</td></tr>
<tr><td colspan="2">C 语言作业</td><td>文件夹</td></tr>
<tr><td rowspan="3">娱乐类</td><td colspan="2">腾讯 QQ</td><td>可执行文件</td></tr>
<tr><td colspan="2">宣传片</td><td>视频文件</td></tr>
<tr><td colspan="2">连连看</td><td>可执行文件</td></tr>
<tr><td rowspan="5">学生会成员管理类</td><td colspan="2">学生评议结果</td><td>Word 文件</td></tr>
<tr><td rowspan="4">学生会成员管理（文件夹）</td><td>生活部</td><td>文件夹</td></tr>
<tr><td>体育部</td><td>文件夹</td></tr>
<tr><td>学习部</td><td>文件夹</td></tr>
<tr><td>宣传部</td><td>文件夹</td></tr>
</table>

通过表 2-3 分析情况可知，在 F 盘目录下的文件、文件夹，主要有“私人”“学习”“娱乐”“学生会成员管理” 4 类。

二、创建文件夹

涉及知识点：创建文件夹、重命名文件夹、创建快捷方式

【任务 2】在计算机系统的 F 盘中创建“娱乐”“私人”“学习”“学生会成员管理” 4 个文件夹。

步骤 1：创建文件夹。

在 F 盘文件夹窗口中，单击【主页】|【新建文件夹】命令，创建一个“新建文件夹”文件夹。

还可以在文件夹内容窗格中的任意空白处单击鼠标右键，在弹出的快捷菜单中单击【新建】|【文件夹】命令。

步骤 2：重命名文件夹。

单击两次文件名，使文件名处于激活状态，将输入法切换到中文输入状态，输入“娱乐”并按 Enter 键，即可创建名为“娱乐”的文件夹。

步骤 3：分别创建“私人”“学习”“学生会成员管理”文件夹。

按照以上操作方式，依次创建“私人”“学习”“学生会成员管理”文件夹。

步骤 4：在“学生会成员管理”文件夹中创建“体育部”“学习部”“宣传部”“生活部”文件夹。

在操作系统桌面上的“开始”菜单处单击鼠标右键，然后在弹出的快捷菜单中单击“文件资源管理器”命令，打开“文件资源管理器”窗口。在“文件资源管理器”窗口的树形结构目录中，单击【此电脑】|【本地磁盘(F:)】|【学生会成员管理】命令，打开“学生会成员管理”窗口，如图 2-8 所示。

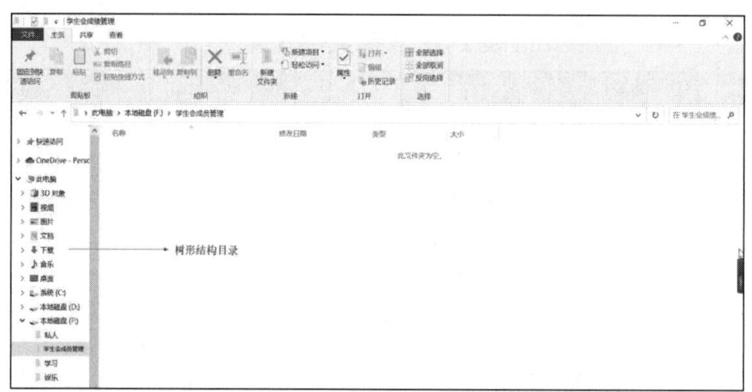

图 2-8 “学生会成员管理”窗口

在“学生会成员管理”窗口工作区域空白处单击鼠标右键，在弹出的快捷菜单中单击【新建】|【文件夹】命令，在文件名处于激活状态下，输入“生活部”并按 Enter 键。

按照上面介绍的操作步骤，依次创建“体育部”“学习部”“宣传部”文件夹。

【任务 3】创建“学生会成员管理”文件夹的桌面快捷方式。

步骤 1：创建快捷方式。

在桌面的空白区域单击鼠标右键，在弹出的快捷菜单中单击【新建】|【快捷方式】命令，打开“创建快捷方式”对话框，如图 2-9 所示。

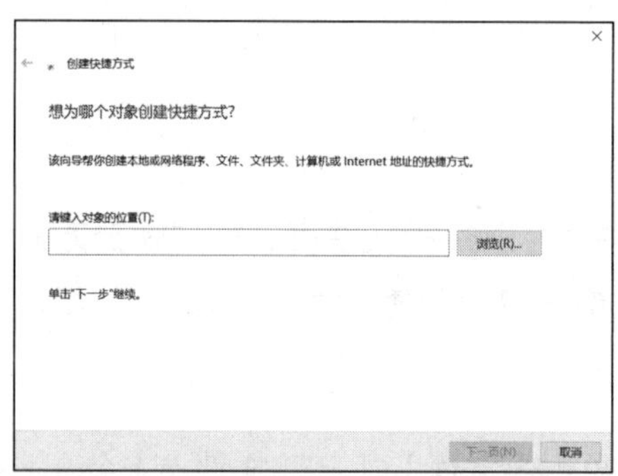

图 2-9 “创建快捷方式”对话框

说明：

快捷方式是 Windows 中的一个重要概念。双击某个快捷方式就可对它所代表的对象进行操作，快捷方式可以放在桌面上，也可以放在任意文件夹中，“开始”菜单中的很多项目都是某个应用程序或软件的快捷方式。使用快捷方式的好处是，可以在多个地方方便地操作对象，而又不用存放对象的多个副本，节省存储空间。

在桌面或文件夹窗口中，快捷方式的图标样式与文件或文件夹的图标样式类似，其不同点是快捷方式的左下角有一个弧形箭头↗作为标志。快捷方式文件的扩展名是.lnk，它是一个很小的文件，其中存放的是一个实际对象（程序、文件或文件夹）的链接。可以选中快捷方式，单击鼠标右键，然后在弹出的快捷菜单中单击“属性”命令，查到该快捷方式的目标位置与起始位置。

单击“浏览”按钮，打开“浏览文件或文件夹”对话框，单击【此电脑】|【本地磁盘(F:)】|【学生会成员管理】命令，如图 2-10 所示。单击“确定”按钮，返回“创建快捷方式”对话框，单击“下一步”按钮。

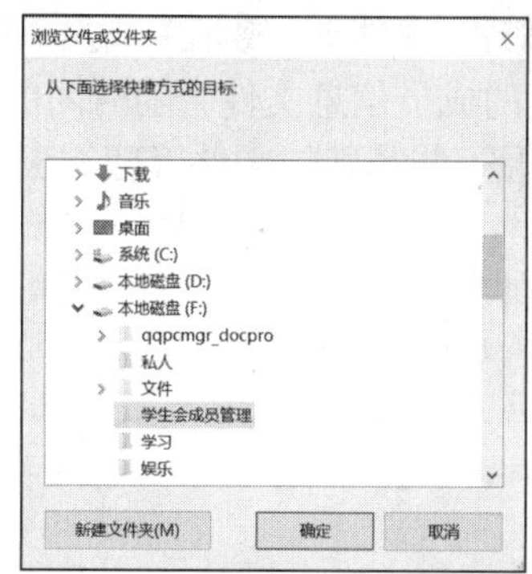

图 2-10　“浏览文件或文件夹”对话框

步骤 2：输入快捷方式名称。

在“输入该快捷方式的名称”文本框中输入“学生会成员管理”，单击“完成”按钮。

说明：

创建桌面快捷方式也可以先选中目标文件，单击鼠标右键，在弹出的快捷菜单中单击【发送到】|【桌面快捷方式】命令，完成快捷方式的创建。

三、文件的选定、移动、复制和删除

涉及知识点：文件的选定、移动、复制和删除

按照表 2-3 的分析结果，将 F 盘中的文件、文件夹归类整理到相应的文件夹中。

【任务 4】根据文件进行分类，把文件分别复制或移动到相应文件夹中。

步骤 1：整理“娱乐”文件夹。

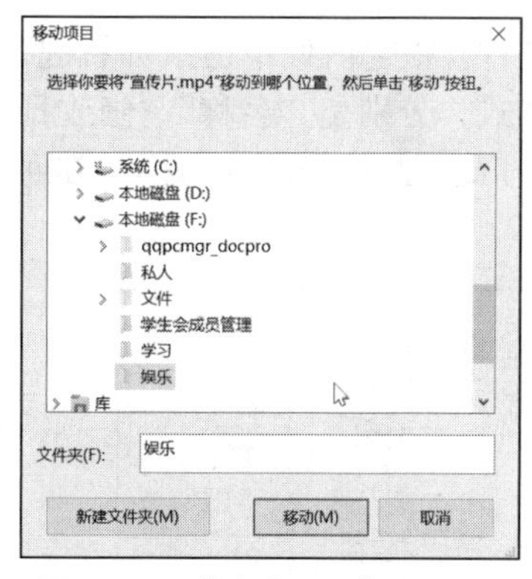

图 2-11　“移动项目”对话框

单击“宣传片.mp4”文件图标，使该文件处于选中状态，然后单击【主页】|【移动到】|【选择位置】命令，在弹出的“移动项目”对话框中，单击【此电脑】|【本地磁盘(F:)】|【娱乐】命令，如图 2-11 所示，然后单击“移动”按钮，完成移动操作。按照上述的操作将“腾讯 QQ”“连连看”文件也移动到“娱乐”文件夹中。

步骤 2：整理“私人”文件夹。

按住 Ctrl 键的同时，选中“个人简历”“照片”“日记”文件或文件夹，按照“步骤 1”的操作方式移动上述文件或文件夹，目标地址设置为【此电脑】|【本地磁盘(F:)】|【私人】。

步骤 3：整理“学习”文件夹。

将鼠标指针移至“计基作业”文件左上角的空白区域，按住鼠标左键拖曳选中“PS CS6”“C 语言作业”两个文件，将这些文件拖动到“学习”文件夹中后松开鼠标左键，完成移动操作。

说明：

对文件进行“复制”或“移动”等操作后，这些文件会存储在剪贴板的临时存储区。剪贴板是 Windows 中的常用工具，它是内存中的一块区域。在使用剪贴板时，新剪贴的内容会覆盖之前剪贴的内容，简单来说，剪贴板就是计算机存放交换信息的区域，剪贴板可以存放的内容是多样的，包括文字、图像、声音等信息。

【任务 5】整理“学生会成员管理”文件夹，将相关成员对应的文件移动到各部门文件夹中。

“学生会成员管理”文件夹里的成员信息文件会随时间的积累越来越多，为了更合理地管理学生会成员信息文件，需要掌握一些基础的文件管理方法。

步骤 1：查看并选定文件。

因为“学生会成员管理”文件夹中的文件较多，所以可采用平铺的形式进行查看，这样可以更加清楚地查看文件的图标，如图 2-12 所示。

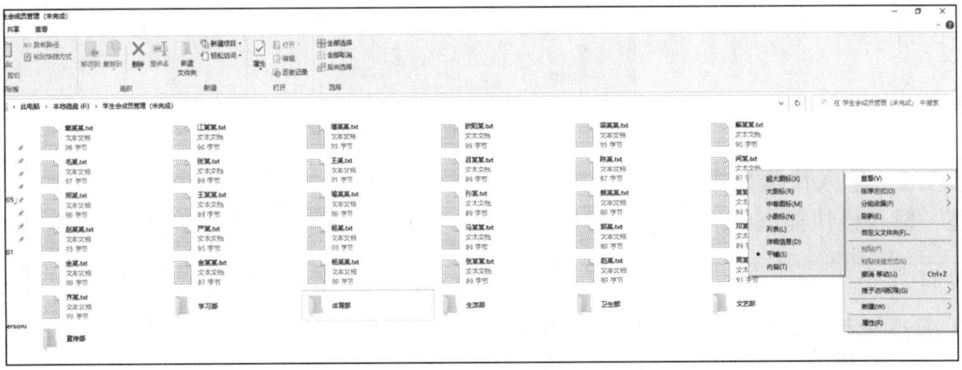

图 2-12　文件显示方式

说明：

单击菜单栏中的“查看”命令，子菜单中列出了几种查看文件的方式。当文件夹中的内容较多时，最好采用“平铺”和“图标”方式，这样可以更加清楚地查看文件的图标；如果想尽可能多地显示文件和文件夹，就可以采用“列表”方式显示，以便看到更多的内容；“详细信息”方式可以显示文件名称、大小、类型和修改时间等信息。

为了更快地找到需要的文件，可以按文件的其他属性排列文件。在空白处单击鼠标右键，弹出快捷菜单后单击“排序方式”命令，里面提供了 4 种排列方式，分别是“名称”“修改日期”“类型”“大小”，可以根据自己的需要选择不同的文件排列方式。此处采用“名称”排列方式，如图 2-13 所示。

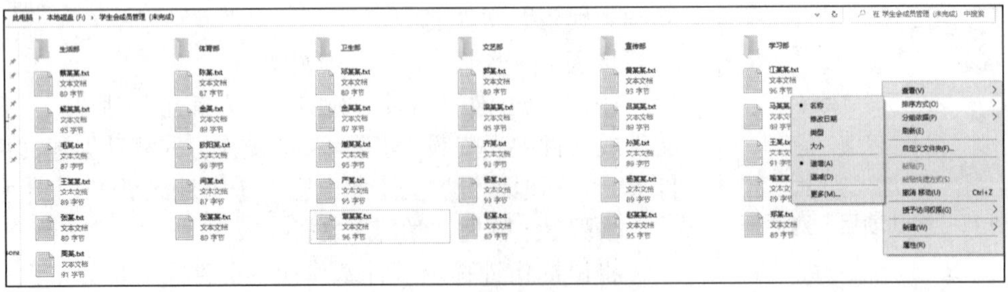

图 2-13　文件排列方式

文件显示方式和排列方式设置完成后，单击“蔡某某.txt”文件，然后按住 Ctrl 键依次单击“齐某.txt”“杨某 txt”“杨某某.txt”“周某.txt”“朱某.txt”文件。

步骤 2：移动文件。

按 Ctrl+X 组合键剪切文件，然后双击“生活部”文件夹，打开“生活部”文件夹窗口。按 Ctrl+V 组合键，执行粘贴命令。同理，将其他成员信息文件分别存放在相应部门的文件夹里。具体放置位置参考素材——“学生会成员管理（已完成）”文件夹中文件的具体放置位置。

步骤 3：删除“王文浩.txt”文件。

双击“体育部”文件夹，打开“体育部”文件夹窗口，选中“王文浩.txt”文件，单击鼠标右键，弹出快捷菜单后单击“删除”命令，文件将暂时存放在回收站。如果需要彻底删除“王文浩.txt”文件，则双击桌面上的“回收站”图标，打开“回收站”窗口，选中“王文浩.txt”文件，单击鼠标右键，在弹出的快捷菜单中单击“删除”命令，然后在弹出的对话框中单击“是”按钮。

四、设置文件和文件夹属性

涉及知识点：设置文件和文件夹的属性，文件和文件夹的备份、显示与隐藏

【任务 6】备份“学生会成员管理”文件夹，将备份的“学生会成员管理”文件夹名修改成“学生会成员管理（备份）”。

步骤 1：备份“学生会成员管理”文件夹。单击“学生会成员管理”文件夹，单击【主页】|【复制到】|【选择位置】命令，打开“复制项目”对话框。在“复制项目”对话框中，设置文件复制路径为【此电脑】|【本地磁盘(E:)】。然后单击【复制】按钮，完成“学生会成员管理”文件夹的备份。

步骤 2：重命名备份的“学生会成员管理”文件夹。单击备份的“学生会成员管理”文件夹，然后单击【主页】|【重命名】命令（或者选中要重命名的对象，单击鼠标右键打开快捷菜单，单击“重命名”命令），这时选定的对象的名称就会进入编辑状态，将输入法切换到中文输入状态，输入汉字“学生会成员管理（备份）”，然后按 Enter 键或单击文件名称外任意处。

说明：

在修改文件名称时，如果修改了文件扩展名，就会改变这个文件的属性，需要慎重操作，系统会弹出图 2-14 所示的提示。

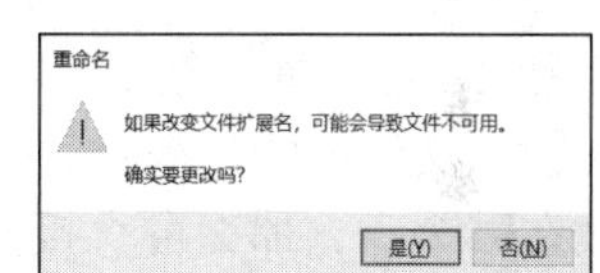

图 2-14 改变扩展名时出现的提示

【任务 7】设置“学生评议结果.docx”文件的属性为隐藏，并且会查看该隐藏文件。

步骤 1：隐藏文件。

选中“学生评议结果.docx”文件，单击鼠标右键，在弹出的快捷菜单中单击“属性”命令，打开“学生评议结果.docx 属性”对话框，如图 2-15 所示。在属性对话框的“常规”选项卡中，选中“隐藏”前的复选框，然后单击“确定”按钮，即可完成“学生评议结果.docx”文件的隐藏操作。

说明：

选中一个文件后，单击鼠标右键，在弹出的快捷菜单中单击“属性”命令，也会打开属性对话框。对话框的最下面显示有“只读”“隐藏”两个属性。“只读”属性是指打开这个文件时，只能看而不能修改里面的内容；“隐藏”属性是指隐藏文件，并不是删除文件。设置隐藏属性后，我们在浏览文件时，就看不到这个文件。“存档”属性用于显示和控制当前文件是否应该备份，需要单击“高级”按钮进行设置。

图 2-15 “学生评议结果.docx 属性”对话框

步骤 2：查看隐藏文件。

单击【文件】|【选项】命令，打开“文件夹选项”对话框，再切换到“查看”选项卡，在下面的“高级设置”列表框中找到“隐藏文件和文件夹”，如图 2-16 所示，然后选中“显示隐藏的文件、文件夹和驱动器”单选按钮，再单击“确定”按钮，被隐藏的文件就会再次显示出来。

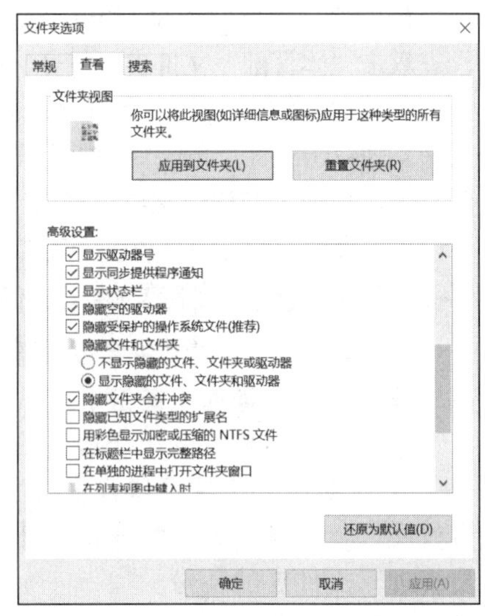

图 2-16 “文件夹选项”对话框

五、搜索文件和文件夹

涉及知识点：文件和文件夹的搜索

在使用计算机的过程中，有时在需要打开某个文件或文件夹时，却忘记了这个文件或文件夹的具体存放位置或具体文件名称，这时 Windows 提供的搜索文件或文件夹工具就可以帮助用户查找这个文件或文件夹。

【任务 8】搜索计算机中的“朱丽.txt”文件，并将文件的具体信息交给学生会王老师。

步骤 1：找到搜索框。

双击桌面上的“此电脑”图标，进入“文件资源管理器”窗口，然后在右上角的搜索框中输入“朱丽”。

步骤 2：显示搜索结果。

在输入文件名的过程中，计算机就会自动根据输入的内容进行搜索。如果知道“朱丽.txt”文件放在哪个盘，那么可直接打开该盘进行搜索，这样会提高搜索速度。双击文件图标即可打开该文件，同时还可以查看该文件的路径。

2.3 任务二 设置个性化环境

2.3.1 课前准备

为保证任务能够顺利完成，请在实际操作前预习以下内容，学会使用控制面板进行个性化工作环境的设置。

一、课前预习

1. 控制面板

控制面板是 Windows 图形用户界面的一部分，可通过单击【开始】|【Windows 系统】|【控制面板】命令访问。控制面板是 Windows 为用户提供的一个管理计算机的场所，通过它用户不仅可以设置计算机的各种功能，还可以按照自己的实际需要进行个性化设置，可以根据个人的喜好和习惯管理计算机，如可以添加新硬件、添加或删除程序、控制用户账户、更改计算机的日期和时间、调整鼠标的设置、进行网络设置等。

2. Windows 附件

Windows 10 提供了一些实用的小程序，如画图、步骤记录器、写字板、记事本、截图工具、远程桌面连接等，这些程序被统称为 Windows 附件，用户可以使用它们完成相应的工作。

（1）画图

单击【开始】|【Windows 附件】|【画图】命令，即可启动画图程序，如图 2-17 所示。

画图程序是 Windows 自带的一款图像绘制和编辑工具，用户可以使用它绘制简单的图像，或对计算机中的图片进行处理。

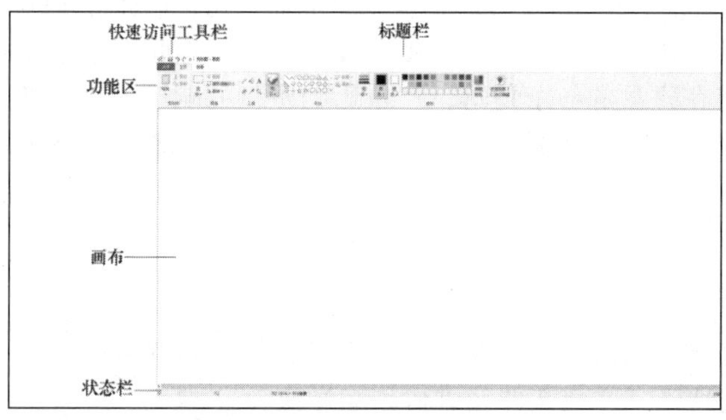

图 2-17　画图

（2）步骤记录器

利用 Windows 10 附件中自带的步骤记录器，用户可以记录在计算机上的每一步操作，并自动配以截图和文字说明，用来分享操作步骤或教别人使用。单击【开始】|【Windows 附件】|【步骤记录器】命令，即可启动步骤记录器程序，如图 2-18 所示。

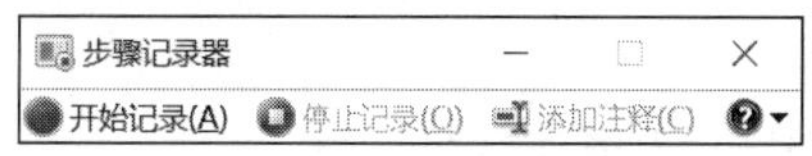

图 2-18　步骤记录器

（3）截图工具

单击【开始】|【Windows 附件】|【截图工具】命令，即可启动截图工具程序，如图 2-19 所示。打开截图工具后选择“新建”即可使用鼠标进行截图。

（4）远程桌面连接

单击【开始】|【Windows 附件】|【远程桌面连接】命令，即可启动远程桌面连接程序，如图 2-20 所示。远程桌面连接这个功能很多地方都会用到，如自己的计算机或对方的计算机出现了无法自己解决的问题、有些工作需要两台计算机分开处理但自己又不方便去其他的计算机上工作等情况都会用到远程桌面连接功能。

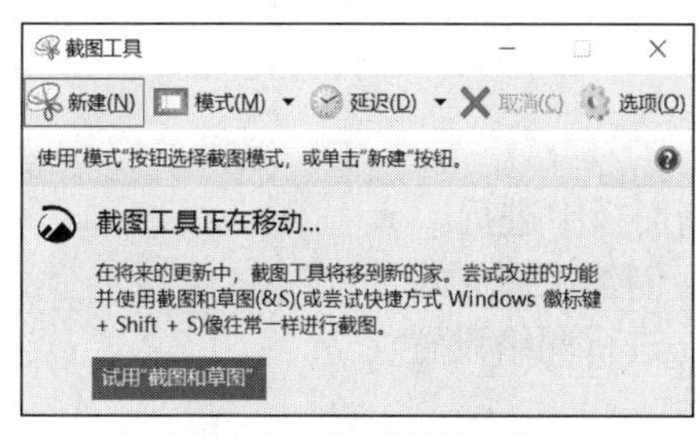

图 2-19　截图工具

图 2-20　远程桌面连接

3. Windows 管理工具

Windows 管理工具也称为 Windows 工具，可以用于访问计算机的详细规格、安排任务、管理 Windows 服务、管理硬盘分区、提高硬盘性能、监控日志和事件，以及进行其他操作。

（1）磁盘清理

磁盘清理是一个免费的 Windows 工具，可以深度清理计算机。磁盘清理可以帮助用户删除临时文件、缩略图、Windows 缓存、未使用的语言文件等。

（2）碎片整理和优化驱动器

在 Windows 10 系统中，“碎片整理和优化驱动器”可以自动识别并对机械硬盘进行碎片整理，对固态硬盘进行优化。随着计算机硬盘使用时间的增长，磁盘上会产生大量的垃圾碎片，这些碎片会分布在磁盘的各个角落，严重影响磁盘的响应速度。通过整理碎片，可以重新组织磁盘上的数据，使其更加紧凑和有序，使磁盘中的文件成连续的状态，从而提升系统的响应速度和整体性能。

二、预习测试

单项选择题

（1）如果要彻底删除系统中已安装的应用软件，最正确的方法是____。

A. 直接找到该文件或文件夹进行删除操作

B. 在控制面板中的删除程序或用软件自带的卸载程序进行删除操作

C. 删除该文件及快捷图标

D. 对磁盘进行碎片整理操作

（2）若要对 Windows 桌面的颜色、方案、分辨率等属性进行设置，要先打开的对象是____。

A. “多媒体”附件　　B. 资源管理器

C. 控制面板　　D. 快捷菜单

（3）碎片整理和优化驱动器的主要作用是____。

A. 延长磁盘的使用寿命

B. 使磁盘中的损坏区可以重新使用

C. 使磁盘可以获得双倍的存储空间

D. 使磁盘中的文件成连续的状态，提高系统的性能

（4）当越来越多的文件在磁盘的物理空间上呈不连续状态时，对磁盘进行整理一般可以用____。

A. 磁盘格式化程序

B. 系统资源监视程序

C. 磁盘文件备份程序

D. 碎片整理和优化驱动器

（5）以下不是画图程序的组是____。

A. 图像　　B. 颜色　　C. 工具　　D. 编辑

（6）在 Windows 10 中，____操作不能在控制面板中进行。

A. 添加新硬件　　B. 创建快捷方式

C. 调整鼠标的设置　　D. 进行网络设置

三、预习情况解析

1. 涉及知识点

Windows 10 附件中常用工具的基本使用方法，利用文件资源管理器完成系统软硬件管理的方法，利用控制面板添加硬件、添加或删除程序的方法。

2. 测试题解析

见表 2-4。

表 2-4　“设置个性化环境”预习测试题解析

测试题序号	答案	参考知识点	测试题序号	答案	参考知识点
第（1）题	B	见课前预习“1.”	第（4）题	D	见课前预习“3.（2）”
第（2）题	C	见课前预习“1.”	第（5）题	D	见课前预习“2.（1）”
第（3）题	D	见课前预习“3.（2）”	第（6）题	D	见课前预习“1.”

3. 易错点统计分析

师生根据预习反馈情况自行总结。

2.3.2　任务实现

一、个性化桌面背景

涉及知识点：“显示”属性的设置

很多用户在使用计算机时希望自己的桌面具有个性，这时可以通过改变桌面背景颜色、在背景上添加图片、改变显示的大小、美化字体和更改图标的显示等方法来满足用户个性化桌面背景的需求。

【任务 1】为计算机设置个性化的桌面背景、屏幕保护程序、显示器属性，使桌面看起来更加美观，更加实用。

步骤 1：设置桌面背景。

在桌面空白处单击鼠标右键，在弹出的快捷菜单中单击“个性化”命令，打开“设置”的“个性化”窗口，如图 2-21 所示。

在“个性化”窗口左侧单击“背景”，然后单击“浏览”按钮，打开图 2-22 所示的对话框。找到壁纸图片所在的位置，然后选中需要的壁纸图片，桌面背景就设置成功了。设置好桌面背景后，还可以选择填充、适应、拉伸、平铺、居中、跨区 6 种显示方法。

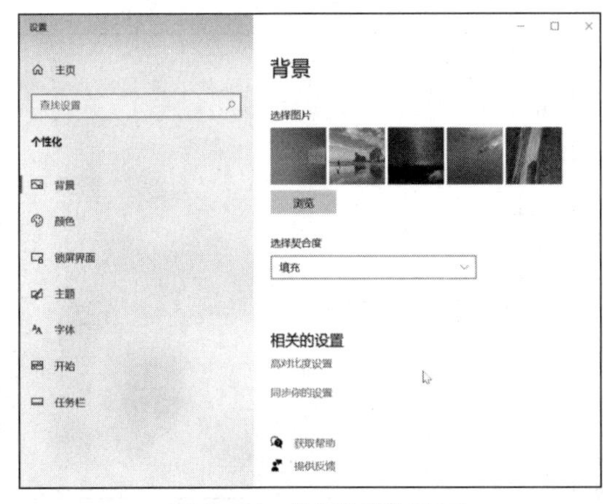

图 2-21　“个性化”窗口

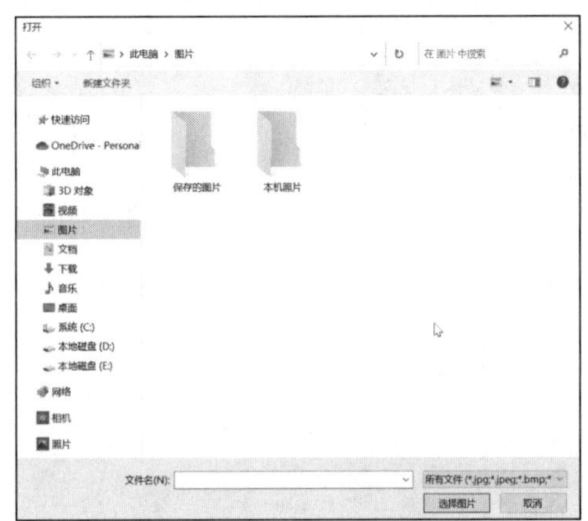

图 2-22　背景选择对话框

步骤 2：设置屏幕保护程序。

当用户在一段时间内没有使用计算机时，屏幕上会播放图片，这样可以减少屏幕的损耗并保障系统安全。屏幕保护程序还有其他的用处，如当用户暂时离开计算机时，可以通过设置屏幕保护程序口令来保护自己的计算机，让别人无法使用。

单击图 2-23 所示的“个性化”窗口左侧的“锁屏界面”，然后单击“屏幕保护程序设置”

超链接，弹出“屏幕保护程序设置”对话框，在“屏幕保护程序”下拉列表中选择需要的屏幕保护程序，“等待”微调按钮前的文本框可以调整计算机当前屏幕上的内容持续时间，在“等待”微调按钮右边有个复选框，可以将其选中设置“在恢复时显示登录屏幕”。设置完成后可以单击“预览”按钮，查看最终显示效果。预览效果如果达到要求后单击“确定”按钮或“应用”按钮，完成屏幕保护程序设置。

图 2-23　单击“屏幕保护程序设置”超链接

步骤 3：设置显示器属性。

在桌面空白处单击鼠标右键，在弹出的快捷菜单中单击“显示设置”命令，可以打开“设置”窗口的“系统”界面，如图 2-24 所示。单击“高级显示设置”超链接，会跳转到图 2-25 所示的界面，可以对屏幕刷新频率、颜色质量等常用功能进行设置。

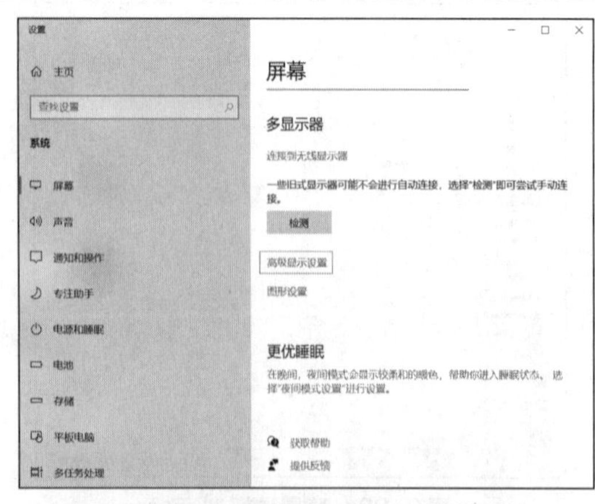

图 2-24　“设置”窗口的“系统”界面

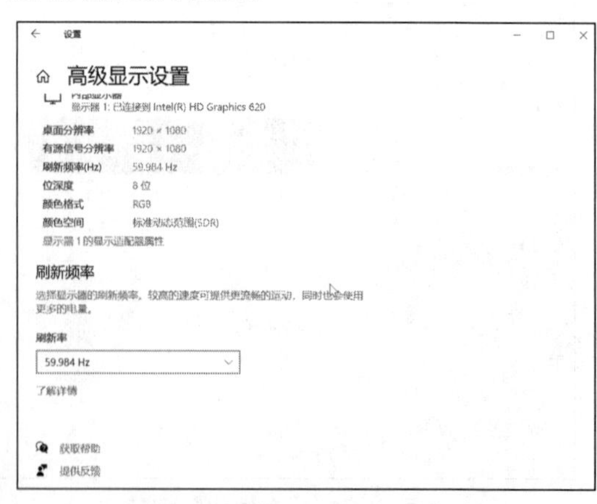

图 2-25　“高级显示设置”界面

二、安装和删除应用程序

涉及知识点：安装应用程序、删除应用程序

【任务 2】使用控制面板中的“程序和功能”将 Microsoft Office 2007 删除，为计算机安装 Microsoft Office 2016，以满足计算机应用基础学习的需要。

步骤 1：执行控制面板命令。

单击【开始】|【Windows 系统】|【控制面板】命令，在控制面板中双击“程序和功能”图标，然后根据需要选择卸载或更改程序，此处选择卸载程序。

步骤 2：执行卸载命令。

单击“卸载”命令，将打开图 2-26 所示的提示界面，单击“是”按钮，然后进入卸载界面，等待数分钟后，软件卸载结束。

步骤 3：安装新程序。

打开 Microsoft Office 2016 的安装包，找到安装文件 Set-up.exe，双击 Set-up.exe 执行文件，然后会打开图 2-27 所示的对话框，根据安装提示一步步安装 Microsoft Office 2016。

图 2-26　卸载提示界面

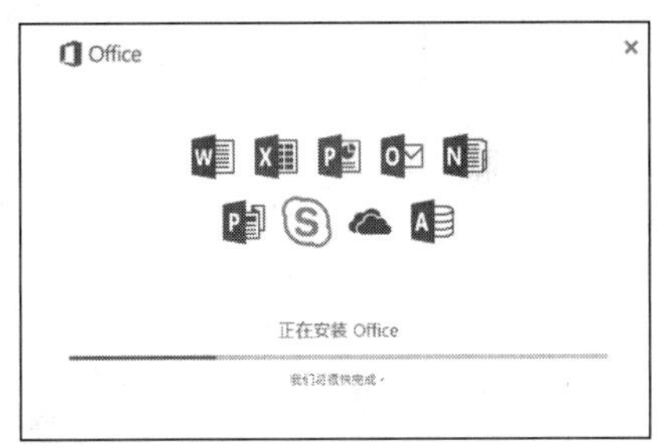

图 2-27　安装新程序

三、添加新用户

涉及知识点：添加新用户

【任务 3】为计算机添加一个管理员账户，账户名称为 abc，密码为 123，以满足多个用户使用一台计算机的情况。为了账户安全，可以将密码修改为安全系数更高的密码。

步骤 1：添加新用户。

单击【开始】|【Windows 系统】|【控制面板】命令，打开“控制面板”窗口。单击“用户账户”，打开“用户账户”窗口，默认管理员账户名称为 Administrator，如图 2-28 所示。

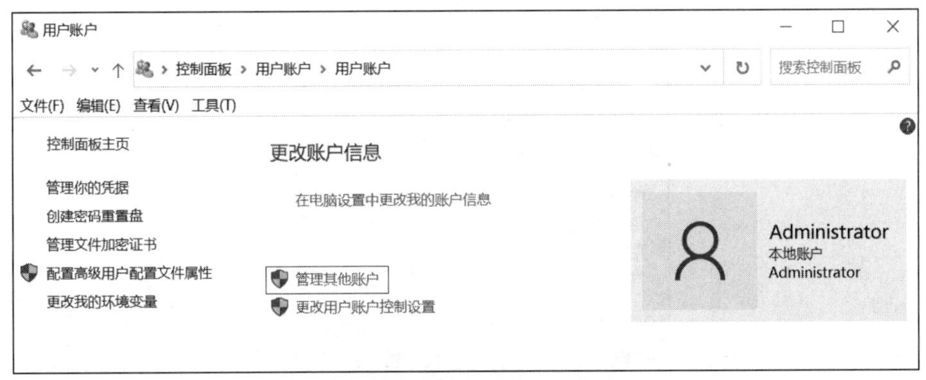

图 2-28　“用户账户”窗口

在“用户账户”窗口中单击“管理其他账户”超链接，进入“管理账户”窗口，该窗口中列出了管理员账户 Administrator，如图 2-29 所示。

单击“在电脑设置中添加新用户”超链接，单击“将其他人添加到这台电脑”，进入“本地用户和组”窗口，单击“用户”后右击，在弹出的快捷菜单中单击“新用户”命令，如图 2-30 所示。

图 2-29 “管理账户”窗口

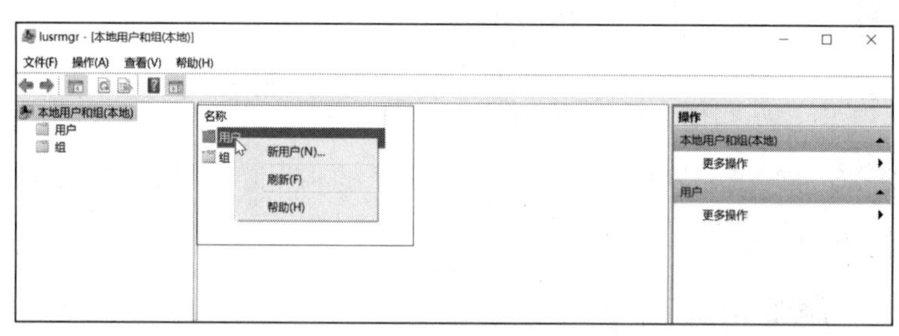

图 2-30 “本地用户和组”窗口

然后在打开的对话框中输入用户名“abc”，输入密码“123”及确认密码“123”，单击“创建”按钮完成操作，如图 2-31 所示。

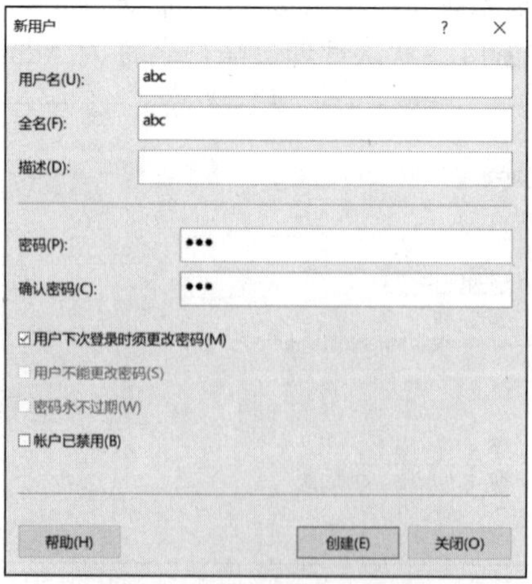

新用户

用户名(U): abc

全名(F): abc

描述(D):

密码(P): •••

确认密码(C): •••

☑用户下次登录时须更改密码(M)

用户不能更改密码(S)

密码永不过期(W)

☐帐户已禁用(B)

帮助(H) 创建(E) 关闭(O)

图 2-31 “新用户”对话框

步骤 2：修改密码。

在“管理账户”窗口中，单击新管理员账户 abc，进入“更改账户”窗口，如图 2-32 所示。单击窗口中的“更改密码”超链接，进入“更改密码”窗口，在“新密码”文本框中输入新密码，在“确认新密码”文本框中再次输入新密码，最后单击“更改密码”按钮，即可完成密码的修改。

图 2-32　“更改账户”窗口

四、修改系统日期和时间

涉及知识点：修改系统日期和时间

【任务 4】使用控制面板中的日期和时间工具修改计算机当前的日期和时间，以便我们每天查看正确的日期和时间。

单击【开始】|【Windows 系统】|【控制面板】命令，然后单击“日期和时间”、打开图 2-33 所示的对话框。接着单击“更改日期和时间”按钮，打开“日期和时间设置”对话框，如图 2-34 所示。设置需要更改的日期和时间，然后单击“确定”按钮即可完成设置。

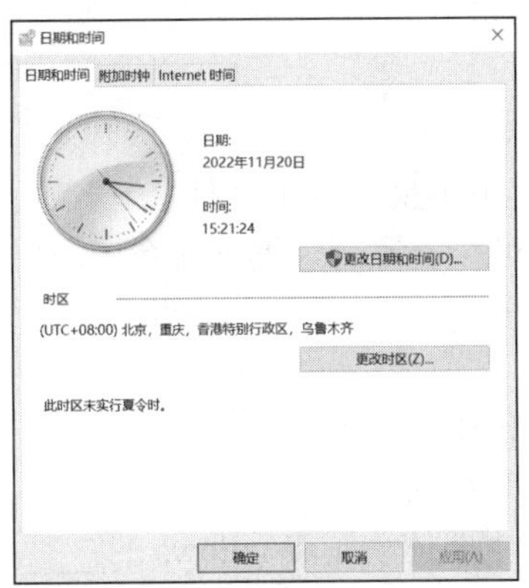

图 2-33　“日期和时间”对话框

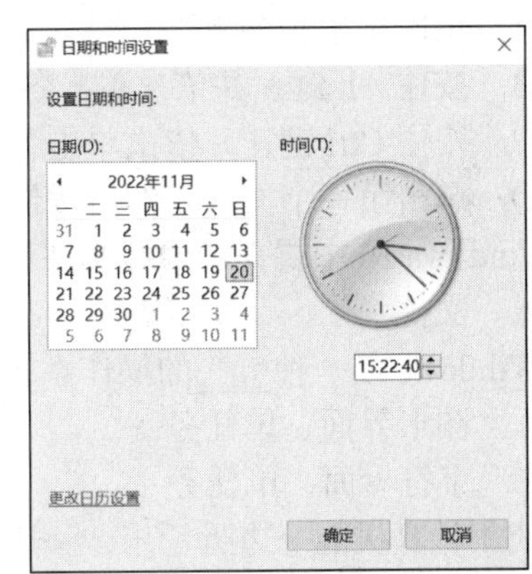

图 2-34　“日期和时间设置”对话框

2.4　项目总结

在本项目中，我们主要完成了计算机资源管理和设置个性化环境等任务。

① 在完成项目的过程中，我们熟悉了计算机的基本操作，认识了 Windows 的桌面、窗口和对话框等各种界面，掌握了文件的存储和管理、系统的设置和管理等基本操作。

② 按照创建“学生会成员管理”文件夹→管理“学生会成员管理”文件夹的这个过程，进行文件和文件夹的管理工作，这是本项目的主要内容。

③ 创建“学生会成员管理”文件夹后，又介绍了 Windows 的设置和管理方法，从而学会如何更合理地管理计算机的资源。

完成本项目后，可以在“此电脑”窗口或“文件资源管理器”窗口中进行以下文件和文件夹的操作：文件和文件夹的创建、移动、复制、删除、重命名、查找等，文件属性的修改，快捷方式的创建，利用记事本建立文档，个性化桌面背景的设置，应用程序的安装与删除，为计算机系统添加新用户等。

2.5 技能拓展

2.5.1 理论考试练习

1．单项选择题

（1）文件的类型可以根据____来识别。

A．文件的存放位置　　B．文件的扩展名

C．文件的用途　　D．文件的大小

（2）计算机系统中必不可少的软件是____。

A．操作系统　　B．语言处理程序

C．工具软件　　D．数据库管理系统

（3）在计算机中，文件是存储在____。

A．磁盘上的一组相关信息的集合

B．内存中的信息集合

C．外部介质上的信息集合

D．打印纸上的一组相关数据

（4）在 Windows 10 的资源管理器中，要一次选择多个不相邻的文件，应进行的操作是____。

A．依次单击各个文件

B．按住 Alt 键，并依次单击各个文件

C．按住 Ctrl 键，并依次单击各个文件

D．单击第一个文件，然后按住 Shift 键，再单击最后一个文件

（5）Windows 10 中要查看隐藏文件和系统文件，可在资源管理器的哪个菜单中实现____。

A．文件　　B．编辑　　C．查看　　D．帮助

（6）Windows 是一种____的操作系统。

A．图形界面、单任务　　B．图形界面、多任务

C．字符界面、单任务　　D．字符界面、多任务

（7）使用计算机能一边听音乐，一边玩游戏，这主要体现了 Windows 的____。

A．人工智能技术　　B．自动控制技术

C．文字处理技术　　D．多任务技术

（8）Windows 10 桌面底部的任务栏有很多功能，但不能在任务栏内进行的操作是____。

A．设置系统日期和时间　　B．排列桌面图标

C．排列和切换窗口　　D．启动“开始”菜单

（9）在 Windows 10 中，当用户运行多个应用程序后，这些应用程序将以图标的形式出现在____。

A．状态栏　　B．工具栏　　C．任务栏　　D．格式栏

（10）在 Windows 10 中，下列对“剪切”操作的叙述，正确的是____。

A．“剪切”操作必须进行“粘贴”操作

B．“剪切”操作的结果是将选定的信息复制到“剪贴板”中

C．可以对选定的同一信息进行多次“剪切”操作

D．“剪切”操作的结果是将选定的信息移动到“剪贴板”中

（11）为了操作方便和快捷，把一个对象的指针复制到另一个地方，如桌面、文件夹中等，

而不是复制对象本身，这种方式称为____。

A. 粘贴　　B. 复制　　C. 创建快捷方式　　D. 拖动

（12）删除 Windows 10 桌面上的某个应用程序的快捷方式，意味着____。

A. 只删除了图标，对应的应用程序被保留

B. 只删除了该应用程序，对应的图标被隐藏

C. 该应用程序连同其图标一起被删除

D. 该应用程序连同其图标一起被隐藏

（13）在 Windows 10 中，用剪贴板移动信息时，应先单击____命令，然后单击“粘贴”命令。

A. 清除　　B. 粘贴　　C. 复制　　D. 剪切

（14）在 Windows 10 中，剪贴板是指____。

A. 硬盘上的一块区域　　B. 软盘上的一块区域

C. 内存中的一块区域　　D. 光盘中的一块区域

（15）下列操作中，不能关闭应用程序的是____。

A. 单击应用程序窗口右上角的“关闭”按钮

B. 按 Alt+F4 组合键

C. 单击“文件”菜单，单击“退出”命令

D. 单击任务栏上的图标

（16）“个性化”设置窗口，中不能设置____。

A. 一个桌面主题　　B. 一组可自动更换的图片

C. 桌面的颜色　　D. 桌面小工具

（17）在 Windows 10 中，对话框的形状是一个矩形框，其大小是____的。

A. 可以最大化　　B. 不能改变　　C. 可以最小化　　D. 可以任意改变

（18）在 Windows 10 中，为使文件不被显示，可将它的属性设置为____。

A. 只读　　B. 隐藏　　C. 存档　　D. 系统

（19）在 Windows 10 中，利用“回收站”可恢复____中被误删除的文件。

A. 硬盘　　B. 软盘　　C. 内存储器　　D. 光盘

（20）在 Windows 10 中，以____为扩展名的文件是可执行文件。

A. .com　　B. .sys　　C. .bat　　D. .exe

（21）在 Windows 10 中，快捷方式文件的图标____。

A. 右下角有一个箭头　　B. 左下角有一个箭头

C. 左上角有一个箭头　　D. 右上角有一个箭头

（22）在 D 盘或 E 盘中查找资料文件，由于存放的文件过多不容易找到时，我们往往通过改变文件的视图方式来快速查找，下面____视图显示的信息最多。

A. 大图标　　B. 列表　　C. 平铺　　D. 详细信息

2. 多项选择题

（1）关于快捷方式，下列叙述正确的有____。

A. 快捷方式就是桌面上的一个图标，它指出了相应的应用程序的位置

B. 删除一个快捷方式，会彻底删除与这个快捷方式相对应的应用程序

C. 删除一个快捷方式，只是删除了其图标

D. 删除了快捷方式，对应的应用程序仍然可以运行

（2）在 Windows 10 中，显示文件（夹）有____等方式。

A. 缩略图　　B. 图标　　C. 列表　　D. 详细信息

（3）Windows 10 中窗口的主要组成部分应包括____。

A. 标题栏　　B. 菜单栏　　C. 状态栏　　D. 工具栏

（4）在 Windows 10 中，用下列方式删除文件，不能通过回收站恢复的有____。

A. 按 Shift+Delete 组合键删除的文件

B. U 盘上被删除的文件

C. 被删除文件的长度超过了“回收站”空间的文件

D. 在硬盘上，通过按 Delete 键后正常删除的文件

（5）在 Windows 10 中，下列不正确的文件名是____。

A. MY PARK GROUP.txt　　B. A<>B. doc

C. FILE|FILE2.xls　　D. A?B. ppt

（6）在 Windows 10 中，查找文件可以按____查找。

A. 修改日期　　B. 文件大小　　C. 名称　　D. 删除的顺序

2.5.2 实践案例

1. 文件和文件夹的基本操作

请在“实训 2-2”文件夹中进行以下操作。

（1）将文件夹 juice 下的文件 wine.bmp 改名为“beer.bmp”。

（2）在文件夹 food 下建立一个新文件夹 cookie。

（3）将文件夹 goods 下的文件 list.wri 移动到文件夹 cookie 中。

（4）在文件夹 science 下新建一个文本文档“test.txt”，并将文件内容设为“科学技术”。

（5）将文件夹 juice 下的文件 wahaha.jpg 删除。

2. 资源管理器（计算机）的使用

（1）在“实训 2-3”文件夹下新建一个文件夹，以自己的姓名命名。

（2）新建一个记事本文件，输入以下内容。

软件系统包括系统软件和应用软件。操作系统是一个大型的系统软件，它对整个计算机系统实施控制和管理，为用户提供灵活、方便的接口。操作系统是软件系统的核心，其他软件只有在操作系统的支持下才能工作。

（3）将新建的记事本文件保存在“实训 2-3”文件夹中以自己姓名命名的文件夹下，文件名为“计算机操作系统概述.txt”。

（4）在以自己姓名命名的文件夹下新建一个文件夹，名称为“JSJ”。

（5）将文件“计算机操作系统概述.txt”复制到文件夹“JSJ”中，并将其重命名为“操作系统的简介.txt”。

（6）将文件“操作系统的简介.txt”移动到以自己姓名命名的文件夹下，并将以自己姓名命名的文件夹下的文件“计算机操作系统概述.txt”删除，再将文件夹 JSJ 删除。

（7）搜索“操作系统的简介.txt”，查看文件的路径。然后在桌面上为“操作系统的简介.txt”建立一个快捷方式。

（8）将以自己姓名命名的文件夹中的文件“操作系统的简介.txt”的属性设置为只读。

（9）对 C 盘根目录下的文件按“大小”进行由大到小方式排序。

（10）在计算机的 D 盘根目录下新建一个文件夹，名字为“日记”，然后将其隐藏。

项目三　Word 文档基本编排与表格操作——制作新生报到须知文档

学习目标

文字处理是办公自动化的一项重要内容，Microsoft Office 系列软件中的 Word 是目前使用较为广泛的文字处理软件。Word 的功能十分强大，使用它可以很方便地创建和编辑各种文字信息，还可以利用 Word 处理表格和图形，从而制作出图文并茂、清晰明了的文档。

本项目通过制作新生报到须知文档介绍 Word 文档的基本制作和处理方法。

通过对本项目的学习，读者能够掌握计算机水平考试及计算机等级考试的相关知识点，达到下列学习目标。

知识目标：

- 熟悉 Word 2016 的启动和退出。
- 熟悉 Word 2016 窗口组成、视图类型、窗口中的菜单及按钮的使用。
- 熟悉 Word 文档的创建、打开、关闭和保存等操作。
- 熟悉 Word 文档内容的编辑，文本的选择、复制、粘贴、选择性粘贴、移动、查找、替换，剪贴板的使用方法。
- 熟悉文本的格式设置，格式刷的使用方法，边框与底纹的设置。
- 熟悉段落的格式设置，标尺的使用方法，分栏、首字下沉的设置。
- 熟悉页面设置的方法。
- 熟悉表格的创建、编辑，表格的格式设置，单元格的格式设置。
- 熟悉数学公式的使用方法。

技能目标：

- 了解 Word 2016 界面。
- 学会 Word 文档的基本操作，包括创建新文档、输入文档内容、保存文档、打开和关闭文档。
- 学会 Word 文档的编辑方法，包括文本的复制、粘贴、选择性粘贴、移动、查找、替换等。
- 学会 Word 文档的基本排版方法，包括页面设置、字符格式的设置、段落格式的设置、标尺的使用。
- 学会制作 Word 表格，包括表格的制作与表格内容的输入，表格编辑、格式设置、单元格设置、表格与文本的转换。
- 学会使用数学公式在表格中进行求和、求平均值等运算。

3.1 项目总要求

在新学期开始时，××大学需要制作新生报到须知文档，新生报到须知文档将与录取通知书一同寄出。新生报到须知文档里详细介绍了新生报到时间、报到地点、报到注意事项、报到流程及说明、相关部门联系电话等相关信息，以方便新生报到。

新生报到须知文档文字内容丰富，还含有“缴纳费用清单”“公寓化用品清单”等表格，使用 Word 来制作这份文档非常合适，新生报到须知文档的最终效果如图 3-1 所示。

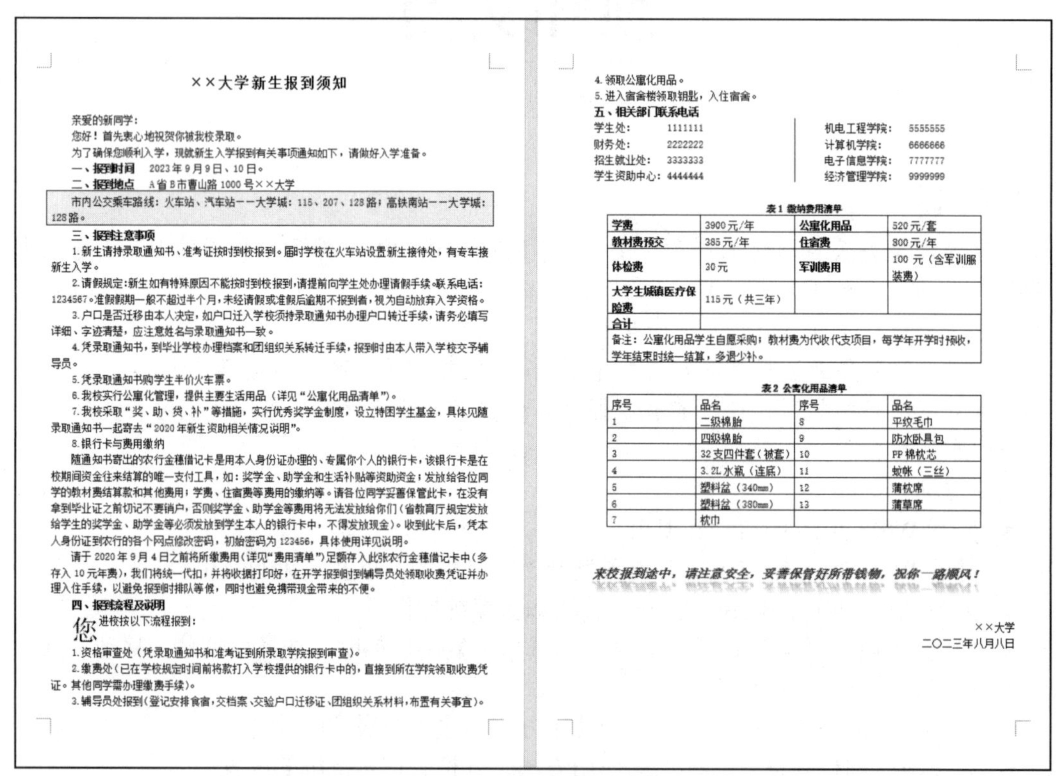

××大学新生报到须知

亲爱的新同学：

您好！首先衷心地祝贺你被我校录取。

为了确保您顺利入学，现就新生入学报到有关事项通知如下，请做好入学准备。

一、报到时间 2023 年 9 月 9 日、10 日。

二、报到地点 A 省 B 市曹山路 1000 号××大学

市内公交乘车路线：火车站、汽车站——大学城：115、207、128 路；高铁南站——大学城：128 路。

三、报到注意事项

1. 新生请持录取通知书、准考证按时到校报到。届时学校在火车站设置新生接待处，有专车接新生入学。

2. 请假规定：新生如有特殊原因不能按时到校报到，请提前向学生处办理请假手续。联系电话：1234567。准假假期一般不超过半个月，未经请假或准假后逾期不报到者，视为自动放弃入学资格。

3. 户口是否迁移由本人决定，如户口迁入学校须持录取通知书办理户口转迁手续，请务必填写详细、字迹清楚，应注意姓名与录取通知书一致。

4. 凭录取通知书，到毕业学校办理档案和团组织关系转迁手续，报到时由本人带入学校交予辅导员。

5. 凭录取通知书购学生半价火车票。

6. 我校实行公寓化管理，提供主要生活用品（详见“公寓化用品清单”）。

7. 我校采取“奖、助、贷、补”等措施，实行优秀奖学金制度，设立特困学生基金，具体见随录取通知书一起寄去“2020 年新生资助相关情况说明”。

8. 银行卡与费用缴纳

随通知书寄出的农行金穗借记卡是用本人身份证办理的、专属你个人的银行卡，该银行卡是在校期间资金往来结算的唯一支付工具，如：奖学金、助学金和生活补贴等资助资金；发放给各位同学的教材费结算款和其他费用；学费、住宿费等费用的缴纳等。请各位同学妥善保管此卡，在没有拿到毕业证之前切记不要销户，否则奖学金、助学金等费用将无法发放给你们（省教育厅规定发放给学生的奖学金、助学金等必须发放到学生本人的银行卡中，不得发放现金）。收到此卡后，凭本人身份证到农行的各个网点修改密码，初始密码为 123456，具体使用详见说明。

请于 2020 年 9 月 4 日之前将所缴费用（详见“费用清单”）足额存入此张农行金穗借记卡中（多存入 10 元年费），我们将统一代扣，并将收据打印好，在开学报到时到辅导员处领取收费凭证并办理入住手续，以避免报到时排队等候，同时也避免携带现金带来的不便。

四、报到流程及说明

您进校按以下流程报到：

1. 资格审查处（凭录取通知书和准考证到所录取学院报到审查）。

2. 缴费处（已在学校规定时间前将款打入学校提供的银行卡中的，直接到所在学院领取收费凭证。其他同学需办理缴费手续）。

3. 辅导员处报到（登记安排食宿，交档案、交验户口迁移证、团组织关系材料，布置有关事宜）。

4. 领取公寓化用品。

5. 进入宿舍楼领取钥匙，入住宿舍。

五、相关部门联系电话

学生处：1111111
财务处：2222222
招生就业处：3333333
学生资助中心：4444444
机电工程学院：5555555
计算机学院：6666666
电子信息学院：7777777
经济管理学院：9999999

表 1 缴纳费用清单

学费	3900 元/年	**公寓化用品**	520 元/套
教材费预交	385 元/年	**住宿费**	800 元/年
体检费	30 元	**军训费用**	100 元（含军训服装费）
大学生城镇医疗保险费	115 元（共三年）		
合计			
备注：公寓化用品学生自愿采购；教材费为代收代支项目，每学年开学时预收，学年结束时统一结算，多退少补。			

表 2 公寓化用品清单

序号	品名	序号	品名
1	二级棉胎	8	平纹毛巾
2	四级棉胎	9	防水卧具包
3	32 支四件套（被套）	10	PP 棉枕芯
4	3.2L 水瓶（连底）	11	蚊帐（三丝）
5	塑料盆（340mm）	12	蒲枕席
6	塑料盆（380mm）	13	蒲草席
7	枕巾		

来校报到途中，请注意安全，妥善保管好所带钱物，祝你一路顺风！

××大学
二〇二三年八月八日

图 3-1 新生报到须知文档

本项目可以分解为 Word 文档的编排和 Word 表格的制作两部分。

1. 文档编排任务要求

（1）文档页面设置

文档纸张大小选用 A4，上下页边距设为 2 厘米，左右页边距设为 1.5 厘米。

（2）标题设置

将标题设为宋体、三号、加粗、黑色，字符间距为加宽，磅值为 1.5 磅，段后间距设为 1 行，段落居中对齐。

（3）正文内容

① 正文的字号、字体颜色分别为小四、宋体、黑色，各段落首行缩进 2 个字符，行距为固定值 18 磅。

② 文中的小标题“一、报到时间”“二、报到地点”“三、报到注意事项”“四、报到流程及说明”“五、相关部门联系电话”均设置加粗。

③ 文中“二、报到地点”后面的乘车路线两行文字要添加段落边框，边框线为 0.5 磅的黑色实线，框内文本距离边框上、下各 1 磅，左、右各 4 磅为段落添加灰色的底纹。

④ 为突出报到流程，将“四、报到流程及说明”的第一个段落设置为首字下沉 2 个字符。

⑤ 将“五、相关部门联系电话”内容分为两栏，栏宽相等，两栏间添加一条分隔线。

⑥ 将最后一行“来校报到途中……”的字体颜色设为红色，添加阴影效果和三维效果。

⑦ 文末的落款与日期采用右对齐。

2. 表格制作任务要求

① 插入“缴纳费用清单”表格，表格格式如图 3-2 所示，单元格中的文字设为“水平方向左对齐，垂直方向居中”，表格外框线设为 1.5 磅宽，“合计”栏的数据采用数学公式计算求和，最后两行使用合并单元格方法合并。

表 1 缴纳费用清单

学费	3900 元/年	公寓化用品	520 元/套
教材费预交	385 元/年	住宿费	800 元/年
体检费	30 元	军训费用	100 元（含军训服装费）
大学生城镇医疗保险费	115 元（共三年）		
合计			
备注：公寓化用品学生自愿采购；教材费为代收代支项目，每学年开学时预收，学年结束时统一结算，多退少补。			

图 3-2 “缴纳费用清单”表格

② 插入“公寓化用品清单”表格，表格格式如图 3-3 所示，“序号”列的列宽设为 3.5 厘米，表格外框线设为 1.5 磅宽。

表 2 公寓化用品清单

序号	品名	序号	品名
1	二级棉胎	8	平纹毛巾
2	四级棉胎	9	防水卧具包
3	32 支四件套（被套）	10	PP 棉枕芯
4	3.2L 水瓶（连底）	11	蚊帐（三丝）
5	塑料盆（340mm）	12	蒲枕席
6	塑料盆（380mm）	13	蒲草席
7	枕巾		

图 3-3 “公寓化用品清单”表格

3.2 任务一 Word 文档基本编排

3.2.1 课前准备

为保证任务能够顺利完成，请在实际操作前先预习以下内容，了解 Word 2016 的启动与退出，Word 2016 窗口及相应组成部分的功能，视图类型与显示大小，Word 中文字的选中、删除、复制、移动、粘贴等操作。

一、课前预习

1. Word 2016 的启动与退出

（1）Word 程序与 Word 文档

Word 是微软公司开发的文字处理应用程序。在 Word 2016 中，将新建的文档保存或将编辑的文档另存后就会生成一个文件，文件的扩展名为.docx（Word 2003 之前的版本，扩展名为.doc），这个文档就称为 Word 文档。

（2）启动

启动 Word 2016 有多种方法，下面介绍几种常用的启动方法。

① 单击桌面左下角的“开始”按钮，打开“开始”菜单，单击“Word”命令，即可启动 Word 程序并打开一个新的 Word 2016 文档。

② 如果桌面有 Word 2016 快捷方式图标，双击它即可启动 Word 程序并打开一个新的 Word 2016 文档。

③ 双击某个 Word 文档的图标，即可启动 Word 2016 并打开这个 Word 文档。

（3）退出

单击 Word 窗口右上角的“关闭”按钮，或单击【文件】|【关闭】命令，或按 Alt+F4 组合键，均可直接关闭当前 Word 文档。或者在标题栏单击鼠标右键，弹出快捷菜单，如图 3-4 所示，单击“关闭”命令，也可关闭当前 Word 文档。

图 3-4 快捷菜单

2. Word 2016 窗口及相应组成部分的功能

Word 2016 窗口如图 3-5 所示。

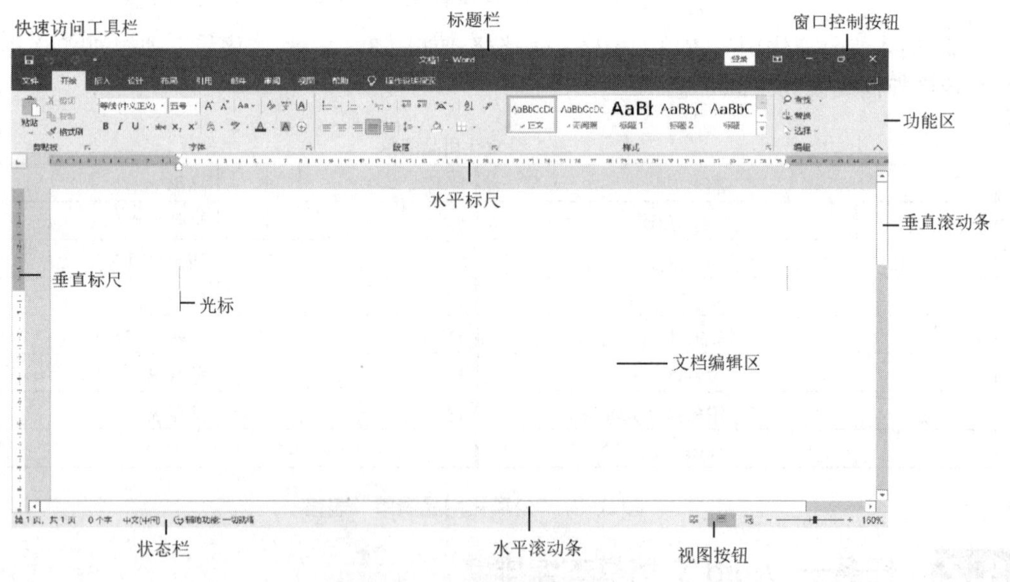

图 3-5 Word 2016 窗口

（1）标题栏

在 Word 2016 窗口中，标题栏位于最上方，中间显示当前编辑的文档名称。标题栏右侧是窗口控制按钮，分别单击这 3 个按钮可实现将窗口最小化、恢复或最大化、关闭。最小化是指隐藏当前编辑的文档窗口，只在任务栏中显示图标，但该文档并未关闭，再次单击任务栏上窗口最小化的图标可重新显示文档窗口。

（2）快速访问工具栏

快速访问工具栏用于放置一些使用频率较高的工具，默认情况下，该工具栏包含“保存”、“撤销”、“重复”3 个按钮，单击其右侧的“自定义快速访问工具栏”按钮，可以增加或删除快速访问工具栏中显示的按钮。

（3）功能区

功能区由“文件”“开始”“插入”“设计”“布局”“引用”“邮件”“审阅”“视图”等选项卡组成，如图 3-6 所示。每个选项卡分类存放着不同的编排工具，单击选项卡标签可切换到不同的选项卡，其中会显示各类工具按钮。在每个选项卡中，工具按钮又被分类放置在不同的组中。某些组的右下角有一个对话框启动器按钮，单击该按钮可打开相关对话框或任务窗格等。

将鼠标指针移到某按钮上停留片刻，即可显示该按钮的名称、作用。

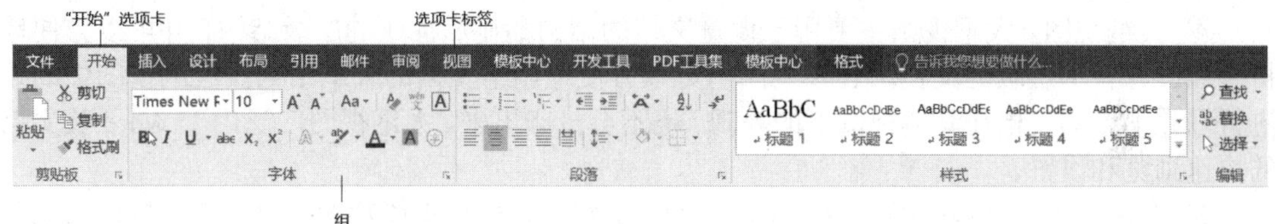

图 3-6　功能区

（4）标尺

标尺由水平标尺和垂直标尺构成，用于辅助文档定位。通过“视图”选项卡“显示”组中的“标尺”复选框，可以控制标尺的显示与隐藏。

（5）滚动条

在当前窗口无法完全显示文档内容时会出现滚动条，滚动条分为水平滚动条和垂直滚动条。利用滚动条可以完成全部文档内容的浏览。

（6）状态栏

状态栏位于 Word 窗口左下方，显示当前文档页面、字数、文档操作等相关状态。

（7）文档编辑区

文档编辑区又称为文档窗口，是 Word 文档中进行文本输入和排版的地方。

（8）光标

在 Word 文档中输入文字时，光标会显示在将要输入文字的位置，Word 文档中光标的默认状态是一根小竖线，会有规律地闪烁。

（9）视图按钮

视图按钮位于 Word 窗口右下方，用于显示、切换当前文档视图类型。

3. 视图类型与显示大小

在 Word 2016 中文档有 5 种视图：阅读视图、页面视图、Web 版式视图、大纲视图和草稿。在不同的视图下，可以按不同的方式显示文档，并能利用一些视图的特殊功能对文档进行管理。

视图的切换可以通过“视图”选项卡中对应的按钮实现，如图 3-7 所示。通过窗口下方的视图按钮也可以实现视图类型切换。

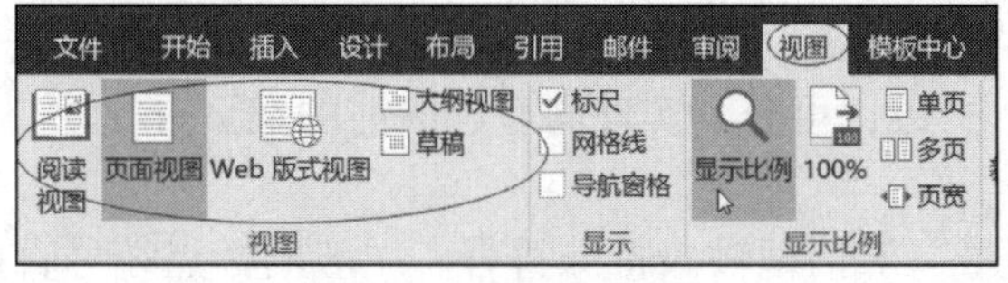

图 3-7　Word 视图

① 阅读视图。阅读视图以书的形式显示文档内容，从而增加文档的可读性，功能区等窗口元素会被隐藏。在阅读视图下，用户可以单击“工具”按钮选择各种阅读工具。

② 页面视图。在页面视图下显示的是打印结果外观，即所见即所得。在该视图中可以编辑页眉和页脚、调整页边距、设置分栏以及处理图形对象等，还可以同时显示水平标尺和垂直标尺。

③ Web 版式视图。Web 版式视图用于以网页的形式编辑文档，该视图显示了文档在 Web 浏览器中观看时的外观，会将文档显示为不带分页符的一页长文档，而且，其中的文本和表格会随窗口的缩放而自动换行，以适应窗口的大小。Web 版式视图适用于发送电子邮件和创建网页的情况。

④ 大纲视图。大纲视图主要用于设置文档的结构和显示标题的层级结构，并可以方便地折叠和展开各种层级的文档。在该视图下可以方便地调整文档的大纲结构。大纲视图中的缩进符号并不影响文档在其他视图下的外观，也不会打印出来。大纲视图广泛用于 Word 长文档的快速浏览和设置。

⑤ 草稿视图。草稿视图取消了页面边距、分栏、页眉、页脚和图片等元素，仅显示标题和正文，是最节省计算机系统硬件资源的视图类型。

可以通过状态栏右侧的“显示比例”滑块 - + 120% 调节文档在屏幕上的显示大小，或者通过单击“视图”选项卡“显示比例”组中的“显示比例”按钮，在弹出的“显示比例”对话框中设置文档在屏幕上的显示大小。

4. Word 中输入文本的基本操作

（1）换行

在 Word 中输入文档内容时系统会自动进行换行，需要另起新的段落时才需要按 Enter 键。

（2）设置段落

段落是构成文章的基本单位，在 Word 中，很多操作是基于段落的，如对段落进行整体缩进、为段落编辑行距、设置段落对齐等。设置段落可使文章条理清晰，便于读者阅读、理解，也有利于作者条理清楚地表达内容。

在 Word 段落尾部，按 Enter 键输入回车符，可以另起一个新段落，新段落将强制换行。回车符是 Word 段落结束标记。

（3）切换输入法

① 使用组合键。

Ctrl+Space：实现中英文的切换。

Ctrl+Shift：实现各种输入法的切换。

Ctrl+.：实现中英文标点符号的切换。

Shift +Space：实现全角与半角的切换。

② 单击 Windows 窗口右下方的输入法图标，会打开输入法列表，单击所需的输入法，即可实现不同输入法的切换。单击输入法图标中的“中英文标点”按钮，可实现中英文标点符号的切换；单击输入法图标中的“全半角”按钮，可实现字符输入全角与半角的切换，如图 3-8 所示。

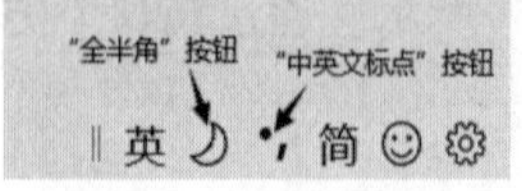

图 3-8 输入法图标

输入汉字时，经常要从多个同音字中选择，使用“+”键、“-”键，可分别实现向后、向前的翻页查找。

（4）插入特殊符号

方法 1：利用“符号”对话框输入特殊符号。一般的标点符号直接使用键盘输入，如需

插入特殊符号，可以单击【插入】|【符号】|【符号】命令，在弹出的下拉列表中，选择“其他符号”，打开“符号”对话框，如图 3-9 所示。在“子集”下拉列表框中选择要插入的符号的类型，选中需要的符号后单击“插入”按钮即可。

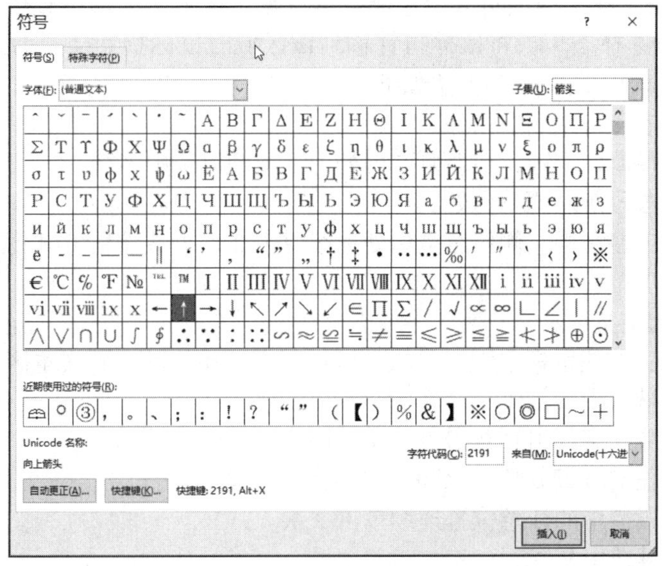

图 3-9　“符号”对话框

方法 2：利用软键盘输入特殊符号。单击输入法图标右侧的“软键盘”按钮，在弹出的列表中，选择需要的符号类型，就会打开相应的符号软键盘，选择需要的符号即可。

（5）插入和改写模式

在插入模式下，输入文本后，光标后面的文本仍会保留；在改写模式下，输入文本后，光标后面的文本会被新输入的文本替代。

Word 中默认的是插入模式，可在状态栏查看当前模式。

插入模式和改写模式的切换方法：单击状态栏上的“插入”或“改写”按钮，或者按键盘上的 Insert 键。

5. 修改文本的常用操作

（1）撤销与恢复

① 撤销之前的操作，可使用以下方法。

按 Ctrl+Z 组合键，或单击快速访问工具栏中的“撤销”按钮，撤销最近的一次操作；连续执行该操作可撤销多步操作。

单击“撤销”按钮右侧的下拉按钮会打开操作列表，在其中选择要撤销的操作后，该操作以及其后的所有多步操作都会被撤销。

② 如果执行了错误的撤销操作，可以利用恢复功能将其恢复，方法如下。

按 Ctrl+Y 组合键，或单击快速访问工具栏中的“恢复”按钮（在执行了撤销操作后，“重复”按钮变为“恢复”按钮），可恢复上一次撤销的操作；连续执行该操作可恢复多步被撤销的操作。

（2）删除

在进行文本输入时，新输入的内容会出现在光标处（光标处又称为插入点）。要删除光标前的一个字符，可以按 BackSpace 键；按 Delete 键可以删除光标后的一个字符。

要删除多行或某个区域的文本时，可以先选中指定文本，再按 BackSpace 键或 Delete 键删除。

（3）选中文本

在 Word 中经常要选中指定的文本，可以使用以下方式。

① 利用选择条（在文档编辑区中左侧空白位置）选中文本。在文档编辑区中左边界的一垂直长条区域为选择条（当将鼠标指针移到该区域时鼠标指针会变为指向右斜上方的箭头 ），用选择条选中不同文本的方法如下。

选中一行：单击该行左侧空白处。

选中多行：按住鼠标左键，在左侧空白处上下拖动以选中多行。

选中段落：双击段落左侧空白处。

选中整个文档：在文档左侧任意空白处连续单击 3 次，或按住 Ctrl 键并单击左侧任意空白位置。

② 使用鼠标选中文本。

选中文本区域：按住鼠标左键，自文本区域起点开始拖动，到文本区域终点释放，则在拖动范围内的文本被选中。

选中英文单词或汉字词组：双击该英文单词或汉字词组。

选中句子：按住 Ctrl 键并单击该句子中的任意位置。

选中段落：在段落中的任意位置连续单击 3 次。

③ 使用 Shift 键选中文本。

单击文本起点，然后按住 Shift 键再单击选择区域的终点，则两次单击范围内的文本被选中。

将光标置于文本起点，然后按住 Shift 键并按方向键（或 Home 键、End 键），相应的文本区域即被选中。

需调节选中的文本区域时，按住 Shift 键并单击新的终点或按住 Shift 键并按箭头键扩展或收缩选中的区域。

（4）复制文本

① 利用 Word 的剪贴板功能复制文本。

Word 中的复制操作是指在原有文本保持不变的基础上，将所选文本放入剪贴板；粘贴操作则是指将剪贴板中的内容放到目标位置。

首先选中要复制的文本，按 Ctrl+C 组合键，复制文本到剪贴板，将光标移动到指定位置后，按 Ctrl+V 组合键，即可粘贴文本到指定位置。或者，在功能区单击【开始】|【剪贴板】|【复制】命令，复制文本到剪贴板，再将光标移动到指定位置，单击【开始】|【剪贴板】|【粘贴】命令，粘贴文本到指定位置。

以上操作只能粘贴最近一次复制的内容，要粘贴前几次复制到剪贴板上的内容，需单击【开始】|【剪贴板】命令，然后单击其右下角的对话框启动器按钮 ，打开“剪贴板”任务窗格，如图 3-10 所示，然后单击之前复制到剪贴板的某项内容，即可粘贴该内容。

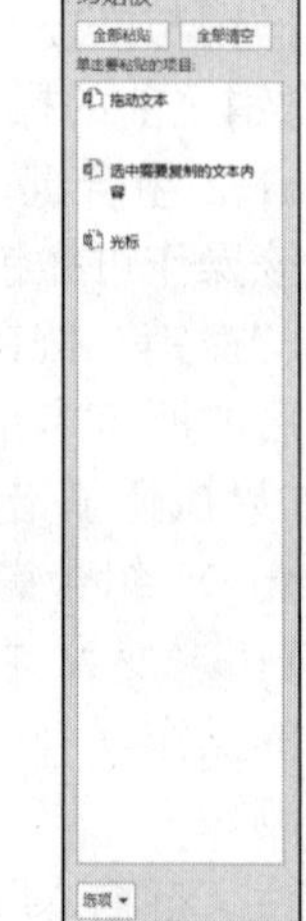

图 3-10 “剪贴板”任务窗格

② 使用拖动方式复制文本。

选中需要复制的文本内容，将鼠标指针指向被选中的文本区域，按住 Ctrl 键后再按住鼠标左键拖动文本到目标位置即可完成复制。

（5）移动文本

① 利用 Word 的剪贴板功能移动文本。

Word 中的剪切操作是指将所选文本放入剪贴板，同时删除原有文本。首先选中要移动的文本，按 Ctrl+X 组合键，剪切文本到剪贴板，将光标移动到指定位置后，按 Ctrl+V 组合键，即可移动文本到指定位置。或者，在功能区单击【开始】|【剪贴板】|【剪切】命令，在删除原有文本的基础上将所选文本放入剪贴板，将光标移动到指定位置后，单击【开始】|【剪贴板】|【粘贴】命令，粘贴文本到指定位置，即可移动文本到指定位置。

② 使用拖动方式移动文本。

首先选中需要移动的文本内容，然后将鼠标指针指向被选中的文本区域，按住鼠标左键拖动文本到目标位置后松开鼠标左键即可。

（6）选择性粘贴

选择性粘贴功能可以帮助用户将剪贴板中的内容以用户选择的格式进行粘贴。选中需要复制或剪切的文本或对象，并执行复制或剪切操作，在需要粘贴的位置单击鼠标右键，在弹出的快捷菜单会有“保留源格式”“合并格式”“只保留文本”等多个粘贴选项（见图 3-11）。或者，在功能区单击【开始】|【剪贴板】|【粘贴】命令，打开“粘贴选项”列表，选择相应的粘贴选项（见图 3-12）。

图 3-11　快捷菜单中的粘贴选项

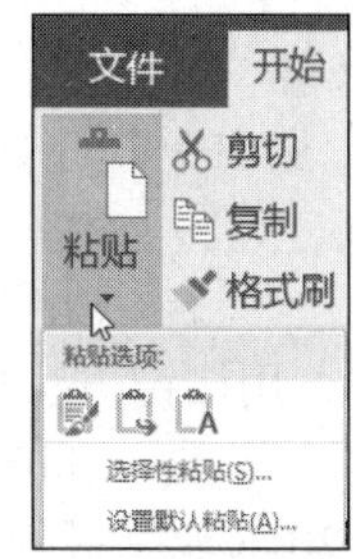

图 3-12　功能区打开的“粘贴选项”列表

二、预习测试

1. 单项选择题

（1）Word 2016 中文档的默认扩展名为____。

A. .txt　　B. .doc　　C. .docx　　D. .jpg

（2）若当前活动窗口是文档 d1.docx 的窗口，单击该窗口的最小化按钮后____。

A. 不显示 d1.docx 文档窗口，但 d1.docx 文档并未关闭

B. 该窗口和 d1.docx 文档都被关闭

C. d1.docx 文档未关闭，且继续显示其内容

D. 关闭了 d1.docx 文档，但该窗口并未关闭

（3）在 Word 的编辑状态，可以同时显示水平标尺和垂直标尺的视图是____。

A. 草稿　　B. 页面视图　　C. 大纲视图　　D. 阅读版式视图

（4）在 Word 中，____滑块用于控制文档在屏幕上的显示大小。

A. “显示比例”　　B. “全屏显示”

C. “缩放显示”　　D. “页面显示”

（5）在 Word 中，每个段落____。

A. 以句号结束　　B. 以回车符结束

C. 以空格结束　　D. 由 Word 自动设定结束

（6）在 Word 文档中，每一个段落都有一个段落结束标记，位置在____。

A. 段首　　B. 段尾　　C. 段中　　D. 每行末尾

（7）在编辑 Word 文档时，如果输入的新字符总是覆盖文档中光标处的字符，原因是____。

A. 当前文档正处于改写模式

B. 当前文档正处于插入模式

C. 文档中没有字符被选中

D. 文档中有相同的字符

（8）在 Word 中，要撤销最近的一次操作，除了可以使用菜单命令和工具栏，还可以按____组合键。

A. Ctrl+C　　B. Ctrl+Z　　C. Shift+X　　D. Ctrl+X

（9）在 Word 中选中某一段文字后，把鼠标指针置于选中文本的任意位置，按住鼠标左键将文本拖动到另一位置上松开鼠标左键。那么，该用户进行的操作是____。

A. 移动文本　　B. 复制文本　　C. 替换文本　　D. 删除文本

（10）在 Word 中，选中文本后，____的同时按住鼠标左键拖动文本到目标位置可以实现文本的复制。

A. 按住 Ctrl 键　　B. 按住 Shift 键

C. 按住 Alt 键　　D. 不按任何键

（11）在 Word 中，选中一个句子的操作是，移动光标到待选句子任意位置，然后按住____键后单击即可。

A. Alt　　B. Ctrl　　C. Shift　　D. Tab

（12）在 Word 中，用按键方法选中文本区域的操作是同时按____键和方向键。

A. Ctrl　　B. Shift　　C. Alt　　D. Tab

（13）关于 Word 2016 剪贴板的描述，正确的是____。

A. 剪贴板中的内容可以查看

B. 存放在剪贴板中的内容只能粘贴一次

C. 用户只能使用最后一次复制到剪贴板中的内容

D. 剪贴板会占用内存空间

（14）下列操作中，在编辑状态下，按 Ctrl+V 组合键后，____。

A. 将文档中被选中的内容移到剪贴板上

B. 将文档中被选中的内容复制到剪贴板上

C. 将剪贴板中的内容复制到当前光标处

D. 将剪贴板中的内容移到当前光标处

（15）在 Word 2016 编辑状态下，要想删除光标前面的字符，可以按____。

A. BackSpace 键　　B. Delete 键

C. Ctrl+P 组合键　　D. Shift+A 组合键

2. 操作题

使用复制、粘贴的方法快速输入诗篇《国风・王风・黍离》。

《国风・王风・黍离》（先秦，佚名）

彼黍离离，彼稷之苗。行迈靡靡，中心摇摇。知我者，谓我心忧；不知我者，谓我何求。悠悠苍天，此何人哉？

彼黍离离，彼稷之穗。行迈靡靡，中心如醉。知我者，谓我心忧；不知我者，谓我何求。悠悠苍天，此何人哉？

彼黍离离，彼稷之实。行迈靡靡，中心如噎。知我者，谓我心忧；不知我者，谓我何求。悠悠苍天，此何人哉？

说明：

《国风・王风・黍离》（先秦，佚名）是重复率最高的一首诗。全诗共 3 章 117 个字，每章的 39 个字中只有 3 个字不同。这首诗整体 3 章的结构完全相同，不同的只有黍、稷所处的生长时期不同，以及诗人在不同时期的情感。

三、预习情况解析

1. 涉及知识点

Word 程序与 Word 文档的概念，Word 的启动与退出，Word 窗口及相应组成部分的功能，Word 视图类型与显示大小，Word 中输入文本的基本操作，撤销与恢复，选中文本的方法，复制、粘贴与移动文本的方法。

2. 测试题解析

见表 3-1。

表 3-1　“Word 文档基本编排”预习测试题解析

测试题序号	答案	参考知识点	测试题序号	答案	参考知识点
第 1.（1）题	C	见课前预习“1.（1）”	第 1.（9）题	A	见课前预习“5.（5）”
第 1.（2）题	A	见课前预习“2.（1）”	第 1.（10）题	A	见课前预习“5.（4）”
第 1.（3）题	B	见课前预习“3.”	第 1.（11）题	B	见课前预习“5.（3）”
第 1.（4）题	A	见课前预习“3.”	第 1.（12）题	B	见课前预习“5.（3）”
第 1.（5）题	B	见课前预习“4.（2）”	第 1.（13）题	D	见课前预习“5.（4）”
第 1.（6）题	B	见课前预习“4.（2）”	第 1.（14）题	C	见课前预习“5.（4）”
第 1.（7）题	A	见课前预习“4.（5）”	第 1.（15）题	A	见课前预习“5.（2）”
第 1.（8）题	B	见课前预习“5.（1）”	第 2 题	见微课视频	

3. 易错点统计分析

师生根据预习反馈情况自行总结。

3.2.2　任务实现

一、新建并保存新生报到须知文档

涉及知识点：新建、命名、保存文件

为完成本任务，首先需要新建 Word 文档，并将其命名为“新生报到须知”。

【任务 1】新建 Word 文档，将其命名为“新生报到须知”，保存在“D:\示例”目录下。

步骤 1：新建 Word 空白文档。

在 Windows 桌面，单击【开始】|【Word】命令，也可以单击桌面上或快速启动栏的快捷方式（如果存在）来启动 Word 2016。成功启动 Word 2016 后，会自动新建一个名为“文档1.docx”的 Word 空白文档。

说明：

新建空白文档的方式有以下 3 种。

① 用步骤 1 中的方法启动 Word 时，会自动创建一个空白文档。

② 启动 Word 程序后，按 Ctrl+N 组合键，可快速新建一个空白文档。

③ 单击【文件】|【新建】命令，在右侧面板中选择“空白文档”，可新建一个空白文档。

步骤 2：命名文件。

在文件未命名的状态下，单击【文件】|【保存】命令，打开“另存为”面板，选择“浏览”选项，打开“另存为”对话框，如图 3-13 所示。设置保存位置为“D:\示例”，在“文件名”文本框中输入“新生报到须知.docx”，保存类型设为“Word 文档(*.docx)”，单击“保存”按钮。

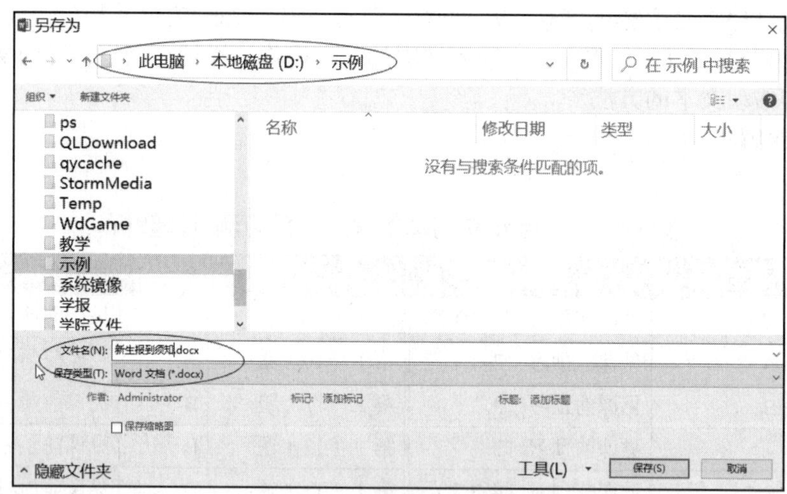

图 3-13 “另存为”对话框

说明：

新建的文档自动命名为文档 N（N 为 1、2……），在文档被首次保存时会打开“另存为”对话框，第二次保存不再打开“另存为”对话框。非首次保存时想把文档以另一个名称或另一个位置保存，可单击【文件】|【另存为】命令，打开“另存为”对话框，输入相应名称或保存位置。在“另存为”对话框中还可以将保存类型设置为不同的格式，如 PDF 等。

步骤 3：保存文件。

对已命名的文件进行编辑、修改后，需要再次保存，可单击【文件】|【保存】命令，保存文件内容。

说明：

① **保存文件的方式**：除了可以通过单击【文件】|【保存】命令保存文件，还可以使用以下方式保存文件。

a. 单击快速访问工具栏中的“保存”图标。

b. 按 Ctrl+S 组合键。

② **设置自动保存的间隔时间**：在编辑 Word 文档时，为了防止死机、意外断电等因素造成计算机突然关机导致数据丢失，在编辑文档时要养成经常保存文档的好习惯。除了可以使用上述手动保存方式，还可以通过设置自动保存的间隔时间来实现。单击【文件】|【选项】命令，打开“Word 选项”对话框，切换到“保存”选项卡，选中“保存自动恢复信息时间间隔”复选框，并设置保存时间间隔，如设为 10 分钟，还可以在“自动恢复文件位置”文本框中设置恢复文件的位置，如图 3-14 所示。

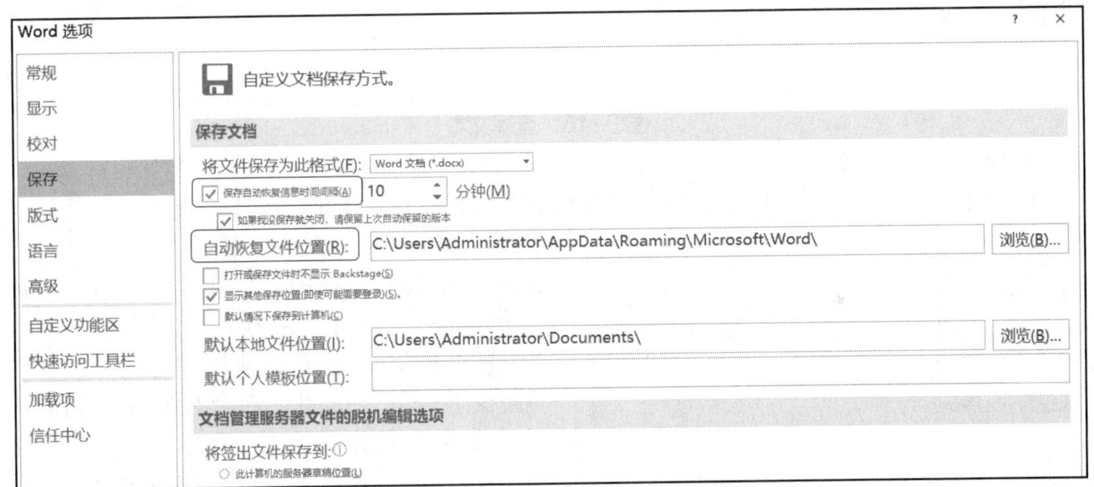

图 3-14　设置自动保存的间隔时间

自动保存功能不能代替常规的文件保存操作。自动保存功能创建的是恢复文件，如果选择在打开文件之后不保存恢复文件，那么该文件会被删除，并且未保存的更改会丢失。如果保存恢复文件，那么该恢复文件会取代原有文件，除非指定新的文件名。

二、输入、编辑文本内容

涉及知识点：文本的基本操作

完成新生报到须知文档的创建、命名、保存以后，先在文档中输入全部的文本内容，然后依次设置文本格式。

【任务 2】输入、修改文本内容。

步骤 1：输入文本内容。

单击文档编辑区，输入新生报到须知文档的文本内容，如图 3-1 所示。

步骤 2：修改文本内容。

对输入的文本内容进行修改。可以进行：删除（Delete 键、BackSpace 键）、撤销（Ctrl+Z 组合键）、恢复（Ctrl+Y 组合键）、复制（Ctrl+C 组合键）、粘贴（Ctrl+V 组合键）、剪切（Ctrl+X 组合键）等操作（操作方法详见“课前准备”）。

【任务 3】查找全部的“计算机学院”文字，并将其替换为“信息工程学院”。

步骤 1：查找文本。

单击【开始】|【编辑】|【查找】命令或者按 Ctrl+F 组合键，打开“导航”任务窗格，在任务窗格上方的“搜索”文本框中输入“计算机学院”，如图 3-15 所示，此时查找到的内容在文档中将以黄色底纹形式突出显示。在“导航”任务窗格中单击“下一处搜索结果”按钮▼，可从上到下定位搜索结果。

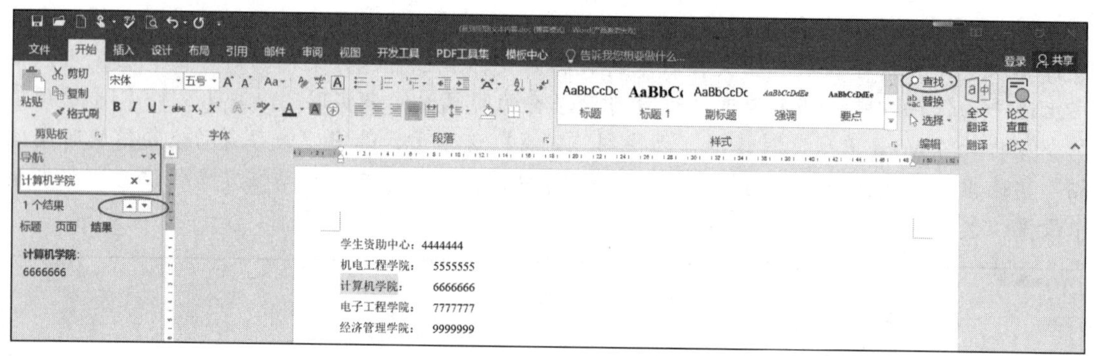

图 3-15　查找文本

步骤 2：替换文本。

单击【开始】|【编辑】|【替换】命令或者按 Ctrl+H 组合键，打开“查找和替换”对话框，如图 3-16 所示。在对话框的“替换”选项卡中的“查找内容”文本框中输入“计算机学院”，再在“替换为”文本框中输入“信息工程学院”。配合使用“替换”按钮与“查找下一处”按钮，逐个替换查找到的内容；如果在某处查找到的文本不需要进行替换，就单击“查找下一处”按钮跳过并继续进行查找；单击“全部替换”按钮则可一次性替换文档中查找到的全部内容。

图 3-16　“查找和替换”对话框

说明：

① 在“查找和替换”对话框中单击“更多”按钮，可以查找和替换指定格式的文字，还可以查找和替换特殊的格式标记符，如段落标记、制表符等。

② 在“查找和替换”对话框的“定位”选项卡中可以将光标直接定位到指定页、指定行等。

三、格式设置

涉及知识点：字体格式、段落格式、标尺、边框与底纹、分栏、首字下沉、文字特殊效果、落款与日期格式

文本内容输入完成后，还需要对其进行格式设置。

【任务 4】依次设置标题、正文的字体格式与段落格式。

步骤 1：标题的格式设置。

① 标题文本格式的设置。

选中文本内容的第一行文字“××大学新生报到须知”，单击【开始】|【字体】右下角的对话框启动器按钮 ，打开“字体”对话框，在对话框的“字体”选项卡中设置文本为宋体、

三号、加粗、黑色，如图 3-17 所示。

设置好文本格式后，切换到对话框的“高级”选项卡，设置字符间距为加宽，磅值为 1.5 磅，如图 3-18 所示。设置完成后单击“确定”按钮，关闭“字体”对话框。

图 3-17　“字体”对话框的“字体”选项卡

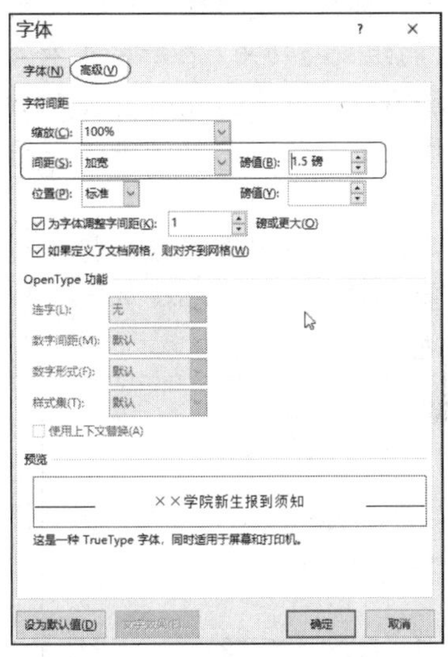

图 3-18　“字体”对话框的“高级”选项卡

② 标题段落格式的设置。

选中文本内容的第一行文字“××大学新生报到须知”，单击【开始】|【段落】右下角的对话框启动器按钮，打开“段落”对话框，设置对齐方式为居中，段后间距为 1 行，行距为单倍行距，如图 3-19 所示。设置完成后单击“确定”按钮，关闭“段落”对话框。

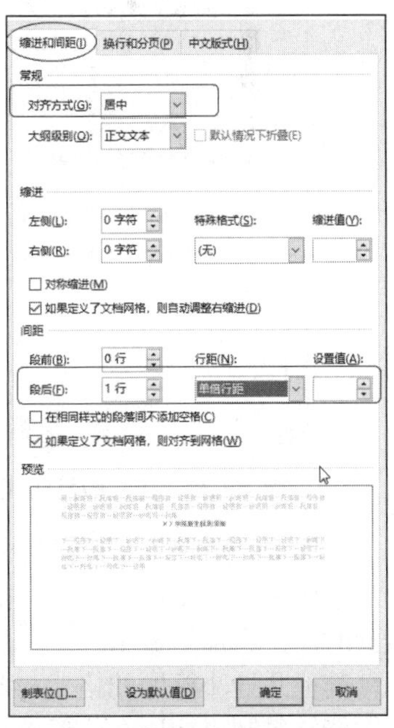

图 3-19　“段落”对话框

【水平考试常见考点练习】

将正文第 3 段的字间距设置为加宽 1 磅，行间距设置为 1.5 倍行距。

步骤 2：正文的格式设置。

① 正文文本格式的设置。

除了可以采用“步骤 1”中介绍的设置方法，还可以直接使用选项卡中的按钮进行格式设置。选中正文文本，单击【开始】|【字体】组中的相应命令，设置文本格式为宋体、小四、黑色，如图 3-20 所示。

② 正文段落格式的设置。

选中全文，在“步骤 1”介绍的“段落”对话框中，设置正文段落的对齐方式为左对齐，特殊格式为首行缩进 2 个字符，行距设为固定值 18 磅，如图 3-21 所示。

图 3-20　在“开始”选项卡中设置文本格式

说明：

段落对齐方式除了可以使用上述“段落”对话框进行设置，还可以使用标尺快速设置。

① 标尺的显示或隐藏：单击垂直滚动条上方的“标尺”按钮或在【视图】|【显示】组选中或取消选中“标尺”复选框，可以设置显示或隐藏标尺。

② 标尺的组成与功用：在标尺上有 4 个缩进滑块，分别为首行缩进滑块、悬挂缩进滑块、左缩进滑块和右缩进滑块，如图 3-22 所示。拖动首行缩进滑块可以调整首行缩进的字符，拖动悬挂缩进滑块可以设置悬挂缩进的字符，拖动左缩进滑块和右缩进滑块可以设置左右缩进的字符。

通过标尺还可以设置页边距，其方法是将鼠标指针放在标尺的左边距处，当鼠标指针变为左右双向箭头⟺时，拖动双向箭头即可调节页面左边距，用同样的方式可以调节页面右边距和上下边距。

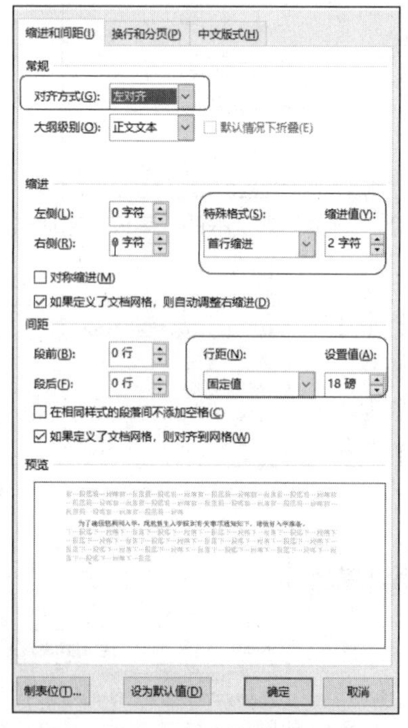

图 3-21　正文段落格式的设置

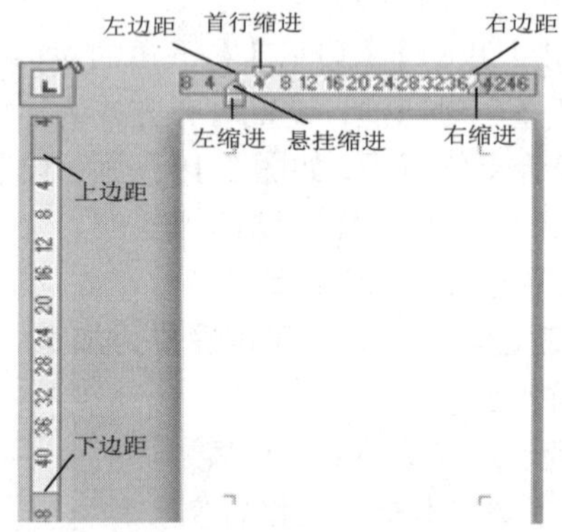

图 3-22　标尺的组成与功用

步骤 3：使用格式刷设置小标题加粗。

选中第一个小标题“一、报到时间”，单击【开始】|【字体】|【加粗】命令，设置“一、报到时间”为加粗显示。

其他几处小标题的格式与此处的格式相同，可以借助格式刷快速重复设置相同格式。格式刷能够复制光标所在位置的所有格式，可大大减少重复工作。选中包含格式的文字“一、报到时间”，单击【开始】|【剪贴板】|【格式刷】命令，此时，鼠标指针会变成刷子形状，将格式刷移动到要复制格式的文字位置，按住鼠标左键拖选文字“二、报到地点”，松开鼠标左键，则格式刷经过的文字的格式将被设置成格式刷记录的格式，实现格式复制。

单击“格式刷”按钮，只能复制一次格式；双击“格式刷”按钮，可以复制多次格式；再次单击“格式刷”按钮或按 Esc 键即可取消格式刷状态。选中包含格式的文字“一、报到时间”，双击“格式刷”按钮，当鼠标指针变成刷子形状后，用格式刷拖选文字“三、报到注意事项”“四、报到流程及说明”“五、相关部门联系电话”，这些小标题的格式都被设为加粗显示，完成后单击“格式刷”按钮取消格式刷状态，鼠标指针恢复正常。

如果只复制段落格式，其方法为：将光标定位在包含格式的段落内的任意位置或选中段落后面的回车符，单击“格式刷”按钮，将格式刷移动到要复制格式的段落内的任意位置处后单击，即可复制段落格式。

步骤 4：设置边框与底纹。

选中“二、报到地点”后的乘车路线文本，单击【设计】|【页面背景】|【页面边框】命令，打开“边框和底纹”对话框。选择“边框”选项卡，设置边框样式、颜色、宽度、应用范围，即可成功添加段落边框，如图 3-23（a）所示。单击“选项”按钮，在弹出的“边框和底纹选项”对话框中设置文本距边框的距离，如图 3-23（b）所示。

在“边框和底纹”对话框中，切换到“底纹”选项卡，在“填充”文本框中为段落添加灰色的底纹，要求底纹样式为“5%”的灰色，如图 3-24 所示。在“应用于”下拉列表框中选择“段落”。

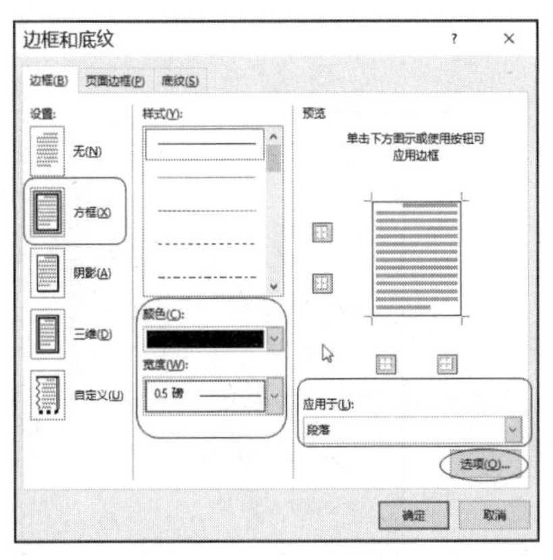

（a）

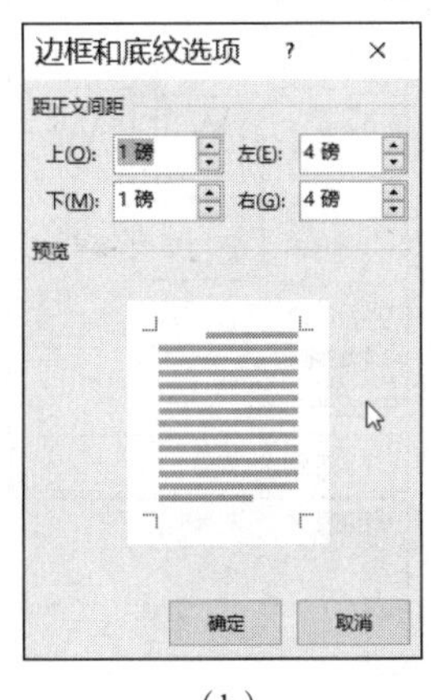

（b）

图 3-23　边框的设置

步骤 5：设置分栏。

选中“五、相关部门联系电话”后的文本内容，单击【布局】|【页面设置】|【分栏】命令，弹出下拉列表，选择“更多分栏”，打开“分栏”对话框，设置栏数、宽度和间距，并选中“分隔线”“栏宽相等”复选框，然后在“应用于”下拉列表框中选择“所选文字”，如图 3-25 所示。

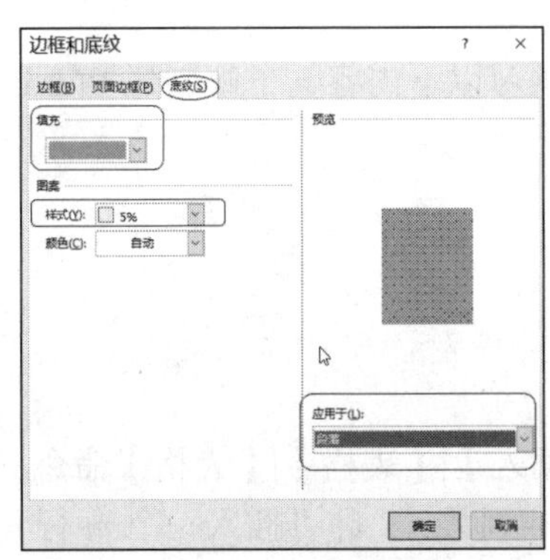

图 3-24　底纹的设置

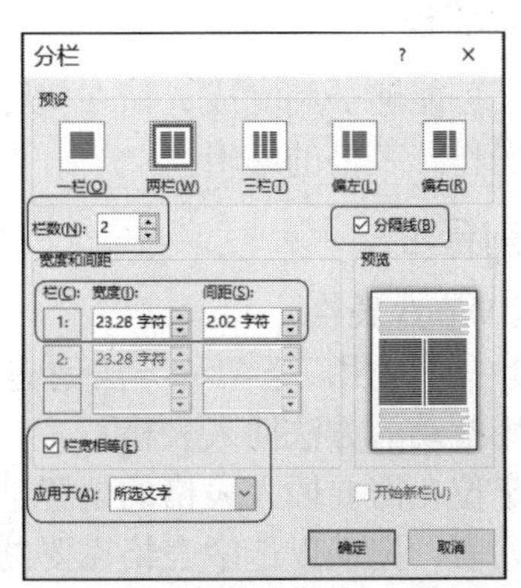

图 3-25　分栏的设置

【水平考试常见考点练习】

将正文的第 2 段分成两栏，并添加分隔线。

步骤 6：设置首字下沉。

将光标定位到“您进校按以下流程报到：”段落中，单击【插入】|【文本】|【首字下沉】命令，在弹出的下拉列表中选择“首字下沉选项”，打开“首字下沉”对话框，在对话框中设置“位置”为“下沉”、“下沉行数”为“2”，如图 3-26 所示。完成设置后单击“确定”按钮即可。

步骤 7：设置文字特殊效果。

选中文档最后一行“来校报到途中……”，单击【开始】选项卡【字体】组右下角的对话框启动器按钮，打开“字体”对话框，在“字体”对话框中完成字体颜色、字形、字号的设置后，再单击对话框下方的“文字效果”按钮，打开“设置文本效果格式”对话框，参数的设置可参考图 3-27。

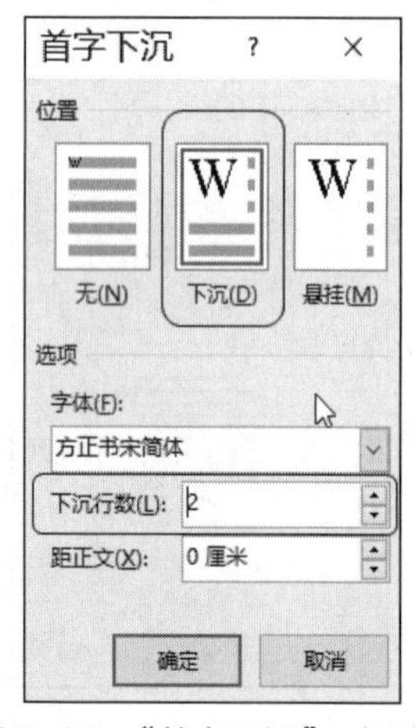

图 3-26 “首字下沉”对话框

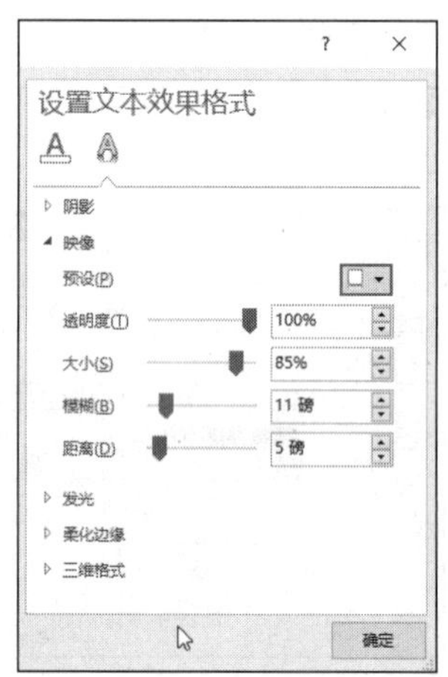

图 3-27 “设置文本效果格式”对话框

步骤 8：设置落款与日期格式。

选中落款与日期，单击【开始】|【段落】|【右对齐】命令，设置文本为右对齐。

至此，文档格式设置完毕。

3.3 任务二 创建与编辑 Word 表格

3.3.1 课前准备

为保证任务能够顺利完成，请在实际操作前预习以下内容，了解创建 Word 表格的方法、表格的选中操作、表格的编辑。

一、课前预习

1. 创建 Word 表格

在 Word 中可以用以下两种方法创建表格。

（1）使用拖动的方法插入表格

将光标定位在需要插入表格的位置，单击【插入】|【表格】|【表格】命令，打开“插入表格”下拉列表，拖动以选中表格需要的行数 m 和列数 n，即可插入一个 m 行 n 列的表格，如图 3-28 所示。

图 3-28 使用拖动的方法插入表格

（2）使用“插入表格”对话框插入表格

单击【插入】|【表格】|【表格】命令，在弹出的下拉列表中选择“插入表格”，在打开的“插入表格”对话框中进行设置，如图 3-29 所示。

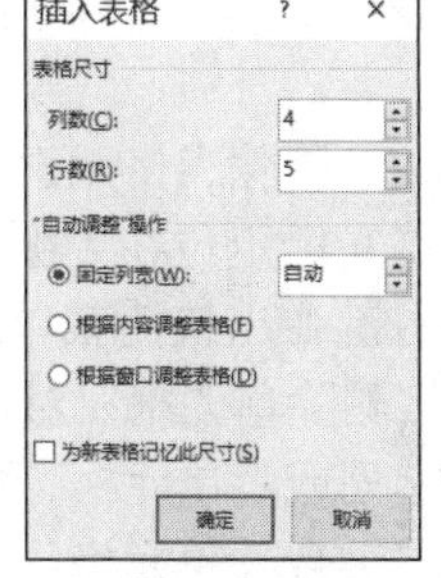

图 3-29 “插入表格”对话框

2. 表格的选中操作

（1）选中一个单元格

单元格是表格中行与列的交叉部分，它是组成表格的最小单位，可进行拆分或者合并。

选中单元格的方式有以下两种。

① 把鼠标指针移到该单元格内的左侧，当鼠标指针变成右向的黑色实心箭头时单击即可将其选中。

② 将光标移至单元格内，按一次 Shift+→组合键，即选中该单元格。若按 *n* 次 Shift＋→组合键，则可选中鼠标指针右侧的 *n* 个单元格。

（2）选中表格的一行

① 把鼠标指针移到该行表格外的左侧，当鼠标指针变成向右的空心箭头时单击即可将其选中。

② 将光标移至第一个单元格内，按住鼠标左键向右拖动到该行的最后一个单元格。

③ 将光标移至该行第一个单元格内，按住 Shift 键，反复按→键，直到选中该行最后一个单元格。

（3）选中表格的一列

① 把鼠标指针移到该列的上边界，当鼠标指针变成向下的黑色实心箭头时单击即可将其选中。

② 将光标移至第一个单元格内，按住鼠标左键向下拖动到该列的最后一个单元格。

③ 将光标移至该列第一个单元格内，按住 Shift 键反复按↓键，直到选中该列最后一个单元格。

（4）选中部分单元格

① 选中要选择的最左上角的单元格，按住鼠标左键拖动到要选择的最右下角的单元格。

② 将光标移至要选择的最左上角的单元格内，按住 Shift 键单击最右下角的单元格，可

选中该连续区域内的所有单元格。

③ 选中一个单元格，按住 Ctrl 键单击另一个单元格，可同时选中不连续区域的单元格。

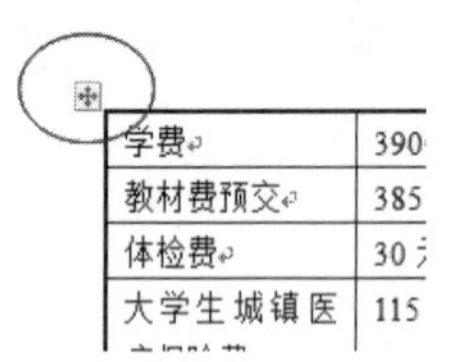

图 3-30 “全部选中”按钮

（5）选中整个表格

① 鼠标指针从表格上划过时，表格左上方会出现“全部选中”按钮，如图 3-30 所示。单击“全部选中”按钮即可选中整个表格。

② 单击表格中的任意单元格，单击【表格工具 · 布局】|【表】|【选择】命令，在弹出的下拉列表中选择“选择表格”，即可选中整个表格。

3. 表格的编辑

（1）插入表格元素

将光标定位在要插入表格元素的单元格中，单击鼠标右键弹出快捷菜单，将鼠标指针移到“插入”命令上，在弹出的子菜单中选择要插入的表格元素，如行、列或者单元格，如图 3-31 所示。此外，也可以单击【表格工具 · 布局】|【行和列】命令中的相应工具按钮。

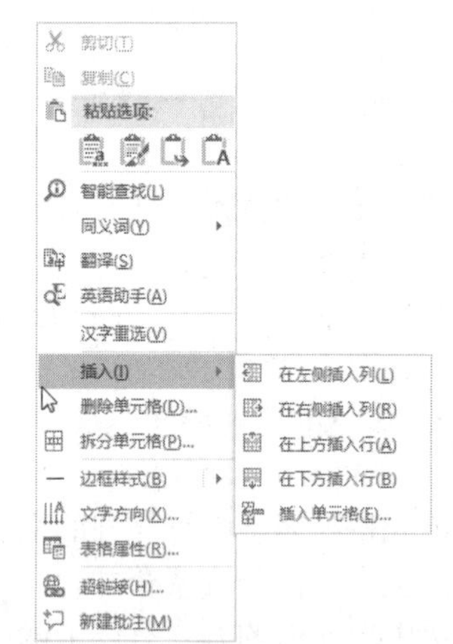

图 3-31 插入表格行、列、单元格

（2）删除表格元素

将光标定位在要删除表格元素的单元格中，单击鼠标右键弹出快捷菜单，单击“删除单元格”命令，打开“删除单元格”对话框，选择要删除的表格元素，如行、列或者单元格，如图 3-32 所示。

（3）合并单元格

选中要合并的单元格，单击鼠标右键弹出快捷菜单，单击“合并单元格”命令。

（4）拆分单元格

如果要将某个单元格进行拆分，可将光标定位在此单元格中，单击鼠标右键弹出快捷菜单，单击“拆分单元格”命令，打开“拆分单元格”对话框，设置要拆分的具体列数和行数，如图 3-33 所示。

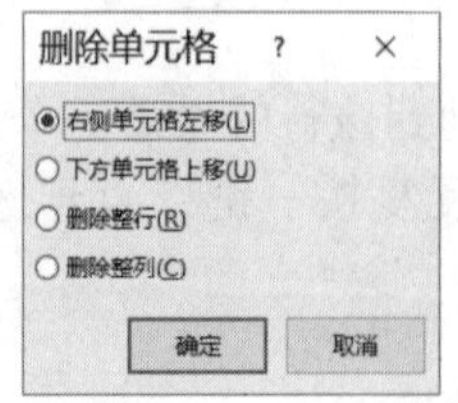

图 3-32 “删除单元格”对话框

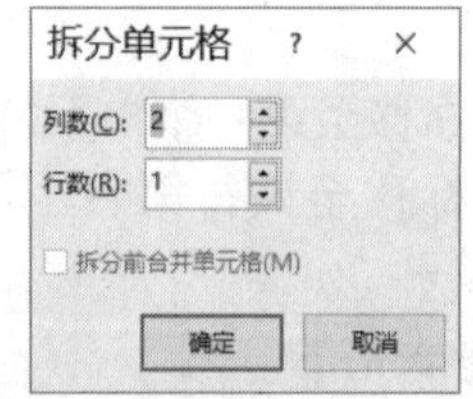

图 3-33 “拆分单元格”对话框

（5）调整表格尺寸

调整表格尺寸的方法如下。

① 使用“表格属性”对话框精确调整行高、列宽或单元格尺寸。

选中要调整的行或者列，单击鼠标右键弹出快捷菜单，单击“表格属性”命令，在弹出的“表格属性”对话框中，设置行、列或者单元格的参数。也可以将光标定位在要调整的行或列的某一个单元格上，单击【表格工具 · 布局】|【表】|【属性】命令，打开“表格属性”对话框，在相应的选项卡中设置行、列或者单元格的参数，如图 3-34 所示。

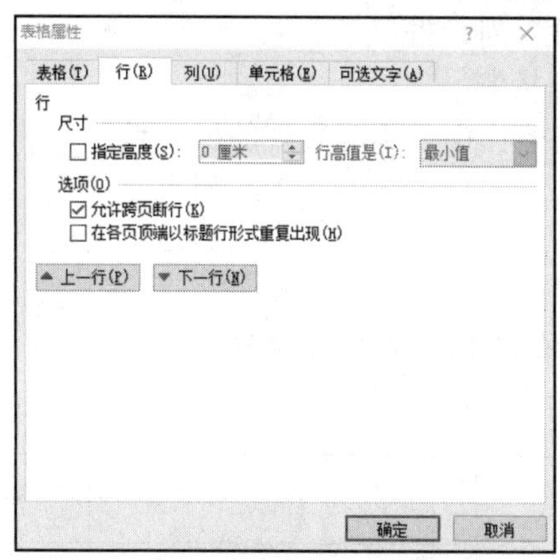

图 3-34 “表格属性”对话框

② 使用拖动方式调整行高、列宽或单元格尺寸。

将鼠标指针悬停在行或者列的边界，鼠标指针变成双向箭头符号 ⇹ 时，按住鼠标左键拖动可调整行或者列的尺寸。

③ 自动调整表格尺寸。

单击【表格工具 · 布局】|【单元格大小】|【自动调整】命令，在弹出的下拉列表中选择相应选项可进行表格尺寸的自动调整。

（6）添加表头斜线

选中要添加表头斜线的单元格，单击【开始】|【段落】|【边框】右侧的下拉按钮，弹出下拉列表，选择“斜下框线”或者“斜上框线”选项添加表头斜线，还可以选择“绘制表格”选项，鼠标指针变为笔形，拖动笔形鼠标指针画出需要的斜线。

二、预习测试

1. 单项选择题

（1）创建表格使用____中的“表格”按钮。

A. “插入”选项卡　　B. “开始”选项卡

C. “视图”选项卡　　D. “表格”选项卡

（2）不能选中 Word 表格的一列的操作是____。

A. 把鼠标指针移到该列的上边界，当鼠标指针变成向下的黑色实心箭头时单击

B. 将光标移至第一个单元格内，按住鼠标左键向下拖动到该列的最后一个单元格

C. 在所在列的单元格中双击

D. 将光标移至该列第一个单元格内，按住 Shift 键反复按↓键，直到选中该列最后一个单元格

（3）在 Word 表格中，拆分单元格是指____。

A. 对表格中选择的单元格按行列进行拆分

B. 将表格从某两列之间分为左右两个表格

C. 从表格的中间把原来的表格分为两个表格

D. 将表格中指定的一个区域单独保存为另一个表格

（4）在 Word 文档中，如果想精确地指定表格单元格的列宽，应____。

A. 鼠标指针悬停在列边界，按住鼠标左键拖动

B. 拖动标尺

C. 使用“表格属性”对话框

D. 通过输入字符来控制

（5）在 Word 提供的表格操作中，不能实现的操作是____。

A. 删除行　　　　B. 删除列

C. 合并单元格　　　　D. 旋转单元格

2. 操作题

先创建图 3-35（a）所示的表格，再将其修改为图 3-35（b）所示的表格样式。

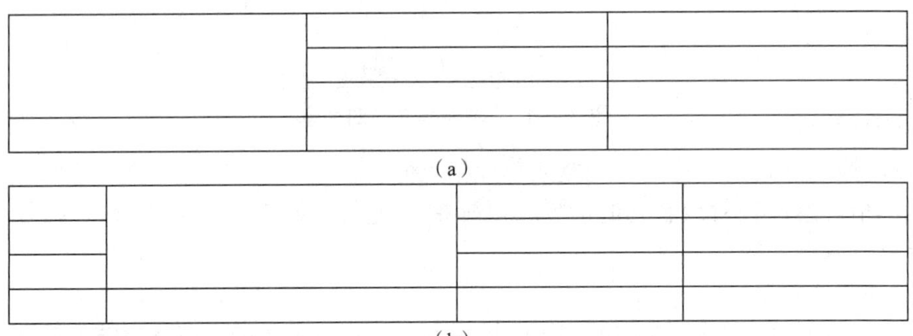

图 3-35 “创建与编辑 Word 表格”预习操作题效果

三、预习情况解析

1. 涉及知识点

表格的创建方式、表格的选中操作、表格的编辑。

2. 测试题解析

见表 3-2。

表 3-2 “创建与编辑 Word 表格”预习测试题解析

测试题序号	答案	参考知识点	测试题序号	答案	参考知识点
第 1.（1）题	A	见课前预习“1.”	第 1.（4）题	C	见课前预习“3.（5）”
第 1.（2）题	C	见课前预习“2.（3）”	第 1.（5）题	D	见课前预习“3.”
第 1.（3）题	A	见课前预习“3.（4）”	第 2 题	见微课视频	

3. 易错点统计分析

师生根据预习反馈情况自行总结。

3.3.2 任务实现

一、表格的创建与编辑

涉及知识点：表格的创建与编辑

新生报到须知文档中包含费用缴纳和公寓化用品的相关信息，用表格来表达这类信息会更有条理。

【任务 1】创建、编辑“缴纳费用清单”表格。

步骤 1： 插入“缴纳费用清单”表格。

将光标定位在指定位置，再单击【插入】|【表格】|【表格】命令，打开“插入表格”下

拉列表，按住鼠标左键拖动，插入一个 6 行 4 列的表格。或者单击【插入】|【表格】|【表格】命令，在弹出的下拉列表中选择“插入表格”，在打开的“插入表格”对话框中进行行数、列数的设置。

步骤 2：选中表格的最后一行，合并单元格。

将鼠标指针移动到表格最后一行以外的左侧，当鼠标指针变为形状时单击，即可选中表格的最后一行，单击鼠标右键，在弹出的快捷菜单中单击“合并单元格”命令，完成单元格的合并。

步骤 3：合并第五行的后 3 个单元格。

除了可以使用快捷菜单，还可以使用相应选项卡下的命令进行单元格的合并。按住鼠标左键拖动，选中第五行的后 3 个单元格，单击【表格工具 · 布局】|【合并】|【合并单元格】命令，即可完成单元格的合并，合并后的表格效果如图 3-36 所示。

<table>
<tr><td>↵</td><td>↵</td><td>↵</td><td>↵</td></tr>
<tr><td>↵</td><td>↵</td><td>↵</td><td>↵</td></tr>
<tr><td>↵</td><td>↵</td><td>↵</td><td>↵</td></tr>
<tr><td>↵</td><td>↵</td><td>↵</td><td>↵</td></tr>
<tr><td>↵</td><td colspan="3">↵</td></tr>
<tr><td colspan="4">↵</td></tr>
</table>

图 3-36　合并后的表格效果

二、表格的格式设置及数学公式的使用

涉及知识点：表格格式的设置、单元格的格式设置、数学公式的使用

【任务 2】输入表格的文本内容，并按照要求设置表格内容的格式。

步骤 1：按照图 3-2 所示的内容输入表格中各项文本内容。

步骤 2：设置单元格的对齐方式。

选中整个表格，在【表格工具 · 布局】|【对齐方式】组中单击“中部两端对齐”按钮，单元格中的文本将在水平方向上呈左对齐，在垂直方向上呈居中对齐。

步骤 3：设置单元格内容的格式。

选中第一列各标题单元格，之后按住 Ctrl 键选中第三列各标题单元格，此时多个单元格被同时选中。单击【开始】|【字体】|【加粗】命令，可将选中的单元格内容设置为加粗显示。

选中整个表格，单击【开始】|【段落】组右下角的对话框启动器按钮，打开“段落”对话框，设置行距为“单倍行距”，设置完成后的表格效果如图 3-2 所示。

步骤 4：使用公式计算“合计”栏的数值。

Word 中提供了数学公式运算功能，可对表格中的数据进行运算，包括加、减、乘、除以及求和、求平均值等常见运算。用户可以使用运算符号和 Word 2016 提供的函数进行上述运算，操作方法如下。

首先单击表格中需要计算结果的单元格，此处为“合计”右侧的单元格，然后单击【表格工具 · 布局】|【数据】|【公式】命令，在弹出的“公式”对话框的“粘贴函数”下拉列表中选择 SUM 函数，也可以在“公式”文本框中手动输入“=SUM(b1:b4,d1:d3)”，如图 3-37 所示，单击“确定”按钮即可自动计算出“合计”栏的数值。(b1:b4,d1:d3)表示“第 1 行第 2 列到第 4 行第 2 列”与“第 1 行第 4 列到第 3 行第 4 列”共计 7 个单元格的数值之和。

步骤 5：设置表格外边框。

选中整个表格，单击【设计】|【页面背景】|【页面边框】命令，打开“边框和底纹”对

话框，切换到“边框”选项卡，设置“设置”为“虚框”、“样式”为粗实线、“宽度”为“1.5 磅”，在“应用于”下拉列表框中选择“表格”，注意观察对话框右侧的预览效果，如图 3-38 所示。

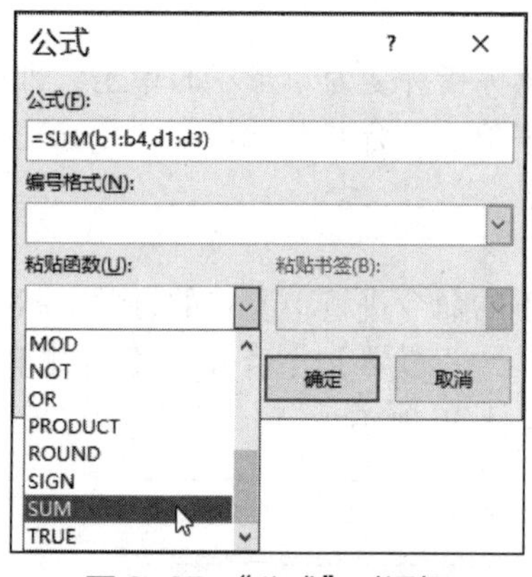

图 3-37 “公式”对话框

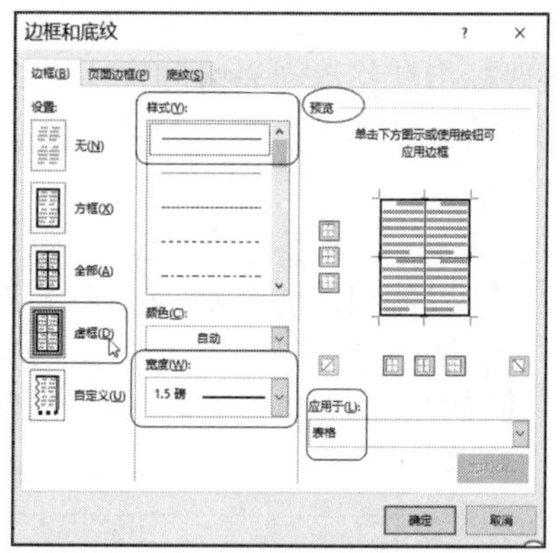

图 3-38 “边框和底纹”对话框

步骤 6：调整列宽。

将鼠标指针悬停在列边界处，鼠标指针变为双向箭头符号 ⟺ 时，按住鼠标左键拖动调整列宽。

列宽调整完毕后，检查表格制作得是否正确，完成“缴纳费用清单”表格的制作。

【水平考试常见考点练习】

在正文后添加一个 3×3 的表格，表格列宽设为 4.5 厘米。

三、表格与文本的互相转换

涉及知识点：文本转换成表格、表格转换成文本的方法

【任务 3】创建“公寓化用品清单”表格，并按照要求设置表格内容的格式。

步骤 1：输入“公寓化用品清单”表格中的文本。

对于结构比较规则的表格，如果已经有表格的相关文本内容，可以直接将文本转换为表格。

打开“公寓化用品清单”文本文件，如图 3-39 所示。

步骤 2：将文本转换为表格。

先将文本复制到 Word 中。选中文本，单击【插入】|【表格】|【表格】命令，在下拉列表中选择“文本转换成表格”，打开“将文字转换成表格”对话框，进行行数、列数的设置，在“文字分隔位置”中会自动选中文本使用的分隔符，如果自动选中的分隔符不正确，可以手动重新选择，完成设置后，单击“确定”按钮即可完成转换，如图 3-40 所示。

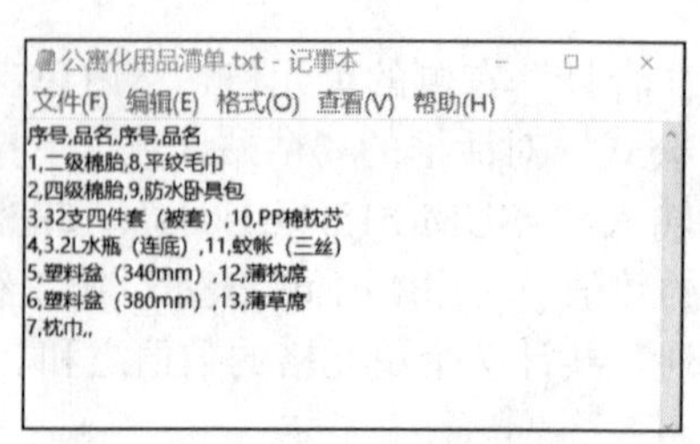
公寓化用品清单.txt - 记事本
文件(F) 编辑(E) 格式(O) 查看(V) 帮助(H)
序号,品名,序号,品名
1,二级棉胎,8,平纹毛巾
2,四级棉胎,9,防水卧具包
3,32支四件套（被套）,10,PP棉枕芯
4,3.2L水瓶（连底）,11,蚊帐（三丝）
5,塑料盆（340mm）,12,蒲枕席
6,塑料盆（380mm）,13,蒲草席
7,枕巾,,

图 3-39 “公寓化用品清单”文本文件

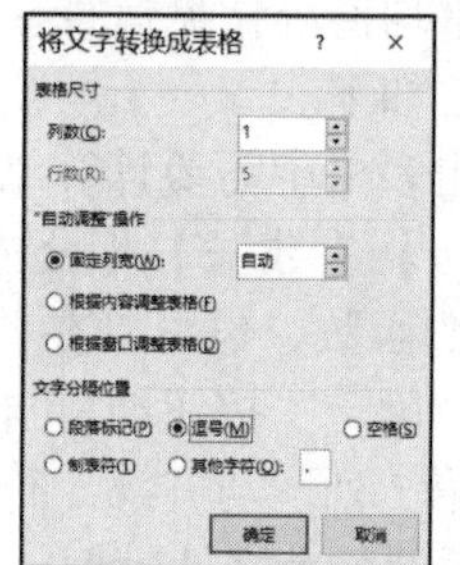

图 3-40 “将文字转换成表格”对话框

说明：

① 将文本转换成表格时可使用不同的分隔符号。本例中采用逗号作为分隔符，将文本分成若干个单元格。其他情况下可以采用其他字符。

② 将表格转换成文本的方法：选中表格，单击【表格工具 · 布局】|【数据】|【转换为文本】命令，打开“表格转换成文本”对话框进行相应设置。

步骤 3：设置表格格式。

① 设置表格外框线为 1.5 磅宽。

② 设置列宽。选中“序号”列，单击鼠标右键，在弹出的快捷菜单中单击“表格属性”命令，在弹出的“表格属性”对话框中切换到“列”选项卡，设置列宽为 3.5 厘米。

完成后的“公寓化用品清单”表格如图 3-3 所示。

3.4 任务三 页面设置与打印输出

3.4.1 课前准备

为保证任务能够顺利完成，请在实际操作前预习以下内容，了解文档的页面设置等概念。

一、课前预习

在 Word 中，页面设置包括纸张方向、页边距、纸张大小等的设置。

1. 纸张方向

纸张方向分为纵向和横向两种，默认为“纵向”，即页面的水平宽度小于页面的垂直高度。当要求页面水平宽度大于垂直高度时，可以选择“横向”，如制作比较宽的表格时纸张方向会设为“横向”。

2. 页边距

页边距是指页面的边线到文字的距离。通常可以在页边距内部的可打印区域中插入文字和图形，也可以将某些项目放在页边距区域中（如页眉、页脚和页码等）。

3. 纸张大小

可以设置为 Word 内置的纸张大小（标准纸张规格），还可以自定义纸张大小。

二、预习测试

单项选择题

（1）制作较宽的表格文档时，____。

A. 纸张大小选大尺寸　　B. 纸张方向选择“横向”

C. 纸张方向选择“纵向”　　D. 页边距设为 0

（2）Word 文档中普通文字输入是在____区域。

A. 页边距内外部均可　　B. 左页边距的右侧

C. 页边距外部　　D. 页边距内部

三、预习情况解析

1. 涉及知识点

纸张方向、页边距。

2. 测试题解析

见表 3-3。

表 3-3 “页面设置与打印输出”预习测试题解析

测试题序号	答案	参考知识点	测试题序号	答案	参考知识点
第（1）题	B	见课前预习“1.”	第（2）题	D	见课前预习“2.”

3. 易错点统计分析

师生根据预习反馈情况自行总结。

3.4.2 任务实现

涉及知识点：页面设置、打印输出

新生报到须知文档编辑完成后，要对整个文档的页面进行设置，最后打印输出。

【任务】将纸张大小设置为 A4，文档页边距为上下页边距 2 厘米，左右页边距 1.5 厘米。

步骤 1：页面设置。

单击【布局】|【页面设置】组右下角的对话框启动器按钮，打开“页面设置”对话框，在“页边距”选项卡中设置上下页边距为 2 厘米、左右页边距为 1.5 厘米，纸张方向选择“纵向”，如图 3-41 所示，然后在“纸张”选项卡中设置纸张大小为 A4，如图 3-42 所示，单击“确定”按钮。

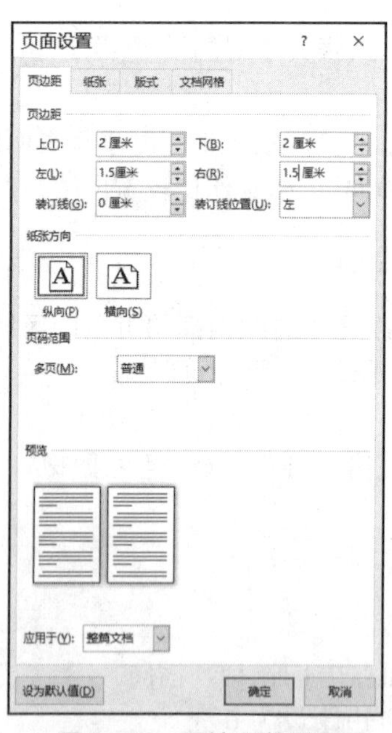

图 3-41 页边距的设置

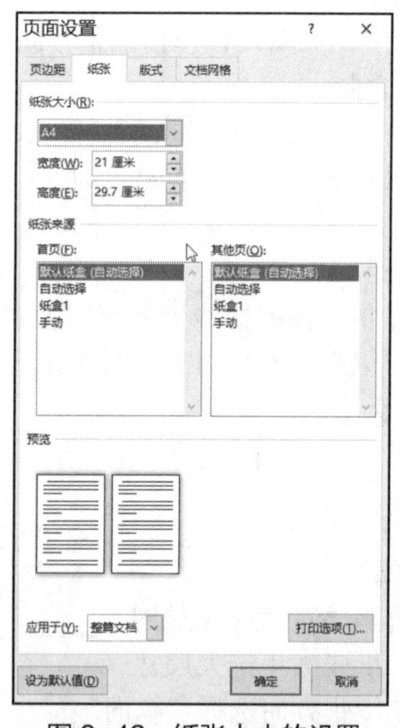

图 3-42 纸张大小的设置

除了可以使用以上方法，还可以单击【布局】|【页面设置】|【纸张方向】命令，在弹出的下拉列表中选择“纵向”；单击【布局】|【页面设置】|【纸张大小】命令，在弹出的下拉列表中选择“A4”，单击【布局】|【页面设置】|【页边距】命令，在弹出的下拉列表中选择“自定义边距”，在打开的“页面设置”对话框中设置页边距。在“页面设置”对话框的“版式”选项卡中还可以设置页眉页脚的位置以及页面的垂直对齐方式。

任务完成后，一定要保存文档。

步骤 2：打印输出。

单击【文件】|【打印】命令，进行打印机属性、打印份数的设置后即可打印。

3.5 项目总结

在本项目中，我们制作了新生报到须知文档。

① 在完成项目的过程中，我们对 Word 2016 的特点和使用方法有了初步的了解，学习了编辑 Word 文本与表格的基本方法。

② 按照新建并保存文档—输入文本内容—设置格式—插入并编辑表格的整个过程，进行新生报到须知文档的制作工作。

完成本项目后，我们将具备制作和打印各种常见 Word 文件的能力，下一步将学习更为复杂的相关项目，进一步提升读者的 Word 应用水平。

3.6 技能拓展

3.6.1 理论考试练习

1. 单项选择题

（1）在 Word 2016 中，如果要将某段文字的格式复制给另一段文字，而不是复制其文字内容，可使用【开始】|【剪贴板】组中的____。

A. 格式选定　　B. 格式刷　　C. 格式工具框　　D. 复制

（2）当用拼音法来输入汉字时，经常要用“翻页”从多个同音字中选择正确的字，“翻页”用到的两个键分别为____。

A. <和>　　B. −和+　　C. [和]　　D. Home 和 End

（3）在 Word 2016 中，下列关于查找、替换功能的叙述，正确的是____。

A. 不可以指定查找文字的格式，但可以指定替换文字的格式

B. 不可以指定查找文字的格式，也不可以指定替换文字的格式

C. 可以指定查找文字的格式，但不可以指定替换文字的格式

D. 可以指定查找文字的格式，也可以指定替换文字的格式

（4）在 Word 2016 的编辑状态，选择四号字后，以新设置的字号显示的文字是____。

A. 光标所在段落中的文字

B. 文档中被选中的文字

C. 光标所在行中的文字

D. 文档的全部文字

（5）在 Word 2016 中，一个文档有 200 页，定位于第 99 页的最快方法是____。

A. 用垂直滚动条快速移动文档定位于第 99 页

B. 用向下箭头键或向上箭头键定位于第 99 页

C. 用 PageUp 或 PageDown 键定位于第 99 页

D. 在“查找和替换”对话框的“定位”选项卡中将输入页号设为 99

（6）在 Word 2016 的编辑状态，当前光标在表格的任意一个单元格内，按 Enter 键后____。

A. 光标所在的行变高　　B. 对表格不起作用

C. 在光标下增加一行　　D. 光标所在的列加宽

（7）在 Word 2016 中，若想控制一个段落的第一行的起始位置缩进两个字符，应在“段落”对话框设置____。

A. 悬挂缩进　　B. 首行缩进

C. 左缩进　　D. 首字下沉

（8）下述选项中，不是 Word 2016 提供的段落对齐方式的是____。

A. 左对齐　　B. 右对齐　　C. 两端对齐　　D. 上下对齐

（9）在 Word 2016 中，将文本转换为表格，若文本内容需放入同一行的不同单元格，则文字间____。

A. 必须用逗号分隔开

B. 必须用空格分隔开

C. 必须用制表符分隔开

D. 可以用以上任意一种符号或其他符号分隔开

2. 多项选择题

（1）Word 2016 表格____。

A. 支持在表格中插入子表

B. 支持在表格中插入图形

C. 提供了绘制表头斜线的功能

D. 提供了整体改变表格大小和移动表格位置的控制手柄

（2）在 Word 2016 中，通过“页面设置”对话框可以直接完成____的设置。

A. 页边距　　B. 纸张大小

C. 打印页码范围　　D. 纸张的打印方向

（3）下列有关 Word 2016 的分栏功能的叙述，正确的有____。

A. 最多可以分为两栏

B. 栏间距固定不可修改

C. 栏间距是可以调整的

D. 各栏宽度可以不同

（4）在 Word 2016 中，下列有关间距的叙述，正确的有____。

A. 在“字体”命令中，可设置字符间距

B. 在“段落”命令中，可设置字符间距

C. 在“段落”命令中，可设置行间距

D. 在“段落”命令中，可设置段落前后间距

（5）下列有关 Word 2016 格式刷的叙述，错误的有____。

A. 格式刷能复制纯文本内容

B. 格式刷只能复制字体格式

C. 格式刷只能复制段落格式

D. 格式刷可以复制字体格式也可以复制段落格式

（6）在 Word 2016 中，可以对____加边框。

A. 选中的文本　B. 段落　　C. 表格　　D. 图片

3.6.2　实践案例

党的二十大报告指出：“基础研究和原始创新不断加强，一些关键核心技术实现突破，战略性新兴产业发展壮大，载人航天、探月探火、深海深地探测、超级计算机、卫星导航、量子信息、核电技术、新能源技术、大飞机制造、生物医药等取得重大成果，进入创新型国家行列”。

下面我们阅读一篇中国航天重大工程取得辉煌成就的文档，并按要求在 Word 2016 中进行文档格式编排。

中国航天重大工程都取得了哪些成就?
一是探月工程“绕、落、回”三步走全面完成：自 2004 年工程立项实施以来，按照“绕、落、回”三步走战略，先后圆满完成嫦娥一号、嫦娥二号、嫦娥三号、月地高速再入返回试验、嫦娥四号和嫦娥五号 6 次无人月球探测任务，实现“六战六捷”。形成了具有时代特色的探月精神，20 余个中国文化元素被永久地镌刻在月球上。

二是载人航天工程进入空间站建设新阶段：1992 年，我国制定了载人航天工程“船、室、站”三步走发展战略，目前已成功发射 14 艘神舟飞船，4 艘天舟货运飞船，2 个天宫空间实验室，1 个天和空间站核心舱，先后将 14 名航天员共 23 人次送入太空，中国空间站即将建成。

三是北斗导航系统实现全球组网运行：按照“三步走”发展战略稳步推进，2000 年、2012 年分别建成北斗一号、二号系统，向国内、亚太地区提供服务；2020 年 7 月，北斗三号全球导航系统全面建成并开通全球服务，目前定位精度、授时精度等系统性能指标达到国际一流水平。

四是高分专项天基对地“三高”观测能力形成：已具备高空间分辨率、高时间分辨率和高光谱分辨率观测能力，在国民经济建设和社会发展中得到广泛应用，已成为政府治理体系和治理能力现代化的重要信息技术支撑。

五是天问一号成功实现火星“绕、着、巡”目标：2021 年 5 月，“天问一号”探测器成功着陆在火星预选着陆区，在火星表面开展巡视探测，一次任务实现环绕、着陆和巡视探测，成为第二个在火星成功着陆探测的国家，开启了行星探测的新征程。

这些重大航天工程的成功实施，标志着我国从第二梯队迈入第一梯队，进入世界航天强国行列。面对百年未有之大变局及世界航天激烈竞争态势，我们将按照党中央的决策部署，不跟风不竞赛，坚持战略自信，保持战略定力，力争早日全面建成航天强国。
——摘自《人民政协网》

（1）第一行“中国航天重大工程都取得了哪些成就？”作为标题，字体、字号分别为隶书、小二号，字符缩放设为 60%，居中对齐。

（2）正文的字体、字号分别为宋体、四号，左对齐，首行缩进 2 字符，单倍行距，段前、段后间距均为 1 行。

（3）为正文最后一段“这些重大航天工程的成功实施……”设置段落边框，边框为实线线型、线宽为 1.5 磅、颜色为红色，要求正文距离边框上下左右各 4 磅。

（4）最后一行“——摘自《人民政协网》”的字体、字号分别为宋体、小四，右对齐。

（5）设置文档的纸张大小为 16 开（18.4 厘米 ×26 厘米）。

项目四　Word 图文混排与邮件合并——制作录取通知书文档

学习目标

图文并茂的文档具有更强的表现力，也更便于阅读。可以在 Word 文档中插入图片、图形、艺术字、文本框等对象，并对它们进行编辑及格式设置，以获得较好的图文混排效果。

在实际工作中，我们经常会遇到这种情况：待处理的一批文档的主要内容基本是相同的，只是具体数据有变化而已，如录取通知书、成绩报告单、请柬等文档。利用 Word 提供的邮件合并功能，可以很方便地批量处理这类文档。

本项目通过制作录取通知书文档讲解 Word 2016 的图文混排方法和邮件合并方法。

通过对本项目的学习，读者能够掌握计算机水平考试及计算机等级考试的相关知识点，达到下列学习目标。

知识目标：

- 掌握插入图形和图片的相关知识。
- 掌握插入文本框、艺术字的相关知识。
- 掌握图片格式设置的相关知识。
- 掌握文本框、艺术字的使用与编辑。
- 掌握图文混排的相关知识。
- 掌握邮件合并的相关知识。

技能目标：

- 学会插入图形和图片的方法。
- 学会文本框、艺术字的插入、编辑及格式设置。
- 能够对图片进行格式设置，学会处理图片的方法。
- 学会设置文档背景的方法。
- 学会图文混排的操作方法。
- 能够利用邮件合并功能批量制作和处理文档。

4.1 项目总要求

××大学需要向新生发放录取通知书。××大学设计的录取通知书中有本校校徽图片，两侧印有校训，页面配以红色边框。录取通知书文档的最终效果如图 4-1 所示。

由于要发的录取通知书很多，而录取通知书文档的主体内容一样，只是学生信息不同，因此需要采用 Word 的邮件合并功能批量处理。

本项目可以分解为制作录取通知书的主体内容（使用图文混排）、输入各个学生的具体信息（使用邮件合并）两部分。

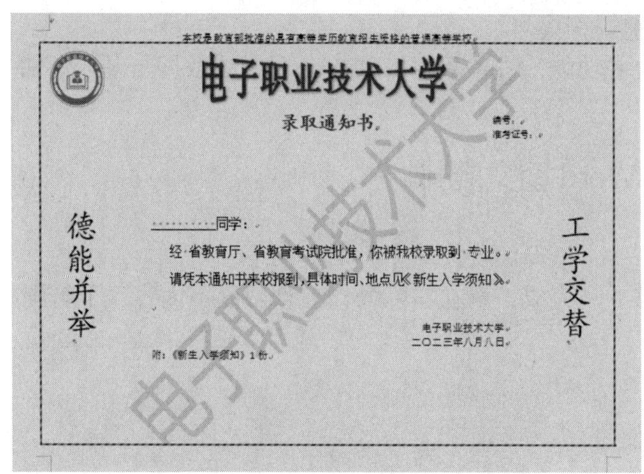

图 4-1　录取通知书的最终效果

1. 使用图文混排制作主体内容的要求

主体的内容设置如图 4-2 所示。

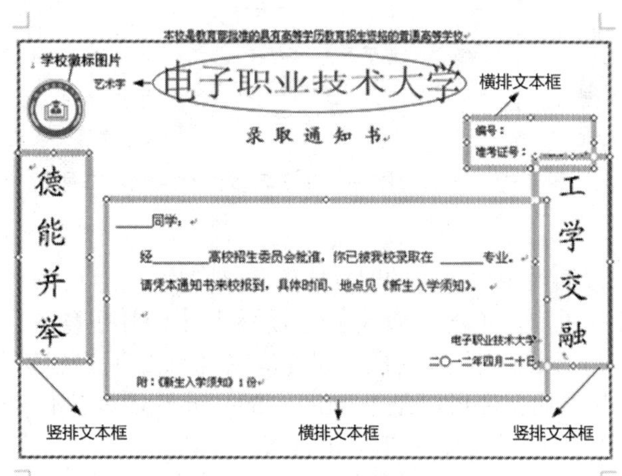

图 4-2　主体的内容设置

（1）设置文档页面

创建“录取通知书.docx”文件，纸张大小设为 B5，纸张方向设为横向，上下页边距设为 0.65 厘米，左右页边距设为 1.5 厘米。

（2）设置页面边框

页面边框采用 3 磅宽度、红色方框，距离页边 31 磅。

（3）设置主体内容

在文档中插入图片、艺术字、横排文本框和竖排文本框，具体内容见图 4-2。

（4）插入图片

插入学校校徽图片文件“校徽.png”，调节图片的大小、位置，设置图片版式为“浮于文字上方”。

2. 使用邮件合并输入具体信息的要求

（1）创建数据源文档

创建数据源文档“新生信息.docx”，以表格形式输入新生的编号、准考证号、姓名、所在省（市）、专业等信息。

（2）利用邮件合并功能，将“新生信息.docx”中的数据与录取通知书主体文档合并，批量制作录取通知书。

4.2 任务一 Word 图文混排

4.2.1 课前准备

为保证任务能够顺利完成，请在实际操作前预习以下内容，了解图文混排的概念与基本操作方法。

一、课前预习

1. 图文混排的概念

（1）图文混排

图文混排是指将文字与图片、图形、艺术字、文本框等多种对象混合排列，文字可衬于对象的下方、浮于对象上方或环绕在对象的四周等，如图 4-3 所示。

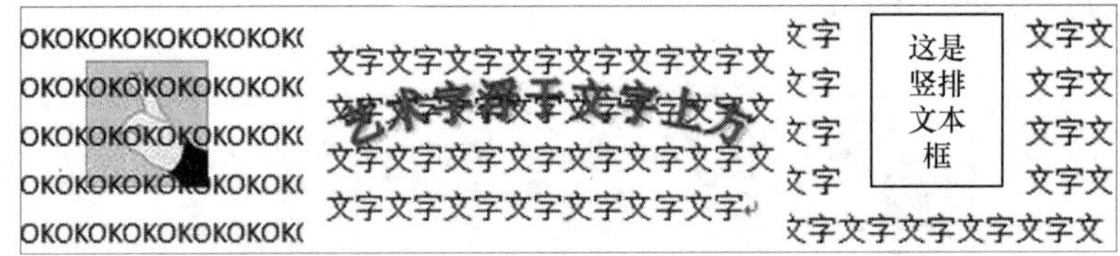

图 4-3 图文混排——文字与多种对象混合排列

（2）Word 图片

在 Word 2016 中可以插入用户自备的图片或者联机图片。

① 插入用户自备的图片。单击【插入】|【插图】|【图片】命令，在弹出的下拉列表中选择“此设备”，打开“插入图片”对话框，即可从磁盘的相应位置选择要插入的图片文件将其导入 Word 文档。这些图片文件可以是 Windows 的标准 BMP 位图，也可以是其他程序创建的图片文件，如 JPEG 压缩格式图片、TIFF 图片等。

② 插入联机图片。单击【插入】|【插图】|【图片】命令，在弹出的下拉列表中选择“联机图片”，则打开“联机图片”对话框，在联机图片搜索框中输入图片主题词（如“剪贴画”）进行搜索，如图 4-4 所示，单击想要选中的图片，即可在文档中插入网络提供的联机图片。

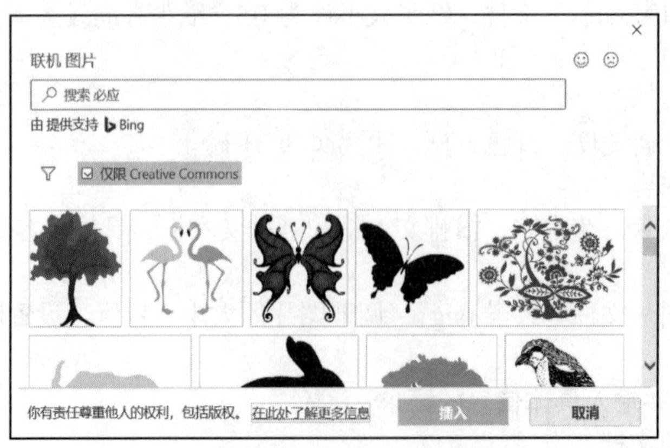

图 4-4 “联机图片”对话框

（3）Word 图形

Word 图形分为自选图形和 SmartArt 图形。

① 插入自选图形。

单击【插入】|【插图】|【形状】命令，将打开“形状”面板，如图 4-5 所示，可以在 Word 文档中插入一个现成的形状（图形）。可以插入的形状类型有线条、矩形、基本形状、箭头总汇、公式形状、流程图、星与旗帜和标注等。

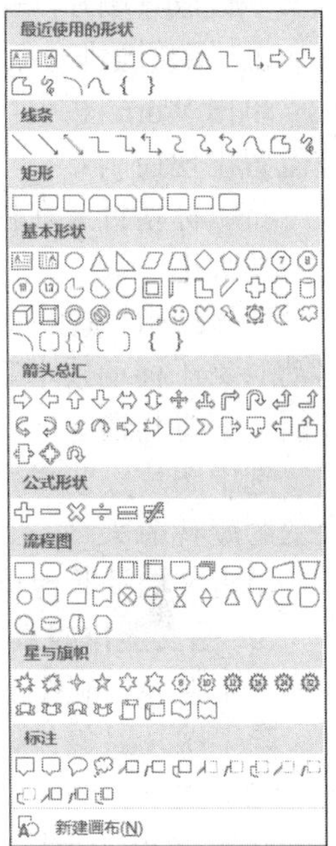

图 4-5 “形状”面板

单击“形状”面板上相应的图形图标后，在文档中按住鼠标左键拖动就可以绘制对应的形状。此时功能区会出现“绘图工具”选项卡（在文档中插入或选择图形后，会自动出现此选项卡），如图 4-6 所示，使用此选项卡可以对插入或选择的图形进行编辑。

绘制图形时，如果按住 Shift 键：可以绘制倾斜角度为 0°、45°、90° 的线段，绘制的椭圆形状为标准的圆形，绘制的矩形形状为标准的正方形。

② 插入 SmartArt 图形。

SmartArt 图形包括图形列表、流程图以及更为复杂的图形，如组织结构图。它们是信息或观点的图形表示形式，能使信息或观点更加有效地、清晰地传达。

单击【插入】|【插图】|【SmartArt】命令，将打开“选择 SmartArt 图形”对话框，选择需要的图形后插入即可。

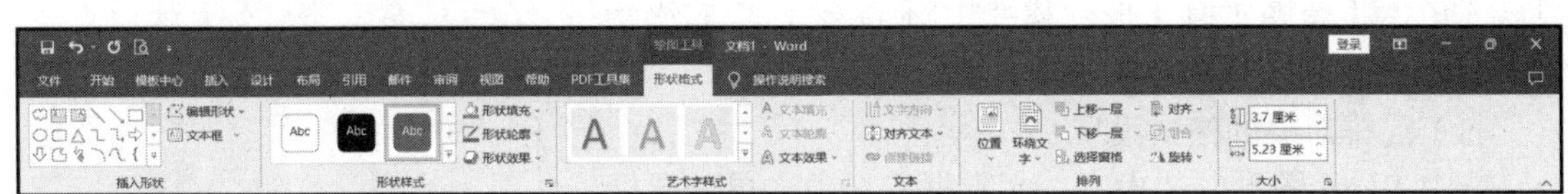

图 4-6 “绘图工具”选项卡

（4）艺术字

艺术字是可添加到文档的装饰性文本。创建后可以进行艺术字的旋转等操作，还可以设置三维效果，或对文本内容进行编辑。

单击【插入】|【文本】|【艺术字】命令，打开“艺术字样式”面板，如图 4-7 所示。选择任意一个艺术字样式，然后输入艺术字文本内容，此时功能区会出现“绘图工具”选项卡（在文档中插入或选择艺术字后会自动出现此选项卡），使用此选项卡可以在字体大小和文本效果、形状效果等方面更改艺术字。

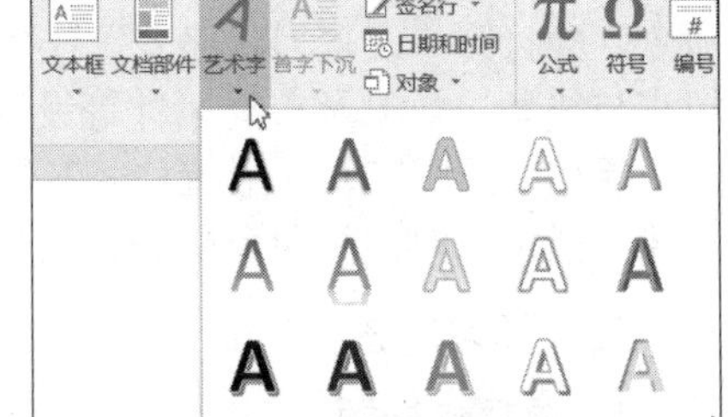

图 4-7 “艺术字样式”面板

（5）文本框

文本框是一个能够容纳文本或图形的“容器”，可以将其移动，放置于页面中的任意位置，文本框中的内容不会受段落格式、页面设置等的影响，可以对文本框进行边框颜色、线条、填充颜色、大小、文本的环绕方式等多种格式的设置。

在文本框中加入文字或图片等内容后，可以将其移动到适当的位置，使文档更有阅读性。图 4-2 中使用了多个文本框，就是为了便于将文字放到适当的位置。

单击【插入】|【文本】|【文本框】命令，可以插入各类文本框，之后便可在文本框内输

入文字或放置图片。

2. 图文混排对象的选中、移动、大小的调节

单击 Word 图片、图形、艺术字、文本框等对象，即可选中这些对象，选中对象后会在相应位置出现控制点。

将鼠标指针放在控制点上，鼠标指针会变为双向箭头，此时按住鼠标左键拖动可以调节对象的大小。

将鼠标指针放在对象上，鼠标指针会变为十字四向箭头，此时按住鼠标左键拖动可以移动对象（移动艺术字、文本框时，需要单击对象四周的虚线边框，当其变为实线边框时，才能真正将其选中）。

选中图片、艺术字、文本框时会出现旋转控制柄，将鼠标指针放在控制柄上，鼠标指针会变为旋转箭头，此时按住鼠标左键拖动可以旋转对象。

单击文档的其他位置，即可退出选中状态。

3. 图文混排对象的格式设置

（1）在 Word 图形、艺术字、文本框等对象中直接输入文本

除了图片对象，Word 图形、艺术字、文本框等对象中都可以直接输入文本。

（2）文字环绕

文本与 Word 图片、图形、艺术字、文本框等对象之间的环绕方式有嵌入型、四周型、紧密型环绕、穿越型环绕、上下型环绕、衬于文字下方和浮于文字上方等 7 种。

选中 Word 图片、图形、艺术字、文本框等对象后，单击鼠标右键，在弹出的快捷菜单中单击“环绕文字”命令，在弹出的子菜单中选择文字环绕方式，如图 4-8 所示。或者选中对象后，单击【绘图工具 · 形状格式】|【排列】|【环绕文字】命令，也可以选择文字环绕方式。

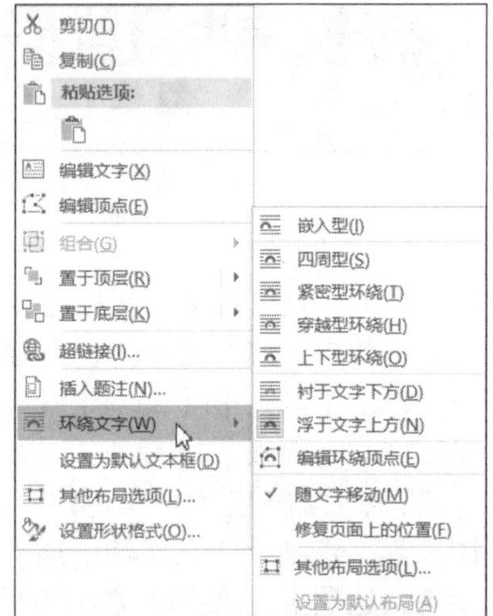

图 4-8　文字环绕方式

（3）混排对象的格式设置

选中 Word 图形、艺术字、文本框等对象，单击鼠标右键，在弹出的快捷菜单中（见图 4-8），单击“其他布局选项”命令，会打开“布局”对话框，在“布局”对话框中可对混排对象进行精确的大小设置、位置设置及文字环绕方式设置；在弹出的快捷菜单中单击“设置形状格式”命令，会打开“设置形状格式”任务窗格，可在其中进行填充与线条、效果及布局属性等设置。

使用“绘图工具 · 形状格式”选项卡，同样可以打开上述对话框，对混排对象进行格式设置。

二、预习测试

1. 单项选择题

（1）关于插入 Word 图文混排对象，正确操作是____。

A. 单击【插入】|【插图】命令可以插入 Word 图片、图形、艺术字、文本框等对象

B. 单击【插入】|【文本】命令可以插入 Word 图片、图形、艺术字、文本框等对象

C. 单击【插入】|【文本】命令可以插入 Word 艺术字、文本框，单击【插入】|【插图】命令可以插入 Word 图片、图形

D. 单击【插入】|【文本】命令可以插入 Word 文本框，单击【插入】|【插图】命令可以插入 Word 图片、图形、艺术字

（2）选中 Word 图片、图形、艺术字、文本框等对象时，会显示____。

A. 控制点　　B. 阴影　　C. 颜色反转　　D. 亮显

（3）绘制图形时，如果按住____键，可以绘制倾斜角度为 0°、45°、90° 的线段。

A. Shift　　B. Ctrl　　C. Alt　　D. Tab

2. 多项选择题

（1）关于 Word 文本框，正确的描述有____。

A. 文本框是能够容纳文本的“容器”

B. 文本框是能够容纳图形的“容器”

C. 文本框可以移动并放置于页面中的任意位置

D. 文本可以环绕文本框

（2）设置图文混排的文字环绕方式，可以使用的方法有____。

A. 选中对象后单击鼠标右键，在弹出的快捷菜单中单击“环绕文字”命令，在弹出的子菜单中设置

B. 选中对象，单击【绘图工具 · 形状格式】|【排列】|【环绕文字】命令

C. 在“布局”对话框的“文字环绕”选项卡中进行设置

D. 选中对象，单击右上角出现的“布局选项”功能按钮，进行设置

3. 操作题

在文档中插入标准的圆形，并设置纯色填充，填充颜色为红色。

操作题解析视频

三、预习情况解析

1. 涉及知识点

涉及知识点：Word 图片、图形、艺术字、文本框的概念与基本操作。

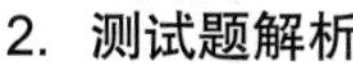

2. 测试题解析

见表 4-1。

表 4-1　“Word 图文混排”预习测试题解析

测试题序号	答案	参考知识点	测试题序号	答案	参考知识点
第 1.（1）题	C	见课前预习“1.”	第 2.（1）题	ABCD	见课前预习“1.（5）”
第 1.（2）题	A	见课前预习“2.”	第 2.（2）题	ABC	见课前预习“3.（2）”“3.（3）”
第 1.（3）题	A	见课前预习“1.（3）”	第 3 题	见微课视频	

3. 易错点统计分析

师生根据预习反馈情况自行总结。

4.2.2　任务实现

一、新建录取通知书文档并进行页面边框的设置

涉及知识点：页面边框的设置

【任务 1】新建 Word 文档，命名为“录取通知书.docx”，保存在“D:\招生”文件夹中。

启动 Word 程序，系统会自动新建一个名为“文档 1.docx”的 Word 文档。如果 Word 程序已经打开，单击【文件】|【新建】|【空白文档】命令，或者按 Ctrl+N 组合键，新建一个空白文档。

单击【文件】|【另存为】命令或单击快速访问工具栏中的“保存”按钮，在弹出的“另存为”窗口中，单击“浏览”按钮，选择保存位置“D:\招生”，保存类型选择默认的“Word 文档（*.docx）”，文件名设为“录取通知书”，单击“保存”按钮。

【任务 2】对文档进行页面设置。根据录取通知书的需要，将文档纸张大小设为 B5，纸张方向设为“横向”，上下页边距设为 0.65 厘米，左右页边距设为 1.5 厘米。

单击【布局】|【页面设置】组右下角的对话框启动器按钮，打开“页面设置”对话框，纸张方向设为“横向”，在“纸张”选项卡中设置纸张大小为 B5，在“页边距”选项卡中设置上下页边距为 0.65 厘米、左右页边距为 1.5 厘米，单击“确定”按钮。

【任务 3】对文档进行页面边框的设置。边框为红色方框，宽度为 3 磅，距离页边为 31 磅。

单击【设计】|【页面背景】|【页面边框】命令，打开“边框和底纹”对话框，按图 4-9（a）所示进行设置后，单击右下角的“选项”按钮，打开“边框和底纹选项”对话框，如图 4-9（b）所示，在“测量基准”下拉列表框中选择“页边”，上下左右边距均设为 31 磅，单击“确定”按钮。

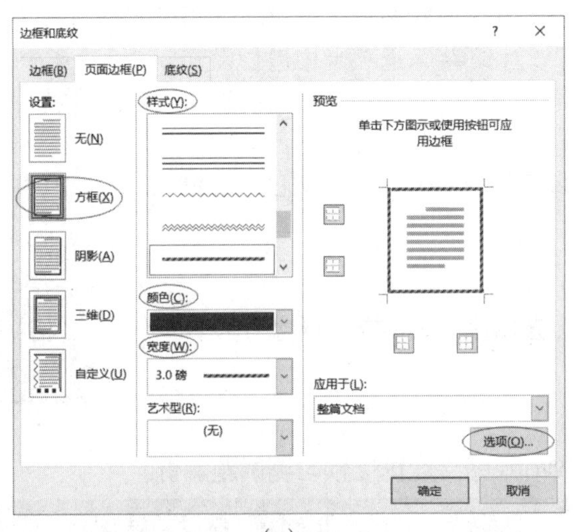

（a）

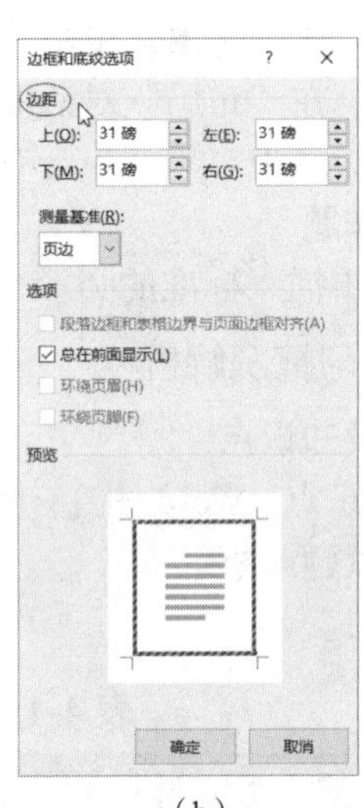

（b）

图 4-9　页面边框的设置

二、插入艺术字并设置格式

涉及知识点：艺术字的插入与格式设置、文字环绕方式的设置

【任务 4】先输入文档中的普通文字。

在文档中输入图 4-10 所示的两行文字，并单击【开始】|【字体】命令设置相应的字体，如图 4-10 所示。

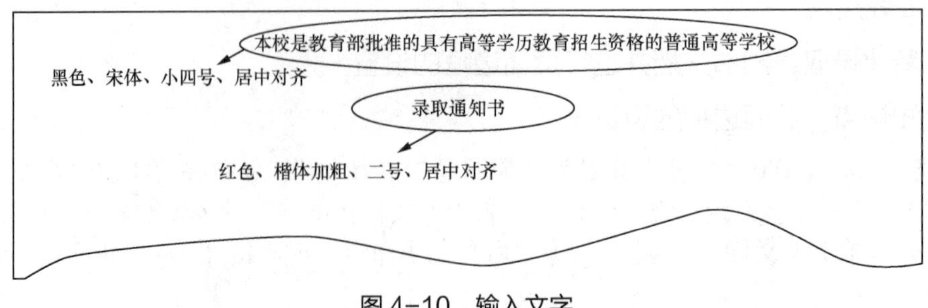

图 4-10　输入文字

【任务 5】将学校名以艺术字形式插入。

在两行文字中间添加一行空行，光标定位在空行中，单击【插入】|【文本】|【艺术字】命令，打开“艺术字样式”面板，单击第一个艺术字样式后，在文本框中输入艺术字的文字内容——“电子职业技术大学”。

【任务 6】调整艺术字的颜色为红色，形状为“朝鲜鼓”形状，字体、字号分别为宋体、小初，并设置加粗格式。

选中艺术字，功能区出现“绘图工具 · 形状格式”选项卡。单击【绘图工具 · 形状格式】|【艺术字样式】|【文本填充】命令，选择红色；单击【文本轮廓】命令，选择红色；单击【文本效果】命令，在弹出的下拉列表中选择“转换”选项，在下一级列表中选择“朝鲜鼓”形状，如图 4-11 所示。

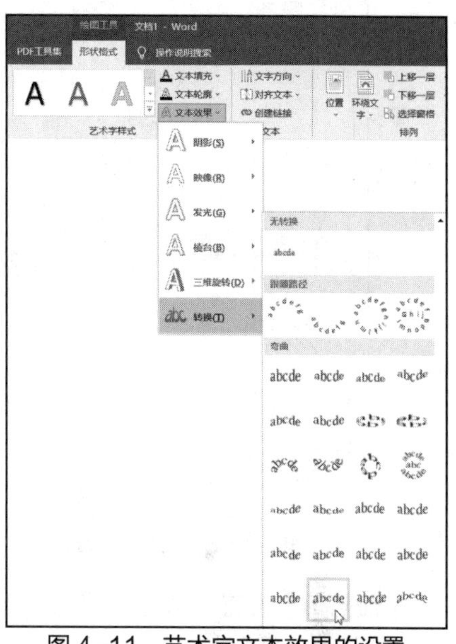

图 4-11　艺术字文本效果的设置

选中艺术字，单击【开始】|【字体】命令，设置艺术字的字体、字号为宋体、小初，并设为加粗显示。

【任务 7】调整艺术字与文档中其他文本的环绕方式为上下型环绕。

在艺术字处于选中状态下，单击【绘图工具 · 形状格式】|【排列】|【环绕文字】命令，打开下拉列表，如图 4-12 所示，选择“上下型环绕”选项。若需要进行更多设置，如艺术字与上下文距离的设置，则选择“其他布局选项”选项，打开“布局”对话框，如图 4-13 所示，在该对话框的“文字环绕”选项卡中设置环绕方式为上下型，与正文的上下距离均设为 0 厘米，在“位置”选项卡中设置水平对齐方式相对于页边距居中对齐。

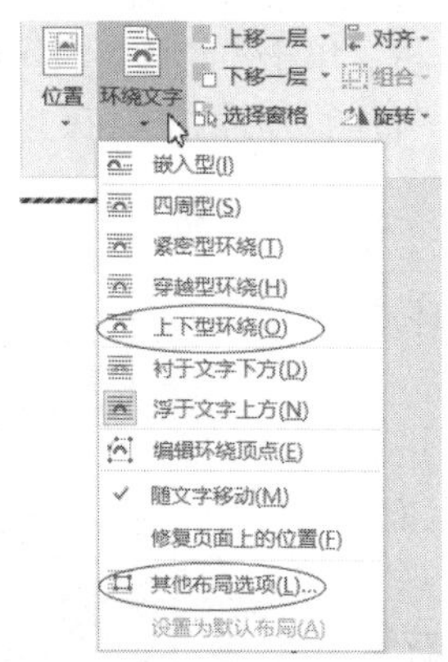

图 4-12　环绕方式的设置

图 4-13　“布局”对话框

艺术字编辑完成后，单击文档的其他位置，退出艺术字的编辑。

三、插入文本框并设置格式

涉及知识点：文本框的插入、编辑与格式设置

可以随意调整文本框在文档中的位置，“录取通知书.docx”中用了多个文本框，并在文本框中加入了文字内容，便于将文字放到适当的位置，如图 4-2 所示。

【任务 8】插入“编号、准考证号”所在的横排文本框。

单击【插入】|【文本】|【文本框】命令，打开“内置”面板，如图 4-14 所示，单击“绘制横排文本框”命令，鼠标指针变为十字形，将鼠标指针移到“录取通知书”右侧，按住鼠标左键拖出一个文本框。此时文本框处于编辑状态，单击“开始”选项卡，调整字体、字号为宋体、小四，输入文字内容，如图 4-15 所示。

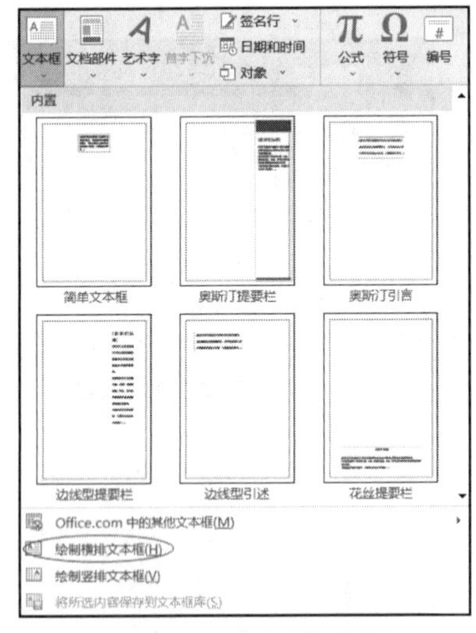

图 4-14 “内置”面板

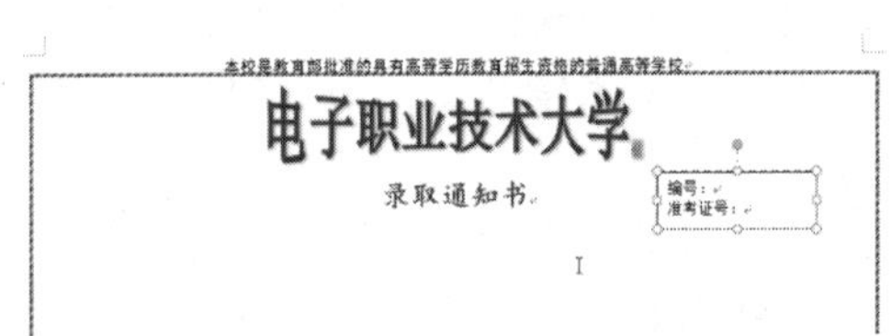

图 4-15 插入文本框

【任务 9】设置“编号、准考证号”所在文本框的格式。

步骤 1：调节文本框的位置、大小。

选中文本框，文本框周围会出现 8 个控制点，将鼠标指针移动到文本框边框上，此时鼠标指针会变为十字四向箭头，按住鼠标左键拖动可移动文本框；将鼠标指针移动到控制点上，此时鼠标指针会变为双向箭头，按住鼠标左键拖动可调整文本框的大小。

若需要精确设置文本框的位置与大小，则选中文本框，单击【绘图工具 · 形状格式】|【排列】|【位置】面板中的“其他布局选项”命令，打开“布局”对话框，在“位置”选项卡和“大小”选项卡中进行设置。

步骤 2：设置文本框的文字环绕方式为“浮于文字上方”。

在“布局”对话框的“文字环绕”选项卡中设置环绕方式为“浮于文字上方”。

另一种方法是单击【绘图工具 · 形状格式】|【排列】|【环绕文字】命令，在打开的下拉列表中选择“浮于文字上方”。

步骤 3：设置文本框为无填充色、无边框。

选中文本框（文本框四周为实线显示），单击鼠标右键，在弹出的快捷菜单中单击“设置形状格式”命令，打开“设置形状格式”任务窗格，单击“形状选项”中的“填充与线条”图标，展开“填充”功能，选中“无填充”单选按钮，如图 4-16 所示，再展开“线条”功能，选中“无线条”单选按钮。

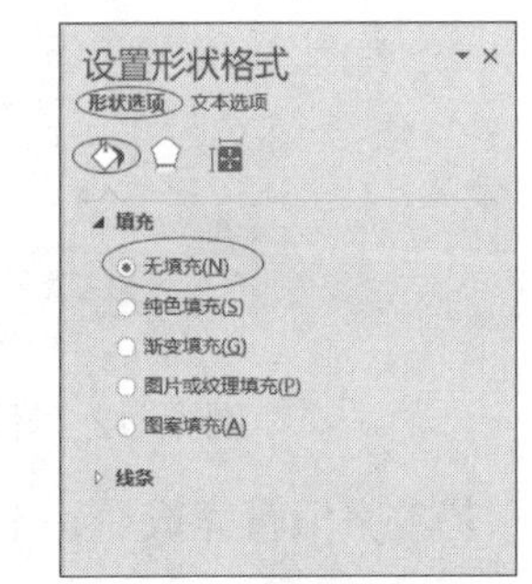

图 4-16 “设置形状格式”任务窗格中的“填充”功能

【任务 10】插入校训“德能并举”“工学交融”竖排文本框，并设置格式。

步骤 1：插入录取通知书中位于左侧的竖排文本框。

单击【插入】|【文本】|【文本框】命令，打开“内置”面板，单击“绘制竖排文本框”命令，此时鼠标指针变为十字形，按住鼠标左键拖出一个矩形文本框，此时文本框处于编辑状态，光标在文本框内，选择“开始”选项卡，调整字体、字号为楷体、小初，输入文字内容“德能并举”。

步骤 2：设置文本框为透明无填充色、无边框，系统会自动调节文本框为合适的大小。

使用“任务 9 步骤 3”中的方法打开“设置形状格式”任务窗格，也可以选中文本框，单击【绘图工具 · 形状格式】|【形状样式】组右下角的“设置形状格式”启动器按钮，打开“设置形状格式”任务窗格。参考任务 9 的方法设置文本框为透明无填充色、无边框。

再单击“形状选项”下面的“布局属性”图标，展开“文本框”功能，选中“根据文字调整形状大小”复选框，左右边距设为 0.25 厘米、上下边距设为 0.13 厘米，注意，不要选中“形状中的文字自动换行”复选框，如图 4-17 所示。

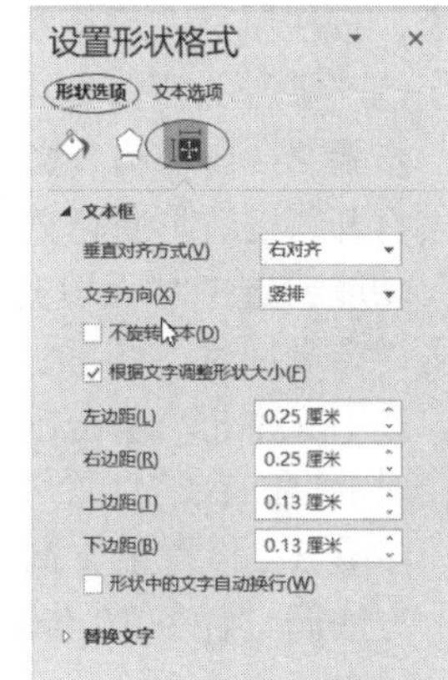

图 4-17 “设置形状格式”任务窗格中的“文本框”功能

步骤 3：设置文本框的文字环绕方式为“浮于文字上方”。

选中“德能并举”文本框，单击鼠标右键，在弹出的快捷菜单中单击“环绕文字”命令，在子菜单中单击“浮于文字上方”命令。

步骤 4：复制左侧的竖排文本框。

选中创建的竖排文本框，将鼠标指针放在文本框的边框处，按住 Ctrl 键，鼠标指针的形状变为 ，按住鼠标左键将鼠标指针移动到相应位置后松开鼠标左键，即复制了该文本框。

将复制的文本框内的文字改为“工学交融”。

步骤 5：设置文本框的位置。

选中“德能并举”文本框，单击鼠标右键，在弹出的快捷菜单中单击“其他布局选项”命令，打开“布局”对话框，在“位置”选项卡中，设置水平对齐方式为“左对齐”相对于“页边距”，垂直方向的绝对位置为“页边距”下侧“5 厘米”，如图 4-18 所示。

图 4-18　设置文本框的位置

对“工学交融”文本框进行类似的操作，但水平对齐方式改为“右对齐”相对于“页边距”。

【任务 11】插入并设置正文文本框的格式。

步骤 1：插入正文文本框。

单击【插入】|【文本】|【文本框】命令，打开“内置”面板，单击“绘制横排文本框”命令，按住鼠标左键拖动十字形鼠标指针拖出一个宽度适宜的矩形文本框，按图 4-2 所示输入字体、字号为宋体、小三的正文文本。

步骤 2：自动调节文本框的大小，设置文本框的格式为无填充色、无边框、位置居中。

打开“设置形状格式”任务窗格，单击“形状选项”中的“填充与线条”图标，展开“填充”功能，选中“无填充”单选按钮，再展开“线条”功能，选中“无颜色”单选按钮，再单击“布局属性”图标，展开“文本框”功能，选中“根据文字调整形状大小”复选框。

选中文本框，单击鼠标右键，在弹出的快捷菜单中单击“其他布局选项”命令，打开“布局”对话框，在“位置”选项卡中，设置水平对齐方式为“居中”相对于“页面”。

步骤 3：设置正文文本框的文字环绕方式为“浮于文字上方”。

方法同“任务 10 步骤 3”。

四、插入图片并设置格式

涉及知识点：图片的插入与格式设置

【任务 12】将学校校徽图片文件“校徽.png”插入文档。

单击【插入】|【插图】|【图片】中的“此设备”命令，打开“插入图片”对话框，选择文件“校徽.png”所在路径，选中文件“校徽.png”，单击“插入”按钮，插入图片，如图 4-19 所示。

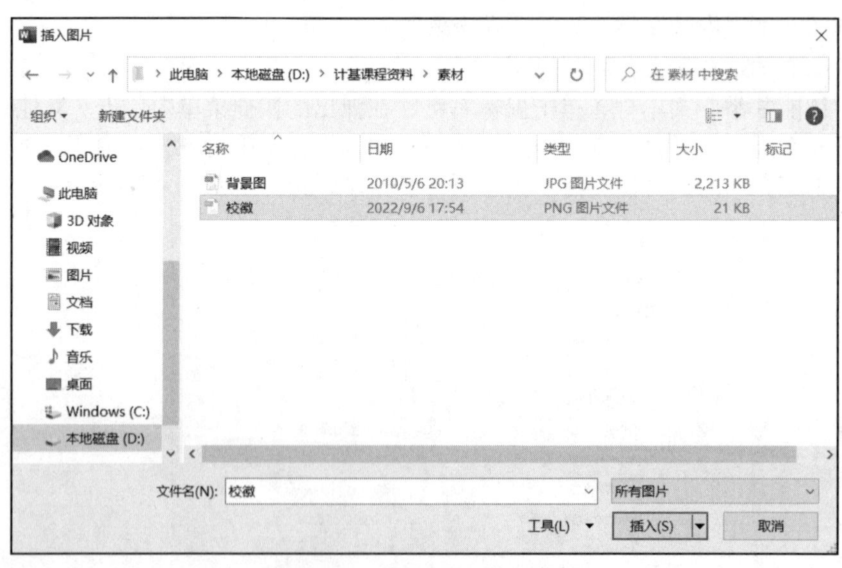

图 4-19 “插入图片”对话框

【任务 13】调整图片的大小和位置，设置文字环绕方式为“浮于文字上方”。

步骤 1：调整图片的大小、位置。

选中图片后，图片的四周会出现 8 个控制点，将鼠标指针移到控制点上，鼠标指针会变成双向箭头，按住鼠标左键拖动即可缩放图片，调节图片的大小；将鼠标指针移动到图片上，鼠标指针会变为十字四向箭头，按住鼠标左键拖动，就可以调整图片的位置。

若需要精确调节图片的大小与位置，则要使用“布局”对话框。在“布局”对话框中可以精确调节图片的大小、位置及环绕方式。

步骤 2：设置图片的文字环绕方式为“浮于文字上方”。

方法同“任务 10 步骤 3”。

说明：

环绕方式为嵌入型的图片与文字是同等级别的，会随文字内容的变化而移动；在其余方式下，图片将相对固定在文档中的某个位置，不会随文字的移动而移动，用户可以通过拖动图片调整图片的位置；当插入的图片是位图时，四周型环绕与紧密型环绕的效果相同；穿越型环绕与紧密型环绕的效果相似，但可以在图片开放部位穿越；对于上下型环绕，文字在图片的顶部换行，在图片下部重新开始，图片两旁无文字环绕；环绕方式为浮于文字上方的图片会压住部分文字，而环绕方式为衬于文字下方的图片则正相反，文字会压在图片的上方。

五、设置页面背景与水印

涉及知识点：页面背景的设置、水印设置

【任务 14】设置页面背景色为粉红色（RGB：255，208，208）。

单击【设计】|【页面背景】|【页面颜色】命令，打开“颜色”面板，如图 4-20 所示。在面板上，单击“其他颜色”命令，打开“颜色”对话框，在“自定义”选项卡中输入 RGB 值，如图 4-21 所示。

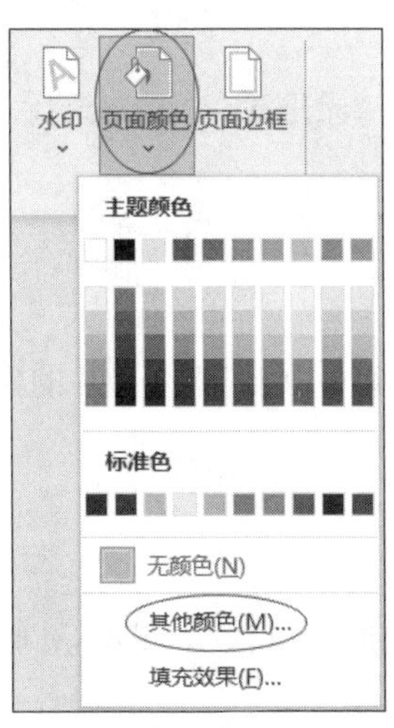

图 4-20 “颜色”面板

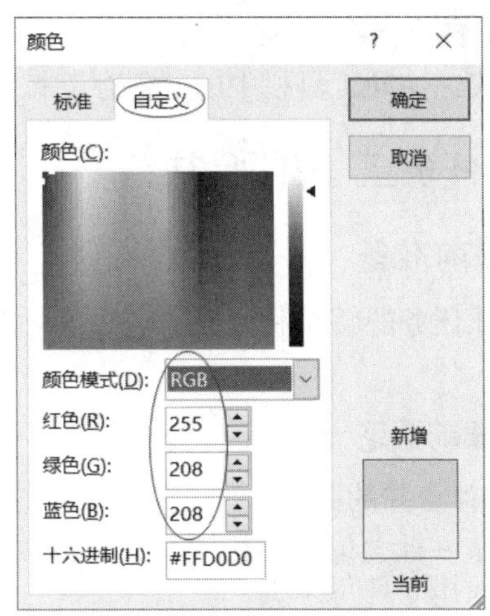

图 4-21 “颜色”对话框

说明：

若想将渐变色或图案作为页面背景，则单击“颜色”面板（见图 4-20）中的“填充效果”命令，打开“填充效果”对话框，将渐变色、纹理、图案等设置为背景。

【任务 15】在页面背景中插入水印。

单击【设计】|【页面背景】|【水印】命令，在弹出的面板中选择预定义的水印文字及格式，如图 4-22 所示。若预定义的水印文字及格式中没有用户需要的水印效果，则单击“自定

义水印”命令，打开“水印”对话框，对水印属性进行设置。

图 4-22　为文档添加水印

【任务 16】保存文件。

单击快速访问工具栏中的“保存”按钮，即可保存文件“录取通知书.docx”。

4.3 任务二 邮件合并

4.3.1 课前准备

为保证任务能够顺利完成，请在实际操作前预习以下内容，了解邮件合并的概念与主要过程。

一、课前预习

1. 邮件合并的概念

在制作一批大量内容相同，只有少数内容需修改的文档时，可以运用 Word 邮件合并功能，批量制作文档。

例如，制作一批请柬，其主体内容是固定不变的，只需改变姓名。可以先制作一个主文档，然后使用邮件合并功能，从数据源文档中调用受邀人名单嵌入主文档中，即可批量制作请柬。

2. 邮件合并的主要过程

邮件合并一般包括以下 3 个过程。

① 建立包含所有共有内容的主文档（如未填写的信封等）。

② 建立包括变化信息的数据源文档，可以是 Word 表格文档、Excel 文档、Access 文档、SQL 文档等。

③ 使用邮件合并功能在主文档中插入数据源文档信息，对于合成后的文件，用户可以将其保存为 Word 文档，也可以打印出来或者以邮件形式发出去。

二、预习测试

1. 单项选择题

下列关于邮件合并的描述，正确的是____。

A. 邮件合并只需要先制作一个主文档

B. 邮件合并只需要先制作一个数据源文档

C. 邮件合并需要先制作一个主文档和一个数据源文档

D. 邮件合并合成后的文件只能以邮件形式发出去

2. 多项选择题

可以使用邮件合并功能____文档。

A. 批量打印信封　　B. 批量打印准考证

C. 批量制作各类获奖证书　　D. 批量制作三维文字

三、预习情况解析

1. 涉及知识点

Word 邮件合并的概念、适用范围和主要过程。

2. 测试题解析

见表 4-2。

表 4-2　“邮件合并”预习测试题解析

测试题序号	答案	参考知识点	测试题序号	答案	参考知识点
第 1 题	C	见课前预习“2.”	第 2 题	ABC	见课前预习“1.”

3. 易错点统计分析

师生根据预习反馈情况自行总结。

4.3.2　任务实现

涉及知识点：邮件合并

在创建大量内容相同，只有少数相关内容需修改的文档时，可以灵活运用 Word 邮件合并功能。

邮件合并一般包括创建主文档、创建数据源文档、将数据源文档合并到主文档几个过程。

【任务 1】创建图 4-2 所示的主文档“录取通知书.docx”。

主文档就是前面提到的固定不变的主体内容。本任务中的主文档是前面已经创建好的“录取通知书.docx”文档。

【任务 2】创建数据源文档“新生信息.docx”。

数据源文档中记录的是与主文档相关的具体数据。本任务根据主文档，确定数据源文档中应包括“编号”“准考证号”“姓名”“所在省（市）”“专业”几项数据。

在 Word 邮件合并中使用的数据源文档可以是 Word 文档、Excel 文档、Access 文档或 Outlook 中的联系人记录表等。在本任务中我们创建一个 Word 文档“新生信息.docx”，内容如表 4-3 所示。

表 4-3　数据源文档“新生信息.docx”的内容

编号	准考证号	姓名	所在省（市）	专业
0001	2020200100108	李娜	北京市	移动商务
0002	2020200500123	王蒙	江苏省	电子信息工程
0003	2020201001188	张欣	安徽省	物联网应用技术
0004	2020200827779	程丽	山东省	计算机应用技术

步骤 1：新建、命名、保存数据源文档。

按 Ctrl+N 组合键，新建一个空白文档，将其保存在“D:\招生”文件夹中，命名为“新生信息.docx”。

步骤 2：在数据源文档中输入信息。

先创建 5 行 5 列的表格，再依次输入表 4-3 所示的数据，如果行数不够，将光标定位于最后一行的后面，按 Enter 键可产生新的一行，继续输入。

步骤 3：保存文件。

【任务 3】把数据源文档“新生信息.docx”与主文档“录取通知书.docx”合并。

本任务使用 Word 的邮件合并功能完成。

步骤 1：打开文档“录取通知书.docx”。

步骤 2：指定主文档。

单击【邮件】|【开始邮件合并】|【开始邮件合并】命令，在弹出的下拉列表中选择“邮件合并分步向导”，打开“邮件合并”任务窗格，如图 4-23 所示。选中“信函”单选按钮，单击“下一步：开始文档”超链接，任务窗格将切换成图 4-24 所示的界面。选中“使用当前文档”单选按钮，再单击“下一步：选择收件人”超链接，任务窗格将切换成图 4-25 所示的界面。

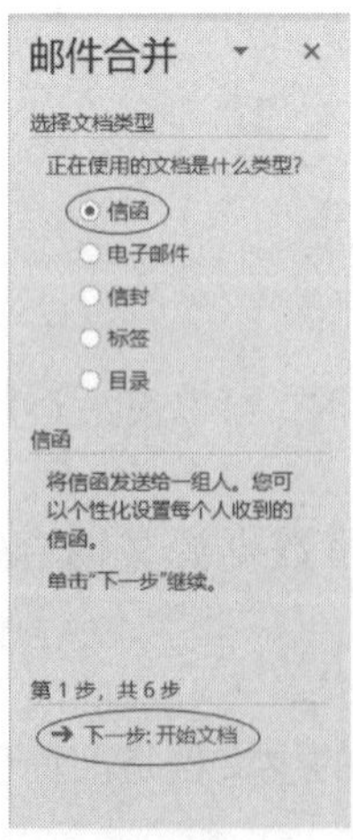

图 4-23 “邮件合并”任务窗格（一）

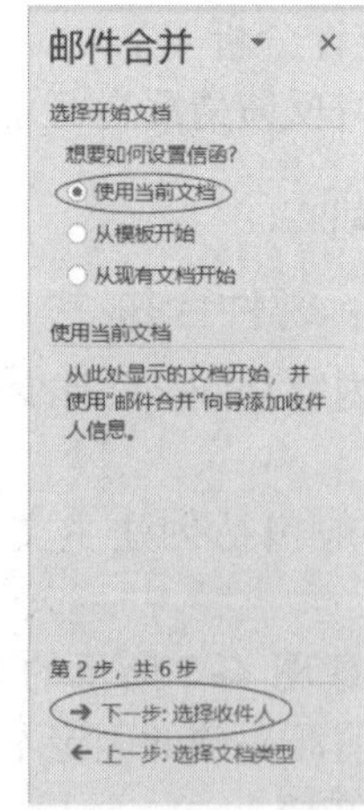

图 4-24 “邮件合并”任务窗格（二）

步骤 3：选择数据源文档。

在图 4-25 所示的任务窗格中，选中“使用现有列表”单选按钮，再单击“浏览”超链接，打开“选取数据源”对话框，如图 4-26 所示。选择数据源文档存放的路径，选中数据源文档“新生信息.docx”，单击“打开”按钮，打开“邮件合并收件人”对话框，在数据表中选择要合并到主文档的数据，单击“确定”按钮，返回图 4-25 所示的界面。

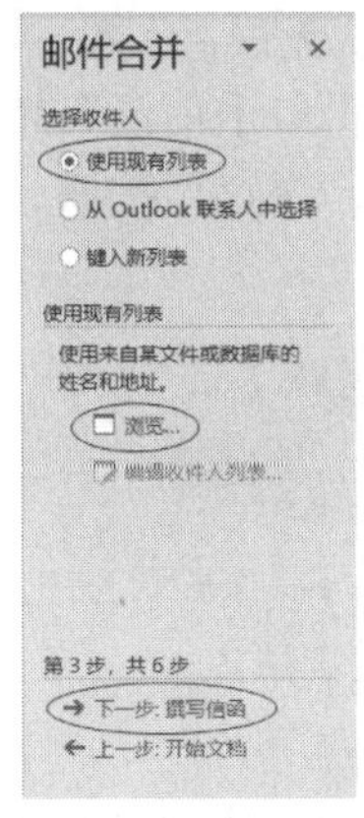

图 4-25 “邮件合并”任务窗格（三）

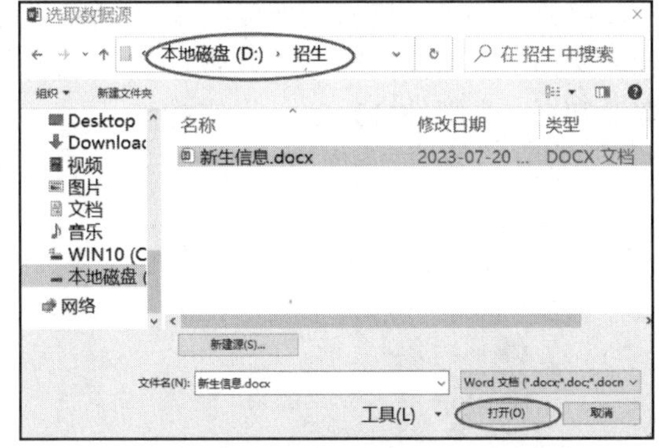

图 4-26 “选取数据源”对话框

说明：

数据源文档为其他类型的文件时，邮件合并的操作步骤如下。

如果数据源文档是 Excel 文档、Access 文档，操作步骤与步骤 3 基本相同；如果是 Outlook 中的联系人记录表，在图 4-25 所示的任务窗格中，选中“从 Outlook 联系人中选择”单选按钮；如果还未创建数据源表格，那么可选中“键入新列表”单选按钮，单击“创建”按钮将自动打开 Office 通讯簿，单击“自定义”按钮，输入数据，完成后保存文档。

步骤 4：在“录取通知书.docx”中插入合并域。

在图 4-25 所示的任务窗格中单击“下一步：撰写信函”超链接，任务窗格将切换成图 4-27 所示的界面。将光标定位于“录取通知书.docx”文档中的文本框文字“编号：”的后面，如图 4-28 所示。在图 4-27 所示界面中单击“其他项目”超链接，打开“插入合并域”对话框，如图 4-29 所示。在“插入合并域”对话框中选择“编号”，单击“插入”按钮，即可将“编号”合并域插入主文档，完成后单击对话框的“关闭”按钮。

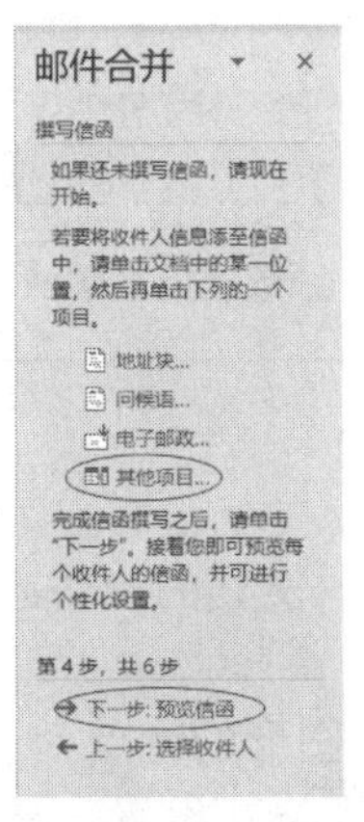

图 4-27 “邮件合并”任务窗格（四）

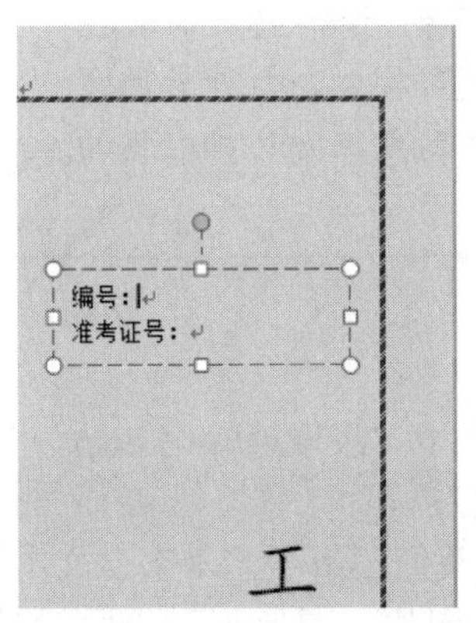

图 4-28 确定光标的位置

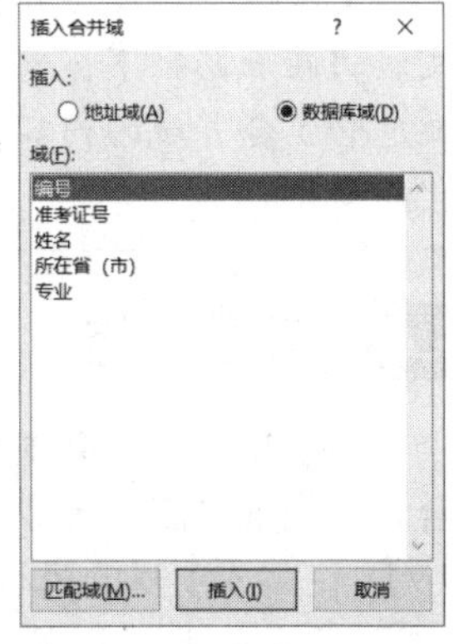

图 4-29 “插入合并域”对话框

将光标定位于文本框中的文字“准考证号：”后，用同样的方法插入“准考证号”合并域。依次插入“姓名”“所在省（市）”“专业”合并域。

步骤 5：预览、保存合并文档。

在图 4-27 所示界面中单击“下一步：预览信函”超链接，任务窗格将切换成图 4-30 所示界面，单击 << 、 >> 可以预览合并邮件后，前后各页的效果，确认无误后，单击“下一步：完成合并”超链接，任务窗格将切换成图 4-31 所示界面。单击“编辑单个信函”超链接，打开“合并到新文档”对话框，选择“全部”，生成新合并文档，单击“保存”按钮，将文件保存为“录取通知书——邮件合并.docx”文档。

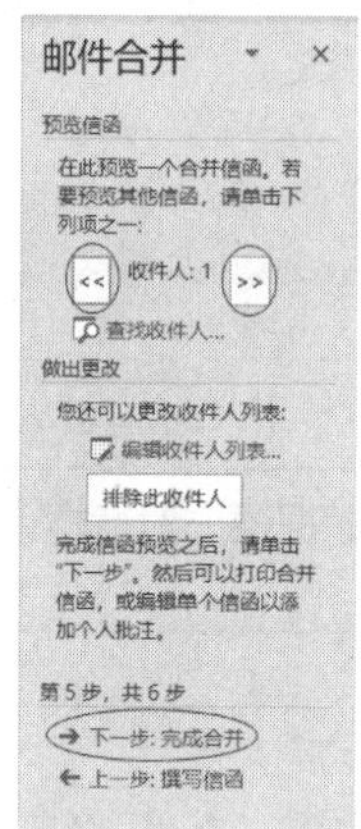

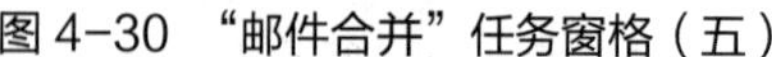
图 4-30 “邮件合并”任务窗格（五）

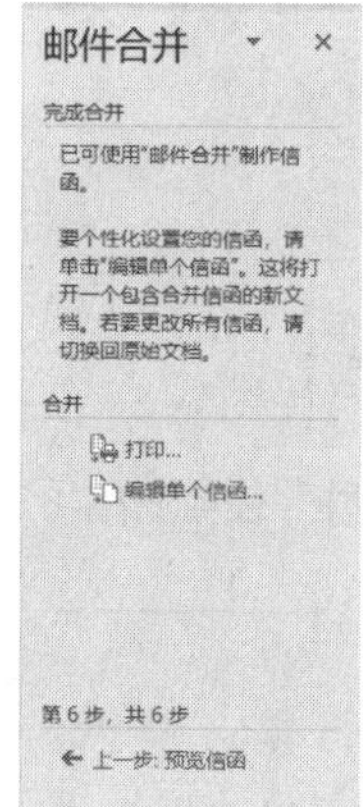

图 4-31 “邮件合并”任务窗格（六）

说明：

① 完成合并后会有两种情况。一种情况是在图 4-31 所示的任务窗格中单击“编辑单个信函”超链接，最后生成新合并文档“录取通知书——邮件合并.docx”文档，新合并文档是合并后的最终结果，内容不会随数据源文档数据的变化而变化。这种情况下，如果数据较多，新合并文档会过大。另一种情况是在图 4-31 所示的任务窗格中单击“打印”超链接，打开“合并到打印机”对话框，单击“确定”按钮，将直接打印合并后的内容，不再生成新文档。

② 主文档的变化。完成邮件合并操作后，原有的主文档“录取通知书.docx”被插入了合并域，下次打开该文档时会出现图 4-32 所示的对话框，此时数据源文档仍在原路径下，单击“是”按钮，打开后的文档就包含了合并域的内容，内容随数据源文档数据的变化而变化。

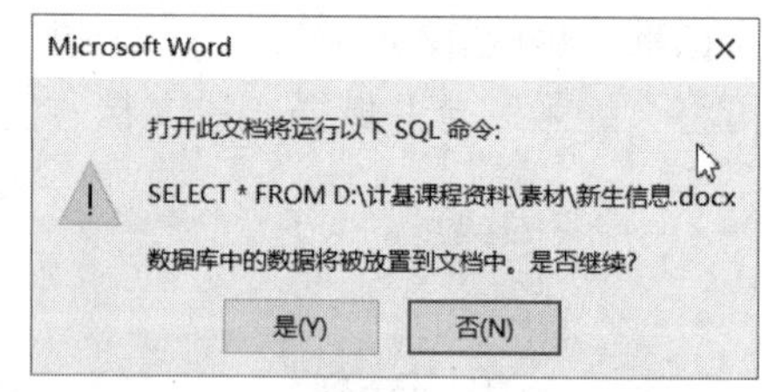

图 4-32 源数据位置确认对话框

4.4 项目总结

在本项目中，我们主要完成了“录取通知书.docx”这个图文混排文档的制作，并通过邮件合并功能批量制作录取通知书。

① 在完成项目的过程中，我们了解了艺术字、文本框、图片、图形的特点。

② 插入艺术字、文本框、图片、图形等对象后，对它们进行了格式设置，从而掌握这些对象的边框、填充色、大小、位置、与文字环绕的方式等的设置方法，这是本项目的主要内容。

③ 由于录取通知书体量较大，基本内容相同，只有少数相关信息需修改，因此运用 Word 邮件合并功能来提高制作效率。通过创建“录取通知书.docx”主文档、创建相关数据源文档、把数据源文档合并到主文档，完成用邮件合并功能批量制作录取通知书的任务。

4.5 技能拓展

4.5.1 理论考试练习

1. 单项选择题

（1）在 Word 2016 中，不能为普通文字设置____效果。

A. 文字倾斜　B. 加下划线　C. 立体字　D. 文字倾斜与加粗

（2）Word 的文本框可用于将文本置于文档的指定位置，但文本框中不能插入____。

A. 文本内容　B. 图形内容　C. 声音内容　D. 特殊符号

（3）若要将用其他软件制作的图片复制到当前 Word 文档中，下列说法中正确的是____。

A. 不能将用其他软件制作的图片复制到当前 Word 文档中

B. 可通过剪贴板将用其他软件制作的图片复制到当前 Word 文档中

C. 可以通过鼠标直接从其他软件中将图片移动到当前 Word 文档中

D. 不能通过“复制”和“粘贴”命令来复制图形

2. 多项选择题

（1）Word 中图形与文本混排时，文字可以有多种形式环绕图形，以下属于 Word 文字环绕方式的有____。

A. 四周型环绕　B. 穿越型环绕　C. 上下型环绕　D. 左右型环绕

（2）在 Word 2016 中，图片的文字环绕方式有____。

A. 嵌入型　B. 四周型环绕　C. 紧密型环绕　D. 松散型环绕

4.5.2 实践案例

党的二十大报告提出：“坚持以文塑旅、以旅彰文，推进文化和旅游深度融合发展”。黄山作为我国现代旅游的标杆地，正迎来前所未有的“大文旅时代”机遇。

按下列要求使用 Word 2016 制作黄山旅游宣传页，最终效果如图 4-33 所示。

图 4-33　黄山旅游宣传页

（1）标题“黄山之旅”以艺术字形式插入，字体为宋体，字号为 36。

（2）正文的字号、字体为小四、宋体，1.5 倍行距，段后间距为 1 行。

（3）各段文字一侧插入相应图片，调节图片大小，环绕方式为四周型。

（4）各段文字另一侧插入文本框，边框为短划线，文本框内文字的字号、字体为小三、黑体，环绕方式为四周型。

（5）在页面下方插入自选图形“前凸带形”，并在自选图形中添加文字“天下第一山”，文字为宋体加粗、小三，设置图形颜色为水绿色、无边框。

（6）为背景添加“黄山旅行社”水印，文字为宋体、48 号字、半透明、斜式。

项目五　Word 长文档编排——毕业论文排版

学习目标

在实际的工作和学习中，经常遇到会议报告、商业企划书的制作，书稿编排、结项报告以及毕业论文的排版等情况。这类文档的特点是内容较多，篇幅较长，章节层次较多，要求注重样式的统一，大部分都要求制作目录。本项目就以毕业论文的排版为例，介绍 Word 中长文档的排版方法和技巧，其中包括应用样式、自动生成目录、制作模板以及添加页眉和页脚等内容。

本项目利用 Word 2016 的基本功能，按照要求完成一篇毕业论文的编排。

通过对本项目的学习，读者能够掌握计算机水平考试及计算机等级考试的相关知识点，达到下列学习目标。

知识目标：

- 掌握样式、模板的定义和应用。
- 掌握页面和文档的属性设置，包括插入分隔符、设置页眉和页脚。
- 掌握制作多级目录的相关知识。
- 掌握设置超链接的相关知识。
- 掌握数学公式的使用。
- 掌握打印预览与打印的相关知识。

技能目标：

- 能够根据要求设置长文档的页眉和页脚。
- 能够根据要求设置长文档的样式。
- 会根据文档结构插入多级目录。

5.1 项目总要求

小王今年就要毕业了，他所在的学校要求学生在最后一学期进行毕业设计的制作和毕业论文的撰写，学校对毕业论文的格式、版面等有以下 7 个方面的要求。

1. 页面的设置

① 设置毕业论文的纸张大小为 A4。

② 按照论文的编排要求分别设置论文的上下左右页边距，上边距设为 3 厘米，下边距、左边距、右边距都设为 2.5 厘米。设置论文的装订线区域，以保证装订论文时不会遮住论文的正文文字。

2. 封面的格式

论文封面有固定模板。内容包括论文题目、指导老师、学生姓名、学号、专业等。封面、任务书、进度计划表如图 5-1 所示。

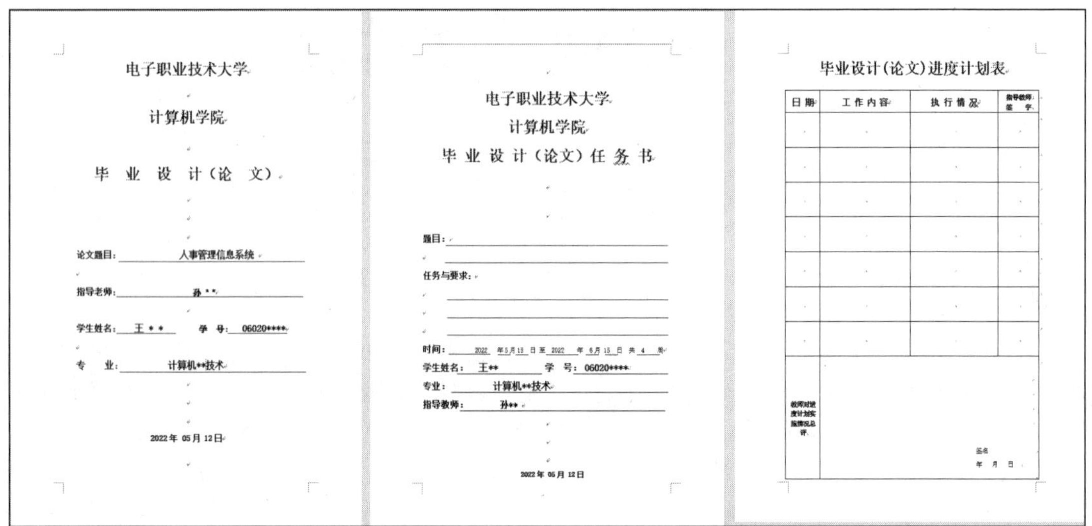

电子职业技术大学

计算机学院

毕 业 设 计（论 文）

论文题目：人事管理信息系统

指导老师：孙 * *

学生姓名：王 * *　学 号：06020****

专 业：计算机**技术

2022 年 05 月 12 日

电子职业技术大学

计算机学院

毕 业 设 计（论文）任 务 书

题目：

任务与要求：

时间：2022 年 5 月 13 日 至 2022 年 6 月 15 日 共 4 周

学生姓名：王**　学 号：06020****

专业：计算机**技术

指导教师：孙**

2022 年 05 月 12 日

毕业设计（论文）进度计划表

日 期	工 作 内 容	执 行 情 况	指导教师签 字
教师对进度计划实施情况总评	签名 年 月 日		

图 5-1　封面、任务书、进度计划表

3. 摘要、ABSTRACT、目录的格式

论文的中英文摘要和目录的格式如图 5-2 所示。

①“摘要”：居中、黑体、三号。摘要内容：宋体、小四。

②“关键字”：黑体、小四。关键字内容：宋体、小四。

③“ABSTRACT”：黑体、三号、居中。ABSTRACT 内容：宋体、小四。

④“目录”：黑体、三号、居中。目录内容：宋体、小四。

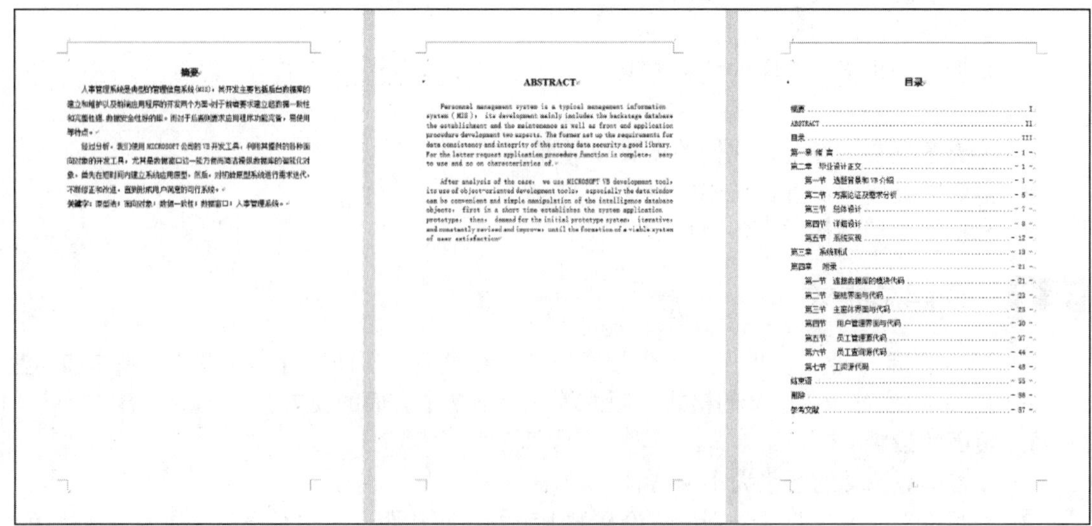

摘要

[illegible]

关键字：原型法；面向对象；数据一致性；数据窗口；人事管理系统。

ABSTRACT

Personnal management system is a typical management information system (MIS), its development mainly includes the backstage database the establishment and the maintenance as well as front and application procedure development two aspects. The former set up the requirements for data consistency and integrity of the strong data security a good library. For the latter request application procedure function is complete, easy to use and so on characteristics of.

After analysis of the case, we use MICROSOFT VB development tool, its use of object-oriented development tools, especially the data window can be convenient and simple manipulation of the intelligence database objects, first in a short time establishes the system application prototype, then, demand for the initial prototype system, iterative, and constantly revised and improve, until the formation of a viable system of user satisfaction

目录

摘要 …… I
ABSTRACT …… II
目录 …… III
第一章 绪 言 …… - 1 -
第二章 毕业设计正文 …… - 1 -
第一节 选题背景和 VB 介绍 …… - 1 -
第二节 方案论证及需求分析 …… - 5 -
第三节 总体设计 …… - 7 -
第四节 详细设计 …… - 8 -
第五节 系统实现 …… - 12 -
第三章 系统测试 …… - 13 -
第四章 附录 …… - 21 -
第一节 连接数据库的模块代码 …… - 21 -
第二节 登陆界面与代码 …… - 23 -
第三节 主窗体界面与代码 …… - 25 -
第四节 用户管理界面与代码 …… - 30 -
第五节 员工管理源代码 …… - 37 -
第六节 员工查询源代码 …… - 44 -
第七节 工资源代码 …… - 48 -
结束语 …… - 55 -
致谢 …… - 56 -
参考文献 …… - 57 -

图 5-2　论文的中英文摘要和目录

4. 论文内容的格式

论文内容的格式如图 5-3 所示。

① 章名：居中，黑体，三号，段前段后各 1 行、1.5 倍行距。
② 节名：居中，宋体，四号，加粗，段前段后各 13 磅、1.25 倍行距。
③ 正文内容：宋体，小四，1.5 倍行距，首行缩进 2 个字符。

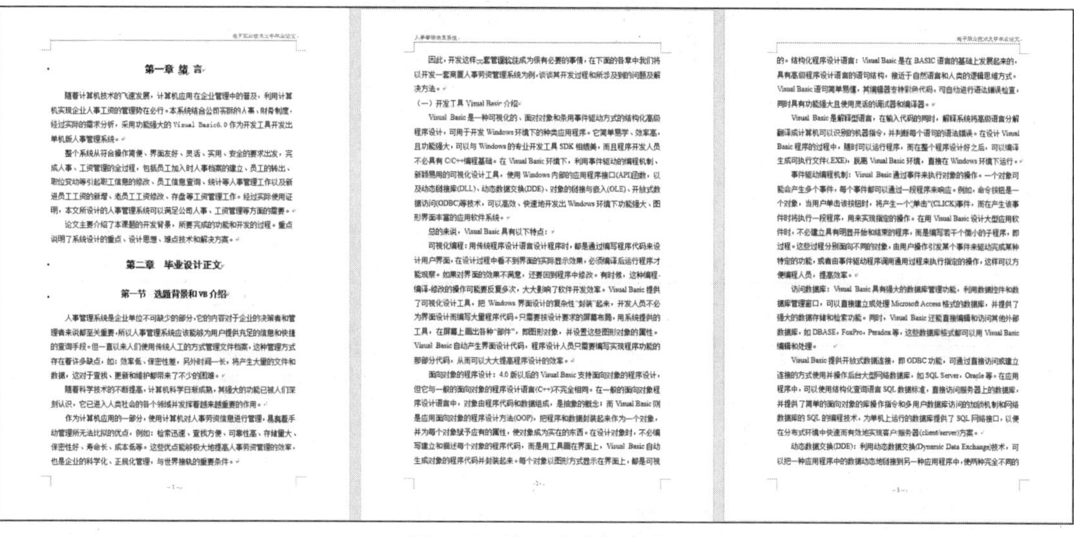

图 5-3　论文内容的格式

5. 其他部分的格式

其他部分的格式如图 5-4 所示。
①“结束语”“谢辞”“参考文献”：居中、黑体、三号。
② 结束语、谢辞、参考文献的内容：宋体、小四。

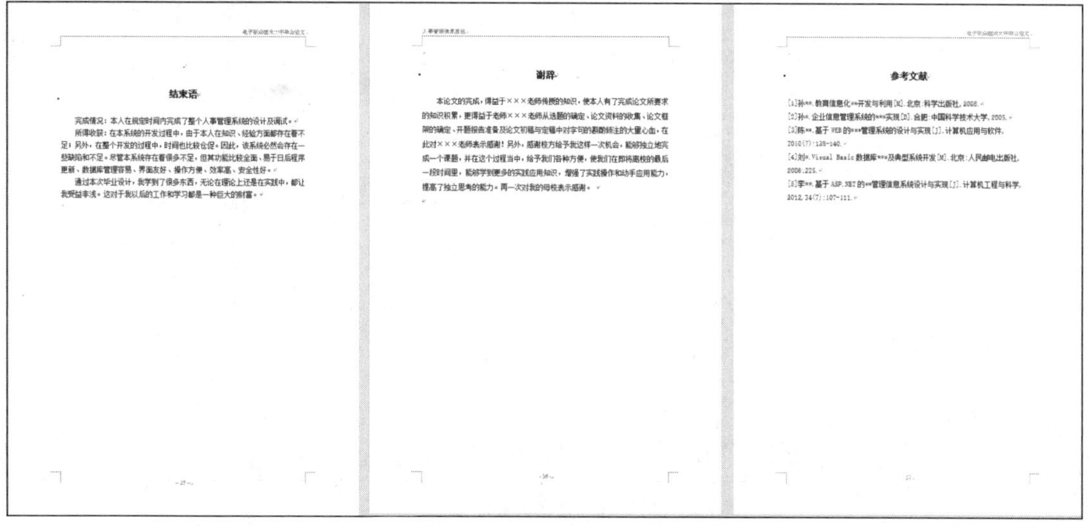

图 5-4　其他部分的格式

6. 页眉页脚的格式

页眉页脚的格式如图 5-5 所示。
① 由学校对毕业论文格式的要求可知，封面和摘要中不设置页眉和页脚。
② 目录中不设置页眉，但必须在页脚中插入页码，格式设置为“Ⅰ,Ⅱ,Ⅲ,…”，居中。

③ 在正文、谢辞和参考文献中，奇偶页的页眉内容不同。在奇数页页眉中插入“电子职业技术大学毕业论文”，在偶数页页眉中插入毕业论文题目“人事管理信息系统”。在页脚中插入页码，格式设置为“1，2，3，…”（与目录中的页码格式不同），居中。

第三节　总体设计 .... - 7 -

第四节　详细设计 .... - 8 -

第五节　系统实现 .... - 12 -

第三章　系统测试 .... - 18 -

I

结束语 .... - 55 -

谢辞 .... - 56 -

参考文献 .... - 57 -

II

（a）目录的页脚

Visual Basic 自动产生界面设计代码，程序设计人员只需要编写实现程序功能的那部分代码，从而可以大大提高程序设计的效率。

面向对象的程序设计：4.0 版以后的 Visual Basic 支持面向对象的程序设计，但它与一般的面向对象的程序设计语言(C++)不完全相同。在一般的面向对象程序设计语言中，对象由程序代码和数据组成，是抽象的概念；而 Visual Basic 则是应用面向对象的程序设计方法(OOP)，把程序和数据封装起来作为一个对象，并为每个对象赋予应有的属性，使对象成为实在的东西。在设计对象时，不必编写建立和描述每个对象的程序代码，而是用工具画在界面上，Visual Basic 自动

偶数页页脚 - 第 3 节 -

2

编辑和处理。

Visual Basic 提供开放式数据连接，即 ODBC 功能，可通过直接访问或建立连接的方式使用并操作后台大型网络数据库，如 SQL Server，Oracle 等。在应用程序中，可以使用结构化查询语言 SQL 数据标准，直接访问服务器上的数据库，并提供了简单的面向对象的库操作指令和多用户数据库访问的加锁机制和网络数据库的 SQL 的编程技术，为单机上运行的数据库提供了 SQL 网络接口，以便在分布式环境中快速而有效地实现客户/服务器(client/server)方案。

动态数据交换(DDE)：利用动态数据交换(Dynamic Data Exchange)技术，可

奇数页页脚 - 第 3 节 -

3

（b）正文的页脚

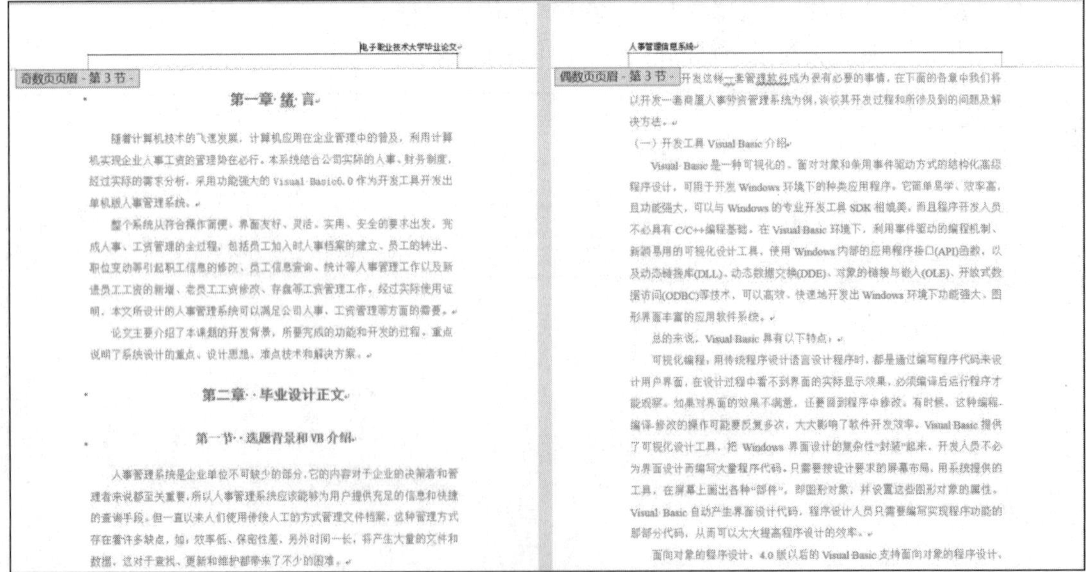

电子职业技术大学毕业论文

奇数页页眉 - 第 3 节 -

第一章 绪 言

随着计算机技术的飞速发展，计算机应用在企业管理中的普及，利用计算机实现企业人事工资的管理势在必行。本系统结合公司实际的人事、财务制度，经过实际的需求分析，采用功能强大的 Visual Basic6.0 作为开发工具开发出单机版人事管理系统。

整个系统从符合操作简便、界面友好、灵活、实用、安全的要求出发，完成人事、工资管理的全过程，包括员工加入时人事档案的建立、员工的转出、职位变动等引起职工信息的修改、员工信息查询、统计等人事管理工作以及新进员工工资的新增、老员工工资修改、存盘等工资管理工作。经过实际使用证明，本文所设计的人事管理系统可以满足公司人事、工资管理等方面的需要。

论文主要介绍了本课题的开发背景，所要完成的功能和开发的过程。重点说明了系统设计的重点、设计思想、难点技术和解决方案。

第二章 毕业设计正文

第一节 选题背景和 VB 介绍

人事管理系统是企业单位不可缺少的部分，它的内容对于企业的决策者和管理者来说都至关重要，所以人事管理系统应该能够为用户提供充足的信息和快捷的查询手段。但一直以来人们使用传统人工的方式管理文件档案，这种管理方式存在着许多缺点，如：效率低、保密性差，另外时间一长，将产生大量的文件和数据，这对于查找、更新和维护都带来了不少的困难。

人事管理信息系统

偶数页页眉 - 第 3 节 -

开发这样一套管理软件成为很有必要的事情，在下面的各章中我们将以开发一套商厦人事劳资管理系统为例，谈谈其开发过程和所涉及到的问题及解决方法。

（一）开发工具 Visual Basic 介绍

Visual Basic 是一种可视化的、面对对象和条用事件驱动方式的结构化高级程序设计，可用于开发 Windows 环境下的种类应用程序。它简单易学、效率高，且功能强大，可以与 Windows 的专业开发工具 SDK 相媲美，而且程序开发人员不必具有 C/C++编程基础。在 Visual Basic 环境下，利用事件驱动的编程机制、新颖易用的可视化设计工具，使用 Windows 内部的应用程序接口(API)函数，以及动态链接库(DLL)、动态数据交换(DDE)、对象的链接与嵌入(OLE)、开放式数据访问(ODBC)等技术，可以高效、快速地开发出 Windows 环境下功能强大、图形界面丰富的应用软件系统。

总的来说，Visual Basic 具有以下特点：

可视化编程，用传统程序设计语言设计程序时，都是通过编写程序代码来设计用户界面，在设计过程中看不到界面的实际显示效果，必须编译后运行程序才能观察。如果对界面的效果不满意，还要回到程序中修改。有时候，这种编程-编译-修改的操作可能要反复多次，大大影响了软件开发效率。Visual Basic 提供了可视化设计工具，把 Windows 界面设计的复杂性“封装”起来，开发人员不必为界面设计而编写大量程序代码。只需要按设计要求的屏幕布局，用系统提供的工具，在屏幕上画出各种“部件”，即图形对象，并设置这些图形对象的属性。Visual Basic 自动产生界面设计代码，程序设计人员只需要编写实现程序功能的那部分代码，从而可以大大提高程序设计的效率。

面向对象的程序设计：4.0 版以后的 Visual Basic 支持面向对象的程序设计，

（c）奇偶页页眉

图 5-5　页眉页脚的格式

7. 打印预览

先对整篇文档进行打印预览，如果文档符合格式、版面方面的要求，就单击“打印”命令打印文档。

5.2 任务一 用样式和模板设置文档格式

5.2.1 课前准备

为保证任务能够顺利完成，请在实际操作前预习以下内容，了解样式、模板的定义和应用，了解新样式的创建与模板的创建。

一、课前预习

1. 样式

长文档的内容多、篇幅长、格式多，如果手动设置每段文字和段落的样式，比较费时、费力，利用 Word 中的“样式”就可以解决这类问题。样式是一组字符格式、段落格式的特定集合，它包括字体、段落、制表符、边框和底纹、图文框、语言和编号等格式。

Word 提供了多种内置样式，单击【开始】|【样式】组右下角的按钮，“样式”任务窗格中会显示系统内置样式。编辑文档时每次设置的新样式都会在 Word 的“样式”任务窗格中显示出来，这样用户就可以方便地使用自定义的样式。

修改样式时，文档中应用此样式的部分文字的格式设置也会随之更新。

还可以通过设置标题样式，更改文字的大纲级别，为生成多级目录打下基础。

但是 Word 内置样式毕竟有限，用户也可以根据需要创建新样式，创建新样式的方法如下。

① 单击【开始】|【样式】组右下角的按钮，打开“样式”任务窗格，如图 5-6 所示。

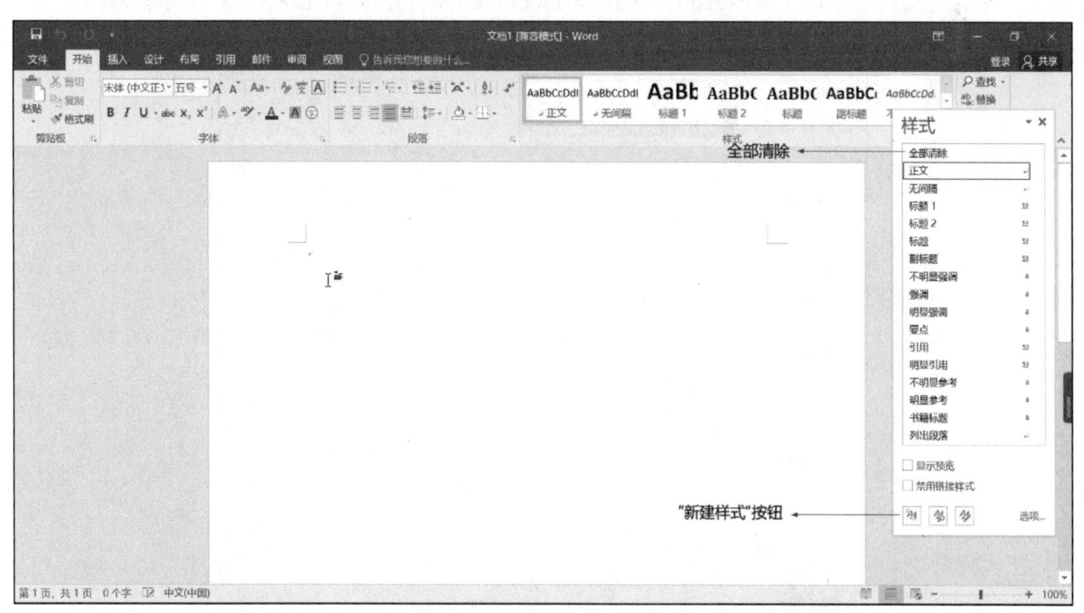

图 5-6 “样式”任务窗格

② 该任务窗格中显示了当前使用的样式，单击“全部清除”按钮，可以清除选中的文本区域或段落的样式；单击“新建样式”按钮，打开“根据格式设置创建新样式”对话框，如图 5-7 所示。

③ 在对话框中的“名称”文本框中输入相应的样式名称，如“一级标题”，在“样式类型”下拉列表框中选择段落样式或字符样式。

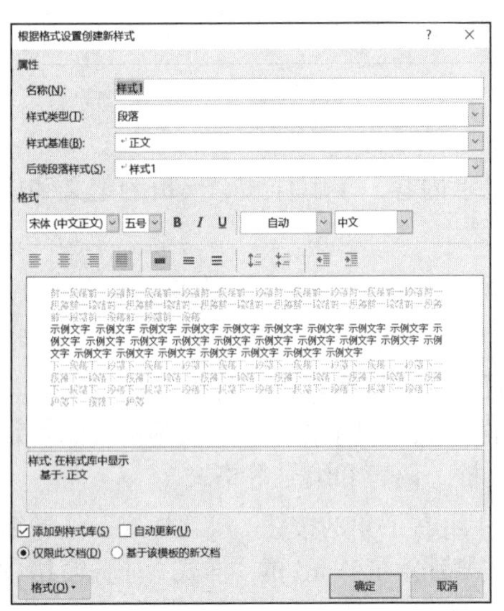

图 5-7 “根据格式设置创建新样式”对话框

④ 单击对话框中的“格式”按钮，在其下拉列表中分别选择字体及段落格式，然后单击“确定”按钮返回“根据格式设置创建新样式”对话框。

⑤ 在“根据格式设置创建新样式”对话框中，按照步骤③、④分别设置与“二级标题”“三级标题”等对应的格式，这样就创建了一个新的样式。

2. 模板

模板是文档的模型，用户可以利用模板创建指定模式的文档。模板可以包含文字、图片、样式等元素。Word 文档都是以模板为基础的，模板决定了文档的基本结构和格式设置。Word 默认将 Normal 模板设定为所有文档的共用模板。Word 提供了多种模板，用户也可以自定义模板。

Word 2016 中内置了多种文档模板，如博客文章模板、书法字帖模板等，Office.com 网站也提供了证书、奖状、名片、简历等特定功能模板。借助这些模板，用户可以创建比较专业的 Word 文档，Word 2016 中模板文件的扩展名为“.dotx”。

① 创建模板。首先在当前文档中设计自定义模板所需要的元素，如文本、图片、样式，打开“另存为”对话框，如图 5-8 所示。在“保存类型”下拉列表框中选择“Word 模板(*.dotx)”选项，“保存位置”为 C:\Users\Administrator\Documents\自定义 Office 模板，再输入模板文件名称，该文档就会成为保存在“自定义 Office 模板”中的模板文件。

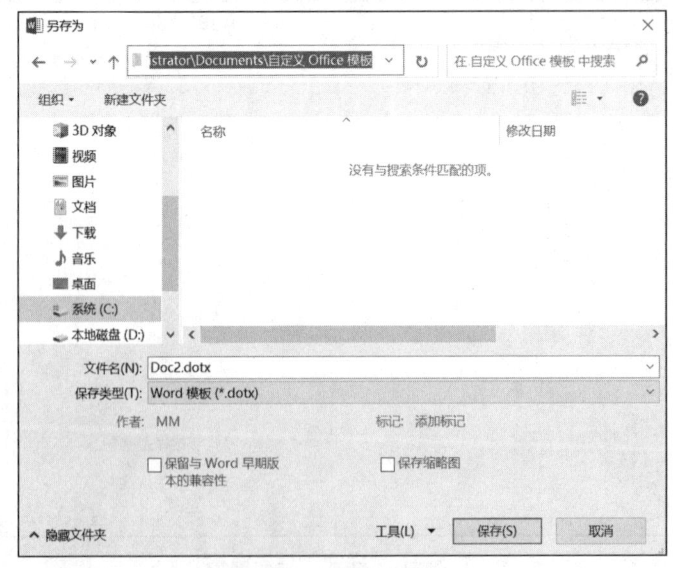

图 5-8 自定义模板

② 使用模板创建指定模式文档的方法。

单击【文件】|【新建】命令，打开“新建”界面，如图 5-9 所示。如果要使用 Word 内置的模板文件，就可以单击“报表”“横幅日历”“聚会邀请单”等 Word 2016 自带的模板创建文档，还可以单击 Word 2016 提供的“名片”“日历”等在线模板。当内置的模板文件都不满足需要时，用户也可以自行创建想要的模板。

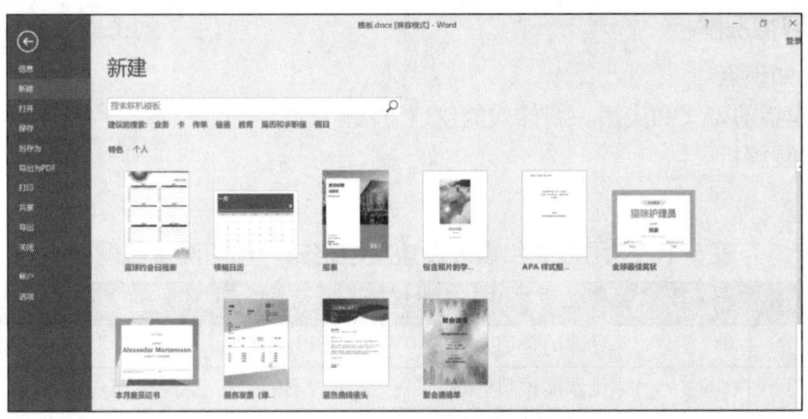

图 5-9　使用模板创建文档

二、预习测试

1. 单项选择题

（1）在 Word 2016 中，格式化文档时使用预先定义好的多种格式的集合，称为____。

A. 样式　　B. 格式组　　C. 项目符号　　D. 母版

（2）Word 中的样式分为段落样式和____。

A. 文本样式　　B. 标题样式　　C. 字符样式　　D. 篇页样式

（3）Word 文档都是以模板为基础的，模板决定了文档的基本结构和格式设置。Word 默认将____模板设定为所有文档的共用模板。

A. Normal　　B. Web 页　　C. 电子邮件　　D. 正文信函和传真

（4）已经使用了内置样式的文档还可以使用样式集，具体操作是单击____选项卡“样式”组中的“更改样式”按钮，选择所需的样式集。

A. 编辑　　B. 开始　　C. 引用　　D. 插入

2. 操作题

按照下列要求对提供的预习素材“实例 5-2（素材）.docx”进行排版：对长文档进行样式设置，其中“标题 1”样式为宋体、二号、加粗，“标题 2”样式为黑体、三号、加粗，“标题 3”样式为宋体、小三、加粗，正文为宋体、小四，效果如图 5-10 所示。

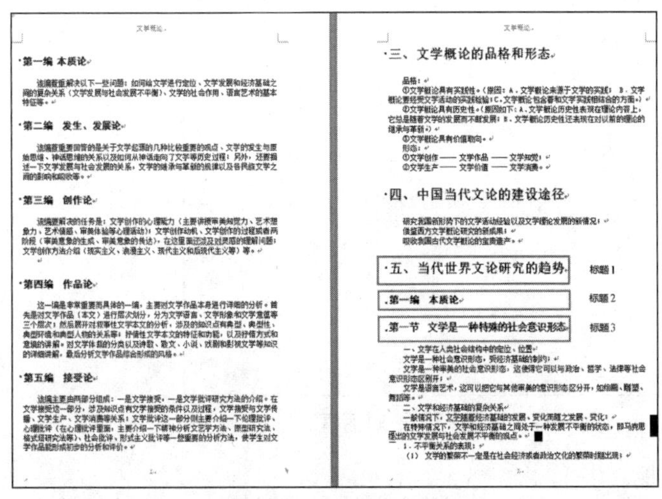

图 5-10　操作题的效果

操作题解析视频

三、预习情况解析

1. 涉及知识点

样式、模板的定义和应用，新样式的创建方法。

2. 测试题解析

见表 5-1。

表 5-1 “用样式和模板设置文档格式”预习测试题解析

测试题序号	答案	参考知识点	测试题序号	答案	参考知识点
第 1.（1）题	A	见课前预习“1.”	第 1.（4）题	B	见课前预习“1.”
第 1.（2）题	C	见课前预习“1.”	第 2 题	见微课视频	
第 1.（3）题	A	见课前预习“2.”			

3. 易错点统计分析

师生根据预习反馈情况自行总结。

5.2.2 任务实现

一、使用模板

涉及知识点：模板的创建、编辑

在实际工作中，如果有一个模板可以直接套用，在一定程度上可以减少许多不必要的工作。在 Word 中，用户既可以自行创建想要的模板，也可以直接使用系统自带的模板。在新建毕业论文模板时就可以用 Word 自定义模板功能进行创建。

【任务 1】新建毕业论文模板。

步骤 1：新建毕业论文模板。

首先新建一个 Word 文档，然后单击【文件】|【另存为】命令，打开“另存为”对话框，在“保存类型”下拉列表框中选择“Word 模板(*.dotx)”，输入模板名称后单击“保存”按钮，如图 5-11 所示。

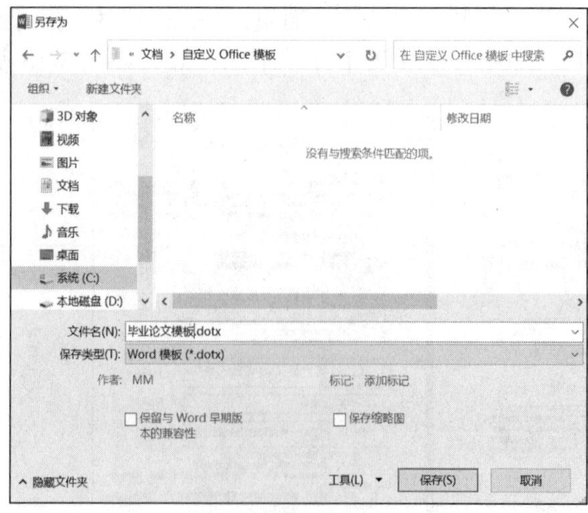

图 5-11 “另存为”对话框

步骤 2：编辑毕业论文模板。

在新建的模板中进行编辑。按照论文纸张格式的要求，设置毕业论文的纸张大小为 A4，设置论文的上边距为 3 厘米，下边距、左边距、右边距设为 2.5 厘米。

分别设置毕业设计（论文）封面模板、毕业设计（论文）任务书模板、毕业设计（论文）进度计划表模板，如图 5-12 所示。

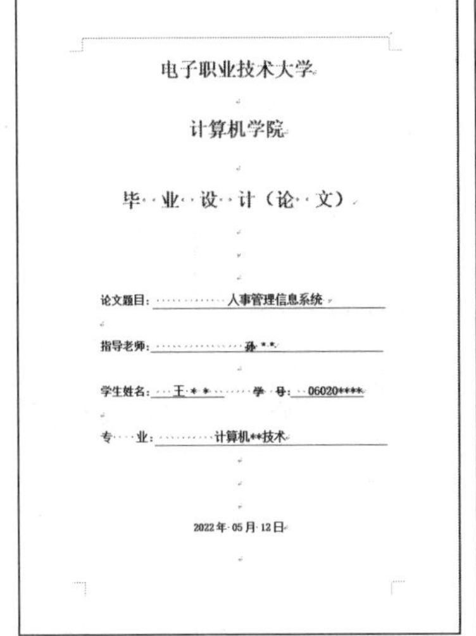

（a）毕业设计（论文）封面模板

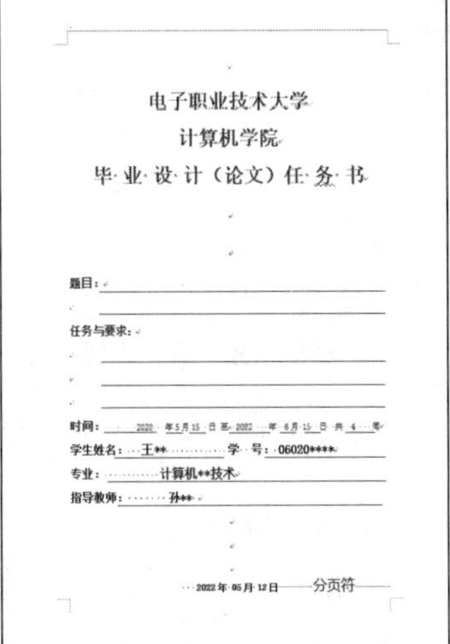

（b）毕业设计（论文）任务书模板

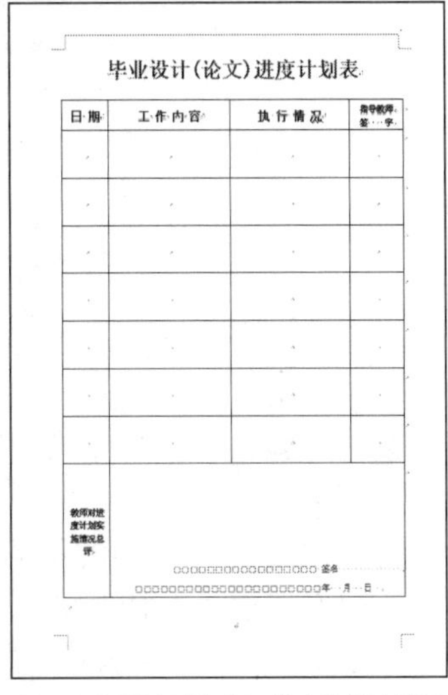

（c）毕业设计（论文）进度计划表模板

图 5-12　毕业设计（论文）的 3 个模板

说明：

毕业设计（论文）封面模板、毕业设计（论文）任务书模板都需要输入下划线。输入下划线的方法为：将光标定位到需要输入下划线的地方，连续按空格键，然后选中空格区域，单击“下划线”按钮。

二、使用样式

涉及知识点：样式的应用、修改

长文档内容多、篇幅长、格式多，在论文的排版过程中常常需要使用样式，以便快捷地使论文的各级标题、正文、谢辞、参考文献等的格式符合要求。Word 2016 中内置了一些常用样式，可直接应用这些样式，也可以根据排版的格式要求，修改这些样式或新建样式。论文全文的各个层次，可分为一级标题（章标题）、二级标题（节标题）、三级标题（小节标题）和正文样式等。

按照表 5-2 所示的要求对 Word 的内置样式进行修改，然后按照图 5-13 所示效果为论文中的不同内容应用相应的样式。

表 5-2　样式修改要求

样式名称	字体格式	段落格式
标题 1	黑体、三号	1.5 倍行距，段前、段后各 1 行、居中
标题 2	宋体、四号、加粗	1.25 倍行距，段前、段后各 13 磅、居中
标题 3	宋体、小四	单倍行距，段前、段后各 13 榜、左对齐
正文样式	宋体、小四	1.5 倍行距，首行缩进 2 个字符

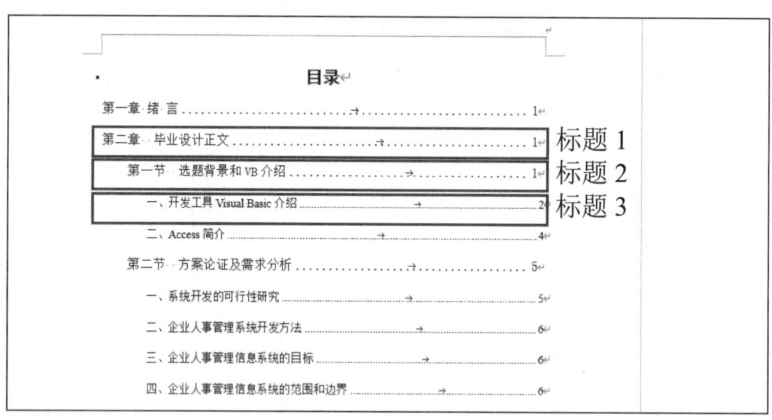

图 5-13　样式设置

设置好整篇文档的样式以后，便为后面快速生成多级目录打下了基础，方便指导老师对论文内容进行查阅。

【任务 2】为文档中的不同内容应用相应的样式。

首先设置整篇文档的格式为正文格式，然后设置章标题为“标题 1”样式，设置节标题为“标题 2”样式，设置小节标题为“标题 3”样式，效果如图 5-13 所示。除了文章的各级标题，其他文字均设为正文样式。

步骤 1：设置章标题、“结束语”“参考文献”“谢辞”为“标题 1”样式。

选中文档开始的“第一章 绪言”，单击【开始】|【样式】|【标题 1】命令。此时章标题“第一章 绪言”即被设置为“标题 1”样式。采用上述方法，将其他章标题、“结束语”“参考文献”“谢辞”均设置为“标题 1”样式。

步骤 2：设置节标题为“标题 2”样式，设置小节标题为“标题 3”样式。

采用与设置“标题 1”样式相同的方法，分别将图 5-13 所示的节标题设置为“标题 2”样式，小节标题设置为“标题 3”样式。如果文章中还有其他级别的标题，可采用与步骤 1 相同的方法进行设置。

【任务 3】Word 内置的样式不符合论文样式要求，应按照表 5-2 所示的要求对 Word 的内置样式进行修改。

步骤 1：打开“修改样式”对话框。

在“样式”组中选择“标题 1”样式，单击鼠标右键，在弹出的快捷菜单中单击“修改”命令，如图 5-14 所示，打开“修改样式”对话框。

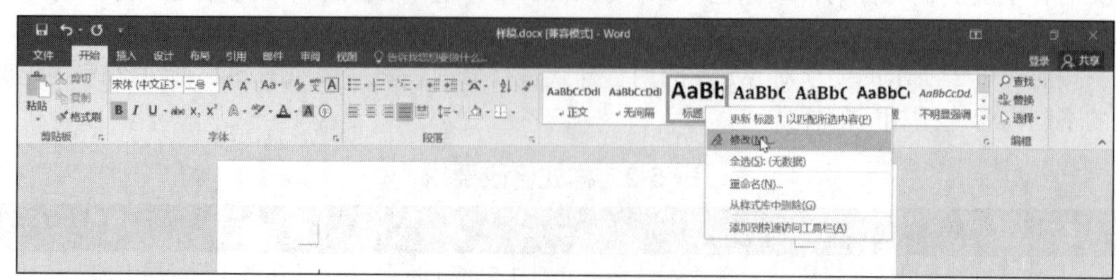

图 5-14　修改“标题 1”样式

步骤 2：修改“标题 1”的样式。

在“修改样式”对话框的“格式”区域中，设置格式为居中、黑体、三号，选中“自动更新”复选框，如图 5-15 所示。

在“格式”区域不太方便设置的格式，可以单击“修改样式”对话框左下角的“格式”按钮，在弹出的下拉列表中选择“字体”或“段落”选项，可在弹出的“字体”或“段落”对话框中进行相应的设置。

在“段落”对话框中，将“段前”“段后”间距都设为“1 行”，“行距”设为“1.5 倍行距”，如图 5-16 所示，单击“确定”按钮，返回“修改样式”对话框，再单击“确定”按钮，即可完成对“标题 1”样式的修改。

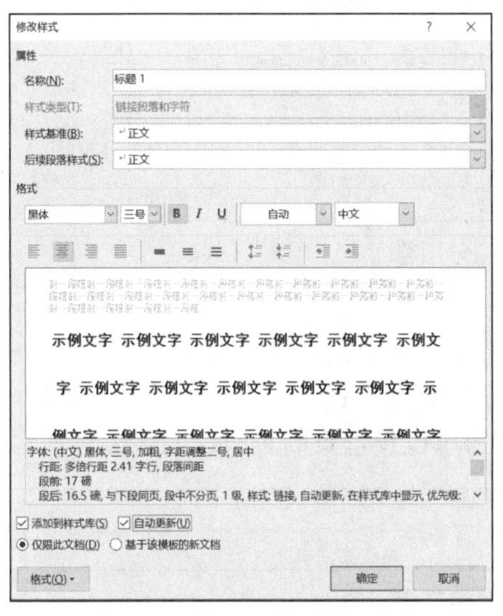

图 5-15　“修改样式”对话框

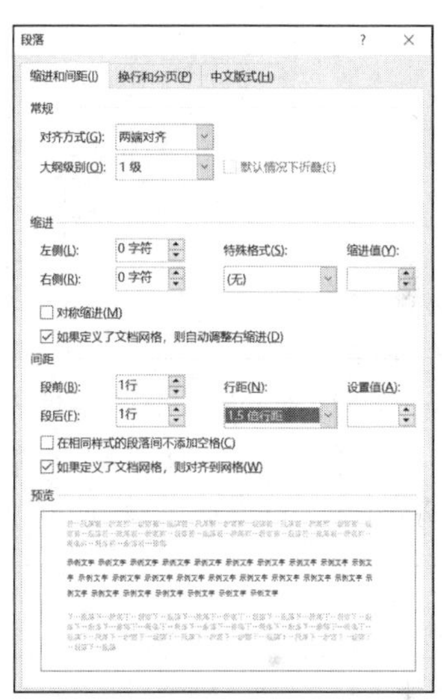

图 5-16　“段落”对话框

步骤 3： 重复步骤 1、步骤 2。

按照表 5-2 所示的内容分别修改标题 2 和标题 3 的样式。修改样式后，所有应用了这些样式的内容格式均会随之变动。

步骤 4： 设置正文样式。

新建的 Word 文档默认所有文字是“正文”。此处把“正文”的段落格式修改为首行缩进 2 个字符，1.5 倍行距，字体为宋体，字号为小四。设置完成后，除文章各级标题以外的文字的格式均会自动更新为修改后的正文样式。

5.3　任务二　长文档分页分节与页眉页脚的设置

5.3.1　课前准备

为保证能够顺利完成任务，请在实际操作前预习以下内容，了解分隔符的类型、基本操作，了解页眉页脚的概念及插入方法。

一、课前预习

1. 分隔符的类型

Word 中分隔符包括分页符、分栏符、分节符等，分栏的方法在 3.2.2 中已经介绍，读者可以自行复习。

（1）分页符

Word 具有自动分页的功能，当输入的文本或插入的图形占满一页时，Word 会自动分页。有时为了让文档的某一部分内容单独占据一页，需插入分页符进行手动分页，图 5-17 所示的

“摘要”就单独占据一页。

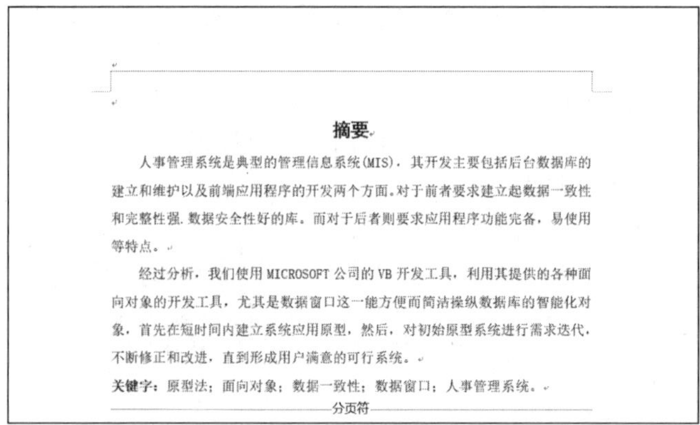

摘要

人事管理系统是典型的管理信息系统(MIS)，其开发主要包括后台数据库的建立和维护以及前端应用程序的开发两个方面。对于前者要求建立起数据一致性和完整性强、数据安全性好的库。而对于后者则要求应用程序功能完备，易使用等特点。

经过分析，我们使用 MICROSOFT 公司的 VB 开发工具，利用其提供的各种面向对象的开发工具，尤其是数据窗口这一能方便而简洁操纵数据库的智能化对象，首先在短时间内建立系统应用原型，然后，对初始原型系统进行需求迭代，不断修正和改进，直到形成用户满意的可行系统。

关键字：原型法；面向对象；数据一致性；数据窗口；人事管理系统。

分页符

图 5-17　分页符

（2）分节符

节是文档的基本单位，分节符是为了表示“节”结束而插入的标记，如图 5-18 所示。在 Word 中，一个文档可以分为多节，每节都可以根据需要设置为不同的格式，且不影响其他节的格式。在 Word 中，可以通过设置分节符，以节为单位设置页眉页脚、段落编号或页码等内容。

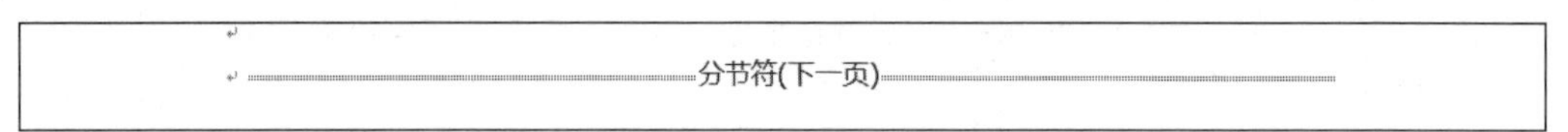

图 5-18　分节符

本项目中论文封面和摘要不需要设置页眉页脚，而正文、谢辞和参考文献中要设置不同的页眉和页脚，如目录部分的页码编号为“Ⅰ,Ⅱ,Ⅱ,…”，而正文部分的页码编号为“1,2,3,…”。如果直接设置页眉和页脚，那么所有页的页眉和页脚都是一样的；如果想设置不同的页眉和页脚，就要在文档中使用“分节符”。

2. 分页符和分节符的相关操作

（1）插入分页符

将光标定位到新的一页的开始位置，按 Ctrl+Enter 组合键，也可以单击【布局】|【页面设置】|【分隔符】命令，打开“分隔符”对话框，在“分隔符”对话框中选择“分页符”选项，单击“确定”按钮。

（2）插入分节符

将光标定位到需要分节的位置，单击【布局】|【页面设置】|【分隔符】命令，打开“分隔符”对话框，在“分隔符”对话框中选择“分节符”选项，分节符有 4 种类型，选择所需要的分节符类型即可。

（3）显示分页符与分节符

在页面视图默认情况下，看不到分页符与分节符，如果需要显示分页符与分节符可以单击【开始】|【段落】|【显示/隐藏编辑标记】命令 进行设置。

（4）删除分页符与分节符

如果想删除分页符或分节符，可将光标定位到该符号的水平虚线前，按 Delete 键。

3. 页眉和页脚

页眉和页脚分别指文档中每个页面页边距的顶部区域和底部区域，在页眉和页脚中可以插入文本或图形，如页码、日期、公司徽标、文档标题、文件名和作者名等。

插入页眉的具体操作步骤：单击【插入】|【页眉和页脚】|【页眉】命令，在弹出的下拉列表中选择需要的页眉样式，即可在文档每一页的顶部插入页眉，然后单击【设计】|【关闭】|【关闭页眉和页脚】命令，即可看到插入页眉的效果，如图 5-19 所示。

页脚也是文档的重要组成部分，插入页脚的具体操作步骤：单击【插入】|【页眉和页脚】|【页脚】命令，在弹出的“页脚”下拉列表中选择其中一种样式，文档会自动跳转至页脚编辑状态，输入需要的页脚内容，然后单击【设计】|【关闭】|【关闭页眉和页脚】命令，即可看到插入页脚的效果。

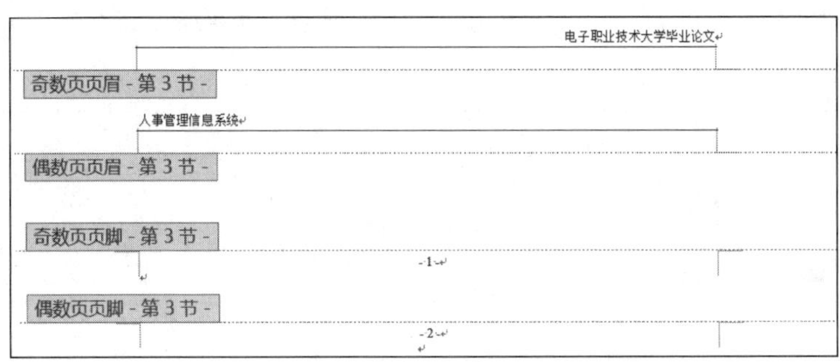

图 5-19　插入页眉的效果

二、预习测试

1. 单项选择题

（1）一篇文档中若需要插入分节符，可使用____选项卡中的“分隔符”按钮。

A. 插入　B. 引用　C. 布局　D. 开始

（2）将一页分成两页，正确的操作是____。

A. 插入页码　B. 插入分页符　C. 插入自动图文集　D. 插入图片

（3）对 Word 文档中“节”的说法，错误的是____。

A. 整个文档可以是一节，也可以将文档分成几节

B. 分节符由两条点线组成，点线中间有“节的结尾”4 个字

C. 在页面视图中看不见分节符

D. 不同的节可采用不同的格式排版

（4）对文档排版之前，需要查看段落标记和其他隐藏的格式符号，可以单击____选项卡中的“显示/隐藏编辑标记”按钮。

A. 开始　B. 文件　C. 引用　D. 布局

（5）一篇文档中有 3 部分内容，包括纸张大小、页眉、页脚等在内的排版格式，要求打印出来时每部分之间要分页，则最好是插入____进行分隔。

A. 两个分节符　B. 两个分页符　C. 一个分页符　D. 一个分节符

2. 多项选择题

（1）在 Word 文档中，可以插入的分隔符有____。

A. 分页符　B. 分栏符　C. 自动换行符　D. 分节符

（2）在 Word 中，下列关于页眉页脚的叙述正确的有____。

A. 能同时编辑页眉页脚区域和文档区域中的内容

B. 可以使奇数页和偶数页具有不同的页眉、页脚

C. 可以使首页具有不同的页眉、页脚

D. 页眉和页脚打印在文档中每页的上部或底部

3. 操作题

按照下列要求，对提供的预习素材“实例 5-2（素材）.docx”进行排版。

操作题解析视频

（1）设置长文档的上下左右页边距，上边距设为 2 厘米，下边距、左边距、右边距设为 1.5 厘米。

（2）为整篇文档加上封面页，内容为“文学概论”，效果可自行设计。

（3）为整篇文档加上目录页，“目录”格式为宋体、二号。

（4）设置整篇文档的页眉为“文学概论”，居中放置；页码格式为“1,2,3,⋯”，如图 5-20 所示。

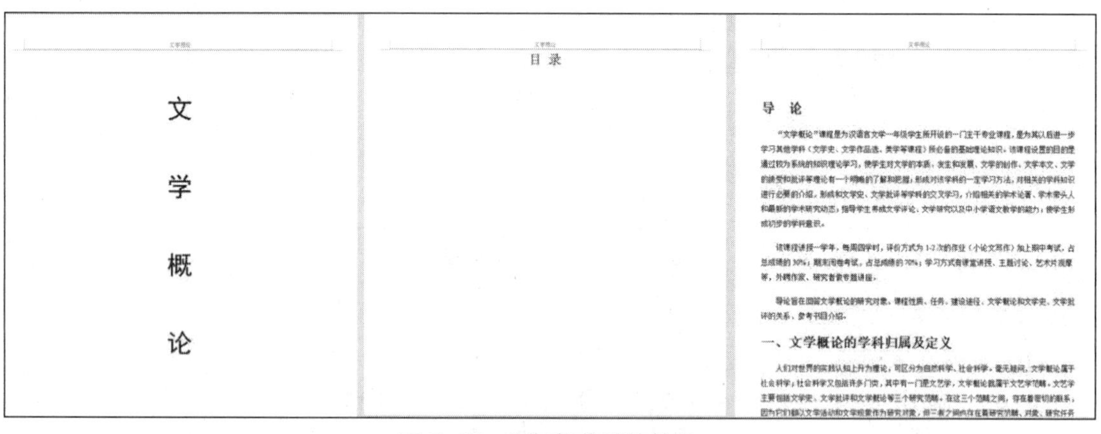

图 5-20　预习操作题的效果

三、预习情况解析

1. 涉及知识点

页面的属性设置、分隔符的概念、分页符和分节符的插入。

2. 测试题解析

见表 5-3。

表 5-3　“长文档分页分节与页眉眉脚的设置”预习测试题解析

测试题序号	答案	参考知识点	测试题序号	答案	参考知识点
第 1.（1）题	C	见课前预习“2.（2）”	第 1.（5）题	B	见课前预习“1.（1）”
第 1.（2）题	B	见课前预习“1.（1）”	第 2.（1）题	ABCD	见课前预习“1.”
第 1.（3）题	B	见课前预习“1.（2）”	第 2.（2）题	BCD	见课前预习“3.”
第 1.（4）题	A	见课前预习“2.（3）”	第 3 题	见微课视频	

3. 易错点统计分析

师生根据预习反馈情况自行总结。

5.3.2　任务实现

一、插入分隔符

涉及知识点：分节符、分页符的插入

首先，小王对论文的排版做了详细的分析，毕业论文由封面、摘要、目录、正文（包含

谢辞、参考文献）等几个部分构成。小王按照学校对论文格式的要求，把论文分为 3 个部分（3 节），如图 5-21 所示。将论文分成 3 个部分后，就可以为封面、摘要、目录和正文部分设置不同的页眉、页脚格式。

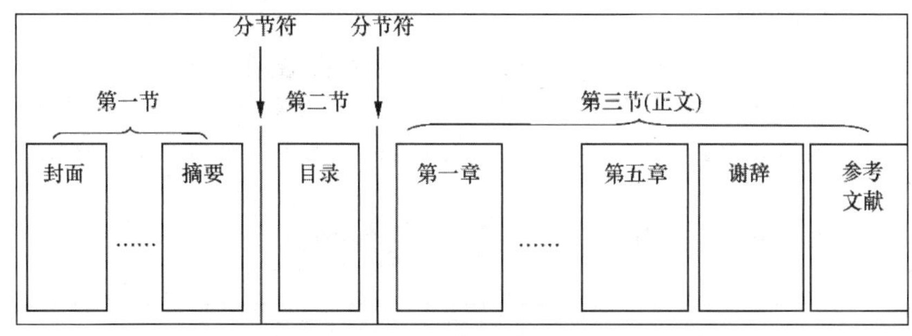

图 5-21 “分节”示意

【任务 1】插入分页符，使每章内容另起一页以符合论文格式要求。

在论文正文中设置各级标题后，为了使每章内容另起一页，可在每一章后插入分页符。插入分页符的方法：将光标置于第一章的标题文字“第一章 绪言”的左侧（不是在上一行的空行中），单击【布局】|【页面设置】|【分隔符】命令，然后选择“分页符”，即可在第一章前插入“分页符”。使用同样的方法，在其余章，以及“谢辞”“参考文献”部分依次插入“分页符”，使每一部分都另起一页显示。

【任务 2】插入分节符，以符合论文不同部分设置不同的格式要求，包括封面、摘要不需要页眉、页脚，目录和正文部分要设置不同的页眉和页脚。

步骤 1：打开“分隔符”下拉列表。

将光标移至“目录”页面的上方。单击【布局】|【页面设置】|【分隔符】命令，打开“分隔符”下拉列表，如图 5-22 所示。

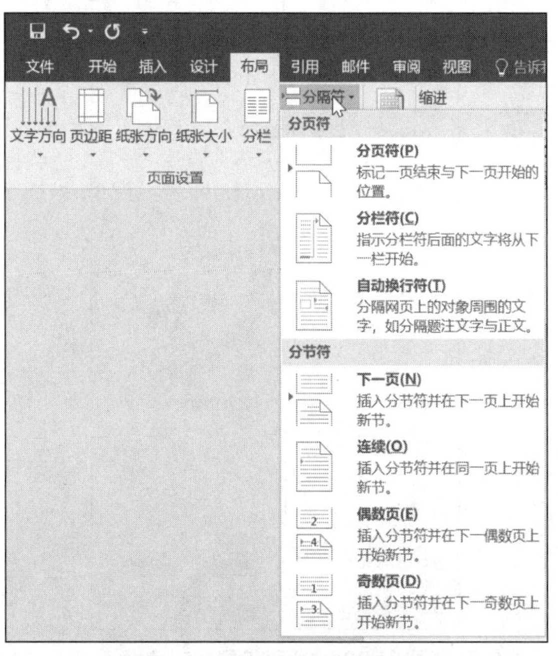

图 5-22 “分隔符”下拉列表

步骤 2：插入分节符。

在“分隔符”下拉列表中选择“下一页”选项，这样就会在需要分节的位置插入分节符。

说明：

分节符包含以下 4 种类型。

① 下一页：选择此项，光标当前位置后的全部内容将移到下一页。

② 连续：选择此项，Word 将在插入点位置添加一个分节符，新节从当前页开始。

③ 偶数页：选择此项，光标当前位置后的内容将转至下一个偶数页，Word 将自动在偶数页之间空出一页。

④ 奇数页：选择此项，光标当前位置后的内容将转至下一个奇数页，Word 将自动在奇数页之间空出一页。

步骤 3：重复步骤 1、步骤 2。

在正文页上方插入分节符，则整篇文档被分成了 3 个节。

二、插入页眉和页脚

涉及知识点：页眉、页脚和页码的设置，数学公式的插入、编辑，超链接的设置

【任务 3】文档第一节不需要设置页眉和页脚，文档第二节“目录”部分不需要设置页眉，页码的编号格式设为“Ⅰ,Ⅱ,Ⅲ…”。

文档第一节中毕业设计封面、中文摘要和英文摘要不需要设置页眉和页脚。

说明：

设置首页不同的页眉和页脚的方法如下。

将光标置于需要设置的文档或者节中，单击【布局】|【页面设置】|【版式】命令，打开“页面设置”对话框，如图 5-23 所示，在“版式”选项卡中选中“首页不同”复选框，在“应用于”下拉列表框中可以选择“整篇文档”或“本节”，并单击“确定”按钮。

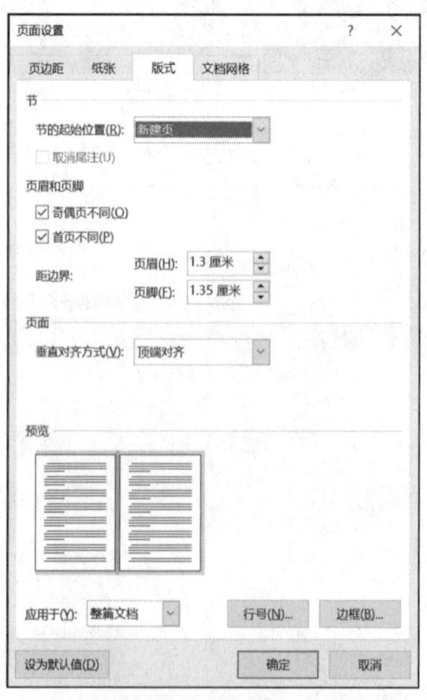

图 5-23 “页面设置”对话框

文档第二节的“目录”部分不需要设置页眉，页码的编号格式设为“Ⅰ,Ⅱ,Ⅲ,…”。

步骤 1： 进入页脚编辑状态。

因为第二节中不需要设置页眉，所以我们只需要设置页脚。单击【插入】|【页眉和页脚】|【页脚】命令或者双击文档的底部，即可进入页脚的编辑状态。

步骤 2： 设置与上一节不同的页脚。

第二节的页眉和页脚默认与上一节的页眉和页脚相同，即与第一节的页眉和页脚相同。现在要取消“链接到前一条页眉”，单击【页眉和页脚工具 · 设计】|【导航】|【链接到前一条页眉】命令，取消链接，如图 5-24 所示。因为第二节不需要页眉，所以不需要对页眉进行设置。

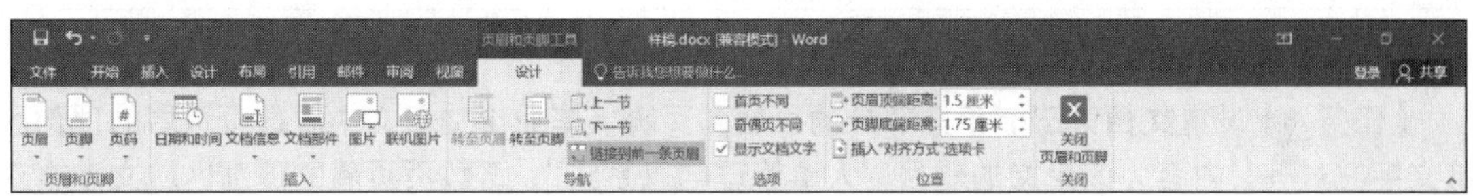

图 5-24　“页眉和页脚工具 · 设计”选项卡

步骤 3： 设置页码格式。

将光标定位于“目录”页，单击【插入】|【页码】命令，如图 5-25 所示。单击“设置页码格式”命令，打开“页码格式”对话框，如图 5-26 所示。在“编号格式”下拉列表框中选择“Ⅰ,Ⅱ,Ⅲ,…”，在“页码编号”区域设置“起始页码”为Ⅰ。

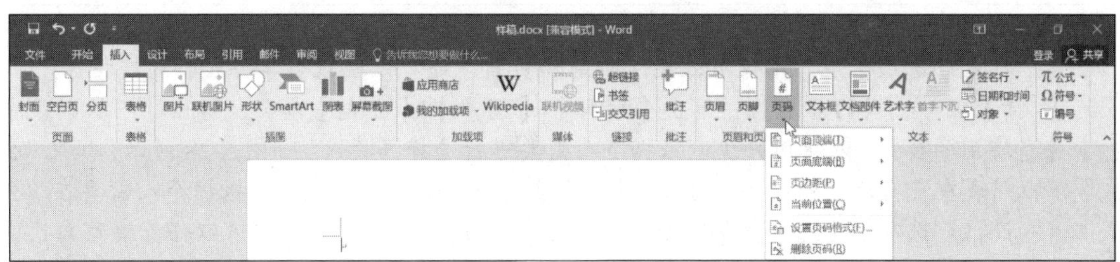

图 5-25　页码格式设置

页码格式　?　×
编号格式(F): Ⅰ, Ⅱ, Ⅲ, ...
包含章节号(N)
章节起始样式(P) 标题 1
使用分隔符(E): - (连字符)
示例: 1-1, 1-A
页码编号
续前节(C)
起始页码(A): Ⅰ
确定　取消

图 5-26　“页码格式”对话框

步骤 4：插入页码。

页码格式设置完成后，单击【插入】|【页眉和页脚】|【页码】命令，在弹出的下拉列表中选择“页面底端”选项，如图 5-27 所示。

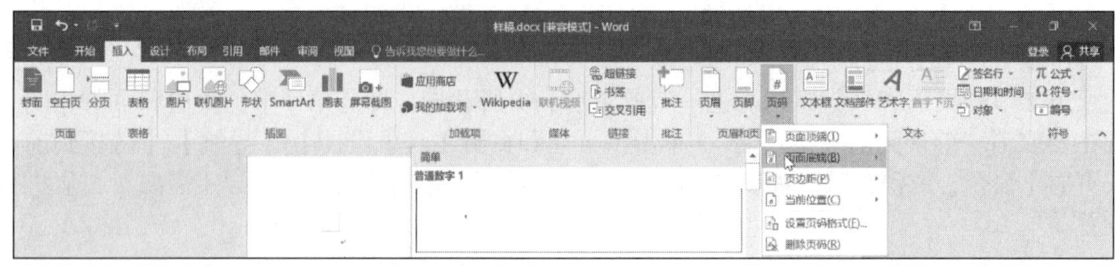

图 5–27　插入页码

【任务 4】设置文档第三节正文部分的页眉和页脚。毕业论文正文中偶数页页眉的顶部区域文字左对齐，内容为该论文的题目“人事管理信息系统”；奇数页页眉的顶部区域文字右对齐，内容为“电子职业技术大学毕业论文”。页面底部区域要求添加页码，从“1”开始。

步骤 1：进入页眉编辑状态。

单击【插入】|【页眉和页脚】|【页眉】命令，进入页眉编辑状态。如果不设置第三节的页眉，系统会默认与第二节的页眉相同。这时我们需要取消“链接到前一条页眉”，设置方法同任务 3 的步骤 2。

说明：

在“插入”选项卡中，不仅可以插入页眉和页脚，还可以插入数学公式、超链接等。

① 插入数学公式的方法为：单击【插入】|【符号】|【公式】命令，弹出的下拉列表中包含普遍使用的公式，以便用户快速根据个人需要进行选择并插入，如图 5-28 所示，如果“公式”下拉列表中没有所需的公式，可在“符号”组中单击“公式”按钮，根据个人需要在“公式工具 · 设计”选项卡中选择并插入公式，如图 5-29 所示。在公式框中可以任意编写自己需要的公式。

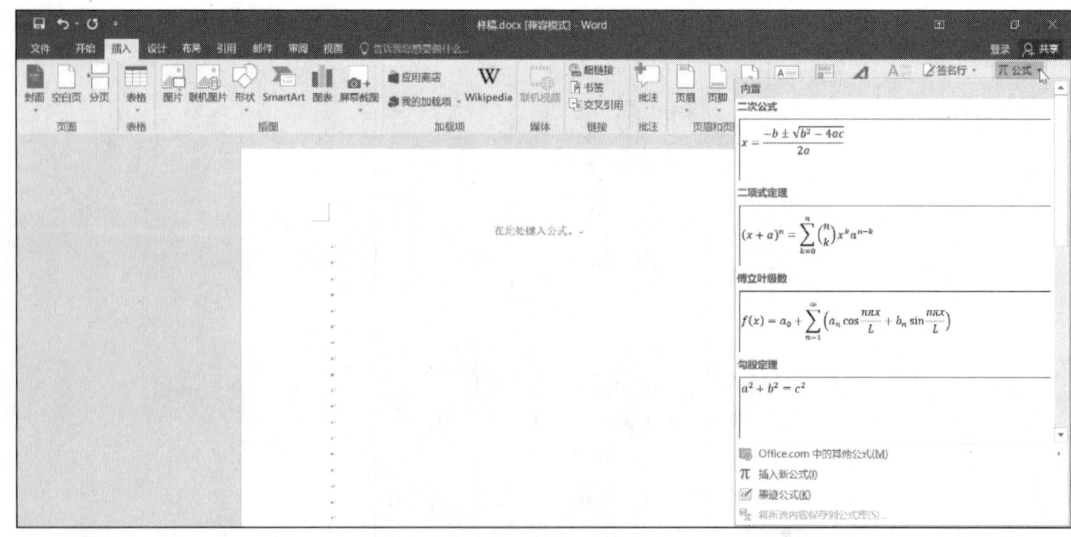

图 5–28　公式工具

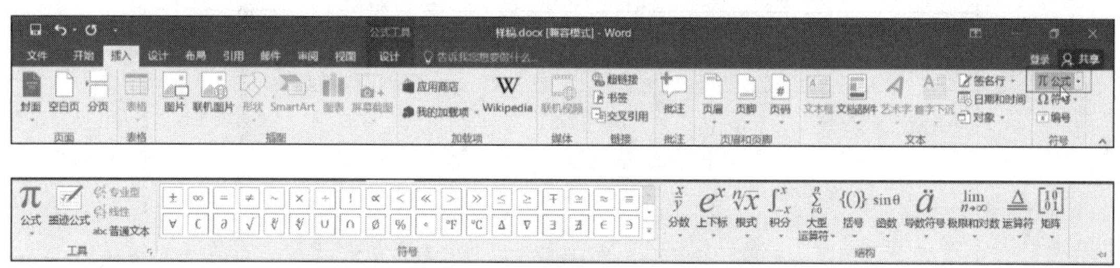

图 5-29 “公式工具 · 设计”选项卡

② 插入超链接的方法为：先选中要添加超链接的文字内容，然后单击【插入】|【链接】|【超链接】命令，打开“插入超链接”对话框，如图 5-30 所示，在“插入超链接”对话框中，输入想要添加的超链接。超链接可以是网址，也可以是计算机上的文件等。这里以百度网址为例，输入完成以后，单击“确定”按钮。完成设置后，将鼠标指针移动到设置了超链接的文字上，就会看到相应的提示。

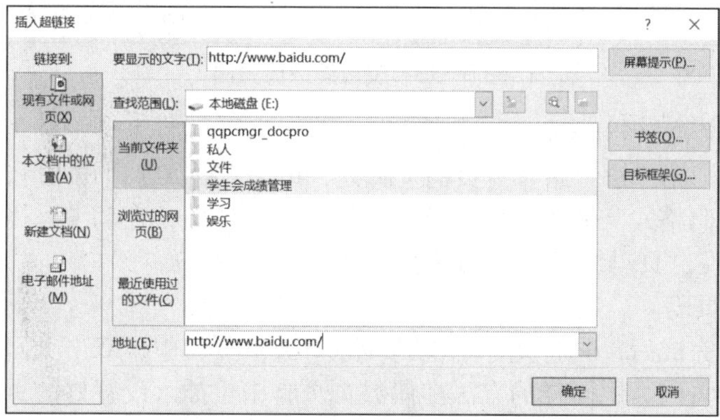

图 5-30 “插入超链接”对话框

步骤 2：为奇偶页设置不同的页眉。

单击【布局】|【页面设置】组右下角的对话框启动器按钮，打开“页面设置”对话框，切换到“版式”选项卡，如图 5-31 所示，选中“页眉和页脚”区域中的“奇偶页不同”复选框，设置应用于“本节”，单击“确定”按钮，即可完成设置。

步骤 3：设置奇数页页眉。

单击【页眉和页脚工具 · 设计】|【导航】命令，切换显示上一节 上一节 和显示下一节 下一节 。将光标定位于“第一章　绪言”页的页眉处，输入“电子职业技术大学毕业论文”，并设置文字右对齐，字体为宋体，字号为小五，效果如图 5-32 所示。

步骤 4：设置偶数页页眉。

单击“页眉和页脚工具 · 设计”选项卡上的显示下一节按钮 下一节 。输入“人事管理信息系统”并设置文字左对齐，字体为宋体，字号为小五，效果如图 5-33 所示。

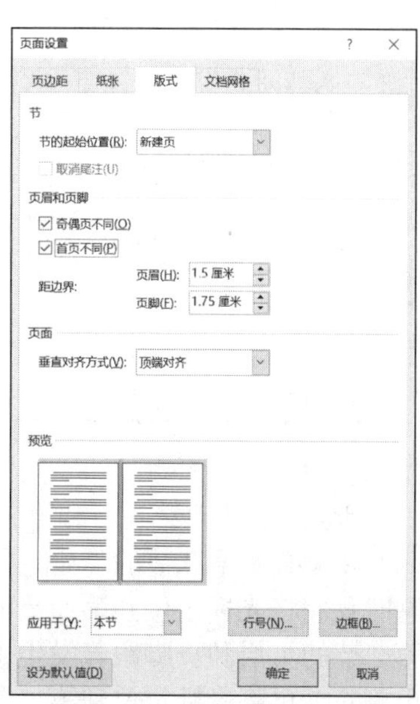

图 5-31 “版式”选项卡

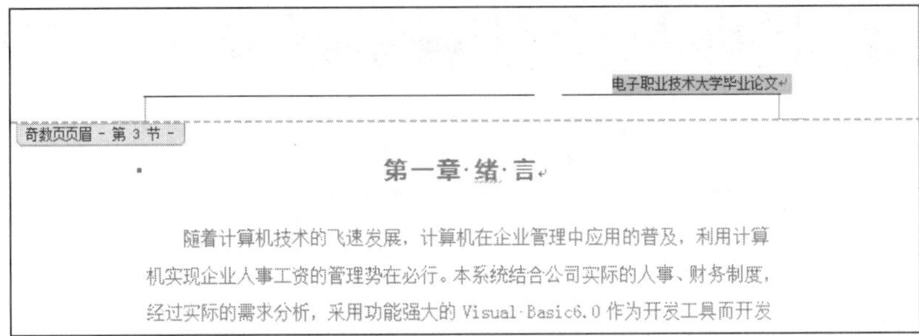

图 5-32　设置奇数页页眉

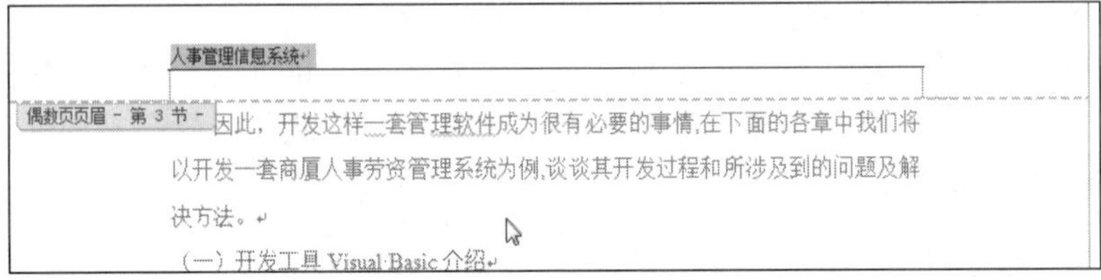

图 5-33　设置偶数页页眉

步骤 5：设置文档部分页码。

将光标定位于“第一章　绪言”页的页脚处，单击【插入】|【页眉和页脚】|【页码】命令，单击“设置页码格式”命令，打开“页码格式”对话框，在“编号格式”下拉列表框中选择“1,2,3,…”，在“页码编号”区域设置“起始页码”为 1。

步骤 6：插入页码。

页码格式设置完成后，先将光标定位到任意奇数页页脚中，双击页面底端，在奇数页的底端插入设置好的页码，用同样的方法在偶数页页脚中也插入设置好的页码，设置完成后的效果如图 5-34 所示。

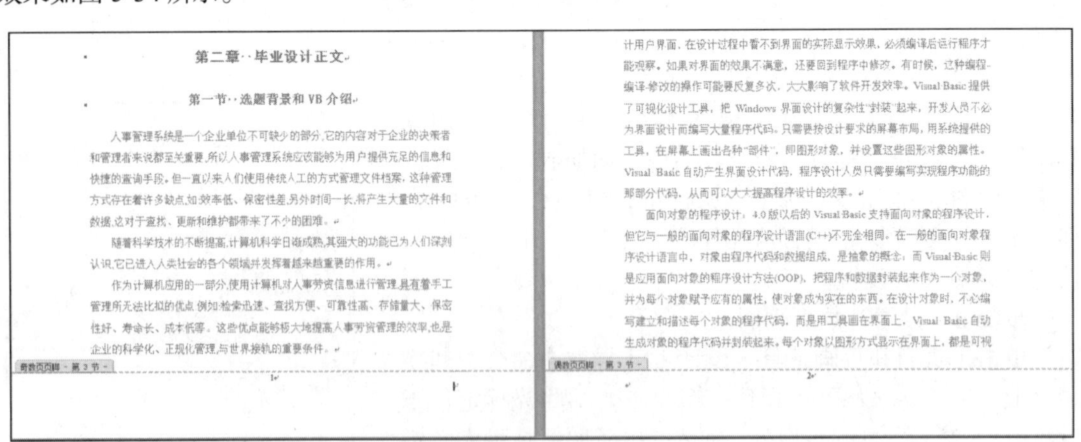

图 5-34　奇偶页页码

步骤 7：修改第一节和第二节的页眉和页脚。

在设置好第三节的“奇偶页页眉页脚不同”后，它会影响第一节和第二节的页眉和页脚，这时我们将光标定位到第一节的页眉，将第一节的页眉删除，同时要将第一节的页脚删除。第二节的页眉和页脚跟着发生了变化，同样，将光标定位到第二节的页眉，将第二节的页眉也删除，再将光标定位到第二节的页脚，用设置第三节页脚的方法设置其页脚的页码编号格式为“Ⅰ,Ⅱ,Ⅲ,…”。

5.4 任务三 生成目录、预览和打印

5.4.1 课前准备

为保证任务能够顺利完成，请在实际操作前预习以下内容，掌握插入目录、更新目录、预览和打印的方法。

一、课前预习

1. 插入目录

目录就是文档中各级标题的列表，通常位于文章封面之后。目录是长文档不可缺少的一部分，有了目录，用户就能很容易地了解文档的结构、内容，并快速定位需要查询的内容。目录由左侧的目录标题和右侧的标题所对应的页码组成。

插入目录的方法为：将光标定位到放置目录的位置，然后单击【引用】|【目录】命令，在打开的下拉列表中单击某个内置的目录样式，即可基于选中的目录样式快速生成当前文档的目录。

2. 更新目录

如果对文档内容进行了修改，页码也有可能发生改变，这时目录中的页码可能与文档中的相应页码不相符，或者我们对文档中的章节等标题进行了添加、删除等操作，这时目录也会发生改变，这就需要及时更新目录。

当文档中的内容被修改后，可以单击【引用】|【目录】|【更新目录】命令进行更新，也可以在目录区域单击鼠标右键，在弹出的快捷菜单中单击“更新域”命令，在弹出的“更新目录”对话框中选择一种更新方式后，单击“确定”按钮，快速更新整个目录。

3. 预览和打印

毕业论文排好版以后，最终要打印出来，在打印论文之前，要先进行预览，查看对排版是否满意，若满意，则打印，否则可以继续修改。Word 提供了许多灵活的打印功能，可以打印一份或多份文档，也可以打印文档的当前页（当前窗口显示页）或其中一页或几页。当然，在打印前，应准备好并打开打印机。

二、预习测试

1. 单项选择题

（1）在文件菜单中打印页面的“设置”下的“打印当前页面”项是指____。

A. 当前窗口显示的页　　B. 插入光标所在的页

C. 最早打开的页　　D. 最后打开的页

（2）Word 中，目录可以通过哪个选项插入____。

A. 插入　　B. 页面布局　　C. 视图　　D. 引用

（3）更新目录的正确方法是____。

A. 单击【引用】|【目录】|【更新目录】命令

B. 单击【引用】|【目录】|【插入目录】命令

C. 单击【插入】|【目录】|【更新目录】命令

D. 单击【插入】|【目录】|【更新域】命令

2. 操作题

按照下列要求对 5.2 节和 5.3 节中已经排版后的素材“实例 5-2（素材）.docx”进行操作。在 5.2 节中已经设置好文档的标题样式，在 5.3 节中已经设置好文档的页眉和页脚，在

此基础上，就可以自动生成目录。目录内容的格式为宋体、五号、单倍行距，效果如图 5-35 所示。

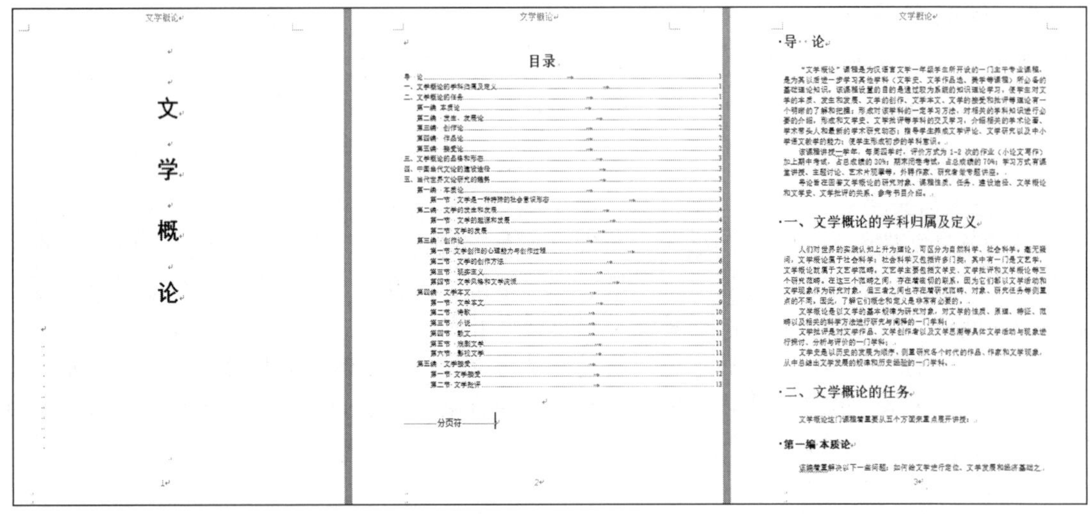

图 5-35　目录内容效果

长文档排版结束后，使用打印预览功能观察排版效果，并对有问题的部分进行细致修改。

操作题解析视频

三、预习情况解析

1. 涉及知识点

目录的插入、目录的更新、文档的打印预览和打印。

2. 测试题解析

见表 5-4。

表 5-4　“生成目录、预览和打印”预习测试题解析

测试题序号	答案	参考知识点	测试题序号	答案	参考知识点
第 1.（1）题	A	见课前预习“3.”	第 1.（3）题	A	见课前预习“2.”
第 1.（2）题	D	见课前预习“1.”	第 2 题	见微课视频	

3. 易错点统计分析

师生根据预习反馈情况自行总结。

5.4.2　任务实现

一、目录的生成

涉及知识点：目录的生成、目录样式的修改

【任务 1】设置好整篇文档的样式以后，就可以在此基础上快速生成论文目录。

步骤 1：自动生成目录。

将光标置于“目录”所在行的下一行空行中，单击【引用】|【目录】|【自定义目录】命令，如图 5-36 所示。

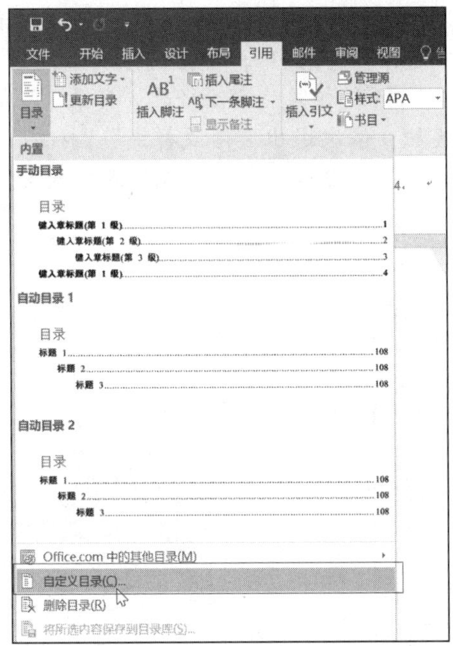

图 5-36　自定义目录

步骤 2：设置目录格式。

在弹出的“目录”对话框中，选中“显示页码”和“页码右对齐”复选框，设置“显示级别”为 3，如图 5-37 所示。单击“确定”按钮，将自动生成目录，其效果如图 5-38 所示。

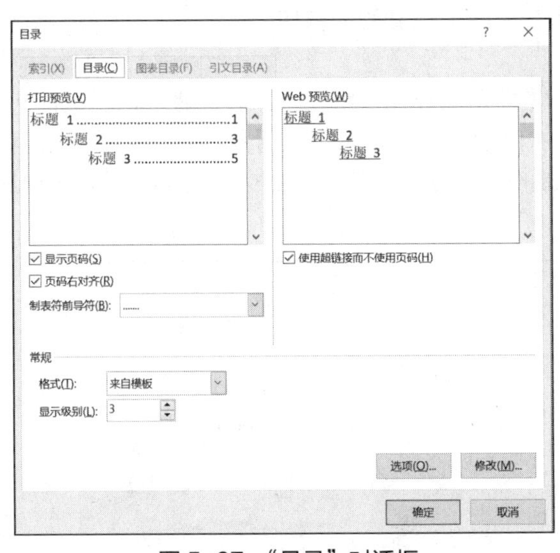

图 5-37　“目录”对话框

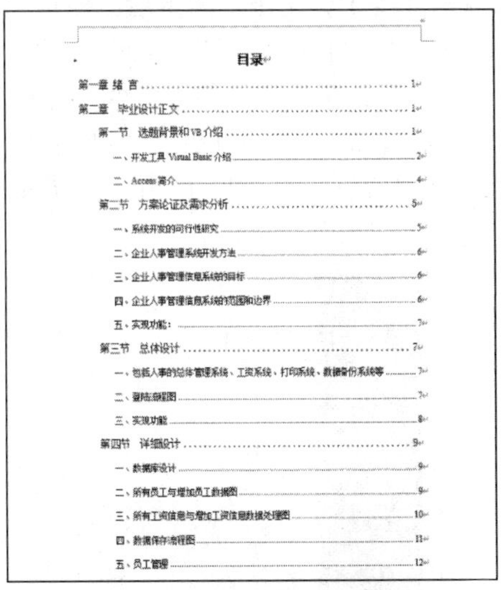

目录

第一章 绪 言 …… 1
第二章　毕业设计正文 …… 1
第一节　选题背景和 VB 介绍 …… 1
一、开发工具 Visual Basic 介绍 …… 2
二、Access 简介 …… 4
第二节　方案论证及需求分析 …… 5
一、系统开发的可行性研究 …… 5
二、企业人事管理系统开发方法 …… 6
三、企业人事管理信息系统的目标 …… 6
四、企业人事管理信息系统的范围和边界 …… 6
五、实现功能： …… 7
第三节　总体设计 …… 7
一、包括人事的总体管理系统、工资系统、打印系统、数据备份系统等 …… 7
二、登陆流程图 …… 7
三、实现功能 …… 8
第四节　详细设计 …… 9
一、数据库设计 …… 9
二、所有员工与增加员工数据图 …… 9
三、所有工资信息与增加工资信息数据处理图 …… 10
四、数据保存流程图 …… 11
五、员工管理 …… 12

图 5-38　自动生成目录的效果

说明：

修改目录样式：如果要对生成的目录样式做统一修改，其方法和普通文本的样式设置方法一样；如果要分别对目录中的标题 1 和标题 2 的样式进行不同的设置，就需要修改目录样式。

将光标置于目录的任意位置，单击【引用】|【目录】|【自定义目录】命令，打开“目录”对话框，在“格式”下拉列表框中选择“来自模板”选项。

① 单击“修改”按钮，打开“样式”对话框，如图 5-39 所示。

② 在“样式”对话框中选择“目录 1”，单击“修改”按钮，在打开的“修改样式”对话框中按要求进行相应的修改，再用相同的方法修改“目录 2”和“目录 3”。

③ 连续单击“确定”按钮，依次退出“修改样式”“样式”“目录”对话框，随之打开图 5-40 所示的对话框，单击“是”按钮，即可完成目录样式的修改。

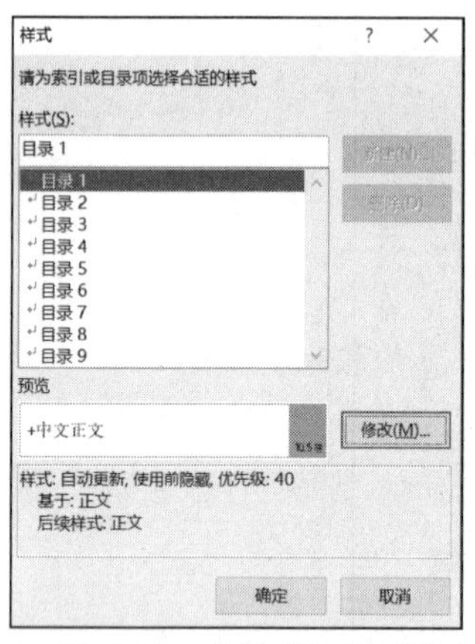

图 5-39 “样式”对话框

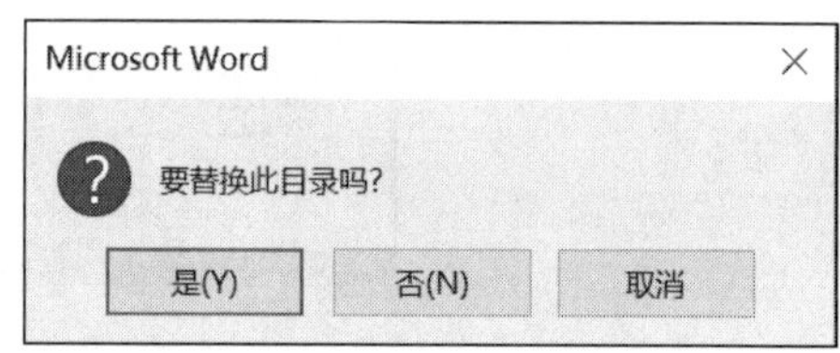

图 5-40 替换生成目录

二、预览和打印

涉及知识点：打印预览、设置打印参数

毕业论文排好版以后，最终要打印出来上交到学校，在打印论文之前，要进行预览，查看对排版是否满意。若满意，则打印，否则可以继续修改。

【任务 2】论文排版结束后，使用“打印”功能实现文档的打印。

步骤 1：打开“打印”界面。

单击【文件】|【打印】命令，打开图 5-41 所示的界面。纸张大小、纸张方向、页面边距等设置都可以在左侧的设置区域里查看，在右侧的预览区域可以查看打印预览效果，并且还可以通过调整右下角的缩放滑块来缩放预览视图的大小。在确认需要打印的文档正确无误后，即可打印文档。

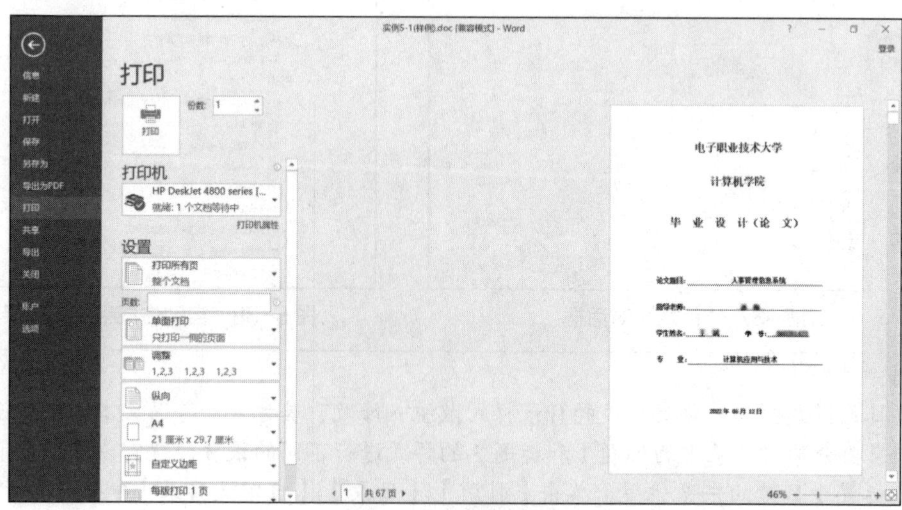

图 5-41 打印预览

步骤 2：打印参数的设置。

在图 5-41 所示的界面中，在“打印机”下拉列表中选择已经安装的打印机，设置合适的打印份数、打印范围等参数后，单击“打印”按钮，开始打印。

说明：

① 打印一份文档。打印一份文档的操作最简单，只要单击【文件】|【打印】命令，单击左上角的“打印”按钮即可。默认只打印一份文档。

② 打印多份文档副本。如果要打印多份文档副本，单击【文件】|【打印】命令或按 Ctrl+P 组合键，打开“打印”界面，在界面的打印“份数”文本框中输入需要的份数，如果选中“逐份打印”复选框，就一份一份地打印，否则全部打印完第一页再打印第二页，如此下去，直到打印完文档的所有页数。

③ 打印一页或几页。单击【文件】|【打印】命令，在“设置”下拉列表中选择“打印当前页面”，则只打印当前光标所在的一页；如果选择“自定义打印范围”，就可以自定义打印的页数范围；当然也可以设置仅打印奇数页或者仅打印偶数页，如图 5-42 所示。

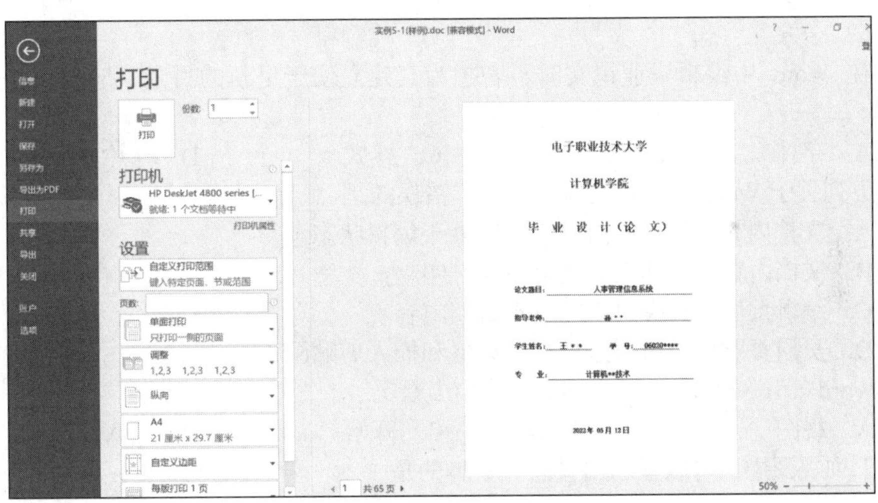

图 5-42 设置打印范围

5.5 项目总结

在本项目中，我们主要完成了样式、节、页眉和页脚的设置，并详细介绍了长文档的排版方法和操作技巧。

① 在完成项目的过程中，我们完成了文档的页面设置、纸张大小的设置以及页边距和版式信息（如奇偶页不同）的设置。

② 将整篇论文分为 3 个节，分别设置不同的页眉、页脚内容。

③ 制作毕业论文模板并使用；使用样式，并将定义好的各级样式分别应用到论文的各级标题和论文正文中，然后自动生成目录。

完成本项目后，读者可以掌握 Word 长文档的排版方法和技巧，能够合理地在长文档中使用样式、插入分隔符、插入超链接、插入数学公式、设置不同的页眉和页脚内容、插入目录等。读者还可以对类似的企业年度总结、调查报告、商品使用手册、小说等进行长文档的排版。

5.6 技能拓展

5.6.1 理论考试练习

1. 单项选择题

（1）在 Word 文档中，希望在每一页都固定出现的内容，应该将其放在____中。

A. 页眉和页脚　　B. 文本框

C. 图文框　　D. 剪贴板

（2）在 Word 文档中，需要插入分节符的情况是____。

A. 由不同章节组成的文档

B. 由不同段落格式组成的文档

C. 由不同页面格式组成的文档

D. 由文本、图形和表格组成的文档

（3）Word 的样式是一组____的集合。

A. 格式　　B. 模板

C. 公式　　D. 控制符

（4）在 Word 中编辑毕业论文时，若想为其建立便于更新的目录，应先对各行标题设置____。

A. 字体　　B. 字号　　C. 样式　　D. 居中

（5）下列关于 Word 页眉和页脚的叙述，错误的是____。

A. 文档内容和页眉页脚可以同时处于编辑状态

B. 文档内容可以和页眉页脚一起打印

C. 编辑页眉和页脚时不能编辑文档内容

D. 页眉页脚中也可以进行格式设置和插入剪贴画

（6）Word 2016 中设置页码应选择的选项卡是____。

A. 视图　　B. 文件　　C. 开始　　D. 插入

（7）下列视图中，可以显示出页眉和页脚的是____。

A. 普通视图　　B. 页面视图

C. 大纲视图　　D. 全屏视图

（8）要删除分节符，可将光标置于双点线上，然后按____。

A. Esc 键　　B. Tab 键

C. Enter 键　　D. Delete 键

（9）在 Word 中，页码与页眉页脚的关系是____。

A. 页眉页脚就是页码

B. 页码与页眉页脚分别设定，所以二者毫无关系

C. 不设置页眉和页脚，就不能设置页码

D. 如果要求有页码，那么页码是页眉或页脚的一部分

（10）将一页分成两页，正确的操作是____。

A. 插入页码　　B. 插入分隔符

C. 插入自动图文集　　D. 插入图片

（11）在 Word 中，要求在打印文档时每一页上都有页码，____。

A. 已经由 Word 根据纸张大小分页时自动加上

B. 应当由用户单击【插入】|【页眉与页脚】|【页码】命令加以指定
C. 应当由用户单击【文件】|【页面设置】命令加以指定
D. 应当由用户在每一页的文字中自行输入

（12）在 Word 2016 中，给当前打开的文档加上页码，应使用的选项卡是____。

A. 编辑　　B. 插入
C. 格式　　D. 工具

（13）对当前文档的页眉、页脚进行格式设置时，要求奇偶页格式不同则必须选中“页面设置”对话框中的____复选框。

A. 首页不同　　B. 显示文档文字
C. 转到页眉　　D. 奇偶页不同

2. 多项选择题

（1）在 Word 2016 中，下列关于页边距设置的相关说法，正确的有____。

A. 页边距的设置只影响当前页
B. 用户既可以设置左、右页边距，也可以设置上、下页边距
C. 用户可以使用“页面设置”对话框来设置页边距
D. 用户可以使用标尺来调整页边距

（2）在 Word 2016 中，下列有关样式的说法正确的有____。

A. 样式能够自动录入文字
B. 样式一经生成不能修改
C. 样式就是应用于文档中的文本、表格和列表的一套格式特征
D. 使用样式能够提高文档的编辑排版效率

（3）在 Word 中，通过“页面设置”对话框可以直接完成____设置。

A. 页边距　　B. 纸张大小
C. 打印页码范围　　D. 纸张的打印方向

5.6.2　实践案例

党的二十大报告指出“当代中国青年生逢其时，施展才干的舞台无比广阔，实现梦想的前景无比光明”，对广大青年提出了“立志做有理想、敢担当、能吃苦、肯奋斗的新时代好青年”的要求，我们整理了部分二十大代表在贯彻落实二十大精神过程中的一些优秀事迹，供大家学习。下面我们将素材“二十大代表优秀事迹（文字素材）.docx”（摘自“中国共产党新闻网”）按照以下要求完成编排。

（1）打开未排版的文档“二十大代表优秀事迹（文字素材）.docx”（人邮教育社区下载），对其进行页面设置，设置纸张大小为 A4，上边距为 2.8 厘米，下边距为 2.5 厘米，左边距为 3 厘米，右边距为 2.5 厘米，纸张方向为“纵向”。

（2）分别在封面页和目录页的页面下方插入分节符，在需要分页的位置插入分页符。

（3）定义标题样式，具体要求如表 5-5 所示。

表 5-5　标题样式

样式名称	字体	字体格式	段落格式
一级标题	黑体	四号、加粗	居中、1.5 倍行距，段前、段后 5 磅
二级标题	宋体	小四、加粗	多倍行距 1.25，段前、段后 10 磅、左对齐

（4）使用第（3）步自定义的样式，分别设置文档中一级标题、二级标题和正文的格式（小四、宋体、单倍行距、首行缩进 2 个字符）。

（5）设置页眉和页脚。文档封面不要求有页眉和页脚；目录要求有页脚无页眉，页脚格式为“Ⅰ,Ⅱ,Ⅲ,…”，居中放置；正文要求既有页眉也有页脚，奇数页页眉为“学习贯彻党的二十大精神”，右对齐，偶数页页眉为“二十大代表在基层”，左对齐，页码从“-1-”开始，不分奇数页和偶数页。

（6）创建目录：定义好目录选项和目录的字体（小四、宋体、1.2 倍行距），自动生成目录。

项目六　Excel 数据输入与格式设置——制作员工信息表

学习目标

在日常的工作和生活中，我们往往需要制作商品明细表、采购清单、员工信息表等表格。这一类表格的特点是结构清晰、数据量大，常需要进行一定的数据处理工作。可以使用 Microsoft Office 的电子表格组件 Excel 来完成这样的工作任务。

本项目通过制作员工信息表介绍 Excel 2016 的使用方法，介绍以数据展示和存储为目的的简单电子表格的制作和处理方法。

通过对本项目的学习，读者能够掌握计算机水平考试及计算机等级考试的相关知识点，达成下列学习目标。

知识目标：

- 熟悉 Excel 2016 的基本功能、运行环境、启动和退出的方法。
- 熟悉工作簿和工作表的创建、保存和退出的方法。
- 熟悉输入和编辑数据的方法。
- 熟悉单元格的选中、插入、删除、合并、拆分。
- 熟悉工作表的重命名和工作表的拆分与冻结的方法。
- 熟悉工作表的格式化，包括设置单元格格式、设置列宽和行高、设置条件格式、使用样式、自动套用模式等。
- 熟悉工作表的页面设置、打印预览和打印。

技能目标：

- 学会 Excel 的基本操作。
- 能够按需求以合适的数据格式输入数据。
- 能够编辑表格格式，并对工作表进行美化。
- 能够进行工作表的打印输出。

6.1　项目总要求

小王毕业后进入一家小型信息技术企业的综合部工作，他每天需要处理大量的员工信息。小王接到工作任务后，打算先用 Excel 创建一个员工信息表，然后对员工进行后续的相关管理。

作为综合部的员工，小王积极引入信息化手段，改良传统的手动处理人事信息的方式，为企业发展增速。经过对公司人事信息管理制度的学习，小王对员工信息表进行了规划。表中的信息包括工号、部门、职位、姓名、性别、学历、手机号码、家庭住址、入职时间、备注等项目。由于需要打印为纸质文档进行存档，要求打印表格时，每张纸都能输出表头、列标题，因此每页打印 14 名员工信息，并在页眉处注明制表人的姓名。

为顺利完成任务，小王设计了以下解决方案。

① 了解 Excel 2016 的工作界面等基础知识后，创建一个员工信息表工作簿文件，保存在“D:\员工信息”文件夹中，进行归类存放。

② 定义表结构，选中工作簿中的第一个工作表，输入表格列标题名。

③ 在员工信息表各列中按照数据的特点分别输入员工的相关信息。

④ 通过设置工作表的边框、底纹、行高、列宽、字体和对齐方式实现工作表的格式设置。

⑤ 进行页面设置（纸张大小、页眉页脚、顶端标题行、页边距等的设置）并进行打印预览，为打印做好准备。

员工信息表的最终效果如图 6-1 所示。

员工信息表									
工号	部门	职位	姓名	性别	学历	手机号码	家庭住址	入职时间	备注
100011	3G项目部	部长	史*超	男	本科	189****5678	安徽省巢湖市居**区****路北***号	2015-10-2	
100012	3G项目部	技术总监	程*剑	男	硕士研究生	139****5678	安徽省芜湖市鸠**区****路***号	2021-1-1	
100013	3G项目部	技术员	林*莉	女	专科	136****5678	江苏省南京市白**区****路北***号	2021-1-29	
100014	财务部	财务总监	王*阳	男	博士研究生	130****5678	安徽省六安市金**区****路北***号	2016-8-1	
100015	财务部	会计	李*海	男	高中	134****5678	安徽省蚌埠市龙**区****路北***号	2021-1-29	
200011	系统集成部	部长	马*岚	女	硕士研究生	137****5678	湖南省长沙市雨**区****大道北***号	2015-8-2	
200012	系统集成部	高级程序员	向*勇	男	本科	131****5678	安徽省蚌埠市蚌**区****路北***号	2021-5-1	
200013	系统集成部	工程师	何*平	男	硕士研究生	188****5678	安徽省六安市裕**区****路北***号	2023-1-14	
200014	系统集成部	管理员	李*左	女	专科	180****5678	安徽省蚌埠市禹**区****路北***号	2021-3-31	
200015	软件开发部	部长	孙*丽	女	本科	151****5678	安徽省合肥市蜀**区****路北***号	2017-3-1	
200016	软件开发部	高级程序员	由*斌	男	博士研究生	189****7139	安徽省巢湖市居**区****路北***号	2021-1-29	

图 6-1　员工信息表的最终效果

6.2　任务一 Excel 基本数据输入

6.2.1　课前准备

为保证任务能够顺利完成，请在实际操作前预习以下内容，熟悉电子表格、二维表、工作簿、工作表、单元格等基本概念，认识 Excel 2016 工作界面，熟悉单元格的选中、输入等操作。

一、课前预习

1. 熟悉电子表格的基本概念

（1）电子表格

电子表格是一种使用信息技术制作的表格，它可以输入、输出、显示数据，可以进行烦琐的数据计算，并能将数据显示为条理清晰的表格。此外，它还能形象地将大量数据以多种漂亮的彩色商业图表形式显示和打印出来，极大地增强数据的可视性。Excel 是微软公司 Office 办公软件中的电子表格组件，除此以外还有苹果公司 iWork 办公软件中的 Numbers、金山公司 WPS 中的电子表格等。

（2）二维表

Excel 以二维表的形式组织数据，即由行和列两个维度来组成表格。二维表的特点是只要知道行号和列标就可以确定表中的数据，在日常生活中，二维表得到了广泛的应用。

（3）工作簿

在 Excel 中，用来存储并处理工作数据的文件称为工作簿。在“此电脑”或资源管理器中看到的 Excel 工作簿文件都有一个 Excel 图标，其扩展名通常为“.xlsx”（Excel 2003 及以前版本为“.xls”）。工作簿中可建立的工作表个数受可用内存的限制（默认为 1 个工作表）。每次启动 Excel 后，默认会新建一个名称为“Book1”的空白工作簿，在标题栏中可以看到工作簿的名称。

（4）工作表

工作簿中的表格称为工作表。一个工作表可以由 1048576 行和 16384 列构成。行的编号从 1 到 1048576，列的编号依次用字母 A、B……Z、AA、AB……XFD 表示。行号显示在工作簿窗口的左边，列标显示在工作簿窗口的上边。工作表名显示在工作表标签上，新建的工作簿中默认会有一个名为“Sheet1”的工作表，可根据需要修改工作表名称。白色的工作表标签表示活动工作表。在工作表标签处单击鼠标右键，在弹出的快捷菜单中可以执行工作表的移动、复制、插入或删除等操作。双击工作表标签可以修改工作表名称，单击某个工作表标签，可以设置该工作表为活动工作表。

（5）单元格

每个工作表由列和行构成的“存储单元”组成。这些“存储单元”被称为单元格。输入的所有数据都保存在单元格中。

单元格地址：每个单元格都有其固定的地址，一个地址也唯一地表示一个单元格，如“B5”指的是“B”列与第“5”行交叉位置上的单元格。

活动单元格：指正在使用的单元格，其外有一个深绿色的方框，此时输入的数据都会被保存在该单元格中。

2. 认识 Excel 2016 工作界面

从图 6-2 中可以看出 Excel 2016 的功能区和 Word 的功能区是非常类似的，Excel 中的工作表区域包括行号、列标、工作表标签等。

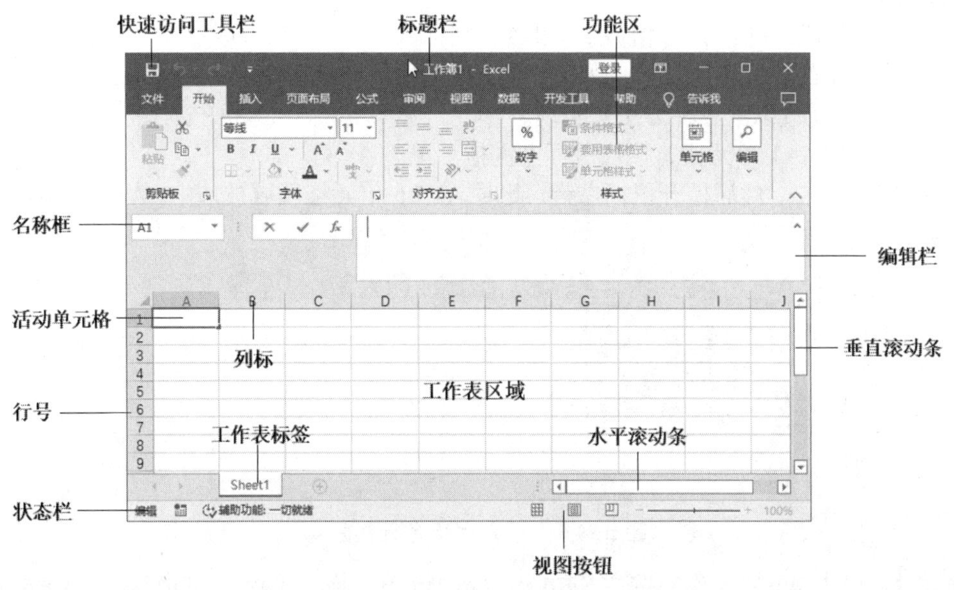

图 6-2　Excel 2016 工作界面

3. 进行 Excel 基本操作

（1）选中单元格操作

在对 Excel 工作表进行增、删、改等操作之前，需要确定操作对象对应的单元格。如单击 A1 单元格后，会发现其边框加粗，成为活动单元格，此时可以对该单元格进行操作。选中一个单元格后，该单元格所在行的行号和所在列的列标均加深显示，其余的行号和列标均保持不变。利用这一功能可以比较醒目地看出选中的单元格所在的行和列，防止误操作。此外，通过名称框显示的单元格地址也可以精确地看出选中的单元格。

（2）输入数据操作

① 输入数据。一个单元格成为活动单元格后，直接输入数据，输入的内容将存放在该单元格中。例如，选中 A1 单元格后，输入文字“员工信息表”，则 A1 单元格中存储的数据为“员工信息表”。

② 完成输入。输入完毕后，可以使用以下方式结束输入，活动单元格将移动到不同的单元格中。

a. Enter 键，活动单元格移动到同一列的下一个单元格。

b. 制表键（Tab 键），活动单元格移动到同一行的下一个单元格。

c. 方向键，活动单元格移动到指定方向的下一个单元格。

（3）单元格区域操作

单元格区域可以由一组相邻的单元格组成，也可以由不连续的单元格组成。单元格区域地址的表示方法是：起始单元格地址:结束单元格地址。

① 使用单元格区域的优点是可以同时对多个单元格进行复制、剪切以及格式化等操作。

② 连续单元格区域的地址常以诸如“A1:B3”形式表示，其表示以 A1 和 B3 单元格为对角线的矩形区域，包括 A1、A2、A3、B1、B2 和 B3 等 6 个单元格组成的区域。

③ 选中单元格区域操作。

a. 选中所有单元格：单击工作表左上角的全选按钮或按 Ctrl+A 组合键，可以选中工作表中的所有单元格，如图 6-3 所示。

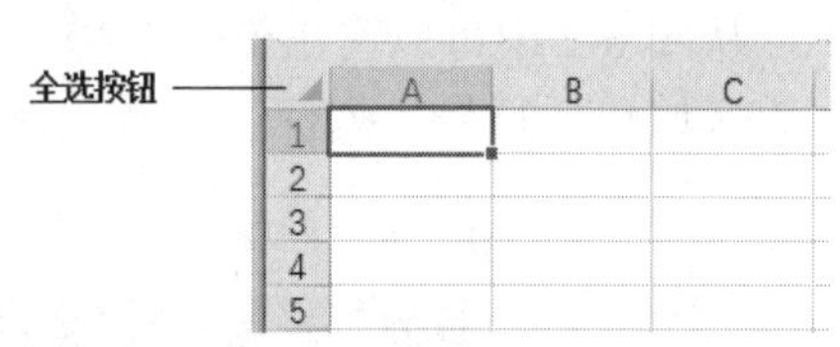

图 6-3 全选按钮

b. 选中一行或一列：单击相应的行号或者列标。

c. 选中指定的单元格区域：例如选中 A1:B5 单元格区域，可以通过以下 3 种方法来实现。

方法 1：单击 A1 单元格，按住鼠标左键拖动鼠标指针到 B5 单元格，然后松开鼠标左键。此时 A1:B5 单元格区域被选中，A1 为活动单元格，如图 6-4 所示。

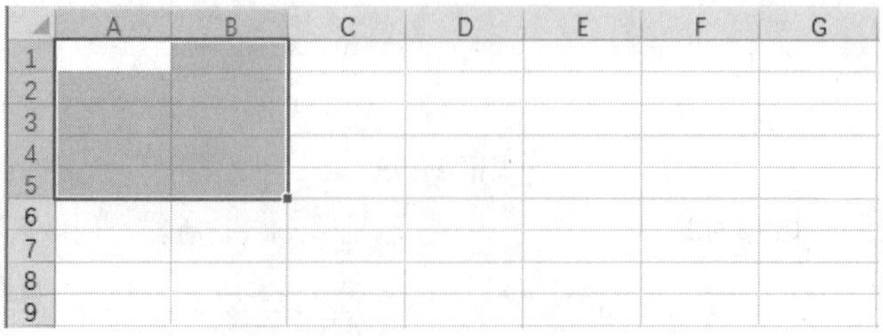

图 6-4 选中 A1:B5 单元格区域

方法 2：单击 A1 单元格，按住 Shift 键单击 B5 单元格，再松开 Shift 键，A1:B5 单元格区域即被选中。

方法 3：单击 A1 单元格，按住 Shift 键，然后分别按 4 次向下和 1 次向右的方向键，A1:B5 单元格区域即被选中。

d. 选中多个不相邻单元格区域：先选中第一个区域，然后按住 Ctrl 键选择其他区域，便可以选中多个不相邻的单元格区域。

④ 在单元格区域输入数据。选中单元格区域后，可以直接输入多个数据，按 Enter 键或 Tab 键结束每个单元格的输入，此时不能以方向键作为结束输入的确认键，否则会取消单元格区域的选中。

二、预习测试

单项选择题

（1）下列对 Excel 2016 工作表的描述，正确的是____。

A. 一个工作表可以有无穷个行和列

B. 工作表不能更名

C. 一个工作表就是一个独立存储的文件

D. 工作表是工作簿的一部分

（2）在 Excel 2016 中，以下关于选中单元格区域的说法，错误的是____。

A. 先选中指定区域左上角的单元格，按住鼠标左键拖动鼠标指针到该区域右下角单元格

B. 在名称框中输入单元格区域的地址并按 Enter 键

C. 先选中指定区域左上角的单元格，再按住 Shift 键单击该区域右下角的单元格

D. 单击要选中区域的左上角单元格，再单击该区域的右下角单元格

（3）在 Excel 工作表中，表示一个以单元格 C5、N5、C8、N8 为 4 个顶点的单元格区域，正确的表示是____。

A. C5:C8:N5:N8　　B. C5:N8

C. C5:C8　　D. N8:N5

（4）王老师想删除学生信息表中的几位转学同学的信息，可以按住____键后选中不连续的多行后同时删除。

A. Shift　　B. Fn　　C. Alt　　D. Ctrl

三、预习情况解析

1. 涉及知识点

工作簿、工作表、单元格的概念，工作簿的打开、保存和关闭，单元格和单元格区域的选中，数据输入。

2. 测试题解析

见表 6-1。

表 6-1　“Excel 基本数据输入”预习测试题解析

测试题序号	答案	参考知识点	测试题序号	答案	参考知识点
第（1）题	D	见课前预习“1.(3)”“1.(4)”	第（3）题	B	见课前预习“3.(3)”
第（2）题	D	见课前预习“3.(3)”	第（4）题	D	见课前预习“3.(3)”

3. 易错点统计分析

师生根据预习反馈情况自行总结。

6.2.2 任务实现

一、新建工作簿文件

涉及知识点：工作簿的新建和保存

为完成本案例，需要新建工作簿文件，并将其命名为“员工信息表.xlsx”。

【任务1】新建工作簿，并将工作簿命名为“员工信息表”。

步骤1：新建工作簿。

单击【开始】|【Excel】命令（见图6-5），也可以单击桌面上或快速启动栏的快捷方式图标（如果存在）启动Excel。Excel成功启动后，会自动打开一个新的工作簿。

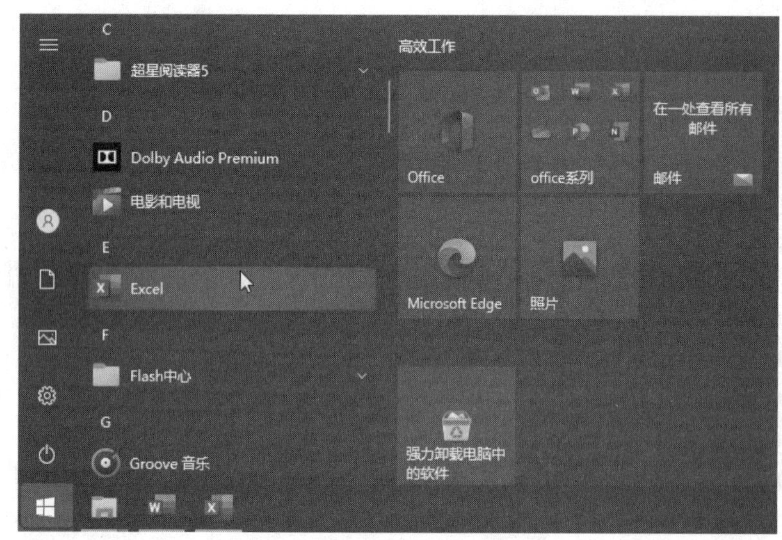

图6-5 启动Excel 2016

步骤2：保存工作簿。

单击【文件】|【保存】命令，在弹出的“另存为”对话框里选择D盘下的“员工信息”文件夹为目标文件夹，并将工作簿命名为“员工信息表”，保存类型选择“Excel 工作簿(*.xlsx)”，单击“保存”按钮进行保存。

说明：

除了可以在启动Excel的同时新建工作簿，还可以通过以下方式新建工作簿。

① 在桌面或者“此电脑”窗口空白处单击鼠标右键，在弹出的快捷菜单中单击【新建】|【Microsoft Excel 工作表】命令新建工作簿。

② 如果Excel已经启动，单击【文件】|【新建】命令，打开模板选择页，选择“空白工作簿”或者相应模板新建工作簿。

二、规划表格结构

涉及知识点：单元格和单元格区域、数据输入

为了更好地输入员工信息表的内容，应先规划工作表的表格结构，再输入相关数据。

【任务2】规划员工信息表的表格结构，熟悉电子表格的表示形式，输入表头以及列标题的文字内容。

步骤 1：选中单元格，输入表头文本。

单击第 1 行和第 A 列交叉点所在的单元格，可以看到单元格 A1 外有一个深绿色的方框，表示 A1 单元格被选中，成为活动单元格。

保持 A1 单元格被选中的状态，输入“员工信息表”，输入完毕后，按 Enter 键结束输入。

步骤 2：选中单元格区域，输入列标题文本。

单击 A2 单元格，按住鼠标左键拖动鼠标指针到 J2 单元格，然后松开鼠标左键，可以看到单元格 A2 到单元格 J2 外有一个深绿色的方框，表示 A2:J2 单元格区域被选中。

A2:J2 单元格区域被选中后，输入列标题“工号”，按 Enter 键结束输入后，B2 单元格自动处于被选中状态，不要移动鼠标，直接输入列标题“部门”，按 Enter 键结束输入，C2 单元格自动处于被选中状态，继续输入下一个列标题直至所有列标题输入完毕。

任务 2 结束后，可以看到规划后的员工信息表的结构如图 6-6 所示。

	A	B	C	D	E	F	G	H	I	J
1	员工信息表									
2	工号	部门	职位	姓名	性别	学历	手机号码	家庭住址	入职时间	备注
3										
4										

图 6-6　规划后的员工信息表的结构

三、输入员工的相关信息

涉及知识点：各种类型的数据的输入和编辑，自动填充，单元格行与列的插入、删除、隐藏、恢复

规划好表格结构后，在员工信息表中输入具体数据，其中部门、职位、姓名、性别、学历及家庭住址列为文本型数据，工号及手机号码列为数值型数据，入职时间列为时间或日期型数据。

【任务 3】依次输入员工信息表中各员工的相关信息。

步骤 1：输入文本。

单击 D3 单元格，使 D3 单元格为活动单元格，输入姓名“史向超”，按 Enter 键结束输入。此时 D4 单元格成为活动单元格，重复该过程完成姓名信息的输入。用同样的方法完成员工信息表中所有文本信息的输入。

说明：

① 文本型数据：可以包含文字字符，也可以包含数字，如街道地址。文本型数据常用于标识数据以及分类排序等。

② 文本的显示：默认情况下文本左对齐显示。当文本长度超过单元格长度时，如果相邻单元格为空，超出部分会显示到相邻单元格中，如果相邻单元格不为空，那么文本显示被截断，不显示超出部分。但是实际上这两种情况只是显示上存在差别，单元格中存储的文本内容是完全一致的。

③ 换行：如果输入文本时需要换行，可以按 Alt+Enter 组合键。如果要删除输入的内容，可以按 Esc 键。

步骤 2：输入数字。

单击 A3 单元格，使 A3 单元格为活动单元格，输入员工工号“100011”，按 Enter 键结束输入。此时 A4 单元格成为活动单元格，用同样的方法完成员工信息表中所有数值信息的输入。

说明：

① 数值型数据：可以用来进行各种计算和分析，还可以生成复杂的图表。数值型数据包含 0～9 的组合。此外，还可以包含如表 6-2 所示的特殊字符。

表 6-2 数值型数据中包含的特殊字符

字符	用于
+	表示正值
–或（ ）	表示负值
$	表示货币
%	表示百分数
.	表示小数
,	分隔输入的数字（千位分隔符）
E 或 e	科学计数显示数字

输入正值时，加号可以不用输入；输入负值时，可以在数字前加负号或用括号将数字括起来；输入分数时，应在分数前加上 0 和空格。例如，想要输入“1/2”，则应输入“0 1/2”，如果不加 0 和空格，其将显示为日期数据。

② 数值型数据的显示：默认情况下，数值型数据右对齐显示。当数值型数据长度超过单元格长度时，将以科学记数法（指数）、#（####）或四舍五入形式显示：在列宽容纳 4 个字符或以下时显示为一系列“#”，超过 4 个字符但仍不足以显示或者数值超过 11 位就以科学记数法进行显示，但实际上单元格存储的仍是输入的源数据。

③ 数值型数据的精度：Excel 中仅保留 15 位的数字精度，如果数字长度超出 15 位，会将超出部分转换为 0。

步骤 3： 输入时间或日期数据。

单击 I3 单元格，使 I3 单元格为活动单元格，输入入职时间“2015-10-2”，按 Enter 键结束输入。此时 I4 单元格成为活动单元格，重复该过程输入所有员工的入职时间。

说明：

① 时间或日期型数据的分隔符：日期型数据的年月日之间以符号“-”或“/”分隔，因此也可以输入“2015/10/2”；时间型数据的时分秒使用“:”分隔；如果一个单元格中既有日期型数据又有时间型数据，这两者间应该以空格分隔。

② 输入当前时间：按 Ctrl+; 组合键可以输入当前日期，按 Ctrl+Shift+; 组合键可以输入当前时间。

③ 改变时间型数据或日期型数据的显示格式：如果对时间型数据或日期型数据的显示格式有要求，可以在相应单元格中单击鼠标右键，在弹出的快捷菜单中单击“设置单元格格式”命令，在打开的“设置单元格格式”对话框中切换到“数字”选项卡，在“数字”选项卡的“分类”列表框中选择“时间”选项或“日期”选项，在右侧的“类型”列表框中选择对应格式。

④ 自定义显示格式：如果已有的格式不能满足格式要求，可以在“设置单元格格式”对话框中选择“自定义”选项，在右侧的“类型”列表框中拖动滚动条选择相近格式进行修改或直接输入新的类型，如“yyyy-m-d”，单击“确定”按钮，如图 6-7 所示。

图 6-7　自定义显示格式

步骤 4：设置数字格式。

为了方便特殊号码的输入，使 G 列（手机号码列）严格按照输入显示，可以设置 G 列的数字格式为文本，操作步骤如下。

选中 G 列，单击【开始】|【数字】组右下角的对话框启动器按钮，打开“设置单元格格式”对话框，在“数字”选项卡的“分类”列表框中选择“文本”选项，单击“确定”按钮，即可设置 G 列单元格的数字格式为文本，如图 6-8 所示。

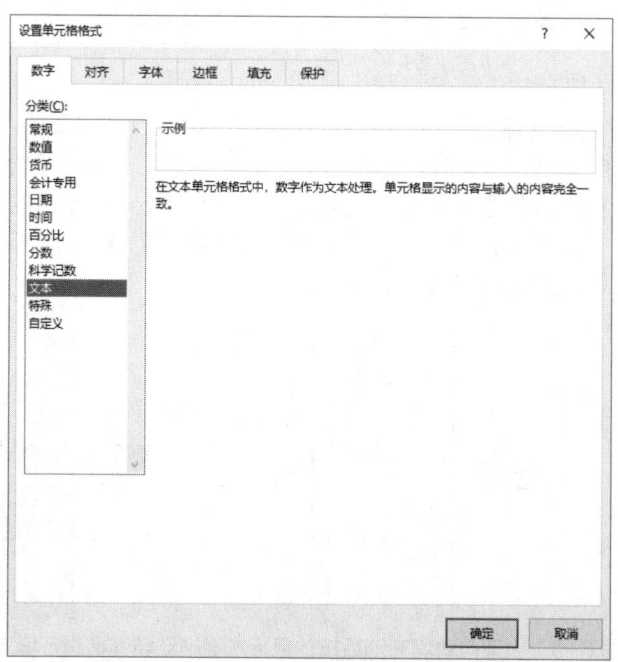

图 6-8　设置 G 列单元格的数字格式为文本

说明：

① 数字格式的应用场合：数值往往有不同的类型——货币、百分数、小数等，合理采用数字格式不仅可以更有效地解释和分析数据，还可以避免一些问题。例如，国际手机号码往往表现为诸如“0013253701234”之类以 0 开头的数值，如果采用普通的输入方式系统将自动省略开头的 0，而将数字格式设置为文本型就可以解决这个问题。不同类型的数据会有不同的显示方式，如表 6-3 所示。

表 6-3　数字格式

类别	显示方式	输入	显示
常规	按输入显示数据	1234	1234
数值	默认显示两位小数	1234	1234.00
货币	显示货币符号（可设置）	1234	¥1,234.00
会计专用	显示货币符号，并对齐小数点	1234 12	¥ 1,234.00 ¥12.00
日期	以多种形式显示日期	1234	1903/5/18
时间	以多种形式显示时间	1234	0:00:00
百分比	以百分数形式显示数值	1234	123400.00%
分数	以分数形式显示数值	12.34	12 17/50
科学记数	以科学记数形式显示数值	1234	1.23E+03
文本	严格按输入显示数据，包括数字 0	1234	1234
特殊	邮编、电话等形式（美国制式）	1234	001234

② 需要强制让数字以文本格式进行显示和处理时，可以采用如下两种方法：一是将单元格数字格式设定为文本格式；二是先输入英文单引号再输入数字。

步骤 5：使用自动填充。

工作表 A3:A7 单元格区域中的员工工号分别为 100011、100012……100015，构成了等差数列，此时可以使用自动填充来实现：先在 A3 单元格中输入 100011，然后在 A4 单元格中输入 100012，选中 A3 和 A4 单元格区域，将鼠标指针移动到 A4 单元格的右下角，鼠标指针变成黑色实心十字形状（自动填充柄）时，按住鼠标左键拖动至 A7 单元格，完成自动填充，如图 6-9 所示。使用此方法完成本列数据的输入。

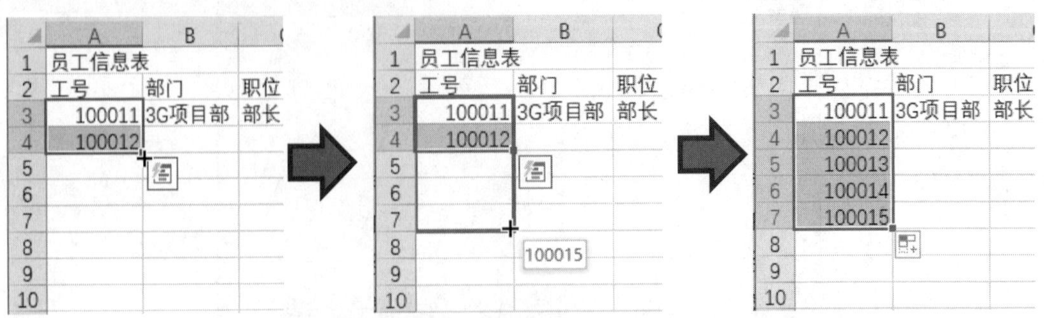

图 6-9　出现自动填充柄后按住鼠标左键拖动填充柄进行填充

说明：

① 自动填充适用场合：一系列有规律的数据，如一行或一列呈等差数列、等比数列或存在其他规律的数据。不可以在不连续的单元格中使用自动填充功能。

② 用拖动方式进行填充。输入起始单元格的数据后，选中起始单元格，按住自动填充柄，拖动至目标单元格，完成填充。默认自动填充的规则为：原数据为数值，使用相同数据填充；原数据为文本（如“一”“甲”等），使用递增式填充（对应递增为“二”“三”以及“乙”“丙”等）。

如果想改变自动填充的规则，可以在拖动填充时按住 Ctrl 键，自动填充规则变更为：原数据为数值，使用递增式填充；原数据为文本，使用相同数据填充。

或者在完成填充后，单击出现的“自动填充选项”按钮，选择对应的填充方式，如图 6-10 所示。

也可以采用输入两个或以上有规律的数据，再设置数据进行填充的方式。本步骤即采用此方法。

③ 用菜单方式进行填充。先输入起始单元格的数据，只需输入一个单元格，然后选中起始单元格，单击【开始】|【编辑】|【填充】命令，选择“序列”选项，如图 6-11 所示。

图 6-10 使用“自动填充选项”按钮设置填充方式

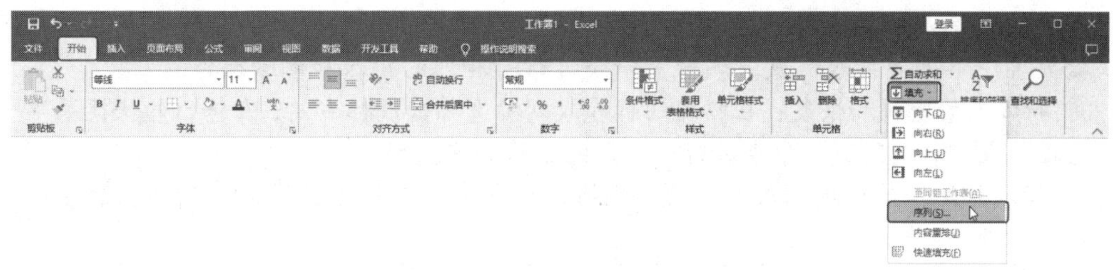

图 6-11 选择“序列”选项

在弹出的“序列”对话框中完成设置后，单击“确定”按钮完成填充，如图 6-12 所示。

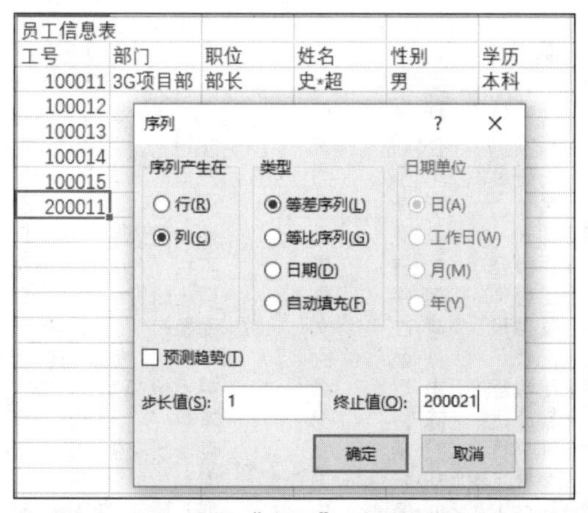

图 6-12 使用“序列”对话框进行填充

【水平考试常见考点练习】

新建 Excel 表格，将 A3:A10 单元格区域的数字格式设置为文本。然后在 A3 单元格内输入刘明亮的职工号 0000001，再用拖动的方法依次在 A4:A10 单元格区域内填充职工号 0000002～0000008。

【任务 4】检查输入的数据，对输入有误的数据进行修改，删除不需要的单元格内容。

步骤：修改或删除数据。

若在输入时发现单元格数据输入错误，需要重新输入，可以选中单元格，直接输入新的数据，新输入的数据将覆盖原来的数据。

说明：

① 修改数据：如果想修改单元格中的部分数据，可以使用以下方法。

选中目标单元格，按 F2 键或双击，可在单元格内进行编辑；或者选中目标单元格，在编辑栏中直接修改，编辑栏如图 6-13 所示。

图 6-13　编辑栏

② 删除单元格数据：可以选中目标单元格或单元格区域，按 Delete 键或 BackSpace 键进行删除；也可以在选中目标单元格或单元格区域后单击【开始】|【编辑】|【清除】|【清除内容】命令。

③ 单元格、行、列的插入和删除：选中目标单元格，单击鼠标右键，在弹出的快捷菜单中单击“插入”或“删除”命令，在弹出的对话框中进行单元格、行、列的插入和删除操作。对于行和列，可以在行号或列标上单击鼠标右键，在弹出的快捷菜单中单击“插入”或“删除”命令进行行和列的插入和删除操作。

④ 行、列的隐藏和恢复：在指定的行号或列标上单击鼠标右键，在弹出的快捷菜单中单击“隐藏”或“取消隐藏”命令进行行和列的隐藏和恢复操作。

⑤ 插入批注：选中要插入批注的单元格，单击【审阅】|【批注】|【新建批注】命令，输入指定的批注内容即可。

完成任务 4 后，员工信息表的效果如图 6-14 所示。

	A	B	C	D	E	F	G	H	I
1	员工信息表								
2	工号	部门	职位	姓名	性别	学历	手机号码	家庭住址	入职时间
3	100011	3G项目部	部长	史*超	男	本科	189****567	安徽省巢湖	2015-10-2
4	100012	3G项目部	技术总监	程*剑	男	硕士研究生	139****567	安徽省芜湖	2021-1-1
5	100013	3G项目部	技术员	林*莉	女	专科	136****567	江苏省南京	2021-1-29
6	100014	财务部	财务总监	王*阳	男	博士研究生	130****567	安徽省六安	2016-8-1
7	100015	财务部	会计	李*海	男	高中	134****567	安徽省蚌埠	2021-1-29
8	200011	系统集成部	部长	马*岚	女	硕士研究生	137****567	湖南省长沙	2015-8-2
9	200012	系统集成部	高级程序员	向*勇	男	本科	131****567	安徽省蚌埠	2021-5-1
10	200013	系统集成部	工程师	何*平	男	硕士研究生	188****567	安徽省六安	2023-1-14
11	200014	系统集成部	管理员	李*左	女	专科	180****567	安徽省蚌埠	2021-3-31
12	200015	软件开发部	部长	孙*丽	女	本科	151****567	安徽省合肥	2017-3-1
13	200016	软件开发部	高级程序员	由*斌	男	博士研究生	189****713	安徽省巢湖	2021-1-29
14	200017	软件开发部	程序员	陈*月	男	本科	189****567	安徽省芜湖	2021-1-29
15	200018	软件开发部	程序员	殷*澜	女	硕士研究生	139****567	江苏省南京	2015-10-2
16	200019	软件测试部	测试工程师	胡*乐	男	专科	136****567	安徽省六安	2021-1-1
17	200020	软件测试部	测试工程师	刘*畅	男	博士研究生	130****567	安徽省蚌埠	2021-1-29
18	200021	软件测试部	测试工程师	何*伟	女	高中	134****567	湖南省长沙	2016-8-1
19	300011	销售部	部长	王*海	男	硕士研究生	137****567	安徽省蚌埠	2021-1-29
20	300012	销售部	业务员	何*川	男	本科	131****567	安徽省六安	2015-8-2

图 6-14　员工信息表的效果

6.3 任务二　Excel 的格式设置

6.3.1　课前准备

为保证任务能够顺利完成，请在实际操作前预习以下内容，学会设置字体、对齐方式、边框与底纹等的方法，了解格式的复制与清除操作，会进行工作表的拆分和冻结。

一、课前预习

1. Excel 的字体设置

类似于 Word 的字体设置，在 Excel 工作表中也可设置字体、字号、字体样式等，其操作方法如下。

① 功能区启动方式。选中单元格或单元格区域后，单击【开始】|【字体】组右下角的对话框启动器按钮，打开“设置单元格格式”对话框，切换到“字体”选项卡，进行相关的设置，如图 6-15 所示。

② 快捷菜单方式。选中单元格或单元格区域后单击鼠标右键，在弹出的快捷菜单中单击“设置单元格格式”命令，打开“设置单元格格式”对话框，切换到“字体”选项卡，进行相关的设置。

2. 对齐方式的设置

与字体的设置类似，可在“设置单元格格式”对话框中设置对齐方式，切换到“对齐”选项卡，进行相关的设置，如图 6-16 所示。

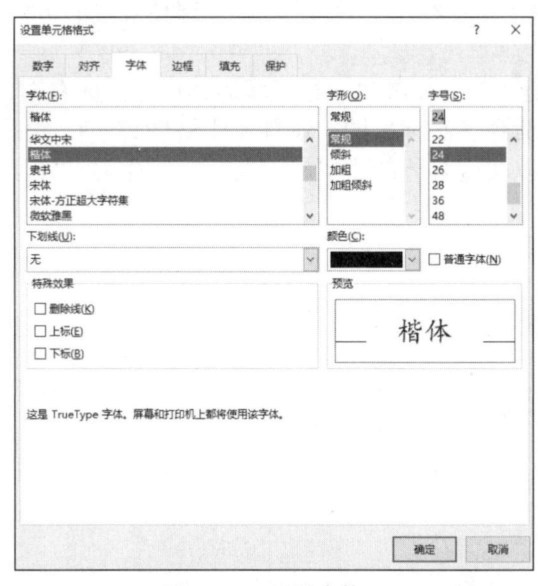

图 6-15　设置字体

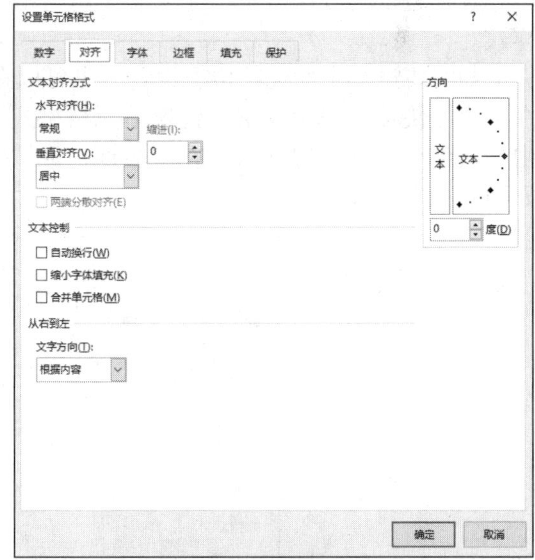

图 6-16　设置对齐方式

对齐方式的类型如下。

① 水平对齐。水平对齐是指单元格中的数值在水平方向上设置为左对齐、右对齐、居中对齐。

② 垂直对齐。垂直对齐是指单元格中的数值在垂直方向上设置为向上对齐、向下对齐、居中对齐。在单元格只有一行数值的情况下往往看不出其效果，当单元格有多行数值时，其效果比较明显。

③ 自动换行。当该选项被选中时，单元格中的内容如果超出单元格宽度，将自动换行，

自动换行的效果如图 6-17 所示。

	A	B	C	D	E	F	G	H	I
1	员工信息表								
2	工号	部门	职位	姓名	性别	学历	手机号码	家庭住址	入职时间
3	100011	3G项目部	部长	史*超	男	本科	189****567	安徽省巢湖市居**区****路北***号	2015-10-2
4	100012	3G项目部	技术总监	程*剑	男	硕士研究生	139****567	安徽省芜湖市鸠**区****路***号	2021-1-1
5	100013	3G项目部	技术员	林*莉	女	专科	136****567	江苏省南京市白**区****路北***号	2021-1-29
6	100014	财务部	财务总监	王*阳	男	博士研究生	130****567	安徽省六安市金**区****路北***号	2016-8-1

图 6-17　自动换行的效果

3. 边框与底纹的设置

电子表格由多个单元格组成，往往需要为单元格设置边框与底纹，以更加有条理地显示数据行或数据列。

（1）边框的设置

默认情况下，工作表中看到的框线只是辅助用户使用的线条，在打印时不会打印出来。用户自定义的框线在打印时，可以打印出来。

设置边框的方法：单击【开始】|【字体】|【下框线】下拉按钮，选择对应的边框样式。

如需要进行个性化的边框设置，也可以在选中单元格或单元格区域后，单击鼠标右键，在弹出的快捷菜单中单击“设置单元格格式”命令，在弹出的“设置单元格格式”对话框中切换到“边框”选项卡，在“边框”区域可以实现具体的边框、斜线表头等相关设置，如图 6-18 所示。

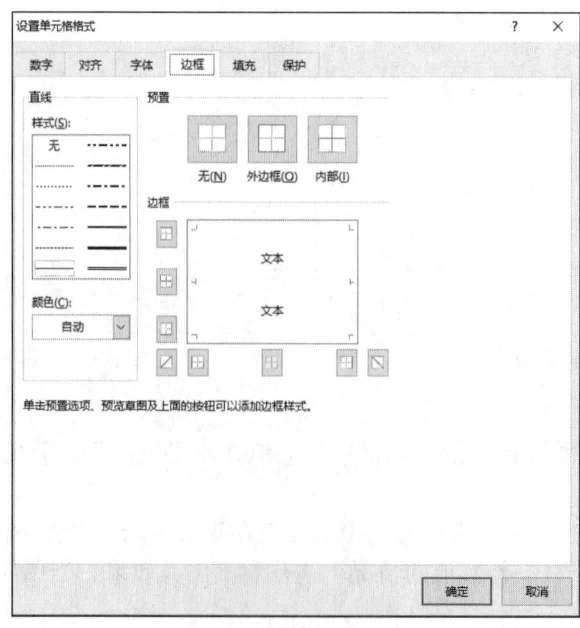

图 6-18　设置边框

（2）底纹的填充设置

底纹的应用场合：底纹可以引起人们对数据的注意，一般来说，大型的工作簿可以添加隔行的浅色底纹，使行与行之间更为清晰。使用底纹时要注意，底纹不能干扰数据的呈现，因此底纹一般使用浅色。

设置底纹的方法：可以单击【开始】|【字体】|【填充颜色】命令进行设置；也可以在“设置单元格格式”对话框中，切换到“填充”选项卡，进行相关的设置。在该选项卡中还可以选择图案作为底纹，如图 6-19 所示。

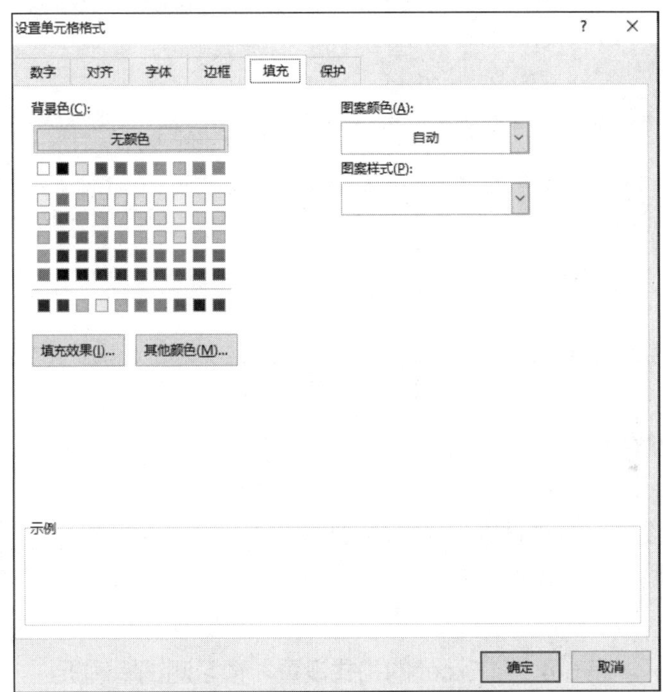

图 6-19　底纹的填充设置

4. 格式的复制与清除

如果存在已经设置好格式的单元格区域，需要将其格式复制到其他区域，可以通过“格式刷”按钮进行。具体操作方式为：选中已设置好格式的单元格区域，单击【开始】|【剪贴板】|【格式刷】命令，然后单击目标单元格。与 Word 类似，双击“格式刷”按钮可以将复制的格式应用到多个不连续的单元格或单元格区域。

如果需要在保留单元格中的数据的同时清除格式设置，将格式恢复为默认状态，可以使用清除功能。具体操作方式为：选中已设置好格式的单元格区域，单击【开始】|【编辑】|【清除】命令，选择“清除格式”。

5. 工作表的拆分与冻结

拆分工作表和冻结工作表是两个相似的功能，拆分工作表就是把工作表的当前活动窗口拆分成最多 4 个窗格，每个窗格都可以通过拖动滚动条来查看工作表的内容，利用拆分工作表功能可以查看和编辑不同内容。

冻结工作表是将当前工作表的活动窗口拆分成多个窗格，但与拆分工作表不同的是，冻结工作表后，单元格的上侧和左侧窗格是被冻结的，是不可滚动的，其余窗格可以正常使用滚动条来查看和编辑。

设置拆分工作表和冻结工作表的操作为：单击【视图】|【窗口】组中的“拆分”或“冻结窗格”按钮。

二、预习测试

操作题

请利用 Excel 表格功能制作图 6-20 所示的表格。

__年__班课程表					
	星期一	星期二	星期三	星期四	星期五
早自习					
第1节					
第2节					
第3节					
第4节					
午休					
第5节					
第6节					
第7节					
第8节					
晚自习					

图 6-20　表格效果

三、预习情况解析

操作题解析视频

1. 涉及知识点

边框与底纹的设置，格式设置与样式的使用。

2. 测试题解析

见表 6-4。

表 6-4　“Excel 的格式设置”预习测试题解析

测试题序号	答案	参考知识点
操作题	见微课视频	见课前预习“1.”“2.”“3.”“4.”

3. 易错点统计分析

师生根据预习反馈情况自行总结。

6.3.2　任务实现

一、设置工作表格式

涉及知识点：边框与底纹的设置、格式设置与样式的使用

输入工作表的内容后，发现“部门”“家庭住址”等文本信息列只显示了一部分信息。“手机号码”列为数值型数据，显示为科学记数法。而“工号”“性别”等列过宽，不便于查阅，为此需要进行一系列的格式设置工作。

【任务 1】将表头行合并成一个单元格并居中显示，为表头和标题行设置合适的字体使整个表格更为醒目。

步骤 1：合并单元格。

单击 A1 单元格，按住 Shift 键单击 J1 单元格，此时 A1:J1 单元格区域被选中，单击【开

始】|【对齐方式】|【合并后居中】命令，合并单元格，如图 6-21 所示。

说明：

拆分已经合并的单元格：选中合并后的单元格，单击“合并后居中”按钮，取消该按钮的选中状态即可。

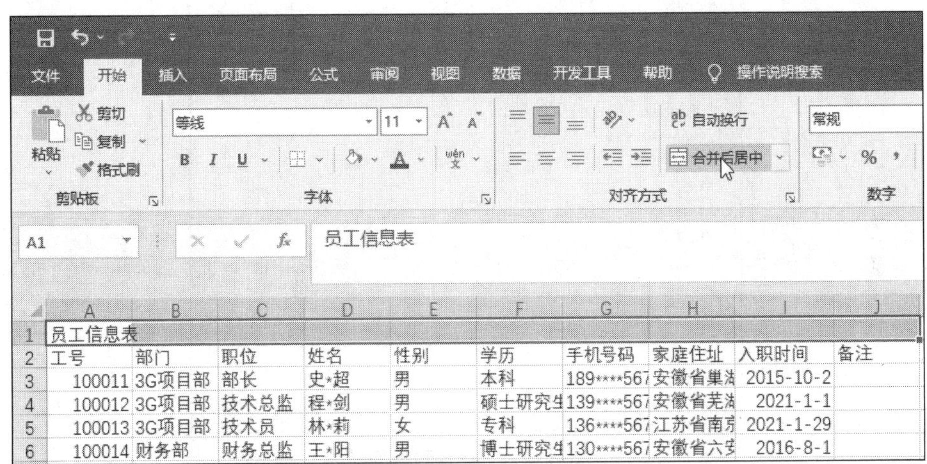

图 6-21　合并单元格

步骤 2：设置文本格式。

选中 A1 单元格，分别在“字体”“字号”下拉列表框中设置字体为楷体、字号为 24。再选中 A2:J2 单元格区域，设置字体样式为加粗，完成后的效果如图 6-22 所示。

	A	B	C	D	E	F	G	H	I	J
1	员工信息表									
2	**工号**	**部门**	**职位**	**姓名**	**性别**	**学历**	**手机号码**	**家庭住址**	**入职时间**	**备注**
3	100011	3G项目部	部长	史*超	男	本科	189****567	安徽省巢湖	2015-10-2	
4	100012	3G项目部	技术总监	程*剑	男	硕士研究生	139****567	安徽省芜湖	2021-1-1	
5	100013	3G项目部	技术员	林*莉	女	专科	136****567	江苏省南京	2021-1-29	
6	100014	财务部	财务总监	王*阳	男	博士研究生	130****567	安徽省六安	2016-8-1	
7	100015	财务部	会计	李*海	男	高中	134****567	安徽省蚌埠	2021-1-29	
8	200011	系统集成部	部长	马*岚	女	硕士研究生	137****567	湖南省长沙	2015-8-2	

图 6-22　设置字体格式后的效果

【水平考试常见考点练习】

新建 Excel 表格，在表格第 1 行前插入一行，并在 A1 单元格中输入标题“正 × × 电器厂职工工资表”，设置字体为黑体、字号为 16 磅，合并 A1:H1 单元格区域、水平对齐居中。

【任务 2】设置工作表的主体：分别为每一列设置数字格式、对齐方式，并合理调整行高和列宽。

步骤 1：设置对齐方式。

为解决 H 列显示被截断的问题，可以设置其对齐方式为居中，具体操作如下。

选中 H 列，单击【开始】|【对齐方式】组右下角的对话框启动器按钮，打开“设置单元格格式”对话框，切换到“对齐”选项卡，在“水平对齐”和“垂直对齐”下拉列表框中选择“居中”选项，并选中“自动换行”复选框，单击“确定”按钮，如图 6-23 所示。用同样的方法设置 F 列和 G 列单元格的对齐方式。再选中第 2 行，在“水平对齐”下拉列表框

中选择“居中”选项。

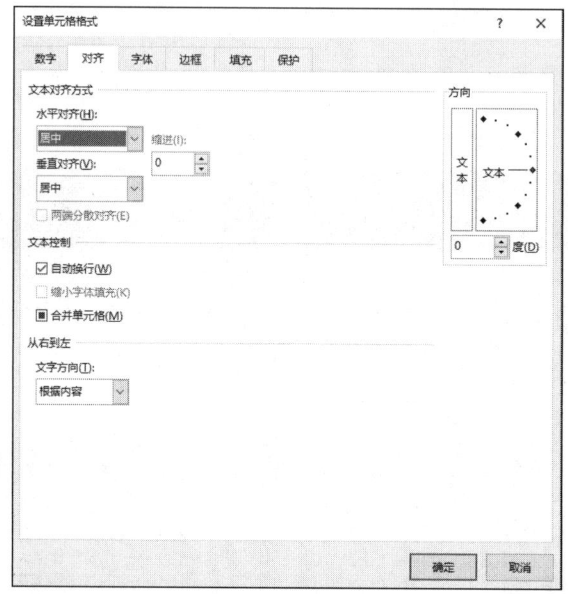

图 6-23　设置对齐方式

步骤 2：调整列宽和行高。

完成步骤 1 后发现 H 列影响了整个表格的高度，为此需要设定表格的行高和列宽。选中 H 列，单击鼠标右键，在弹出的快捷菜单中单击“列宽”命令，打开“列宽”对话框，如图 6-24 所示。

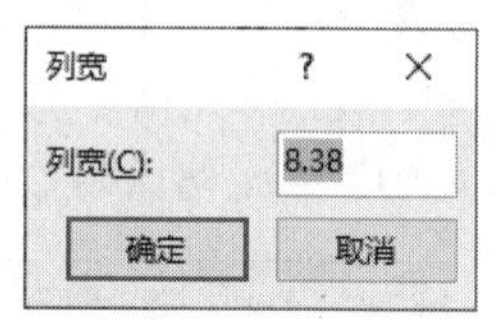

图 6-24　“列宽”对话框

在“列宽”对话框中设置列宽为 25，再按表 6-5 所示的列宽值依次设置列宽。其中，A 列、D 列和 E 列的列宽相同，可以按住 Ctrl 键选中不连续的 3 列作为单元格区域，然后同时设置这 3 列的列宽。再选中第 1 行，单击鼠标右键，在弹出的快捷菜单中单击“行高”命令，在弹出的“行高”对话框中设置行高为 50 点（72 点高约为 2.54cm）。将其余行的行高设置为 30 点。

表 6-5　列宽值

列	宽度	列	宽度
A	7	F	11
B	11	G	12
C	11	H	25
D	7	I	11
E	7	J	11

说明：

调整行高和列宽的 3 种方式如下。

①“列宽”对话框：先选中指定列，使用上述步骤的方法打开“列宽”对话框，也可以通过单击【开始】|【单元格】|【格式】命令，在打开的下拉列表中选择“列宽”来实现。

② 拖动鼠标：将鼠标指针定位到列标的右边界，鼠标指针会变成可调整尺寸的形状，此时向右拖动即可增加列宽，如图 6-25 所示。

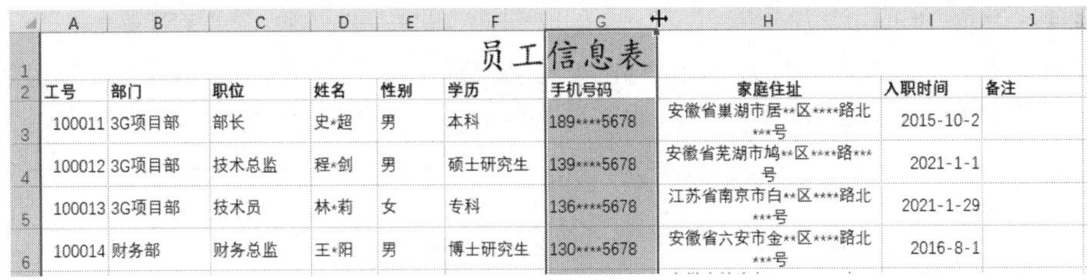

工号	部门	职位	姓名	性别	学历	手机号码	家庭住址	入职时间	备注
100011	3G项目部	部长	史*超	男	本科	189****5678	安徽省巢湖市居**区****路北***号	2015-10-2	
100012	3G项目部	技术总监	程*剑	男	硕士研究生	139****5678	安徽省芜湖市鸠**区****路***号	2021-1-1	
100013	3G项目部	技术员	林*莉	女	专科	136****5678	江苏省南京市白**区****路北***号	2021-1-29	
100014	财务部	财务总监	王*阳	男	博士研究生	130****5678	安徽省六安市金**区****路北***号	2016-8-1	

图 6-25　拖动鼠标的方式重设列宽

③ 双击：双击列标的右边界，可以将列宽自动调整到与该列单元格的最长字符长度相同。调整行高的方法类似，此处不赘述。

【任务 3】为标题行设置底纹，同时设置边框。最后采用套用表格格式的方式对表格主体部分进行格式设置。

步骤 1：设置底纹。

选中 A1:J1 单元格区域，单击【开始】|【字体】|【填充颜色】命令，选择“白色,背景 1,深色 25%”选项，如图 6-26 所示。

步骤 2：设置边框。

选中 A1:J1 单元格区域，单击【开始】|【字体】|【所有框线】命令，选择“粗外侧框线”选项，如图 6-27 所示。

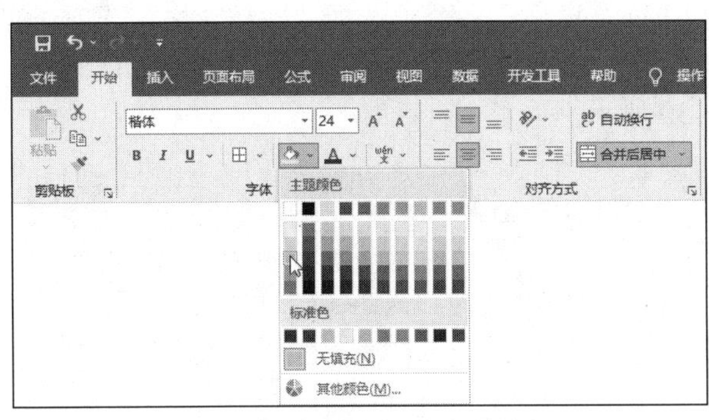

图 6-26　设置底纹

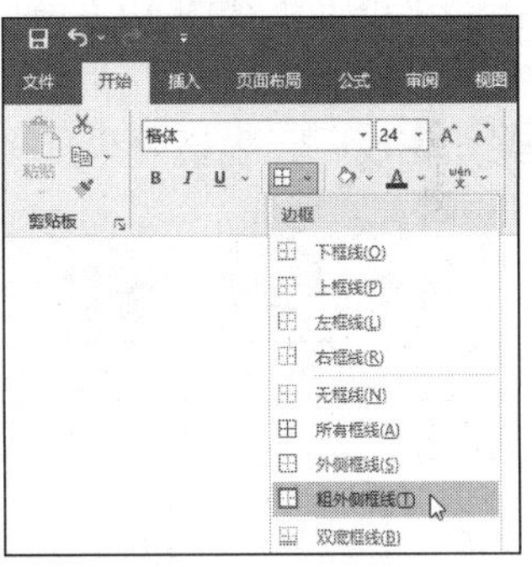

图 6-27　设置边框

步骤 3：套用表格格式。

选中 A2:J32 单元格区域，单击【开始】|【样式】|【套用表格格式】命令，选择“表样式浅色 15”表格样式，如图 6-28 所示。

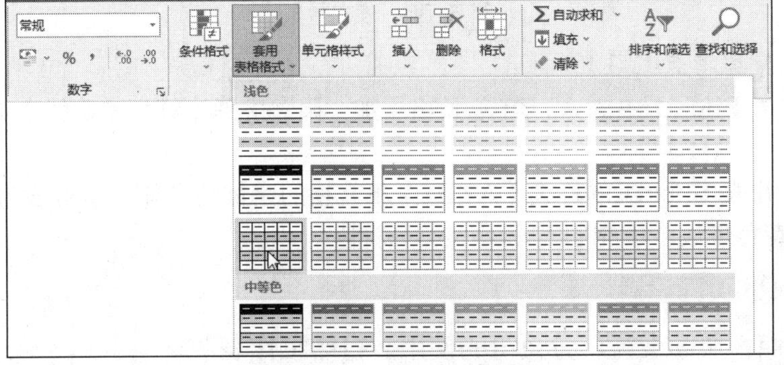

图 6-28　套用表格格式

步骤 4：设置单元格样式。

发现标题行不美观，选中 A2:J2 单元格区域，单击【开始】|【样式】|【单元格样式】命令，在弹出的面板中选择“输出”，如图 6-29 所示，标题行的样式即可变为指定样式。

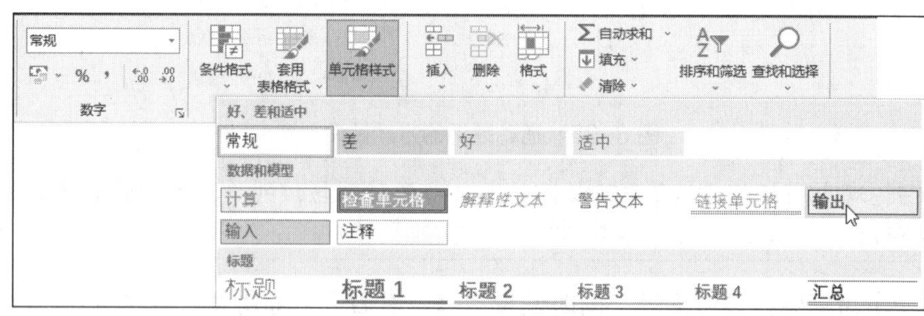

图 6-29　设置单元格样式

步骤 5：重命名工作表。

在工作表标签名称处双击，当工作表名称显示为可编辑状态后输入新的工作表名称“员工信息表”，也可以在工作表标签处单击鼠标右键，在弹出的快捷菜单中单击“重命名”命令，然后输入新的名称。

步骤 6：查看工作表。

查看工作表时可以冻结前两行标题部分便于观看，其方法为：单击 A3 单元格使其成为活动单元格，再单击【视图】|【窗口】|【冻结窗格】命令，选择“冻结窗格”选项，实现前两行的冻结。

步骤 6 完成后，表格效果如图 6-30 所示。

	A	B	C	D	E	F	G	H	I	J
1	员工信息表									
2	工号	部门	职位	姓名	性别	学历	手机号码	家庭住址	入职时间	备注
3	100011	3G项目部	部长	史*超	男	本科	189****5678	安徽省巢湖市居**区****路北***号	2015-10-2	
4	100012	3G项目部	技术总监	程*剑	男	硕士研究生	139****5678	安徽省芜湖市鸠**区****路***号	2021-1-1	
5	100013	3G项目部	技术员	林*莉	女	专科	136****5678	江苏省南京市白**区****路北***号	2021-1-29	
6	100014	财务部	财务总监	王*阳	男	博士研究生	130****5678	安徽省六安市金**区****路北***号	2016-8-1	
7	100015	财务部	会计	李*海	男	高中	134****5678	安徽省蚌埠市龙**区****路北***号	2021-1-29	
8	200011	系统集成部	部长	马*岚	女	硕士研究生	137****5678	湖南省长沙市雨**区****大道北***号	2015-8-2	
9	200012	系统集成部	高级程序员	向*勇	男	本科	131****5678	安徽省蚌埠市蚌**区****路北***号	2021-5-1	
10	200013	系统集成部	工程师	何*平	男	硕士研究生	188****5678	安徽省六安市裕**区****路北***号	2023-1-14	
11	200014	系统集成部	管理员	李*左	女	专科	180****5678	安徽省蚌埠市禹**区****路北***号	2021-3-31	

图 6-30　表格效果

【水平考试常见考点练习】

① 为工作表 Sheet1 中的 A2:B8 单元格添加“田”字形（红色单实线）边框，文字设置为水平居中对齐。

② 设置工作表 Sheet1 的标题（A1:B1）单元格的字体为黑体，字号设为 20 磅，在 B2 单元格内填充黄色底纹，填充图案设为 12.5%灰色。

二、Excel 的页面设置

涉及知识点：页面设置、分页符的使用、打印工作表

当工作表数据量较多时，为了保证打印效果，需要进行进一步的页面设置。

【任务 4】设置为 A4 纸横向打印表格，在表格左上角显示制作人信息，而且要保证每张打印的表格都含有表头和标题行。

步骤 1：插入分页符。

单击 A13 单元格，单击【页面布局】|【页面设置】|【分隔符】|【插入分页符】命令后会出现虚线，可按照需求对原表格进行手动分页。

步骤 2：设置打印方向和纸张大小。

单击【文件】|【打印】|【页面设置】命令，在弹出的“页面设置”对话框中切换到“页面”选项卡，设置方向为“横向”，纸张大小设为 A4，如图 6-31 所示。

说明：

“页面设置”对话框的其他打开方式：除了可以使用上述方法打开此对话框，还可以通过单击【页面布局】|【页面设置】组中的相关按钮打开该对话框。

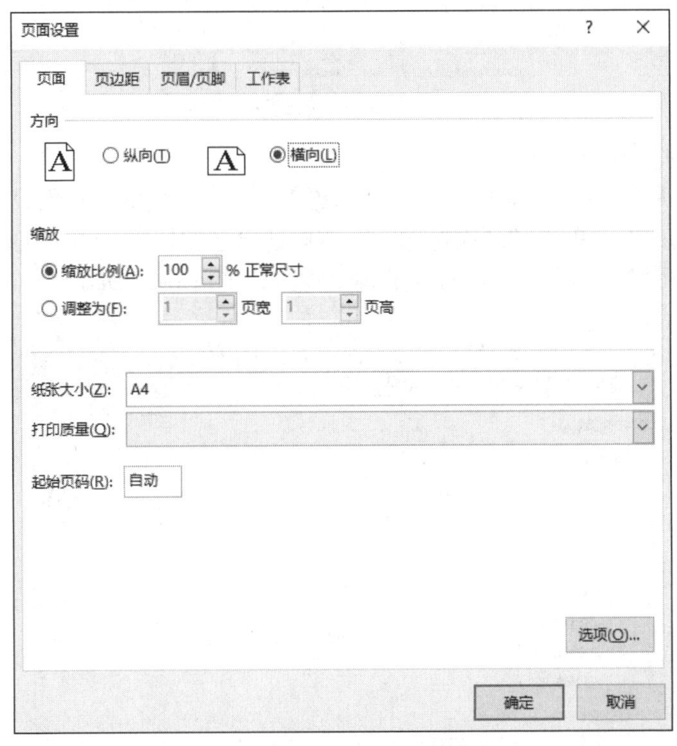

图 6-31　设置打印方向和纸张大小

步骤 3：设置页边距。

用步骤 2 的方法打开“页面设置”对话框，切换到“页边距”选项卡，在该选项卡中不仅可以设置页边距，还可以设置页眉页脚的位置以及打印居中方式，本步骤保持默认设置即可。

步骤 4：设置页眉。

用步骤 2 的方法打开“页面设置”对话框，切换到“页眉/页脚”选项卡，单击“自定义页眉”按钮，在弹出的“页眉”对话框中输入页眉信息，单击“确定”按钮完成页眉的设置，如图 6-32 所示。

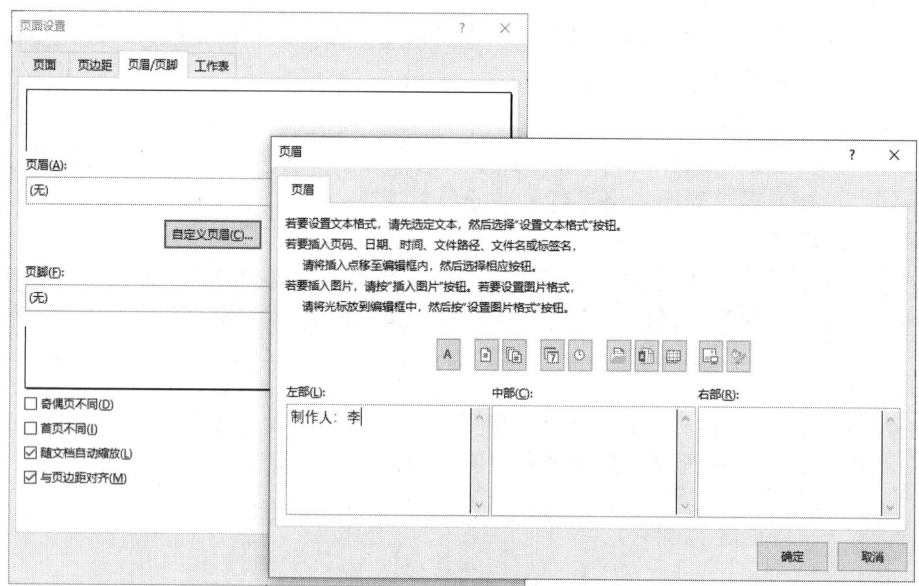

图 6-32　设置页眉

步骤 5：设置打印标题。

单击【页面布局】|【页面设置】|【打印标题】命令，弹出的"页面设置"对话框默认切换到"工作表"选项卡。单击"顶端标题行"右侧的拾取按钮，返回工作表选中第 1 行和第 2 行，按 Enter 键确定选中，完成打印的标题设置，如图 6-33 所示。

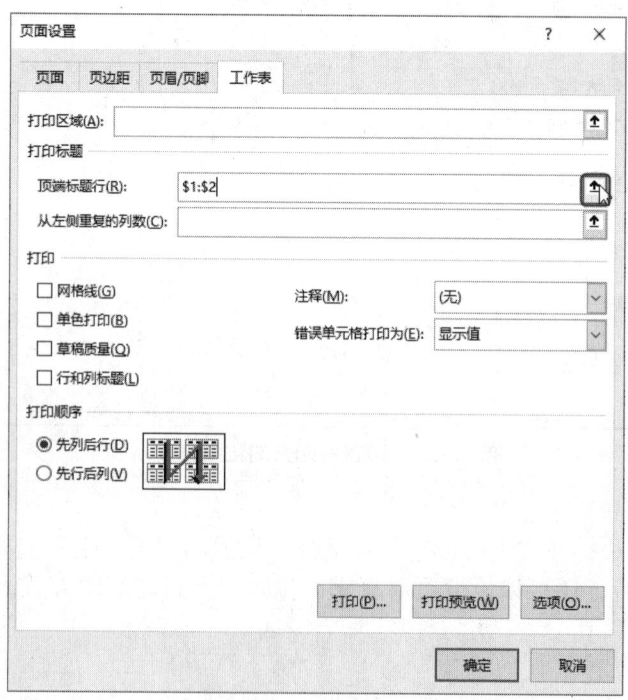

图 6-33　设置打印标题

步骤 6：预览及打印。

单击【文件】|【打印】命令可以进入"打印"界面，在该界面中可以预览打印效果，单

击下方的页面切换按钮可以预览打印的各个页面。

以上工作完成后，可以通过单击“打印”按钮进行文件的打印工作，如图 6-34 所示。

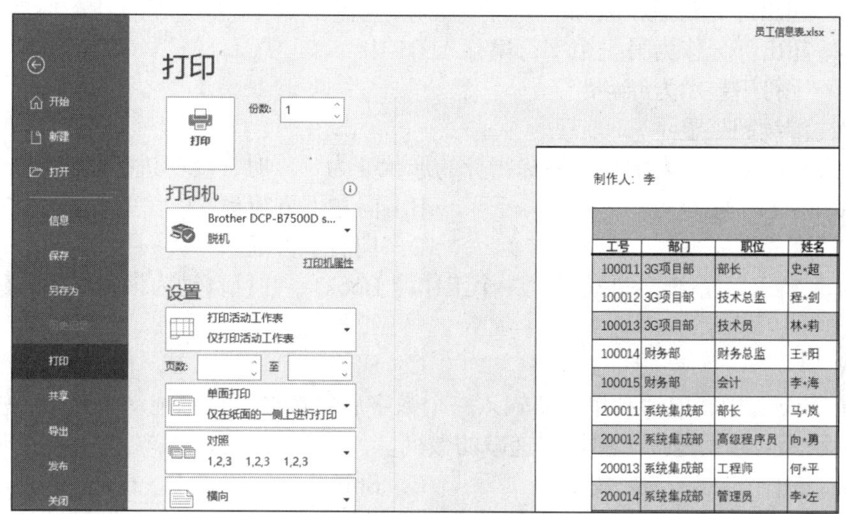

图 6-34　打印效果预览

6.4　项目总结

在本项目中，我们主要完成了员工信息表的创建。

① 在完成项目的过程中，我们对 Excel 2016 的特点和使用方法有了初步的了解，学习了处理含有大量数据的电子表格的基础知识，了解了如何对将要创建的表格进行简单的规划。

② 按照选中目标单元格或者单元格区域—输入数据—设置数字格式的过程，进行员工信息表的信息输入工作，这是本项目的主要内容。

③ 输入相关信息后，对工作表进行了美化，包括对表格中的文字、行高与列宽、边框与底纹等的设置工作以及页面设置工作。

完成本项目后，读者可以创建简单的电子表格，具备制作和打印各种一览表、清单等信息展示类电子表格的能力，下一步我们将学习数据处理和分析、图表化工作表数据的相关项目，进一步提升读者的 Excel 应用水平。

6.5　技能拓展

6.5.1　理论考试练习

1. 单项选择题

（1）若要在 Excel 单元格中输入邮政编码 231000（字符型数据），应该输入____。

A. 231000'　　B. '231000

C. 231000　　D. '231000'

（2）在 Excel 中，下列关于日期型数据的叙述，错误的是____。

A. 日期格式有多种显示格式

B. 不论一个日期值以何种格式显示，值不变

C. 日期字符串必须加引号

D. 日期数值能自动填充

（3）在 Excel 中，当输入的字符串长度超过单元格的长度范围时，且其右侧相邻单元格为空，在默认状态下该字符串将____。

A. 超出部分被截断删除

B. 超出部分作为另一个字符串存入 B1 中

C. 字符串显示为#####

D. 继续超格显示

（4）在 Excel 的工作表中，当鼠标指针的形状变为____时，就可进行自动填充操作。

A. 空心十字　　B. 向左下方箭头

C. 实心十字　　D. 向右上方箭头

（5）启动 Excel，系统会自动产生一个工作簿 Book1，并且自动为该工作簿创建____个工作表。

A. 1　　B. 3　　C. 8　　D. 10

（6）在 Excel 中，向活动单元格输入一个数字后，按住____键拖动填充柄，被拖动过的单元格中所填入的数据是按 1 递增或递减的数列。

A. Alt　　B. Ctrl　　C. Shift　　D. Del

（7）在 Excel 中，为了加快输入速度，在相邻单元格中输入“二月”到“十月”的连续字符时，可使用____功能。

A. 复制　　B. 移动

C. 自动计算　　D. 自动填充

（8）在 Excel 工作表中，A1、A2 单元格中的数据分别为 2 和 5，若选中 A1:A2 区域并向下拖动填充柄，则 A3:A6 区域中的数据序列为____。

A. 6、7、8、9　　B. 3、4、5、6

C. 2、5、2、5　　D. 8、11、14、17

2. 多项选择题

（1）在 Excel 中，下列有关行高的叙述，错误的有____。

A. 整行的高度是一样的

B. 系统默认行高自动以本行中最高的字符为准

C. 行高增加时，该行各单元格中的字符也随之自动增大

D. 一次可以调整多行的行高

（2）在 Excel 中，自动填充功能可完成____操作。

A. 复制　　B. 剪切

C. 按等差序列填充　　D. 按等比序列填充

（3）下列关于 Excel 工作表的操作，能选中单元格区域 A1:C9 的是____。

A. 单击 A1 单元格，然后按住 Shift 键单击 C9 单元格

B. 单击 A1 单元格，然后按住 Ctrl 键单击 C9 单元格

C. 将鼠标指针移动到 A1 单元格，按住鼠标左键拖动鼠标指针到 C9 单元格

D. 在名称框中输入单元格区域 A1:C9，然后按 Enter 键

6.5.2 实践案例

党的二十大报告指出：“我们坚持精准扶贫、尽锐出战，打赢了人类历史上规模最大的脱贫攻坚战，全国八百三十二个贫困县全部摘帽，近一亿农村贫困人口实现脱贫，九百六十多万贫困人口实现易地搬迁，历史性地解决了绝对贫困问题，为全球减贫事业作出了重大贡献”。

图 6-35 所示为历年来我国贫困地区的数据变化，请在 Excel 中对图 6-35 所示的工作表完成以下操作。

	A	B	C	D
1	年份	贫困地区农村居民人均可支配收入/元	农村贫困人口/万人	贫困县/个
2	2012年	-	9899	832
3	2014年	7653	7017	832
4	2016年	8542	4335	804
5	2018年	10371	1660	396
6	2020年	12588	全部脱贫	全部摘帽
7				
8		数据来源:	《人类减贫的中国实践》白皮书	

图 6-35　我国贫困地区的数据变化

（1）设置 C8 单元格的文本控制方式为“自动换行”。

（2）为表格（A1:D8）设置双实线外边框和细实线内边框。

（3）设置 C8 单元格的格式为水平居中对齐和垂直居中对齐。

项目七　Excel 数据编辑、运算和统计操作——制作员工工资表、员工出勤情况统计表

学习目标

在日常的工作和生活中，除了要利用电子表格软件制作采购清单、员工信息表等陈列类数据表格，还需要利用电子表格软件制作工资表、成绩统计表等需要进行大量数据计算的数据表格。

本项目通过员工工资表和员工出勤情况统计表的制作来进一步介绍 Excel 2016，讲解一些较为基础的电子表格的制作和处理方法，帮助读者熟练使用 Excel 的公式与函数进行数据的计算和处理，以及求指定单元格区域的和、计算指定单元格区域数据的最大值与最小值、执行条件选择运算等。

通过对本项目的学习，读者能够掌握计算机水平考试及计算机等级考试的相关知识点，达到下列学习目标。

知识目标：

- 掌握工作表的插入、删除、复制、移动、重命名。
- 掌握数据的移动、复制、选择性粘贴。
- 掌握公式的使用方法。
- 掌握常见函数（SUM、MAX、IF、AVERAGE、COUNT、COUNTIF 等）的使用方法。

技能目标：

- 能使用公式处理常见的数据运算。
- 会进行多个工作表间的数据操作。
- 能够根据需求选用相应函数处理、分析数据。

7.1 项目总要求

李先生在某公司从事人事管理工作，在每个月末需要处理大量的员工工资信息。处理员工工资信息时既需要输入大量的员工基本信息及与工资相关的原始数据，还需要对这些数据进行统计和计算以得出每名员工的实发工资。

这个月李先生从生产、财务等部门取得员工职位表以及本月的员工加班和请假情况汇总表，如图 7-1 和图 7-2 所示。

Excel 具有较为强大的数据处理能力，为了能够准确、快捷地计算员工工资，李先生决定使用 Excel 表格对公司员工的工资进行管理、统计。

编号	姓名	部门	职位	岗位工资
1	史*超	3G项目部	部长	¥8,000
2	程*剑	3G项目部	技术总监	¥6,800
3	林*莉	3G项目部	技术员	¥4,500
4	王*阳	财务部	财务总监	¥7,600
5	李*海	财务部	会计	¥3,750
6	马*岚	系统集成部	部长	¥8,000
7	向*勇	系统集成部	高级程序员	¥7,600
8	何*平	系统集成部	工程师	¥8,000
9	李*左	系统集成部	管理员	¥4,000
10	孙*丽	软件开发部	部长	¥8,000
11	由*斌	软件开发部	高级程序员	¥7,600
12	陈*月	软件开发部	程序员	¥4,500
13	殷*澜	软件开发部	程序员	¥4,500
14	胡*乐	软件测试部	测试工程师	¥5,200
15	刘*畅	软件测试部	测试工程师	¥5,200
16	何*伟	软件测试部	测试工程师	¥5,200
17	王*海	销售部	部长	¥8,000
18	何*川	销售部	业务员	¥3,850
19	许*琼	销售部	业务员	¥3,850
20	蓝*辉	市场部	部长	¥8,000
21	许*兰	市场部	业务员	¥3,850
22	陆*天	市场部	业务员	¥3,850
23	史*洋	市场部	业务员	¥3,850
24	左*青	客户服务部	技术员	¥4,500
25	陈*洁	客户服务部	技术员	¥4,500
26	徐*栋	客户服务部	技术员	¥4,500
27	孙*羽	综合信息部	技术总监	¥6,800
28	杜*鹏	综合信息部	系统分析员	¥5,000
29	陈*贤	综合信息部	系统分析员	¥5,000
30	安*涛	综合信息部	技术员	¥4,500

员工加班请假情况汇总表　员工职位表

图 7-1　员工职位表

编号	姓名	部门	加班工时	请假工时
1	史*超	3G项目部	30	8
2	程*剑	3G项目部	15	0
3	林*莉	3G项目部	40	0
4	王*阳	财务部	0	0
5	李*海	财务部	0	10
6	马*岚	系统集成部	8	5
7	向*勇	系统集成部	0	0
8	何*平	系统集成部	0	12
9	李*左	系统集成部	20	0
10	孙*丽	软件开发部	0	0
11	由*斌	软件开发部	12	0
12	陈*月	软件开发部	30	0
13	殷*澜	软件开发部	20	0
14	胡*乐	软件测试部	0	0
15	刘*畅	软件测试部	5	8
16	何*伟	软件测试部	0	5
17	王*海	销售部	0	0
18	何*川	销售部	0	0
19	许*琼	销售部	8	0
20	蓝*辉	市场部	0	5
21	许*兰	市场部	5	0
22	陆*天	市场部	30	0
23	史*洋	市场部	0	0
24	左*青	客户服务部	0	0
25	陈*洁	客户服务部	0	5
26	徐*栋	客户服务部	8	0
27	孙*羽	综合信息部	12	0
28	杜*鹏	综合信息部	0	0
29	陈*贤	综合信息部	0	5
30	安*涛	综合信息部	20	0

员工加班请假情况汇总表　员工职位表

图 7-2　员工加班请假情况汇总表

公司员工工资的计算方法为：员工工资中的岗位工资、加班工资、满勤奖金之和为应发工资，应发工资减去请假扣款即得到实发工资（说明：五险一金和个人所得税等扣除项，在工资发放表中体现，不在本表中体现）。其中加班工资和请假扣款按每工时 10 元计算，员工请假工时为 0 则可获得满勤奖金 300 元。

根据以上公式进行计算，可以得到员工工资表中的各项数值，最终制作好的员工工资表如图 7-3 所示。

编号	姓名	部门	职位	岗位工资	加班工时	加班工资	满勤奖金	应发金额	请假工时	请假扣款	实发金额
1	史*超	3G项目部	部长	¥8,000	30	¥300	¥0	¥8,300	8	¥80	¥8,220
2	程*剑	3G项目部	技术总监	¥6,800	15	¥150	¥300	¥7,250	0	¥0	¥7,250
3	林*莉	3G项目部	技术员	¥4,500	40	¥400	¥300	¥5,200	0	¥0	¥5,200
4	王*阳	财务部	财务总监	¥7,600	0	¥0	¥300	¥7,900	0	¥0	¥7,900
5	李*海	财务部	会计	¥3,750	0	¥0	¥0	¥3,750	10	¥100	¥3,650
6	马*岚	系统集成部	部长	¥8,000	8	¥80	¥0	¥8,080	5	¥50	¥8,030
7	向*勇	系统集成部	高级程序员	¥7,600	0	¥0	¥300	¥7,900	0	¥0	¥7,900
8	何*平	系统集成部	工程师	¥8,000	0	¥0	¥0	¥8,000	12	¥120	¥7,880
9	李*左	系统集成部	管理员	¥4,000	20	¥200	¥300	¥4,500	0	¥0	¥4,500
10	孙*丽	软件开发部	部长	¥8,000	0	¥0	¥300	¥8,300	0	¥0	¥8,300
11	由*斌	软件开发部	高级程序员	¥7,600	12	¥120	¥300	¥8,020	0	¥0	¥8,020
12	陈*月	软件开发部	程序员	¥4,500	30	¥300	¥300	¥5,100	0	¥0	¥5,100
13	殷*澜	软件开发部	程序员	¥4,500	20	¥200	¥300	¥5,000	0	¥0	¥5,000
14	胡*乐	软件测试部	测试工程师	¥5,200	0	¥0	¥300	¥5,500	0	¥0	¥5,500
15	刘*畅	软件测试部	测试工程师	¥5,200	5	¥50	¥0	¥5,250	8	¥80	¥5,170
16	何*伟	软件测试部	测试工程师	¥5,200	0	¥0	¥0	¥5,200	5	¥50	¥5,150
17	王*海	销售部	部长	¥8,000	0	¥0	¥300	¥8,300	0	¥0	¥8,300
18	何*川	销售部	业务员	¥3,850	0	¥0	¥300	¥4,150	0	¥0	¥4,150
19	许*琼	销售部	业务员	¥3,850	8	¥80	¥300	¥4,230	0	¥0	¥4,230
20	蓝*辉	市场部	部长	¥8,000	0	¥0	¥0	¥8,000	5	¥50	¥7,950
21	许*兰	市场部	业务员	¥3,850	5	¥50	¥300	¥4,200	0	¥0	¥4,200
22	陆*天	市场部	业务员	¥3,850	30	¥300	¥300	¥4,450	0	¥0	¥4,450
23	史*洋	市场部	业务员	¥3,850	0	¥0	¥300	¥4,150	0	¥0	¥4,150
24	左*青	客户服务部	技术员	¥4,500	0	¥0	¥300	¥4,800	0	¥0	¥4,800
25	陈*洁	客户服务部	技术员	¥4,500	0	¥0	¥0	¥4,500	5	¥50	¥4,450
26	徐*栋	客户服务部	技术员	¥4,500	8	¥80	¥300	¥4,880	0	¥0	¥4,880
27	孙*羽	综合信息部	技术总监	¥6,800	12	¥120	¥300	¥7,220	0	¥0	¥7,220
28	杜*鹏	综合信息部	系统分析员	¥5,000	0	¥0	¥300	¥5,300	0	¥0	¥5,300
29	陈*贤	综合信息部	系统分析员	¥5,000	0	¥0	¥0	¥5,000	5	¥50	¥4,950
30	安*涛	综合信息部	技术员	¥4,500	20	¥200	¥300	¥5,000	0	¥0	¥5,000

图 7-3　员工工资表最终效果

最后，为了给人事组织工作提出参考，根据员工工资表计算出员工出勤情况统计表中的各项内容，如图 7-4 所示。

	A	B	C	D	E	F
1	员工出勤情况统计表					
2		人数	占员工百分比	总工时数	最长工时	平均工时
3	加班情况	15	50.0%	263	40	8.8
4	请假情况	9	30.0%	63	12	2.1
5						
6		公司工资总额：	¥176,800.00			
7		员工总数：	30			
8						
9						

员工加班请假情况汇总表 | 员工职位表 | 员工工资表 | 员工出勤情况统计表

图 7-4 员工出勤情况统计表

“员工工资.xlsx”工作簿的制作可以分解为两部分进行。

1. 制作员工工资表

① 复制员工职位表，生成员工工资表。

② 制作员工工资表的表结构，并复制相关数据。

③ 利用公式和 IF 函数完成员工工资表中数据的计算。

2. 制作员工出勤情况统计表

① 引用工作表间的数据，利用 COUNTIF 函数统计员工加班、请假总人数。

② 利用 COUNT 函数统计员工总数，并使用公式分别计算加班人数、请假人数占员工总数的百分比。

③ 利用 SUM 函数计算员工加班、请假的总工时，并计算公司工资总额。

④ 利用 MAX 函数统计员工加班、请假的最长工时。

⑤ 利用 AVERAGE 函数计算员工加班、请假的平均工时。

7.2 任务一 制作员工工资表

7.2.1 课前准备

为保证任务能够顺利完成，请在实际操作前预习以下内容，掌握工作表的插入、删除、移动、复制及重命名等操作，能利用公式、IF 函数对数据进行计算。

一、课前预习

1. 插入、删除工作表

（1）插入工作表

如需在当前工作簿中添加一个工作表，可以单击工作表标签右侧的“新工作表”按钮⊕或通过按 Shift+F11 组合键添加，也可以通过在工作表标签 Sheet1 上单击鼠标右键，在弹出的快捷菜单中单击“插入”命令，在打开的“插入”对话框中选择“工作表”。

（2）删除工作表

删除不需要的工作表的方法为：在目标工作表标签上单击鼠标右键，在弹出的快捷菜单中单击“删除”命令，即可删除指定工作表。工作表被删除后，不能用“撤销”命令恢复，所以要慎重使用。

2. 移动或复制工作表

如果要在当前工作簿中移动工作表，可沿工作表标签 Sheet1 行拖动选中的工作表标签。如果要在当前工作簿中复制工作表，需要在按 Ctrl 键的同时按住鼠标左键拖动要复制的工作表标签，并在目标位置松开鼠标左键与 Ctrl 键；也可以通过在目标工作表标签上单击鼠标右键，在弹出的快捷菜单中单击“移动或复制”命令，在打开的“移动或复制工作表”对话框中选择目标位置，即可移动工作表到当前工作簿的目标位置或移动工作表到其他工作簿中，如果是复制工作表，那么需要选中“建立副本”复选框进行复制操作。

3. 重命名工作表

重命名工作表，可以在目标工作表标签上单击鼠标右键，在弹出的快捷菜单中单击“重命名”命令，或双击工作表名，在工作表名的编辑状态下直接输入新的工作表名称。

4. 选择性粘贴

选择性粘贴是 Microsoft Office 的一种粘贴选项，通过使用选择性粘贴，用户能够将剪贴板中的内容粘贴为不同于内容源的格式。选择性粘贴在 Word、Excel、PowerPoint 中具有重要作用。例如，在 Excel 中可以使用“选择性粘贴”命令有选择地粘贴剪贴板中的数值、格式、公式、批注等内容，使复制和粘贴操作更加灵活。

5. 公式

Excel 公式是 Excel 工作表中进行数值计算的等式。在需要计算的单元格中输入以“=”开始的计算公式即可，如：“=5+2*3”。

公式的组成：公式包括运算符、常量及对其他单元格的引用。例如，“=D2*5”表示当前单元格的值由 D2 单元格的值乘以 5 得到；还可以包含函数，如“=SUM(D2:D6)”表示当前单元格的值为 D2:D6 单元格区域中值的和。

6. IF 函数

Excel 中可以使用内置函数和自定义函数进行计算与统计分析。单击需要计算的单元格，使其为活动单元格，单击编辑栏左边的“插入函数”按钮，打开“插入函数”对话框，选择指定函数进行运算。

Excel 中的 IF 函数可以实现以下功能：判断条件为 TRUE，返回某个值 A；判断条件为 FALSE，则返回另一个值 B，即在单元格中输入“=IF(条件,A,B)”。

例如，若要在 B1 单元格内输出 A1 单元格中的值与 10 比较的结果，可以使用 IF 函数在 B1 单元格中输入“=IF(A1>10,"大于 10","不大于 10")”，表示如果 A1 单元格中的值大于 10，返回字符“大于 10”，否则返回字符“不大于 10”。

二、预习测试

单项选择题

（1）在 Excel 中，对工作表的操作，下面说法正确的是____。

A. 工作表能移动到其他工作簿中

B. 工作表不能移动到其他工作簿中

C. 工作表不能复制到其他工作簿中

D. 工作表不能在工作簿中任意移动

（2）在 Excel 中，在单元格中输入公式时，输入的第一个符号是____。

A. +　　B. =　　C. －　　D. $

（3）在 Excel 中，如果在 A1 单元格中输入“=4*5”，那么 A1 单元格将显示____。

A. 4*5　　B. 20　　C. 4　　D. 5

（4）在 Excel 中，已知 C2、C3 单元格的值均为 0，在 C4 单元格中输入“C4=C2+ C3”，则 C4 单元格显示的内容为____。

A. 0　　B. TRUE　　C. 1　　D. C4=C2+C3

（5）下列关于 Excel 的叙述，错误的是____。

A. 一个工作簿中可以有多个工作表

B. 双击工作表标签，可以重新命名工作表

C. 在工作表标签上单击鼠标右键，可以实现工作表的重新命名

D. 一个 Excel 文件就是一个工作表

（6）在 Excel 中，已知 A2 单元格中的值为 120，在 C2 单元格中输入“=IF(A2>=100,100,A2)”，则 C2 单元格中将显示____。

A. 120　　B. 100　　C. 0　　D. 出错

三、预习情况解析

1. 涉及知识点

复制或移动工作表、工作表的重命名以及工作表中公式和函数的使用。

2. 测试题解析

见表 7-1。

表 7-1　“制作员工工资表”预习测试题解析

测试题序号	答案	参考知识点	测试题序号	答案	参考知识点
第（1）题	A	见课前预习“2.”	第（4）题	D	见课前预习“6.”
第（2）题	B	见课前预习“5.”	第（5）题	D	见课前预习“1.”
第（3）题	B	见课前预习“5.”	第（6）题	B	见课前预习“6.”

3. 易错点统计分析

师生根据预习反馈情况自行总结。

7.2.2　任务实现

一、创建员工工资表

涉及知识点：工作表的复制、重命名，表结构的修改

由于员工工资表的大部分字段和已有的员工职位表的大部分字段一致，可以通过员工职位表的复制，再通过修改其表结构来制作员工工资表。

【任务 1】根据已有的员工职位表，制作员工工资表。

步骤 1：复制员工职位表。

在“员工工资.xlsx”工作簿文件中已经有两个工作表，分别是员工职位表和员工加班请假情况汇总表。

在员工职位表工作表标签上单击鼠标右键，在弹出的快捷菜单中单击“移动或复制”命令，如图 7-5 所示。

打开“移动或复制工作表”对话框，在“将选定工作表移至工作簿”下拉列表框中选择“员工工资.xlsx”工作簿，将复制后的工作表仍保存在“员工工资.xlsx”工作簿中；在“下列选定工作表之前”列表框中选择“(移至最后)”，将复制的工作表放在当前所有工作表的最后；选中“建立副本”复选框可进行复制操作，若未选中该复选框则可以进行移动工作表操作，

如图 7-6 所示，完成设置后单击“确定”按钮，可以看到已经复制了员工职位表并产生新工作表“员工职位表（2）”。

	A	B	C	D	E
1	编号	姓名	部门	职位	岗位工资
2	1	史*超	3G项目部	部长	¥8,000
3	2	程*剑	3G项目部	技术总监	¥6,800
4	3	林*莉	3G项目部	技术员	¥4,500
5	4	王*阳	财务部	财务总监	
6	5	李*海	财务部	会计	
7	6	马*岚	系统集成部	部长	
8	7	向*勇	系统集成部	高级程序	
9	8	何*平	系统集成部	工程师	
10	9	李*左	系统集成部	管理员	
11	10	孙*丽	软件开发部	部长	
12	11	由*斌	软件开发部	高级程序	
13	12	陈*月	软件开发部	程序员	
14	13	殷*澜	软件开发部	程序员	
15	14	胡*乐	软件测试部	测试工程	
16	15	刘*畅	软件测试部	测试工程	
17	16	何*伟	软件测试部	测试工程	

插入(I)...
删除(D)
重命名(R)
移动或复制(M)...
查看代码(V)
保护工作表(P)...
工作表标签颜色(T)
隐藏(H)
取消隐藏(U)...
选定全部工作表(S)

员工加班请假情况汇总表　员工职位表

图 7-5　单击“移动或复制”命令

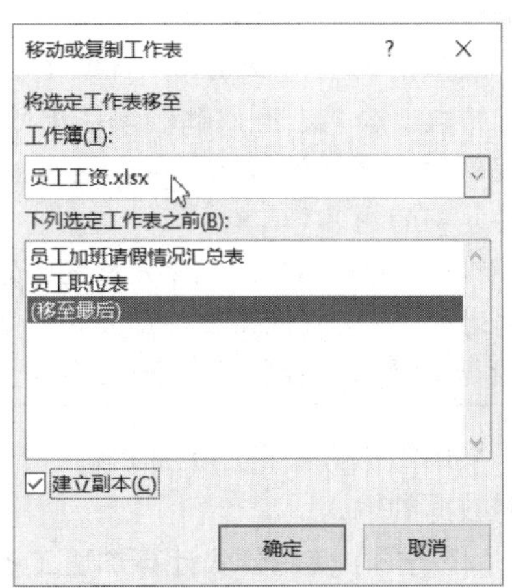

图 7-6　“移动或复制工作表”对话框

在“员工职位表（2）”工作表标签上单击鼠标右键，在弹出的快捷菜单中单击“重命名”命令，将“员工职位表（2）”重命名为“员工工资表”。

步骤 2：修改员工工资表的表结构。

选中 F1:L1 数据区域，依次输入员工工资表的标题：加班工时、加班工资、满勤奖金、应发金额、请假工时、请假扣款、实发金额。

任务 1 完成后，员工工资表的表结构如图 7-7 所示。

	A	B	C	D	E	F	G	H	I	J	K	L
1	编号	姓名	部门	职位	岗位工资	加班工时	加班工资	满勤奖金	应发金额	请假工时	请假扣款	实发金额
2	1	史*超	3G项目部	部长	¥8,000							
3	2	程*剑	3G项目部	技术总监	¥6,800							
4	3	林*莉	3G项目部	技术员	¥4,500							
5	4	王*阳	财务部	财务总监	¥7,600							
6	5	李*海	财务部	会计	¥3,750							
7	6	马*岚	系统集成部	部长	¥8,000							
8	7	向*勇	系统集成部	高级程序员	¥7,600							
9	8	何*平	系统集成部	工程师	¥8,000							
10	9	李*左	系统集成部	管理员	¥4,000							
11	10	孙*丽	软件开发部	部长	¥8,000							
12	11	由*斌	软件开发部	高级程序员	¥7,600							
13	12	陈*月	软件开发部	程序员	¥4,500							

图 7-7　员工工资表的表结构

二、通过工作表间的数据复制完成员工工资表的数据输入

涉及知识点：工作表间数据的复制，选择性粘贴以及公式、IF 函数的使用

员工工资表中的加班工时等数据均来自员工加班请假情况汇总表，并且这两个表中的人员编号排列一一对应，因此填充这一部分数据可以采用工作表间的数据复制操作来完成。

【任务 2】从员工加班请假情况汇总表中复制数据到员工工资表。

选中员工加班请假情况汇总表的 D 列，单击鼠标右键，在弹出的快捷菜单中单击“复制”命令，复制加班工时数据。

单击员工工资表工作表标签，使之成为当前工作表。

选中员工工资表的 F 列后单击鼠标右键，在弹出的快捷菜单中单击“选择性粘贴”命令，选择“数值”，完成加班工时数据的复制。

说明：

“选择性粘贴”功能可以实现指定数值或者格式的复制，如果要实现内容和格式完全一致，只需使用“粘贴”功能。

默认情况下，在 Excel 中进行复制（或剪切）和粘贴时，原来单元格或单元格区域的数据、格式、公式、有效性和批注中的所有内容都将被粘贴到目标单元格，这也是按 Ctrl+V 组合键粘贴时发生的情况。由于这可能不是用户想要的，因此有许多其他粘贴选项，具体取决于要复制的内容。

例如，可能希望粘贴单元格的内容，但不粘贴其格式；或者，可能希望将粘贴的数据从行转置到列中；或者可能需要粘贴公式的结果，而不是公式本身。这些只需要单击【开始】|【剪贴板】|【粘贴】|【选择性粘贴】命令，在打开的“选择性粘贴”对话框中选择要粘贴的属性即可。

采用类似方法将员工加班请假情况汇总表的 E 列复制到员工工资表的 J 列中，完成请假工时数据的输入。

【任务 3】使用公式计算加班工资和请假扣款项目。

步骤 1：使用公式计算 G2 单元格的加班工资。

单击 G2 单元格，使 G2 单元格成为活动单元格，输入等号“=”，单击 F2 单元格，此时活动单元格仍为 G2 单元格，其内容变为“=F2”。接着输入“*10”，最终 G2 单元格内容为“=F2*10”，按 Enter 键结束输入，此时 G2 单元格的值等于 F2 单元格中加班工时乘上 10 的值，如图 7-8 所示。

步骤 2：使用选择性粘贴完成加班工资的计算。

复制 G2 单元格中的内容，再选中 G3:G31 单元格区域，单击鼠标右键，在弹出的快捷菜单中单击“选择性粘贴”命令，在打开的“选择性粘贴”对话框中选中“公式”单选按钮，单击“确定”按钮完成加班工资的计算，如图 7-9 所示。

G2　=F2*10

	C	D	E	F	G	H	I
1	部门	职位	岗位工资	加班工时	加班工资	满勤奖金	应发金额
2	3G项目部	部长	¥8,000	30	300		
3	3G项目部	技术总监	¥6,800	15			
4	3G项目部	技术员	¥4,500	40			
5	财务部	财务总监	¥7,600	0			
6	财务部	会计	¥3,750	0			
7	系统集成部	部长	¥8,000	8			
8	系统集成部	高级程序员	¥7,600	0			
9	系统集成部	工程师	¥8,000	0			
10	系统集成部	管理员	¥4,000	20			

图 7-8　使用公式计算加班工资

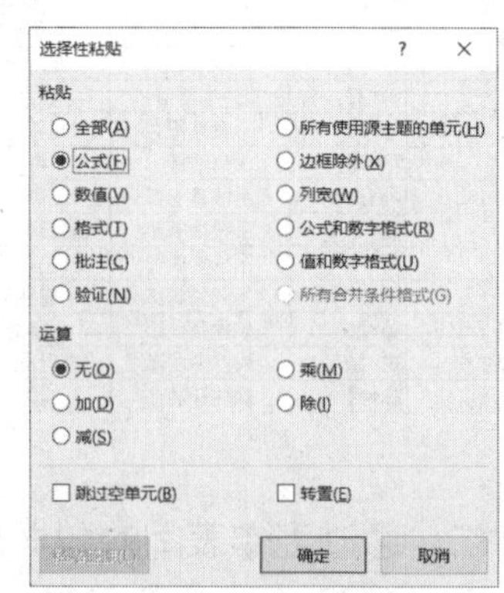

图 7-9　在“选择性粘贴”对话框中进行公式的粘贴

步骤 3：计算请假扣款项目。

采用与步骤 1、步骤 2 类似的方法完成请假扣款数据的计算。

说明：

可以使用自动填充功能完成请假扣款数据的计算。选中已计算好的 K2 单元格，将鼠标指针放置在单元格右下角，当鼠标指针变成实心十字时 80+，按住鼠标左键不放，一直拖动至 K31 单元格，完成自动填充计算。

【任务 4】使用 IF 函数计算满勤奖金。

满勤奖金只发给请假工时为 0 的员工，因此需要在对请假工时进行判断的基础上计算，使用 IF 函数可以实现。

步骤 1：插入 IF 函数。

单击 H2 单元格，使 H2 单元格成为活动单元格，单击编辑栏左边的“插入函数”按钮 fx，打开“插入函数”对话框，选择函数为 IF 函数，单击“确定”按钮，打开“函数参数”对话框。

步骤 2：设置 IF 函数的参数。

在“函数参数”对话框中，将光标定位在第一个参数 Logical_test（判断条件）处，输入判断条件“J2<=0”，并依次在 Value_if_true 和 Value_if_false 参数处直接输入数值 300 和 0，如图 7-10 所示，单击“确定”按钮完成函数的应用。

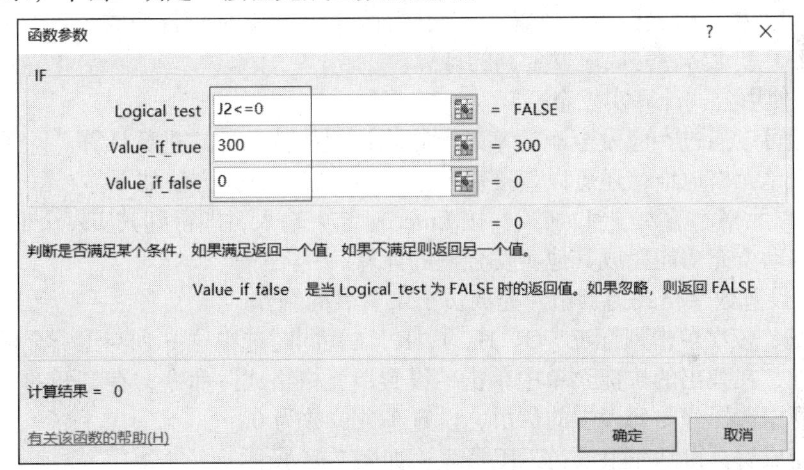

图 7-10　IF 函数的参数设置

设置完成后，H2 单元格的内容为“=IF(J2<=0,300,0)”，其含义是当条件“J2<=0”为 true 时（即请假工时小于等于 0），在 H2 单元格中返回“300”，否则返回“0”。

说明：

① IF 函数的语法为：IF(Logical_test,[Value_if_true], [Value_if_false])。

a. Logical_test：必需。表示计算结果为 TRUE 或 FALSE 的任何值或表达式。例如，A10=100 就是一个逻辑表达式，如果单元格 A10 中的值等于 100，那么表达式的计算结果为 TRUE；否则，表达式的计算结果为 FALSE。此参数可以使用任何比较计算运算符。

b. Value_if_true：可选。Logical_test 参数的计算结果为 TRUE 时所要返回的值。

c. Value_if_false：可选。Logical_test 参数的计算结果为 FALSE 时所要返回的值。

② 函数的嵌套：使用函数时，函数的参数也可以是一个函数表达式，这称为函数的嵌套。如本例可以修改为，当请假工时为 0 时满勤奖金为 300 元，请假工时为 1～5 时满勤奖金为 150 元，请假工时为 6 及以上时满勤奖金为 0，这种情况下单元格 H2 中可以使用嵌套函数“=IF(J2<=0,300,IF(J2<=5,150,0))”来进行计算。

在公式“=IF(J2<=0,300,IF(J2<=5,150,0))”中，外层 IF 函数的 Value_if_false 参数值仍为 IF 函数，整个函数的判断流程为：如果 J2 单元格的值小于等于 0，满勤奖金为 300，否则进一步使用 IF 函数判断 J2 单元格的值，如果小于等于 5，那么满勤奖金为 150，否则满勤奖金为 0。

【任务 5】使用公式计算应发金额和实发金额，完成员工工资表的制作。

步骤 1：使用公式计算应发金额。

根据工资的计算方法，应发金额由岗位工资、加班工资和满勤奖金相加获得，因此可以使用包含单元格地址和运算符的公式来实现，具体方法如下。

单击 I2 单元格，使 I2 单元格成为活动单元格，输入“=”，单击 E2 单元格，此时活动单元格仍为 I2 单元格，其内容为“=E2”。接着输入“+”，单击 G2 单元格，再输入“+”，单击 H2 单元格，按 Enter 键结束输入，最终 I2 单元格中的内容为“=E2+G2+H2”。在 I2 单元格中也可以直接通过键盘输入字符公式内容。

此时，I2 单元格的值等于 E2、G2、H2 单元格的值之和，结果为 8300。

步骤 2：使用自动填充功能完成应发金额的计算。

选中 I2 单元格，将鼠标指针放置在单元格右下角，当鼠标指针变成实心十字时按住鼠标左键拖动至 I31 单元格，完成应发金额的计算。

步骤 3：使用公式计算实发金额。

实发金额可以通过在应发金额的基础上扣除请假扣款的方式进行计算。除了可以用单击的方式来引用单元格地址，还可以直接输入公式的内容，具体方法如下。

选中 L2 单元格，输入“=I2-K2”，按 Enter 键结束输入，即得到其实发金额为 8220 元。

再使用自动填充功能完成其他实发金额的计算。

步骤 4：设置数字格式为货币，完成员工工资表的制作。

按 Ctrl 键，依次单击列标 E、G、H、I、K、L，同时选中这 6 列与工资金额相关的列。单击鼠标右键，在弹出的快捷菜单中单击“设置单元格格式”命令，在打开的“设置单元格格式”对话框中选择分类列表中的货币，设置小数位数为 0。

任务 5 完成后，得到完整的员工工资表，如图 7-11 所示。

	A	B	C	D	E	F	G	H	I	J	K	L
1	编号	姓名	部门	职位	岗位工资	加班工时	加班工资	满勤奖金	应发金额	请假工时	请假扣款	实发金额
2	1	史*超	3G项目部	部长	¥8,000	30	¥300	¥0	¥8,300	8	¥80	¥8,220
3	2	程*剑	3G项目部	技术总监	¥6,800	15	¥150	¥300	¥7,250	0	¥0	¥7,250
4	3	林*莉	3G项目部	技术员	¥4,500	40	¥400	¥300	¥5,200	0	¥0	¥5,200
5	4	王*阳	财务部	财务总监	¥7,600	0	¥0	¥300	¥7,900	0	¥0	¥7,900
6	5	李*海	财务部	会计	¥3,750	0	¥0	¥0	¥3,750	10	¥100	¥3,650
7	6	马*岚	系统集成部	部长	¥8,000	8	¥80	¥0	¥8,080	5	¥50	¥8,030
8	7	向*勇	系统集成部	高级程序员	¥7,600	0	¥0	¥300	¥7,900	0	¥0	¥7,900
9	8	何*平	系统集成部	工程师	¥8,000	0	¥0	¥0	¥8,000	12	¥120	¥7,880
10	9	李*左	系统集成部	管理员	¥4,000	20	¥200	¥300	¥4,500	0	¥0	¥4,500
11	10	孙*丽	软件开发部	部长	¥8,000	0	¥0	¥300	¥8,300	0	¥0	¥8,300
12	11	由*斌	软件开发部	高级程序员	¥7,600	12	¥120	¥300	¥8,020	0	¥0	¥8,020
13	12	陈*月	软件开发部	程序员	¥4,500	30	¥300	¥300	¥5,100	0	¥0	¥5,100
14	13	殷*澜	软件开发部	程序员	¥4,500	20	¥200	¥300	¥5,000	0	¥0	¥5,000
15	14	胡*乐	软件测试部	测试工程师	¥5,200	0	¥0	¥300	¥5,500	0	¥0	¥5,500
16	15	刘*畅	软件测试部	测试工程师	¥5,200	5	¥50	¥0	¥5,250	8	¥80	¥5,170
17	16	何*伟	软件测试部	测试工程师	¥5,200	0	¥0	¥0	¥5,200	5	¥50	¥5,150
18	17	王*海	销售部	部长	¥8,000	0	¥0	¥300	¥8,300	0	¥0	¥8,300
19	18	何*川	销售部	业务员	¥3,850	0	¥0	¥300	¥4,150	0	¥0	¥4,150

图 7-11　完成计算的员工工资表

为了使表格更美观，使用套用表格样式功能，完成工作表的美化。

7.3 任务二 制作员工出勤情况统计表

7.3.1 课前准备

为保证任务能够顺利完成，请在实际操作前预习以下内容，掌握 Excel 中 SUM、MAX、AVERAGE、COUNT、COUNTIF 函数的使用以及单元格的引用。

一、课前预习

1. SUM 函数

SUM 函数用于返回某一单元格区域中所有数值的和。例如，SUM(A1:A5)表示将对 A1:A5 单元格区域中的所有数值求和。再如，SUM(A1, A3, A5)表示将对单元格 A1、A3 和 A5 中的数值求和。

2. MAX 函数

MAX 函数用于返回一组数值中的最大值，忽略逻辑值及文本。例如，MAX(A2:A6)表示将返回 A2:A6 单元格区域中数值的最大值。

3. AVERAGE 函数

AVERAGE 函数用于返回参数的算术平均值。例如，AVERAGE(A2:A6)表示将返回 A2:A6 单元格区域中数值的平均值。

4. COUNT、COUNTIF 函数

COUNT 函数用于计算指定区域中包含数字的单元格的个数。例如，COUNT(A2:A8)表示将返回 A2:A8 单元格区域中包含数字的单元格的个数。

COUNTIF 函数用于计算指定区域中满足给定条件的单元格个数。其中，给定条件形式可以为数字、表达式、单元格引用或文本，如可以表示为“32”“>32”“B4”“apples”等。例如，COUNTIF(B2:B5,">55")表示将返回 B2:B5 单元格区域中值大于 55 的单元格的个数。

5. 单元格引用

单元格的引用可以分为相对引用、绝对引用和混合引用 3 种。

① 相对引用（单元格相对地址），表示方法：列标+行号，如 D5。在日常使用公式计算时，如果单元格相对地址作为函数参数，实际是引用单元格的相对位置，在复制公式时，单元格地址也发生变化。例如，在 A4 单元格中输入的公式“=A1+3”，将公式复制到 B5 中，公式则变成了“=B2+3”。

② 绝对引用（单元格绝对地址），表示方法：$列标+$行号，如$D$5。在公式中使用绝对引用时，不论复制到哪里，参数的绝对地址不变。使用时也可将光标定位在地址上，按键盘中的 F4 键。

③ 混合引用（单元格混合地址），是指仅在单元格地址行号或列标之前加上英文美元符号“$”，此时加“$”符号的元素被锁定。例如，在 C5 单元格输入“=$B5”，再将 C5 单元格中的内容复制到 E6 单元格中，由于列标被锁定，行号未锁定，因此 E6 单元格中引用内容的列标不变，行号更新，会变更为“=$B6”。

二、预习测试

单项选择题

（1）在 Excel 中，当前工作表的 B1:C5 单元格区域已经输入数值型数据，若要计算这 10 个单元格的平均值并把结果保存在 D1 单元格中，则要在 D1 单元格中输入____。

A. =COUNT(B1:C5)　　B. =AVERAGE(B1:C5)

C. =MAX(B1:C5)　　D. =SUM(B1:C5)

（2）在 Excel 中，要对一组数值数据求最大值，可以选用的函数是____。

A. MAX　　B. COUNT　　C. AVERAGE　　D. SUM

（3）在 Excel 的单元格地址引用中，____属于混合引用。

A. A1　　B. $B2　　C. $D$2　　D. B5

（4）已知 D2 单元格中的内容为“=B2*C2”，当 D2 单元格被复制到 E3 单元格时，E3 单元格中的内容为____。

A. =C2*D2　　B. =C3*D3

C. =B2*C2　　D. =B3*C3

（5）关于 Excel 函数，下面说法错误的是____。

A. 函数就是预定义的内置公式　　B. 按一定语法的特定顺序进行计算

C. 在某些函数中可以包含子函数　　D. SUM 函数是求最大值的函数

（6）在 Excel 工作表中，把一个含有单元格地址引用的公式复制到另一个单元格中时，其所引用的单元格地址保持不变，这种引用方式为____。

A. 混合引用　　B. 相对引用　　C. 绝对引用　　D. 无法判定

三、预习情况解析

1. 涉及知识点

SUM、AVERAGE、COUNT 等函数的使用以及在公式中单元格的引用。

2. 测试题解析

见表 7-2。

表 7-2　“制作员工出勤情况统计表”预习测试题解析

测试题序号	答案	参考知识点	测试题序号	答案	参考知识点
第（1）题	B	见课前预习“3.”	第（4）题	B	见课前预习“5.”
第（2）题	A	见课前预习“2.”	第（5）题	D	见课前预习“1.”
第（3）题	B	见课前预习“5.”	第（6）题	C	见课前预习“5.”

3. 易错点统计分析

师生根据预习反馈情况自行总结。

7.3.2　任务实现

一、制作员工出勤情况统计表的表结构

涉及知识点：插入新工作表、表结构的制作

插入新工作表，命名为“员工出勤情况统计表”，图 7-12 所示为员工出勤情况统计表的表结构。

	A	B	C	D	E	F
1	员工出勤情况统计表					
2		人数	占员工百分比	总工时数	最长工时	平均工时
3	加班情况					
4	请假情况					
5						
6		公司工资总额:				
7		员工总数:				
8						

员工工资表　员工出勤情况统计表

图 7-12　员工出勤情况统计表的表结构

二、使用函数进行出勤情况的统计

涉及知识点：工作表间的数据引用，函数的使用

与员工工资表不同，员工出勤情况统计表是在已有数据的基础上，进行大量的数据统计和分析工作，因此在制作员工出勤情况统计表时需要使用各种不同的函数。

【任务 1】使用函数计算加班人数和请假人数，完成员工出勤情况的统计。

步骤 1：使用 COUNTIF 函数统计加班人数。

加班人数的计算不仅要使用函数的统计功能，还要求判断所统计的对象的加班工时是否大于0，可以用COUNTIF函数来实现，具体步骤如下。

选中“员工出勤情况统计表”工作表的B3单元格，单击编辑栏左边的“插入函数”按钮 fx ，打开“插入函数”对话框，在“或选择类别”下拉列表框中选择“全部”，在“选择函数”列表框中选择COUNTIF函数，单击“确定”按钮，在打开的COUNTIF的“函数参数”对话框中，单击参数Range右边的拾取按钮，“函数参数”对话框缩小，进入参数选择状态，单击“员工工资表”工作表标签，选中F2:F31数据区域，按Enter键结束选择，返回“函数参数”对话框；在Criteria参数处直接输入统计判断条件“">0"”，如图7-13所示，单击“确定”按钮完成参数设置。

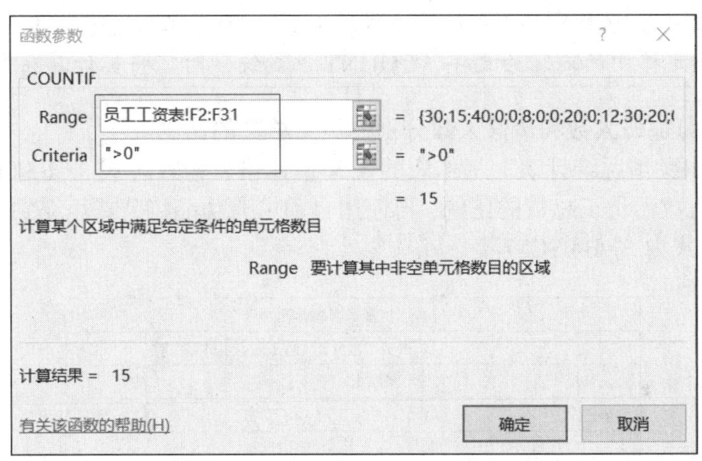

图7-13 COUNTIF函数的参数设置

说明：

① COUNTIF函数的语法：COUNTIF(Range, Criteria)。

a. Range：用来设置要计算非空单元格数目的区域。

b. Criteria：用来设置以数字、表达式或文本形式定义的条件。

② 工作表之间的数据引用，可以分为两种情况。

a. 同一工作簿不同工作表间的相互引用，在引用单元格前加“Sheetn!”（Sheetn为被引用工作表的名称）。

例如，工作表Sheet1中的A1单元格内容等于工作表Sheet2中的B1单元格内容乘以5，则在Sheet1中的A1单元格中输入公式“=Sheet2!B1*5”。

b. 不同工作簿间的互相引用，在引用单元格前加“[Book.xlsx]Sheetn!”（Book.xlsx为被引用工作簿的名称，Sheetn为被引用工作表的名称）。

例如，工作簿“Book1”中工作表Sheet1的A1单元格内容等于工作簿“Book2”中工作表Sheet1的单元格B1乘以5，则在工作表Sheet1中的A1单元格中输入公式“=[Book2.xlsx]Sheet1!B1*5”。

步骤2：使用COUNTIF函数计算请假人数。

类似于加班人数的统计过程，使用COUNTIF函数计算请假人数的具体步骤如下。

选中“员工出勤情况统计表”工作表的B4单元格，插入COUNTIF函数，统计请假人数的Range参数是“员工工资表! J2:J31”，Criteria参数为“">0"”。函数输入完毕后，B4单元格内的公式的完整形式为“=COUNTIF(员工工资表! J2:J31,">0")”。

【任务 2】使用 COUNT 函数计算员工总数。

COUNT 函数用于统计包含数字的单元格个数。使用计数函数 COUNT 计算公司员工总数的具体步骤如下。

选中“员工出勤情况统计表”工作表的 C7 单元格，插入 COUNT 函数，计算公司员工总数的参数 Value1 是“员工工资表! A2:A31”，函数输入完毕后，C7 单元格内公式的完整形式为“=COUNT (员工工资表! A2:A31)”。

说明：

COUNT 函数用于计算指定区域中包含数字的单元格的个数。因此本例使用公式“=COUNT(员工工资表! A2:A31)”和使用公式“=COUNT(员工工资表! A1:A31)”的效果是一样的，因为 A1 单元格中的内容为文字，COUNT 函数统计时不将其计算在内。

【任务 3】计算加班人数和请假人数分别占员工总数的比例。

选中“员工出勤情况统计表”工作表的 C3 单元格，输入公式“=B3/$C$7”，如图 7-14 所示，计算加班人数占员工总数的比例，再使用自动填充功能将公式填充到 C4 单元格，此时 C4 单元格中的公式为“=B4/$C$7”。

员工出勤情况统计表					
	人数	占员工百分比	总工时数	最长工时	平均工时
加班情况	15	=B3/$C$7			
请假情况	9				
	公司工资总额：				
	员工总数：	30			

图 7-14　绝对地址的引用

设置 C3:C4 单元格区域的数值类型为百分比，小数位数设为 1，完成加班人数、请假人数占员工总数的百分比。

说明：

在本例中，计算 C3 和 C4 单元格的数值时都需要除以员工总数，所以在公式中的单元格地址 C7 前加上$符号（即绝对引用）后，自动填充时单元格地址引用不会变化。

【任务 4】使用 SUM 函数计算加班总工时、请假总工时和工资总额。

可以使用 SUM 函数计算加班总工时，具体步骤如下。

选中“员工出勤情况统计表”工作表的 D3 单元格，单击编辑栏左边的“插入函数”按钮 fx ，打开“插入函数”对话框，选择 SUM 函数，单击“确定”按钮，打开“函数参数”对话框；单击 Number1 参数右侧的拾取按钮，“函数参数”对话框缩小，进入参数选择状态，单击“员工工资表”工作表标签，选中 F2:F31 数据区域，按 Enter 键结束参数选择，返回“函数参数”对话框。此时 Number1 参数为“员工工资表!F2:F31”，表示计算加班总工时的单元格区域是“员工工资表!F2:F31”，单击“确定”按钮即可完成计算，如图 7-15 所示。

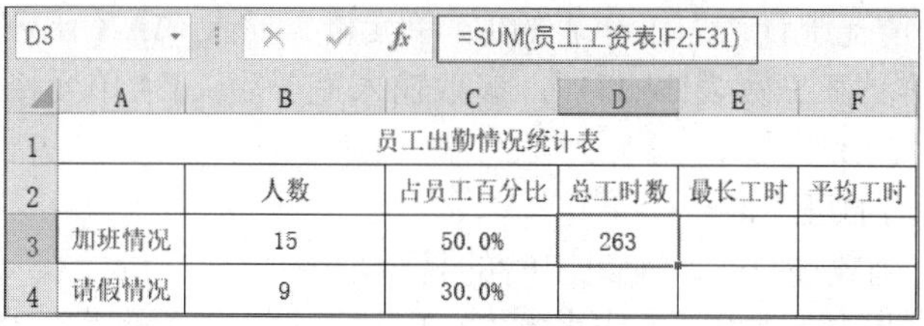

D3 =SUM(员工工资表!F2:F31)

	A	B	C	D	E	F
1	员工出勤情况统计表					
2		人数	占员工百分比	总工时数	最长工时	平均工时
3	加班情况	15	50.0%	263		
4	请假情况	9	30.0%			

图 7-15 SUM 函数的使用

计算请假总工时的步骤为：选中“员工出勤情况统计表”工作表的 D4 单元格，插入 SUM 函数，计算请假总工时的 Number1 参数是“员工工资表! J2:J31”，参数输入完毕后，D4 单元格内公式的完整形式为“=SUM (员工工资表! J2:J31)”。

计算工资总额的步骤为：选中“员工出勤情况统计表”工作表的 C6 单元格，插入 SUM 函数，计算工资总额的 Number1 参数是“员工工资表! L2:L31”，参数输入完毕后，C6 单元格内公式的完整形式为“=SUM (员工工资表!L2:L31)”。

【任务 5】使用 MAX 和 AVERAGE 函数统计最长工时和平均工时。

步骤 1：计算最长加班工时。

使用 MAX 函数计算最长加班工时的具体步骤如下。

单击“员工出勤情况统计表”工作表的 E3 单元格，单击编辑栏左边的“插入函数”按钮 fx，打开“插入函数”对话框，选择 MAX 函数，单击“确定”按钮，打开“函数参数”对话框，如图 7-16 所示。

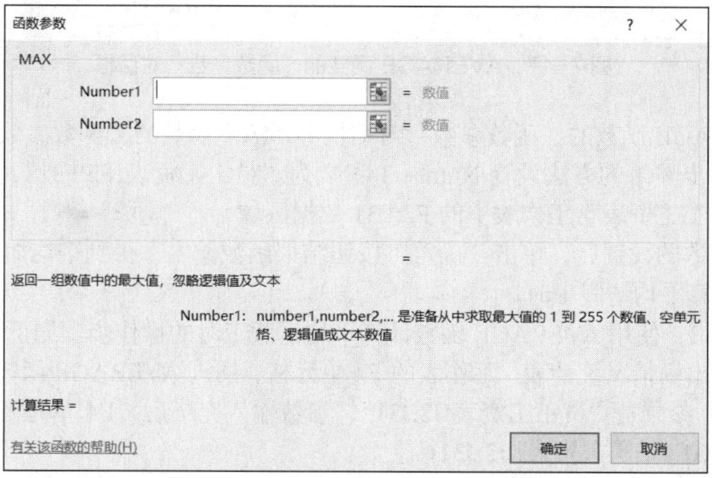

函数参数 ? ×

MAX

Number1 = 数值

Number2 = 数值

=

返回一组数值中的最大值，忽略逻辑值及文本

Number1: number1,number2,... 是准备从中求取最大值的 1 到 255 个数值、空单元格、逻辑值或文本数值

计算结果 =

有关该函数的帮助(H) 确定 取消

图 7-16 MAX 函数的“函数参数”对话框

单击 Number1 参数右侧的拾取按钮，“函数参数”对话框缩小，进入参数选择状态，单击“员工工资表”工作表标签，选中 F2:F31 数据区域，按 Enter 键结束参数选择，返回“函数参数”对话框。此时 Number1 参数为“员工工资表!F2:F31”，表示求最大值的数据区域是“员工工资表”工作表中的 F2:F31 数据区域。

完成函数参数的设置后，单击“确定”按钮结束函数输入，即可计算出最长加班工时。参数输入完毕后，E3 单元格内公式的完整形式为“=MAX(员工工资表!F2:F31)”。

步骤 2：计算最长请假工时。

类似于步骤 1，使用 MAX 函数计算最长请假工时的操作步骤如下。

选中“员工出勤情况统计表”工作表的 E4 单元格，插入 MAX 函数，计算最长请假工时的 Number1 参数是“员工工资表!J2:J31”，参数输入完毕后，E4 单元格内公式的完整形式为“=MAX(员工工资表! J2:J31)”。

步骤 3：计算平均加班工时。

使用 AVERAGE 函数计算平均加班工时的具体步骤如下。

单击“员工出勤情况统计表”工作表的 F3 单元格，单击编辑栏左边的“插入函数”按钮 fx，打开“插入函数”对话框，选择 AVERAGE 函数，单击“确定”按钮，打开“函数参数”对话框，如图 7-17 所示。

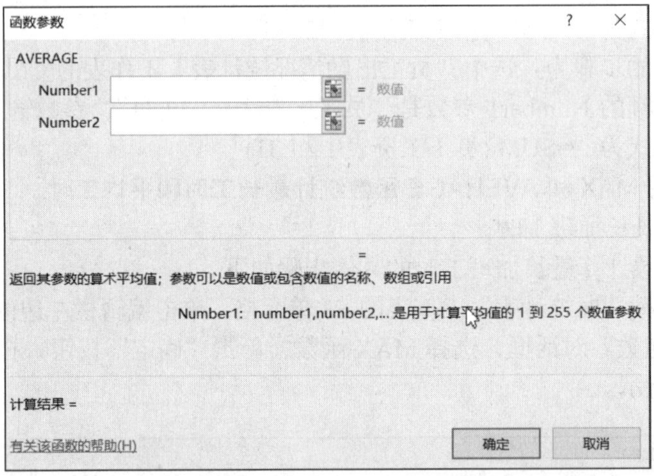

函数参数

AVERAGE

Number1 = 数值

Number2 = 数值

=

返回其参数的算术平均值；参数可以是数值或包含数值的名称、数组或引用

Number1: number1,number2,... 是用于计算平均值的 1 到 255 个数值参数

计算结果 =

有关该函数的帮助(H) 确定 取消

图 7-17 AVERAGE 函数的“函数参数”对话框

可见 AVERAGE 函数的“函数参数”对话框和 MAX 函数的“函数参数”对话框基本相同，使用类似于步骤 1 的方法设置 Number1 参数为“员工工资表!F2:F31”，表示求平均值的数据区域是“员工工资表”工作表中的 F2:F31 数据区域。

完成函数参数的设置后，单击“确定”按钮结束函数输入，得到平均加班工时。

步骤 4：计算平均请假工时。

类似于步骤 3，使用 AVERAGE 函数计算平均请假工时的操作步骤如下。

选中“员工出勤情况统计表”工作表的 F4 单元格，插入 AVERAGE 函数，计算平均请假工时的 Number1 参数是“员工工资表!J2:J31”，参数输入完毕后，F4 单元格内公式的完整形式为“=AVERAGE (员工工资表! J2:J31)”。

完成后的员工出勤情况统计表如图 7-18 所示。

	A	B	C	D	E	F
1			员工出勤情况统计表			
2		人数	占员工百分比	总工时数	最长工时	平均工时
3	加班情况	15	50.0%	263	40	8.8
4	请假情况	9	30.0%	63	12	2.1
5						
6		公司工资总额:	¥176,800.00			
7		员工总数:	30			

图 7-18 完成后的员工出勤情况统计表

7.4 项目总结

在本项目中，我们主要完成了员工工资表和员工出勤情况统计表的制作。

① 在完成项目的过程中，我们进一步熟悉了 Excel 2016 的特点和使用方法，学习了含有大量数据的电子表格的各种分析方法和统计公式及函数的应用。

② 本项目主要按照以下思路和方法来完成：复制已有的工作表作为基础创建表结构—通过复制等方法填充相关数据—使用公式和函数完成数据的统计和分析。

③ 在员工出勤情况统计表中应用大量函数，在项目中通过各种函数的使用熟悉了函数的语法，了解各参数的作用。

完成本项目后，读者可以利用公式和函数对电子表格进行基本的分析和处理，具备制作各种常见的数据统计和分析类电子表格的能力，下一步我们将学习数据排序、汇总等处理方法以及图表的制作等，进一步提升 Excel 应用水平。

7.5 技能拓展

7.5.1 理论考试练习

1. 单项选择题

（1）在 Excel 中，若在工作簿 Book1 的工作表 Sheet2 中的 C1 单元格内输入公式，需要引用工作簿 Book2 的工作表 Sheet1 中 A2 单元格的数据，那么正确的引用格式为____。

A. Sheet1!A2　　B. Book2! Sheet1 (A2)

C. Book2Sheet1A2　　D. [Book2]Sheet1!A2

（2）在 Excel 中，单击【开始】|【编辑】|【清除】按钮，可使用的相关命令不能____。

A. 删除单元格　　B. 清除内容

C. 清除批注　　D. 清除单元格的格式

（3）在 Excel 中，下列公式格式错误的是____。

A. =C1*D1　　B. =C1/D1

C. =C1“OR”D1　　D. =OR(C1,D1)

（4）在 Excel 中，工作表的 D5 单元格中存在公式“=B5+C5”，则执行了在工作表第 2 行插入一新行的操作后，原单元格中的内容为____。

A. =B5+C5　　B. =B6+C6　　C. 出错　　D. 空白

（5）在 Excel 中，____是混合地址引用。

A. C7　　B. $B$3　　C. $F8　　D. A1

（6）在 Excel 中，单元格 C1 中输入公式“=A$1+$B1”，将公式复制到 D2 单元格中，则 D2 中的公式为____。

A. =A$1+$B1　　B. =B$1+$B2　　C. =B$2+$C2　　D. =A$2+$C1

2. 多项选择题

（1）在 Excel 中，下列公式格式正确的有____。

A. =SUM(3,4,5)　　B. SUM(A1:A6)

C. =SUM(A1:A6)　　D. =SUM(A1A6)

（2）在 Excel 中，下列叙述正确的有____。

A. 移动公式时，公式中单元格引用将保持不变

B. 复制公式时，公式中单元格引用会根据引用类型自动调整

C. 移动公式时，公式中单元格引用将做调整

D. 复制公式时，公式中单元格引用将保持不变

（3）在 Excel 中，正确的单元格地址有____。

A. A$5　　B. $A5　　C. $A$5　　D. 5A

（4）在 Excel 中，在单元格 D1、D2、D3、D4 中分别输入了 10、星期天、−2、2013-10-02，则下列计算公式可以正确执行的有____。

A. =D1^3　　B. =D2−1　　C. =D3+4x−6　　D. =D4+3

7.5.2 实践案例

党的二十大报告指出："增进民生福祉，提高人民生活品质"，党的十八大以来居民收入水平较快增长，消费水平持续提高，生活质量稳步提升。图 7-19 所示的工作表中的数据显示了 10 年来我国人民生活质量显著提高，请在 Excel 2016 中对图 7-19 所示的工作表完成数据统计操作。

	A	B	C	D	E
1	党的十八大以来经济社会发展成就——人民生活质量取得显著提高				
2	生活质量	2012年/元	2021年/元	增加金额/元	累计名义增长率/%
3	全国居民人均可支配收入	16510	35128		
4	城镇居民人均可支配收入	24128	47412		
5	农村居民人均可支配收入	8388	18931		
6	全国居民人均消费支出	12054	24100		
7	城镇居民人均消费支出	17103	30307		
8	农村居民人均消费支出	6668	15916		

图 7−19 数据统计操作练习

（1）利用公式计算"增加金额"列，增加金额=2021 年金额−2012 年金额。

（2）先用公式计算"累计名义增长率"列，累计名义增长率=增加金额 ÷ 2012 年金额。

（3）设置单元格格式，表中金额列设置为货币类型，小数位数设为 0；增长率为百分比类型，小数位数保留 1 位。

项目八 Excel 数据管理的应用——商品销售表的管理与分析

学习目标

Excel 提供了强大的数据管理功能，可以让用户方便地组织、管理和分析大量的数据信息。在 Excel 中，用户可以对工作表中的数据进行排序、筛选、分类汇总，还可以为工作表创建图表、数据透视表，进行一些较为复杂的统计分析工作。

本项目通过对商品销售表进行管理与分析操作，介绍 Excel 2016 中数据管理的基本方法等。

通过对本项目的学习，读者能够掌握计算机水平考试及计算机等级考试的相关知识点，达到下列学习目标。

知识目标：

- 学会对数据进行排序。
- 学会筛选、分析数据。
- 学会利用数据的分类汇总功能分析数据。
- 学会创建数据透视表。
- 学会创建数据图表。

技能目标：

- 能通过排序对数据进行分析。
- 能筛选出符合条件的数据。
- 能对数据按字段分类汇总。
- 能创建数据透视表进行数据分析。
- 会制作数据图表。

8.1 项目总要求

苏珊是某电器商场财务部的助理，她需要在例会上报告本月的电器销售情况，为了提高工作效率和水平，她准备用 Excel 对电器销售中的主要数据进行统计分析。

经过对销售数据的认真分析，苏珊对商品销售表的表结构进行了规划。表中的信息包括序号、产品类别、品牌名称、型号、价格、销量及销售额等项目。最终的表格效果如图 8-1 所示。

商品销售表可以分为数据统计操作和数据管理分析两部分。

1. 数据统计操作

① 创建一个名为“商品销售管理与分析. xlsx”的工作簿，并创建工作表“商品销售表”，完成数据的输入和计算；复制该工作表，分别重命名为“销售排序表”“销售筛选表”。

② 在“销售排序表”中按“产品类别”升序排列，类别相同的按“价格”降序排列。

③ 在“销售筛选表”中按商品品牌名称筛选各品牌的销售情况；筛选出“海尔”价格高

于 5000 元，以及“美的”价格高于 2000 元的所有商品的销售情况。

	A	B	C	D	E	F	G
1	序号	产品类别	品牌名称	型号	价格	销量	销售额
2	1	电视	长虹	55英寸彩电	¥2,299	22	¥50,578
3	2	电视	海尔	55英寸彩电	¥2,577	26	¥67,002
4	3	电视	康佳	55英寸彩电	¥1,899	28	¥53,172
5	4	电视	海信	55英寸彩电	¥4,799	16	¥76,784
6	5	电视	创维	55英寸彩电	¥1,989	12	¥23,868
7	6	电视	创维	65英寸彩电	¥3,999	10	¥39,990
8	7	电视	长虹	65英寸彩电	¥3,299	18	¥59,382
9	8	电视	海尔	65英寸彩电	¥3,550	20	¥71,000
10	9	电视	康佳	65英寸彩电	¥3,199	13	¥41,587
11	10	电视	海信	75英寸彩电	¥4,999	8	¥39,992
12	11	电视	创维	75英寸彩电	¥5,799	11	¥63,789
13	12	电视	海尔	75英寸彩电	¥6,500	5	¥32,500
14	13	洗衣机	海尔	8kg洗衣机	¥2,799	30	¥83,970
15	14	洗衣机	LG	8kg洗衣机	¥4,599	28	¥128,772
16	15	洗衣机	小天鹅	8kg洗衣机	¥2,599	45	¥116,955
17	16	洗衣机	美的	8kg洗衣机	¥2,099	50	¥104,950
18	17	洗衣机	海尔	10kg洗衣机	¥5,499	31	¥170,469
19	18	洗衣机	LG	10kg洗衣机	¥5,999	38	¥227,962
20	19	洗衣机	小天鹅	10kg洗衣机	¥4,299	34	¥146,166
21	20	洗衣机	西门子	10kg洗衣机	¥5,799	40	¥231,960
22	21	冰箱	美的	535L冰箱	¥3,299	50	¥164,950
23	22	冰箱	海信	535L冰箱	¥3,300	36	¥118,800
24	23	冰箱	海尔	535L冰箱	¥5,799	32	¥185,568
25	24	冰箱	西门子	600L冰箱	¥12,999	25	¥324,975
26	25	冰箱	美的	600L冰箱	¥6,299	29	¥182,671
27	26	冰箱	海尔	600L冰箱	¥7,099	19	¥134,881

商品销售表 | 销售排序表 | 销售筛选表 | ...

图 8-1　商品销售表的最终效果

2. 数据管理分析

① 复制“商品销售表”工作表，生成“销售分类汇总表”，按“品牌名称”对销售信息进行分类汇总，统计不同品牌的总销售额。

② 依据“商品销售表”中的数据，建立数据透视表，分析各品牌对商场营业额的贡献以及每个型号的商品最高的价格是多少。

③ 创建体现每个品牌总销售额的三维柱形图表，图表名称为“各品牌销售额图表”，并将图例放在图表底部。

8.2 任务一 Excel 数据统计操作

8.2.1 课前准备

为保证任务能够顺利完成，请在实际操作前预习以下内容，掌握 Excel 中简单的数据排序及自定义排序的方法，学会使用自动筛选和高级筛选进行数据统计操作等。

一、课前预习

1. 数据排序

在 Excel 中，排序是组织数据的基本手段之一。排序是指将表中数据按某列（或某行）

递增（或递减）的顺序进行重新排列。排序方式可以分为升序或降序、按行或按列、是否区分大小写、字母或笔画等方式。

排序可以分为简单排序和自定义排序。

① 简单排序。简单排序是指根据某一个字段的内容对数据进行升序或降序的排列。例如，在学生成绩表（包含学号、姓名、性别、总分列）中根据学号升序排列，其操作步骤为：将光标定位在“学号”列任意一个单元格中，单击【数据】|【排序和筛选】|【升序】命令，排序结果如图 8-2 所示。

	A	B	C	D
1	学号	姓名	性别	总分
2	120101	曾*煊	女	704
3	120102	谢*康	男	680
4	120103	齐*扬	男	649
5	120104	杜*江	男	656
6	120105	苏*放	男	635
7	120106	张*花	女	672
8	120201	刘*举	男	675
9	120202	孙*敏	女	639
10	120204	刘*锋	男	646
11	120206	李*大	男	653
12	120301	符*合	女	657
13	120302	李*娜	女	616
14	120303	闫*霞	女	628
15	120306	吉*祥	女	659

图 8-2　按学号升序排列结果

② 自定义排序。自定义排序是指通过对多列应用不同的排列条件，对数据进行排序，即当排序所依据的第一列内容相同时，再按照第二列中的内容进行排序，第二列也相同时，再按第三列的内容进行排序，最多可设置 3 列排序条件。

例如，学生成绩表中先按性别升序排列，当性别相同时按总分降序排列，其操作步骤为：将光标定位到数据区域任意一个单元格中，单击【数据】|【排序和筛选】|【排序】命令，打开“排序”对话框，设置的排序条件如图 8-3 所示。

单击“确定”按钮实现排序，排序结果如图 8-4 所示。

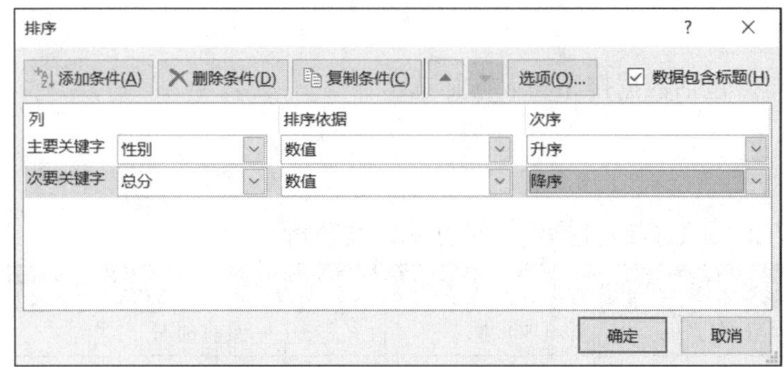

图 8-3　自定义排序的条件设置

	A	B	C	D
1	学号	姓名	性别	总分
2	120102	谢*康	男	680
3	120201	刘*举	男	675
4	120104	杜*江	男	656
5	120206	李*大	男	653
6	120103	齐*扬	男	649
7	120204	刘*锋	男	646
8	120105	苏*放	男	635
9	120101	曾*煊	女	704
10	120106	张*花	女	672
11	120306	吉*祥	女	659
12	120301	符*合	女	657
13	120202	孙*敏	女	639
14	120303	闫*霞	女	628
15	120302	李*娜	女	616

图 8-4　自定义排序结果

2. 数据筛选

数据筛选是指在数据清单中按照一定的条件，将符合条件的数据显示出来，不符合条件的数据暂时被隐藏起来，并未真正被删除，当筛选条件被取消后，这些数据又重新出现。

数据筛选通常有两种方法：自动筛选和高级筛选。

① 自动筛选。通过筛选工作表中的信息，将不满足条件的数据暂时隐藏起来，只显示符合条件的数据。自动筛选的操作步骤为：单击【数据】|【排序和筛选】|【筛选】命令，这时每列标题右侧都会出现一个“筛选”下拉按钮▾，单击列标题中的下拉按钮，将显示筛选可以选择的列表框；也可以通过选择值或搜索进行筛选，或在指向列表框中使用数字筛选器或文本筛选器，依据自定义的条件来筛选。

② 高级筛选。如果要筛选的数据需要满足复杂的条件，可使用高级筛选。设置高级筛选的操作步骤为：在工作表以及要筛选的单元格区域或表格上的单独条件区域中输入高级筛选的条件，然后单击【数据】|【排序和筛选】|【高级】命令，打开“高级筛选”对话框进行筛选设置，筛选结果可以在原有区域显示，也可以复制到指定的其他位置显示。

二、预习测试

单项选择题

（1）下列关于排序操作的叙述，正确的是____。

A. 数据经排序后就不能恢复为原来的排列顺序

B. 只能对数值型字段排序，不能对字符型字段排序

C. 用于排序的字段称为“关键字”，排序中只能有一个关键字

D. 排序可以选择字段值的升序或降序两个方向分别进行

（2）在 Excel 中能按一定顺序对数据进行重新显示的是____。

A. 筛选　B. 排序　C. 分类汇总　D. 图表

（3）下列关于筛选操作的叙述，正确的是____。

A. 对数据进行筛选时，不满足条件的记录将被删除

B. 筛选一旦执行就不可以取消

C. 高级筛选要先建立一个条件区域

D. 高级筛选结果必须显示到数据区以外的区域

（4）筛选操作不可以实现的功能是____。

A. 单条件筛选　B. 多条件筛选　C. 自定义筛选　D. 汇总筛选

三、预习情况解析

1. 涉及知识点

Excel 表格中的数据统计操作，包括数据排序和数据筛选。

2. 测试题解析

见表 8-1。

表 8-1　“Excel 数据统计操作”预习测试题解析

测试题序号	答案	参考知识点	测试题序号	答案	参考知识点
第（1）题	D	见课前预习“1.”	第（3）题	C	见课前预习“2.”
第（2）题	B	见课前预习“1.”	第（4）题	D	见课前预习“2.”

3. 易错点统计分析

师生根据预习反馈情况自行总结。

8.2.2　任务实现

一、实现商品销售表的数据排序

涉及知识点：数据排序的应用

根据商品销售情况，按不同的产品类别进行排序，查看产品类别的销售数据。

【任务 1】制作工作表“商品销售表”。

步骤 1： 创建名为“商品销售管理与分析.xlsx”的工作簿。

步骤 2： 创建工作表“商品销售表”，并输入图 8-1 所示的相关数据。

【任务 2】创建工作表“销售排序表”，让数据按“产品类别”升序排列。

步骤 1： 复制“商品销售表”。

在“商品销售表”工作表标签上单击鼠标右键，在弹出的快捷菜单中单击“移动或复制”命令，复制工作表，并将复制后的工作表重命名为“销售排序表”。

步骤 2：一级字段排序。

打开“销售排序表”工作表，选中“产品类别”列的任意一个单元格，单击【开始】|【编辑】|【排序和筛选】命令，选择“升序”选项，如图 8-5 所示。也可以单击【数据】|【排序和筛选】|【升序】命令进行排序设置。

排序结果如图 8-6 所示。

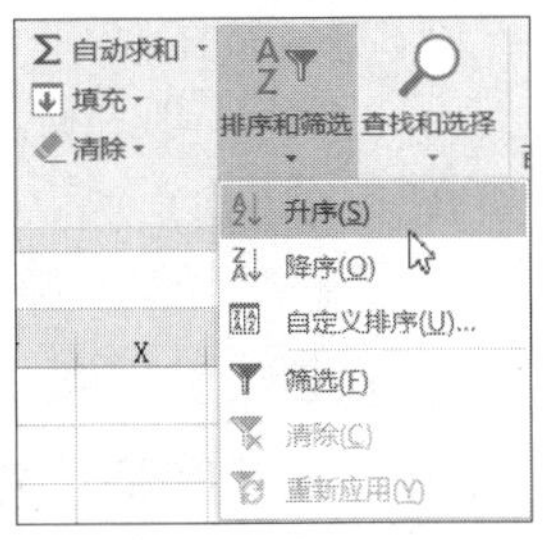

图 8-5　“排序和筛选”命令中的“升序”

	A	B	C	D	E	F	G
1	序号	产品类别	品牌名称	型号	价格	销量	销售额
2	21	冰箱	美的	535L冰箱	¥3,299	50	¥164,950
3	22	冰箱	海信	535L冰箱	¥3,300	36	¥118,800
4	23	冰箱	海尔	535L冰箱	¥5,799	32	¥185,568
5	24	冰箱	西门子	600L冰箱	¥12,999	25	¥324,975
6	25	冰箱	美的	600L冰箱	¥6,299	29	¥182,671
7	26	冰箱	海尔	600L冰箱	¥7,099	19	¥134,881
8	1	电视	长虹	55英寸彩电	¥2,299	22	¥50,578
9	2	电视	海尔	55英寸彩电	¥2,577	26	¥67,002

图 8-6　排序结果

【任务 3】在“销售排序表”中按“产品类别”升序排列，类别相同的按“价格”降序排列。

步骤 1：多级字段排序。

打开“销售排序表”工作表，选中数据区域的任意一个单元格，单击【开始】|【编辑】|【排序和筛选】命令，选择“自定义排序”选项，打开“排序”对话框，在该对话框中“主要关键字”后面的下拉列表框中选择“产品类别”，“排序依据”为“数值”，在“次序”下拉列表框中选择“升序”方式；单击“添加条件”按钮，在“次要关键字”后面的下拉列表框中选择“价格”，“排序依据”为“数值”，在对应的“次序”下拉列表框中选择“降序”方式，设置结果如图 8-7 所示。

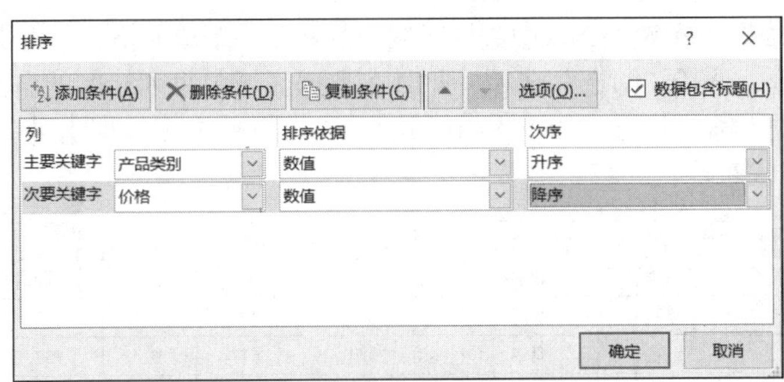

图 8-7　设置自定义排序方式

步骤 2：单击“确定”按钮，完成自定义排序操作。

排序后的结果如图 8-8 所示。

	A	B	C	D	E	F	G
1	序号	产品类别	品牌名称	型号	价格	销量	销售额
2	24	冰箱	西门子	600L冰箱	¥12,999	25	¥324,975
3	26	冰箱	海尔	600L冰箱	¥7,099	19	¥134,881
4	25	冰箱	美的	600L冰箱	¥6,299	29	¥182,671
5	23	冰箱	海尔	535L冰箱	¥5,799	32	¥185,568
6	22	冰箱	海信	535L冰箱	¥3,300	36	¥118,800
7	21	冰箱	美的	535L冰箱	¥3,299	50	¥164,950
8	12	电视	海尔	75英寸彩电	¥6,500	5	¥32,500

图 8-8　自定义排序后的结果

说明：

① 一级字段排序：也称简单排序，是根据某一个字段的内容对数据进行排序。

② 多级字段排序：也称自定义排序，是根据多列的内容对数据区域进行排序，也就是说，当排序所依据的第一列内容相同时，再按第二列内容进行排序；第二列也相同时，再按第三列内容进行排序。最多可设置 3 列排序条件。

③ 数据包含标题：选中“数据包含标题”复选框表示数据区域中的第一行字段为标题行，不参与排序。

④ Excel 还提供了一些特殊的排序功能，在“排序”对话框中单击“选项”按钮，打开“排序选项”对话框，可以设置：是否区分大小写、排序方向（按列排序或按行排序）、排序方法（按字母排序或按笔画排序）等，如图 8-9 所示。

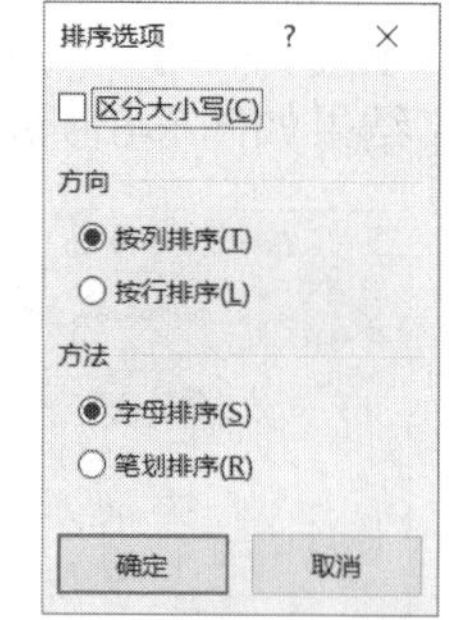

图 8-9 “排序选项”对话框

二、利用筛选功能分析数据

涉及知识点：数据的自动筛选和高级筛选

复制“商品销售表”，并将复制的工作表重命名为“销售筛选表”。

【任务 4】在“销售筛选表”工作表中按商品品牌名称进行筛选，查看各品牌的销售情况，如筛选出“海尔”品牌中价格高于或等于 5000 元的商品销售信息。

筛选可以帮助用户快速搜集有用的信息，用户只要给出条件，Excel 就会按照要求在工作表中只显示符合条件的记录，而将其他不满足条件的记录隐藏起来。

步骤 1：显示“筛选”按钮。

在“销售筛选表”工作表中，选中数据区域中的任意一个单元格，单击【开始】|【编辑】|【排序和筛选】命令，选择“筛选”选项，此时在数据区域中每列标题的右侧出现“筛选”下拉按钮▼，表示进入筛选状态，如图 8-10 所示。也可以单击【数据】|【排序和筛选】|【筛选】命令进入筛选状态。

	A	B	C	D	E	F	G
1	序号	产品类别	品牌名称	型号	价格	销量	销售额
2	1	电视	长虹	55英寸彩电	¥2,299	22	¥50,578
3	2	电视	海尔	55英寸彩电	¥2,577	26	¥67,002
4	3	电视	康佳	55英寸彩电	¥1,899	28	¥53,172
5	4	电视	海信	55英寸彩电	¥4,799	16	¥76,784
6	5	电视	创维	55英寸彩电	¥1,989	12	¥23,868

图 8-10 筛选状态

步骤 2：设置筛选条件。

单击“品牌名称”列右侧的下拉按钮，在打开的下拉列表中选中“海尔”复选框，如图 8-11 所示，单击“确定”按钮完成品牌名称的筛选设置；单击“价格”列右侧的下拉按钮，在打开的下拉列表中单击“数字筛选”命令，选择“大于或等于”选项，打开“自定义自动筛选方式”对话框，在价格“大于或等于”后面的下拉列表框中输入“5000”，如图 8-12 所示。

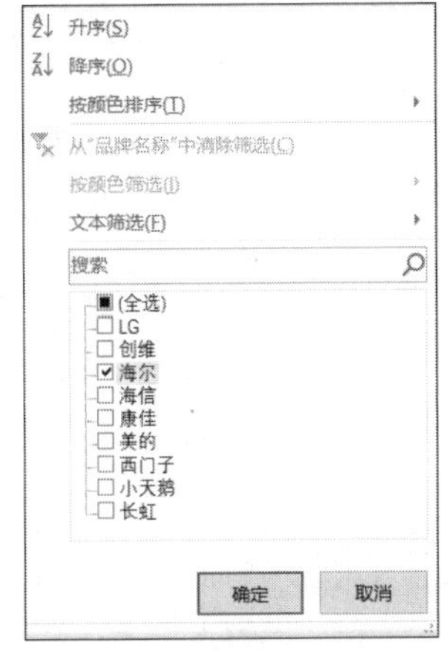

图 8-11　选中“海尔”复选框

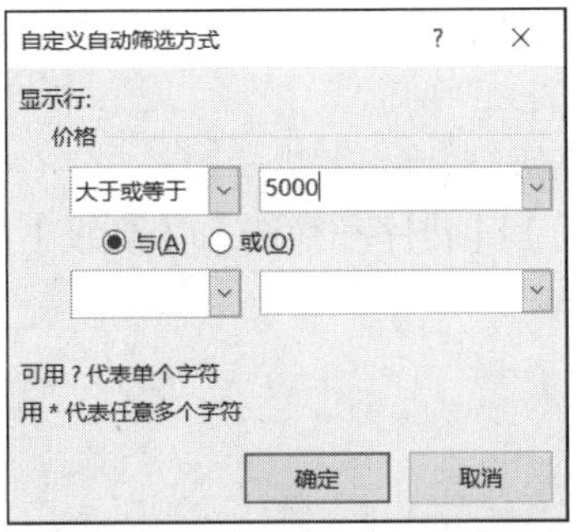

自定义自动筛选方式
显示行:
价格
大于或等于　5000
与(A)　或(O)
可用 ? 代表单个字符
用 * 代表任意多个字符
确定　取消

图 8-12　“自定义自动筛选方式”对话框

步骤 3： 单击“确定”按钮，完成自动筛选。

筛选后的结果如图 8-13 所示。

	A	B	C	D	E	F	G
1	序号	产品类别	品牌名称	型号	价格	销量	销售额
13	12	电视	海尔	75英寸彩电	¥6,500	5	¥32,500
18	17	洗衣机	海尔	10kg洗衣机	¥5,499	31	¥170,469
24	23	冰箱	海尔	535L冰箱	¥5,799	32	¥185,568
27	26	冰箱	海尔	600L冰箱	¥7,099	19	¥134,881

图 8-13　自动筛选的结果

说明：

上述操作利用了数据“筛选”功能，常见的筛选有以下 3 种方式。

① 单条件筛选：将数据清单设置为自动筛选状态后，单击某一字段右侧的下拉按钮，从下拉列表中选择某一字段值，就会得到筛选结果。

② 多条件筛选：如果要使用多条件筛选，可在前一个筛选条件的基础上进行下一步的操作。多条件之间满足逻辑“与”的关系，只有多个条件同时满足的记录才会显示出来，如任务 4 筛选出的记录。

③ 自定义筛选：选择区域内的任意一个单元格，单击【数据】|【筛选】按钮，单击列标题右侧的下拉按钮，在打开的下拉列表中选择“文本筛选器”或“数字筛选器”，然后选择比较方式，如 “大于”，这时会弹出“自定义自动筛选方式”对话框，该对话框左侧的下拉列表框用于显示关系运算符，如等于、大于或小于等，右侧的下拉列表框用来设置具体数值，而且两个比较条件还能以“与”或“或”的关系组合起来形成复杂的关系。

若想取消筛选，可以单击【开始】|【编辑】|【排序和筛选】|【清除】命令或单击筛选字段右侧的下拉按钮，选中“(全选)”复选框，显示全部数据。

【任务 5】使用高级筛选功能，筛选出“海尔”品牌中价格高于 5000 元，以及“美的”品牌中价格高于 2000 元的所有商品的销售情况。

使用高级筛选功能时，可以应用较复杂的条件来筛选数据清单。与自动筛选功能不同的是，使用高级筛选功能时需要在数据区域之外建立一个条件区域。条件区域可以建立在数据清单的上方、下方、左侧或右侧，但与数据区域间必须至少要保留一个空行或空列。应用高级筛选功能的具体步骤如下。

步骤 1：建立条件区域。

在“销售筛选表”工作表的单元格区域 I2:J4 中输入图 8-14 所示的筛选条件，筛选条件区域首行为设置条件的标题名称（要与筛选的数据区域标题名称相同），下面对应单元格中未设置的条件内容。

步骤 2：高级筛选的设置。

单击【数据】|【排序和筛选】|【高级】命令，打开“高级筛选”对话框，如图 8-15 所示。

I	J
品牌名称	价格
海尔	>5000
美的	>2000

图 8-14　高级筛选的条件

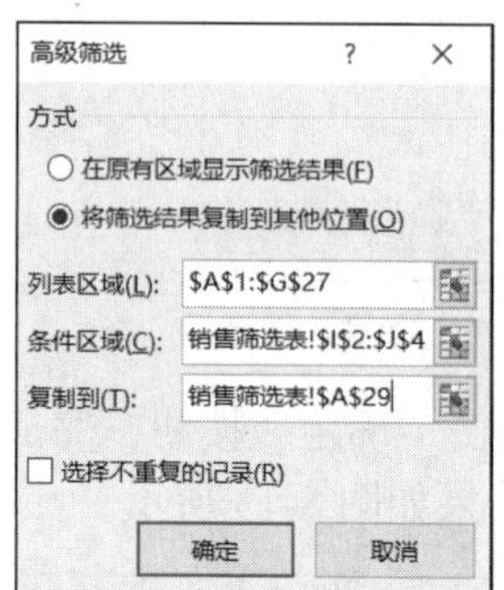

图 8-15　“高级筛选”对话框

在“方式”选项组中选中“将筛选结果复制到其他位置”单选按钮；单击“列表区域”右侧的拾取按钮，选中数据清单所在的单元格区域 A1:G27；单击“条件区域”右侧的拾取按钮，选中条件所在的单元格区域 I2:J4；单击“复制到”右侧的拾取按钮，选中单元格 A29，完成高级筛选的设置。

步骤 3：单击“确定”按钮，完成筛选操作。

筛选结果如图 8-16 所示。

序号	产品类别	品牌名称	型号	价格	销量	销售额
12	电视	海尔	75英寸彩电	¥6,500	5	¥32,500
16	洗衣机	美的	8kg洗衣机	¥2,099	50	¥104,950
17	洗衣机	海尔	10kg洗衣机	¥5,499	31	¥170,469
21	冰箱	美的	535L冰箱	¥3,299	50	¥164,950
23	冰箱	海尔	535L冰箱	¥5,799	32	¥185,568
25	冰箱	美的	600L冰箱	¥6,299	29	¥182,671
26	冰箱	海尔	600L冰箱	¥7,099	19	¥134,881

图 8-16　高级筛选结果

说明：

在使用高级筛选功能时，条件区域的定义最为复杂，设置条件时要注意以下几点。

① 条件区域的选择：条件区域与数据清单之间必须有空行或者空列隔开，空行或空列可以与数据清单不在一个工作表上，也可以在一个工作表上。

② 条件区域的设置：条件区域至少要有两行，第一行用来设置字段名，且其应与数据清单中的字段名完全一致，最好是通过复制得到；第二行则用于放置筛选条件。

③ 条件放置的原则：条件区域可以定义多个条件，这些条件可以输入条件区域的同一行，也可以输入不同行。两个字段名下面的同一行中的各个条件之间为“与”的关系，也就是条件必须同时成立才符合条件；两个字段名下面的不同行中的各个条件之间为“或”的关系，也就是条件只要有一个成立就符合条件。

8.3 任务二 Excel 数据管理分析

8.3.1 课前准备

为保证任务能够顺利完成，请在实际操作前预习以下内容，掌握 Excel 中的数据分类汇总、数据透视表及图表的制作等操作。

一、课前预习

1. 分类汇总

分类汇总是按数据清单的某列对记录进行分类，将列值相同的连续记录分为一组，并可以对各组数据进行求和、计数、求平均值、求最大值等汇总计算。进行分类汇总的表格必须带有列标题（字段名），并且对需要分类的字段进行排序。

例如，在学生成绩表中，按男女生分别统计平均成绩，首先按性别进行排序，再单击【数据】|【分级显示】|【分类汇总】命令，在弹出的“分类汇总”对话框中设置分类字段为“性别”、汇总方式为“平均值”、选定汇总项为“总分”，如图 8-17 所示。

单击“确定”按钮完成分类汇总，结果如图 8-18 所示。

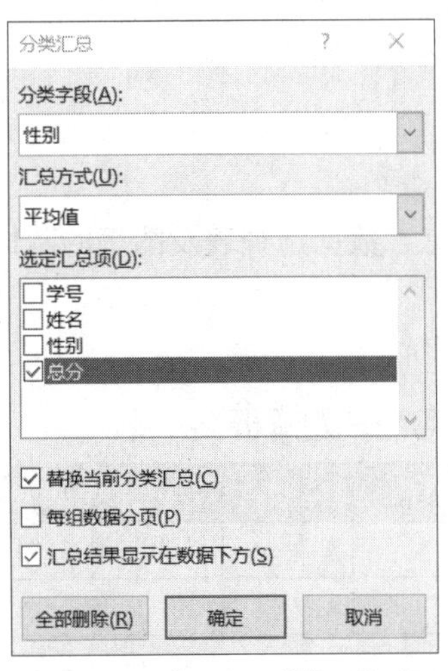

图 8-17 “分类汇总”对话框

	A	B	C	D
1	学号	姓名	性别	总分
2	120102	谢*康	男	680
3	120103	齐*扬	男	649
4	120104	杜*江	男	656
5	120105	苏*放	男	635
6	120201	刘*举	男	675
7	120204	刘*锋	男	646
8	120206	李*大	男	653
9			**男 平均值**	656.1
10	120101	曾*煊	女	704
11	120106	张*花	女	672
12	120202	孙*敏	女	639
13	120301	符*合	女	657
14	120302	李*娜	女	616
15	120303	闫*霞	女	628
16	120306	吉*祥	女	659
17			**女 平均值**	653.5
18			**总计平均值**	654.8

图 8-18 分类汇总结果

2. 数据透视表

数据透视表是按照不同的组织方式，对大量数据快速汇总和建立交叉列表的一种表格。通过这种表格，用户可以从不同侧面分析和管理数据。

若要创建数据透视表，必须连接到一个数据源，可以使用 Excel 工作表创建数据透视表，也可以使用外部数据创建，还可以使用多重合并计算的数据区域创建；创建的数据透视表可以是新工作表，也可以放置在现有工作表中。创建数据透视表之后，可以使用数据透视表字段列表对字段进行操作（如添加字段、删除字段、重新排列等）。

3. 图表制作

利用工作表中的数据制作图表，可以更加清晰、直观和生动地表现数据，方便用户查看数据之间的差异和趋势。在 Excel 中，图表类型有饼图、柱形图、折线图等，还可以实现二维和三维图表的绘制。

可以通过单击【插入】|【图表】命令中的按钮插入各种类型的图表，如需要显示一段时间内数据的变化或显示不同项目之间的对比可以选择柱形图；如需要显示数据随时间或类别

的变化趋势可以选择折线图；如需要显示各个值在总和中的分布情况，可以选择饼图等。图表创建好之后，可以更改图表类型，也可以删除图表。删除图表并不影响原有数据，但是修改或删除数据会将直接影响图表的显示。

二、预习测试

单项选择题

（1）在进行分类汇总时，不可以设置的内容是____。

A. 分类字段　　B. 汇总方式

C. 显示方式　　D. 排序

（2）下列选项中，不可以作为 Excel 数据透视表的数据源的是____。

A. 文本文件　　B. Excel 工作表

C. 外部数据　　D. 多重合并计算的数据区域

（3）下列说法错误的是____。

A. 汇总方式只能是求和

B. 分类汇总的关键字段只能是一个字段

C. 分类汇总前数据必须按关键字段排序

D. 分类汇总可以删除，但删除汇总后排序操作不能撤销

三、预习情况解析

1. 涉及知识点

Excel 表格中数据管理分析的操作，包括数据分类汇总、数据透视表及图表的制作。

2. 测试题解析

见表 8-2。

表 8-2　“Excel 数据管理分析”预习测试题解析

测试题序号	答案	参考知识点	测试题序号	答案	参考知识点
第（1）题	D	见课前预习“1.”	第（3）题	A	见课前预习“1.”
第（2）题	A	见课前预习“2.”			

3. 易错点统计分析

师生根据预习反馈情况自行总结。

8.3.2 任务实现

一、利用分类汇总功能分析数据

涉及知识点：数据的分类汇总

分类汇总是 Excel 提供的管理和分析数据的一项基本功能，它按数据清单的某列对记录进行分类，将列值相同的连续记录分为一组，并可以对各组数据进行求和、计数、求平均值、求最大值等汇总计算，使数据记录更加清晰、易懂。

在执行分类汇总操作前，应先按分类所依据的列进行排序，以确保列值相同的记录是连续的。

【任务 1】创建工作表“销售分类汇总表”。

复制“商品销售表”，并将复制的工作表重命名为“销售分类汇总表”。

【任务 2】按“品牌名称”对销售信息进行分类汇总，统计不同品牌的销售额的汇总情况。

步骤 1：按“品牌名称”字段排序。

在“销售分类汇总表”工作表中，选中“品牌名称”列的任意一个单元格，单击【开始】|【编辑】|【排序和筛选】命令，选择“升序”选项，按品牌名称进行升序排列。

步骤 2：实现分类汇总。

选中数据区域中的任意一个单元格，单击【数据】|【分级显示】|【分类汇总】命令，打开“分类汇总”对话框，在“分类字段”下拉列表框中选择“品牌名称”，在“汇总方式”下拉列表框中选择“求和”，在“选定汇总项”列表框中选中“销售额”复选框，如图 8-19 所示。

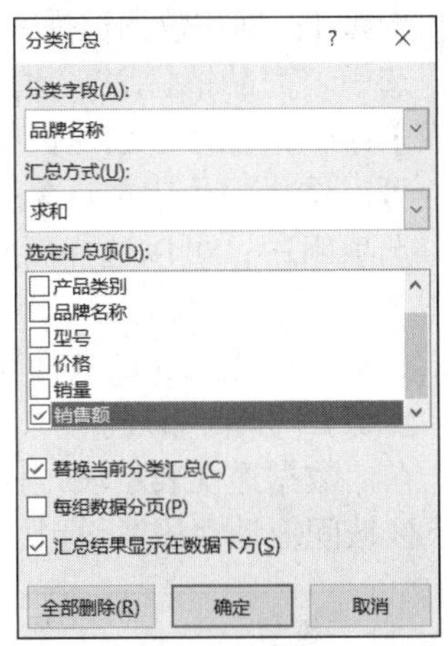

图 8-19 “分类汇总”对话框

分类汇总结果如图 8-20 所示。

	A	B	C	D	E	F	G
1	序号	产品类别	品牌名称	型号	价格	销量	销售额
2	14	洗衣机	LG	8kg洗衣机	¥4,599	28	¥128,772
3	18	洗衣机	LG	10kg洗衣机	¥5,999	38	¥227,962
4			**LG 汇总**				¥356,734
5	5	电视	创维	55英寸彩电	¥1,989	12	¥23,868
6	6	电视	创维	65英寸彩电	¥3,999	10	¥39,990
7	11	电视	创维	75英寸彩电	¥5,799	11	¥63,789
8			**创维 汇总**				¥127,647
9	2	电视	海尔	55英寸彩电	¥2,577	26	¥67,002
10	8	电视	海尔	65英寸彩电	¥3,550	20	¥71,000
11	12	电视	海尔	75英寸彩电	¥6,500	5	¥32,500
12	13	洗衣机	海尔	8kg洗衣机	¥2,799	30	¥83,970
13	17	洗衣机	海尔	10kg洗衣机	¥5,499	31	¥170,469
14	23	冰箱	海尔	535L冰箱	¥5,799	32	¥185,568
15	26	冰箱	海尔	600L冰箱	¥7,099	19	¥134,881
16			**海尔 汇总**				¥745,390

图 8-20 分类汇总结果

说明：

从图 8-20 可以看出，在数据清单的左侧，有“隐藏明细数据符号”(-)的标记，单击“-”号，可以隐藏原始数据清单数据而只显示汇总后的数据结果，同时“-”号变成“+”号，单击“+”号即可显示明细数据。

如果要取消分类汇总，需要再次打开“分类汇总”对话框，单击“全部删除”按钮。

二、创建销售数据透视表

涉及知识点：数据透视表的创建

数据透视表是 Excel 提供的强大的数据分析处理工具，通过向导可以让二维的、平面的工作表产生立体、多维的分析效果。

【任务 3】依据“商品销售表”中的数据，建立数据透视表。分析各品牌对商场营业额的贡献以及每个型号的商品最高的价格是多少。

步骤 1：创建数据透视表。

选中“商品销售表”数据区域中的任意一个单元格，单击【插入】|【表格】|【数据透视表】命令，打开“创建数据透视表”对话框，“请选择要分析的数据”选项组中有两个选项，可以选择一个表或区域，也可以选择使用外部数据源；在“选择放置数据透视表的位置”选项组中，可以选择新建工作表，也可以选择现有工作表，这里默认系统选项，设置如图 8-21 所示。此时 Excel 在当前工作表前插入一个新工作表“Sheet1”，并作为当前工作表，显示数据透视表的页面布局。

步骤 2：页面布局。

在“数据透视表字段”任务窗格中，包含“选择要添加到报表的字段”选项区以及“在以下区域间拖动字段”设置区，如图 8-22 所示。

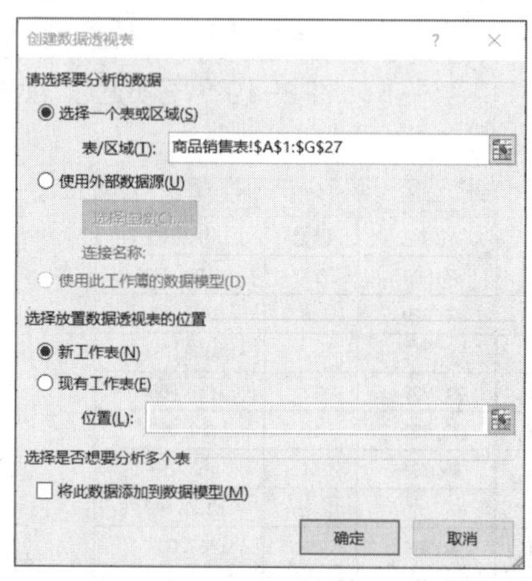

图 8-21 “创建数据透视表”对话框

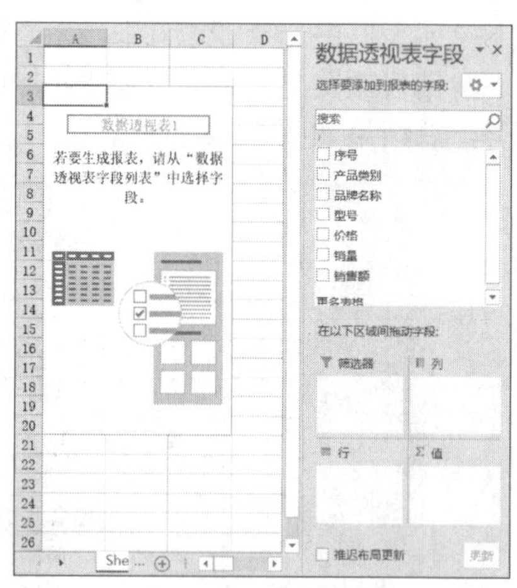

图 8-22 “数据透视表字段”任务窗格

分析各品牌对商场营业额的贡献，按住鼠标左键拖动“品牌名称”至行标签区，按住鼠标左键拖动“销售额”至数值区，如果字段没有到需要区域可以通过拖动修正；单击数值区中销售额右侧的下拉按钮，在打开的下拉列表中选择“值字段设置”选项，打开“值字段设置”对话框，如图 8-23 所示，在对话框的“值汇总方式”选项卡中选择计算类型为“求和”；单击“数字格式”按钮，设置数字格式为货币，小数点位数设置为 0。

单击“确定”按钮，得到的数据透视表如图 8-24 所示。

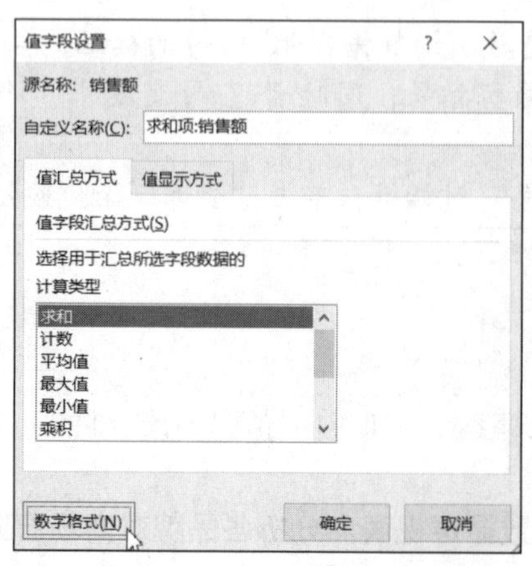

图 8-23 “值字段设置”对话框

	A	B
1		
2		
3	行标签	求和项:销售额
4	LG	¥356, 734
5	创维	¥127, 647
6	海尔	¥745, 390
7	海信	¥235, 576
8	康佳	¥94, 759
9	美的	¥452, 571
10	西门子	¥556, 935
11	小天鹅	¥263, 121
12	长虹	¥109, 960
13	总计	¥2, 942, 693
14		

图 8-24 数据透视表

步骤 3：更改数据透视表的页面布局。

数据透视表创建好之后，可以根据需要更改其页面布局，以满足新的统计分析需要。例如，更改步骤 2 中创建的数据透视表的页面布局，以分析每个型号的商品最高的价格是多少。具体的更改步骤如下。

在“数据透视表字段”任务窗格中，将“在以下区域间拖动字段”中行标签区中的“品牌名称”拖至列标签，将“型号”拖至行标签区，取消选中“选择要添加到报表的字段”选项区中的“销售额”复选框，并将“价格”字段拖至数值区；单击数值区“价格”字段右侧的下拉按钮，在打开的下拉列表中选择“值字段设置”，在弹出的“值字段设置”对话框中设置计算类型为“最大值”，完成对各型号商品最高价格的分析。更改后的数据透视表如图 8-25 所示。

最大值项:价格	列标签									
行标签	LG	创维	海尔	海信	康佳	美的	西门子	小天鹅	长虹	总计
10kg洗衣机	5999		5499				5799	4299		5999
535L冰箱			5799	3300		3299				5799
55英寸彩电		1989	2577	4799	1899				2299	4799
600L冰箱			7099			6299	12999			12999
65英寸彩电		3999	3550		3199				3299	3999
75英寸彩电		5799	6500	4999						6500
8kg洗衣机	4599		2799			2099		2599		4599
总计	5999	5799	7099	4999	3199	6299	12999	4299	3299	12999

图 8-25　更改后的数据透视表

步骤 4：保存数据透视表。

将工作表“Sheet1”重命名为“销售透视表”，选中该工作表标签并将其拖动至“销售分类汇总表”后面。

三、制作数据图表

涉及知识点：图表的创建、编辑和美化

图表可以更加清晰、直观地表现数据，用户可以根据工作表数据创建各种美观、实用的图表。

1. 创建图表

【任务 4】创建能体现每个品牌总销售额的三维柱形图表，图表名称为“各品牌销售额图表”，并将图例放在图表底部。

步骤 1：编辑数据区域。

打开“销售分类汇总表”工作表，单击分类汇总结果左侧窗口中的“2”选项，显示隐藏明细的数据信息，如图 8-26 所示。

	A	B	C	D	E	F	G
1	序号	产品类别	品牌名称	型号	价格	销量	销售额
4			LG 汇总				¥356,734
8			创维 汇总				¥127,647
16			海尔 汇总				¥745,390
20			海信 汇总				¥235,576
23			康佳 汇总				¥94,759
27			美的 汇总				¥452,571
30			西门子 汇总				¥556,935
33			小天鹅 汇总				¥263,121
36			长虹 汇总				¥109,960
37			总计				¥2,942,693

图 8-26　显示数据信息

步骤 2： 创建图表。

按住 Ctrl 键选中品牌名称和销售额数据区域，单击【插入】|【图表】|【插入柱形图或条形图】命令，在打开的下拉列表中选择“三维簇状柱形图”图表类型，如图 8-27 所示。

插入三维簇状柱形图后，单击图表名称将其重命名为“各品牌销售额图表”；单击【图表工具 · 设计】|【图表布局】组中的“添加图表元素”下拉按钮，在打开的下拉列表中选择“图例”中的“底部”，创建完成的图表如图 8-28 所示。

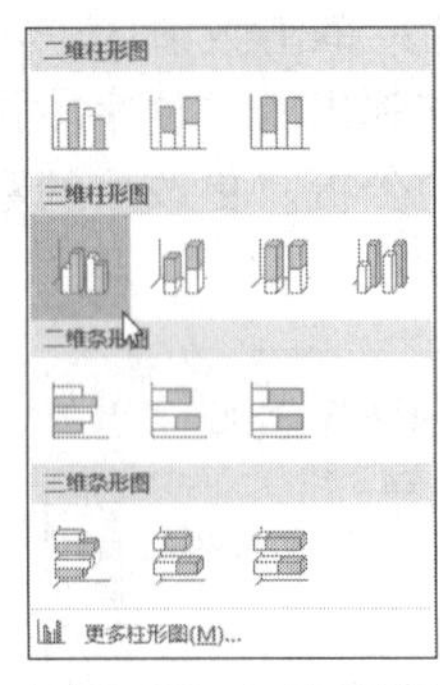

图 8-27　插入图表

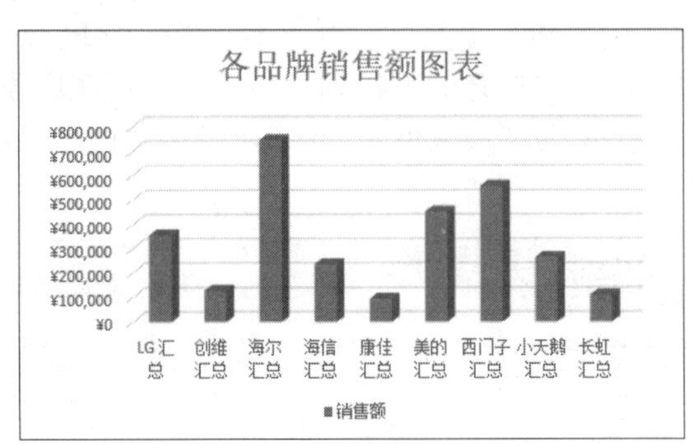

图 8-28　创建完成的图表

2. 更改图表

【任务 5】修改图表，将图表类型改为“饼图”，更改图表样式为“样式 3”，将图表区的格式填充效果设为“再生纸”。

步骤 1： 更改图表类型。

选中图表，单击【图表工具 · 设计】|【类型】|【更改图表类型】命令，在弹出的“更改图表类型”对话框中切换到“饼图”选项卡，选择“饼图”，如图 8-29 所示，单击“确定”按钮，完成设置。更改图表类型后的效果如图 8-30 所示。

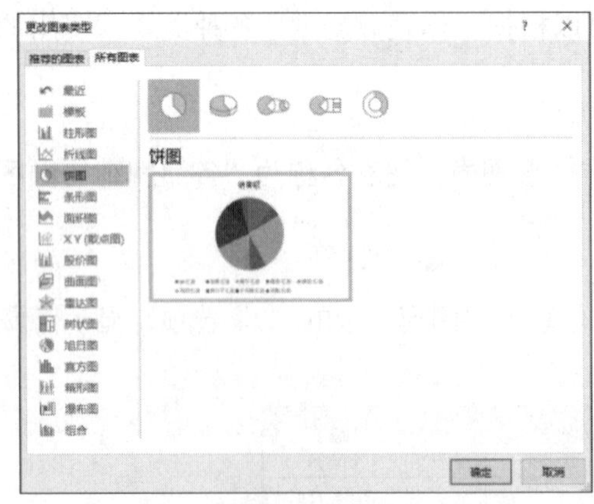

图 8-29　“更改图表类型”对话框

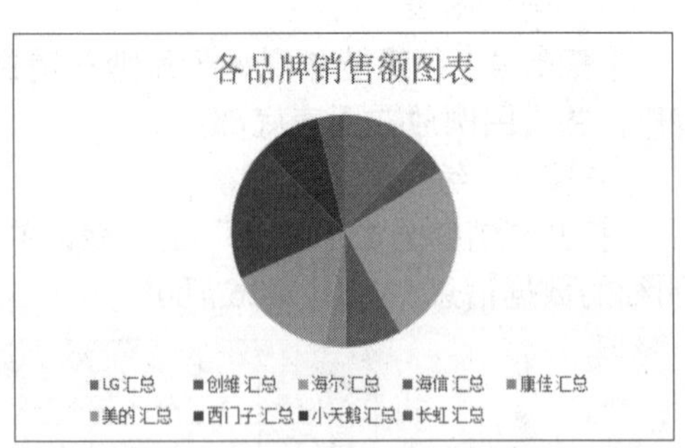

图 8-30　更改图表类型后的效果

步骤 2： 更改图表样式。

选中图表，单击“设计”选项卡“图表样式”组的“样式 3”选项，更改图表的样式显示各品牌所占总销售额的百分比。更改图表样式后的效果如图 8-31 所示。

步骤 3： 填充图表区效果。

选中图表，单击【格式】|【形状样式】|【形状填充】命令，选择“纹理”，再选择“再生纸”选项，完成图表区效果的填充，填充后的效果如图 8-32 所示。

说明：

① 图表的缩放：拖动图表区的控制点可缩放图表。

② 图表的删除：选中图表，按 Delete 键可删除图表。图表删除后，不会影响表中的数据。

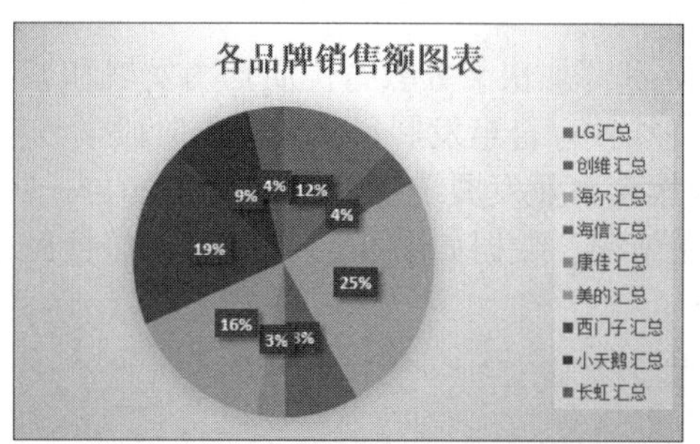

图 8-31　更改图表样式后的效果

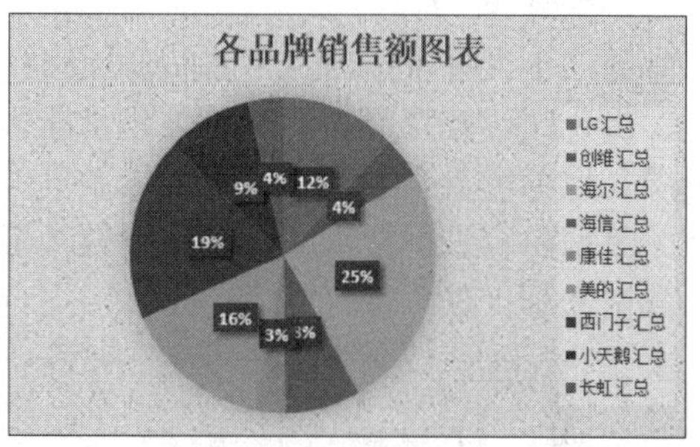

图 8-32　填充后的效果

8.4 项目总结

在本项目中，我们主要完成了商品销售表的数据统计和管理分析操作。

① 在完成项目的过程中，我们进一步熟悉了使用 Excel 2016 管理和分析数据的方法，学习了数据的排序、数据的筛选、数据的分类汇总、数据透视表及图表的制作等。

② 在数据统计操作任务中，主要介绍了数据的排序和筛选。数据排序操作可以实现一级字段排序和多级字段排序；在筛选操作中可以进行自动筛选和高级筛选，而高级筛选必须要先建立筛选的条件区域。

③ 在数据管理分析任务中，主要介绍了分类汇总的方法、数据透视表及图表的制作。在执行分类汇总操作前，要先按分类所依据的列进行排序；数据透视表在创建时要合理进行布局以实现不同的数据组织方式；制作图表时选择合适的图表类型会使数据分析更加直观。

完成本项目后，读者可以利用排序、筛选、分类汇总、数据透视表及图表对数据进行管理和分析，从而具备管理大量数据并进行复杂统计分析的能力。

8.5 技能拓展

8.5.1 理论考试练习

单项选择题

（1）在 Excel 中，数据清单中的列标记被认为是数据库的____。

A. 字数　　B. 字段名　　C. 数据类型　　D. 记录

（2）已知在某 Excel 工作表中，“职务”列的 4 个单元格中的数据分别为“厅长”“处长”“科长”“主任”，按字母升序排列的结果为____。

A. 厅长、处长、主任、科长　　B. 科长、主任、处长、厅长

C. 处长、科长、厅长、主任　　D. 主任、处长、科长、厅长

（3）某 Excel 数据表记录了学生的 5 门课成绩，现要找出 5 门课都不及格的同学的数据，应使用____命令。

A. 查找　　B. 排序　　C. 筛选　　D. 定位

（4）在 Excel 中可以创建各类图表，其中能够显示数据随时间或类别而变化的趋势的图表为____。

A. 条形图　　B. 折线图　　C. 饼图　　D. 面积图

8.5.2　实践案例

党的二十大报告指出："办好人民满意的教育"和"加快义务教育优质均衡发展和城乡一体化，优化区域教育资源配置，强化学前教育、特殊教育普惠发展，坚持高中阶段学校多样化发展，完善覆盖全学段学生资助体系"。从全国教育事业发展统计公报中摘取 2017—2021 年相关数据内容进行分析，了解我国教育事业发展情况，数据如图 8-33 所示（不包括民办教育，数据来源于教育部官网）。

	A	B	C	D	E	F	G
1	注：表中数据为指定年份专任教师数量，单位为万人。						
2	教育性质	教育类型	2017年	2018年	2019年	2020年	2021年
3	幼儿园	学前教育	243.21	258.14	276.31	291.34	319.1
4	小学阶段教育	义务教育	594.49	609.19	626.91	643.43	660.08
5	初中阶段教育	义务教育	354.87	363.9	374.74	386.07	397.11
6	特殊教育	特殊教育	5.6	5.87	6.24	6.62	6.94
7	普通高中教育	高中阶段教育	177.4	181.26	185.92	193.32	202.83
8	中等职业教育	高中阶段教育	83.92	83.35	84.29	85.74	69.54
9	高等学校	高等教育	163.32	167.28	174.01	183.30	188.52

图 8-33　2017—2021 年全国专任教师数量

操作要求如下。

（1）按"教育类型"进行分类汇总，计算不同教育类型的每个年份专任教师的总和。

（2）分类汇总按 2 分级，选择教育类型和每个年份的汇总值制作簇状柱形图，对这 5 年的数据进行比较，查看这 5 年的发展情况。

（3）选中教育类型和 2021 年的汇总数据，制作饼图，图表名称为"2021 年不同教育类型专任教师统计"，图表样式为"样式 11"，查看 2021 年不同教育类型专任教师所占比率。

项目九 用 PowerPoint 制作演示文稿——制作大学生职业生涯规划演示文稿

学习目标

在会议报告、产品演示等各项活动中，常常需要将所要表达的信息制作成演示文稿，通过投影仪或者计算机屏幕播放。Microsoft Office 系列软件中的 PowerPoint 拥有强大的演示文稿制作功能，让用户能够很方便地创建和编辑演示文稿，也可以设置演示文稿的各种放映特效和动画效果，从而在多媒体教学、远程会议等信息化场合中向观众播放，还可以将演示文稿打印、打包，应用到更广泛的领域中。PowerPoint 是目前比较受用户青睐的一款演示文稿制作软件。

本项目通过制作大学生职业生涯规划演示文稿来讲解 PowerPoint 2016 的基本知识，以及使用 PowerPoint 2016 制作和放映演示文稿的方法和技巧。

通过对本项目的学习，读者能够掌握计算机水平考试及计算机等级考试的相关知识点，达到下列学习目标。

知识目标：

- 了解演示文稿的概念、PowerPoint 2016 的功能与运行环境。
- 了解创建演示文稿文件和使用演示文稿视图的方法。
- 了解设置幻灯片版式的方法。
- 了解选用演示文稿主题与设置幻灯片背景的方法。
- 了解插入和设置文本、图片、艺术字、形状、表格、超链接、多媒体对象等的方法。
- 了解制作幻灯片动画的方法。
- 了解设置放映方式和切换效果的方法。
- 了解打包和打印演示文稿的方法。
- 了解设置和编辑幻灯片母版的方法。

技能目标：

- 会演示文稿的各项基本操作。
- 会设计和制作幻灯片的动画效果。
- 会设置幻灯片的切换效果和放映方式。
- 会打包和打印演示文稿。
- 会使用幻灯片母版对演示文稿进行设计和修改。
- 能够根据需求制作各式幻灯片。

9.1 项目总要求

在老师的指导和帮助下，小明撰写了自己的大学生职业生涯规划设计书。为了向同学们分享大学生职业生涯规划设计的经验，小明决定使用 PowerPoint 2016 来制作大学生职业生涯规划演示文稿，向同学们放映展示。

大学生职业生涯规划演示文稿中包含标题、目录、自我介绍、职业认知、职业定位等内容；在放映幻灯片时还伴有背景音乐、动画特效、幻灯片切换等动态效果。制作完成的大学生职业生涯规划演示文稿效果如图 9-1 所示。

图 9-1 大学生职业生涯规划演示文稿效果

制作大学生职业生涯规划演示文稿的思路如下。

1. 设置幻灯片版式

第一张幻灯片版式设置为“标题幻灯片”；第二、第四、第五张幻灯片版式设置为“标题和内容”；第三张和第六张幻灯片版式设置为“空白”版式。

2. 制作 6 张幻灯片

① 在第一张幻灯片中输入标题“大学生职业生涯规划”和副标题“创/造/一/片/天/空 让/我/自/由/飞/翔”，调整文本格式；插入“图片 1.png”，设置图片大小并将其放在合适位置；设置背景图片为“背景.png”；插入背景音乐“高山流水.mp3”。

② 在第二张幻灯片中输入标题“目录”“关于我（个人网站首页：点击进入）”“职业认知”“职业定位”，分别设置文本格式；并为“关于我”“点击进入”“职业认知”“职业定位”分别设置超链接。

③ 在第三张幻灯片中插入文本框，输入文字“关于我”，绘制“五边形”形状，在形状上编辑文字“简介 Introduction”；插入图片“简介.png”，在图片上插入文本框，输入个人简介详细文字。

④ 在第四张幻灯片中输入标题“职业认知”，在文本占位符中输入相关文字。

⑤ 在第五张幻灯片中输入标题“职业定位”，插入 4 行 2 列的表格，在表格中输入相关文字内容，并调整表格样式。

⑥ 在第六张幻灯片中插入艺术字“谢谢观赏”，调整艺术字样式，并设置背景图片为“背景.png”。

3. 设计幻灯片动画

在第一张幻灯片中分别设置标题和副标题的动画效果。

4. 设置幻灯片切换效果

设置放映演示文稿时的幻灯片切换效果。

5. 设置幻灯片的放映方式

设置演示文稿的放映顺序，使用排练计时，控制每张幻灯片放映 15 秒后自动切换到下一张幻灯片并播放。

6. 全局修改

利用幻灯片母版统一添加作者信息，并对部分内容格式进行统一修改。

9.2 任务一 新建并设计大学生职业生涯规划演示文稿

9.2.1 课前准备

为保证任务能够顺利完成，请在实际操作前预习以下内容：PowerPoint 2016 工作界面及相应组成部分的功能，演示文稿和幻灯片，演示文稿视图和母版视图，幻灯片主题、版式和占位符以及幻灯片的基本操作。

一、课前预习

1. PowerPoint 2016 工作界面及相应组成部分的功能

PowerPoint 2016 工作界面如图 9-2 所示。

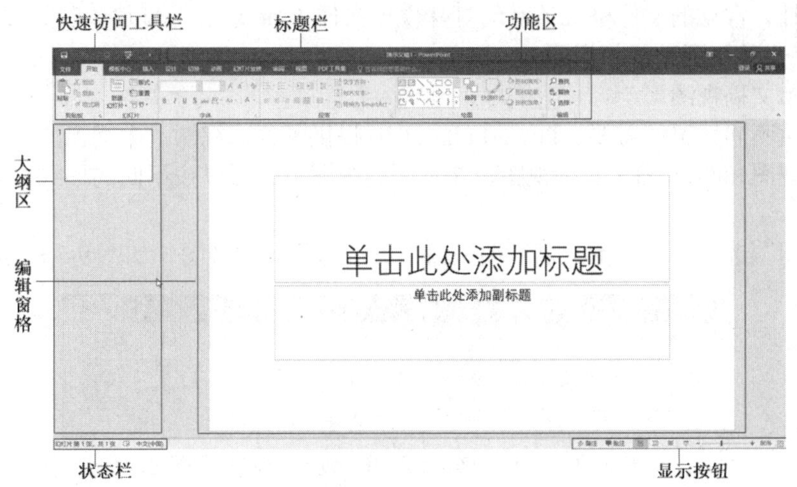

图 9-2 PowerPoint 2016 工作界面

（1）标题栏

标题栏用于显示正在编辑的演示文稿的文件名以及所使用的软件名，在其右侧是“最小化”“最大化/还原”“关闭”按钮。

（2）快速访问工具栏

快速访问工具栏中放置了操作软件时的常用命令，如“保存”和“撤销”。可以通过单击【文件】|【选项】|【快速访问工具栏】命令，添加自己常用的命令到快速访问工具栏中。

（3）功能区

工作时需要用到的命令大部分位于功能区，功能区的功能与其他软件中的“菜单”或“工具栏”的功能类似。

（4）编辑窗格

编辑窗格用来显示正在编辑的演示文稿，是编辑幻灯片的工作区，制作出的一张张图文并茂的幻灯片就在这里展示。

（5）显示按钮

用户可以根据自己的要求通过显示按钮更改正在编辑的演示文稿的显示模式。

（6）状态栏

状态栏用来显示正在编辑的演示文稿的相关信息。

（7）大纲区

用户可以在大纲区观察整个演示文稿的大纲文字和结构效果。

2. 演示文稿和幻灯片

（1）演示文稿

在 PowerPoint 2016 中，将制作和编辑的文档保存后会生成一个文件，文件扩展名默认为.pptx，这个文件就称为演示文稿。

（2）幻灯片

演示文稿中的每一页就是一张幻灯片，每张幻灯片在演示文稿中相互独立，幻灯片之间相互联系。一个演示文稿是由一张或多张幻灯片组成的。

保存 PowerPoint 2016 演示文稿时，默认的文件格式是.pptx，不过在“保存类型”下拉列表框中，还可以将其保存为其他文件格式，如.ppt、.pdf、.pot、.html 等文件格式，以满足用户的一些特殊需要。

除此之外，常见的文件格式还有幻灯片模板文件（.potx）、幻灯片放映文件（.ppsx）。

3. 演示文稿视图和母版视图

（1）演示文稿视图

为了满足不同情况的需要，PowerPoint 2016 提供了普通视图、大纲视图、幻灯片浏览视图、备注页视图和阅读视图 5 种视图，在不同的视图下，可以按不同的形式表现演示文稿的内容。

在“视图”选项卡“演示文稿视图”组中可选择不同的视图，如图 9-3 所示。

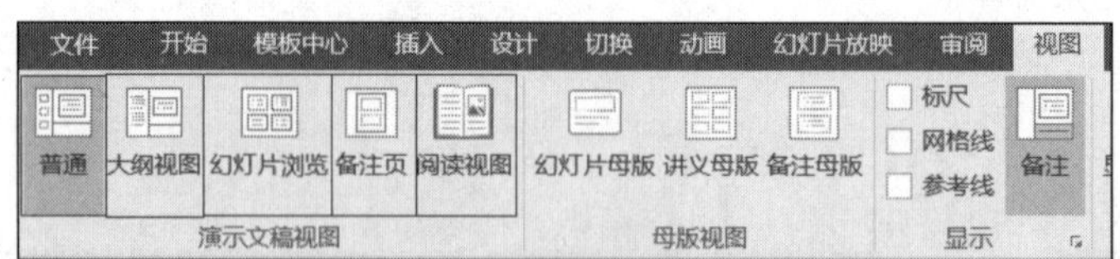

图 9-3　PowerPoint 2016 演示文稿的各种视图

① 普通视图。普通视图是最常用的一种视图，其中包含大纲、幻灯片和幻灯片备注 3 种不同类型的窗格。此视图下，工作区中只显示一张当前的幻灯片，适合对演示文稿中的每一张幻灯片进行详细的设计和编辑。图 9-2 所示即普通视图界面。

② 大纲视图。大纲视图中在左侧窗格中以大纲形式显示幻灯片中的标题文本，与普通视图相比，其大纲栏和备注栏被扩展，而幻灯片栏被压缩。此类视图模式主要用于查看、编排演示文稿的大纲。

③ 幻灯片浏览视图。幻灯片浏览视图可以按幻灯片序号顺序显示全部幻灯片的缩略图，适合从整体看幻灯片连续变化的过程，方便调整幻灯片的次序或复制、删除幻灯片。在幻灯片浏览视图下，可以很容易看到各幻灯片之间的搭配是否协调，可以确认要展出的幻灯片放

在一起是否美观，如图 9-4 所示。但是在该视图下不能对幻灯片的内容进行修改。

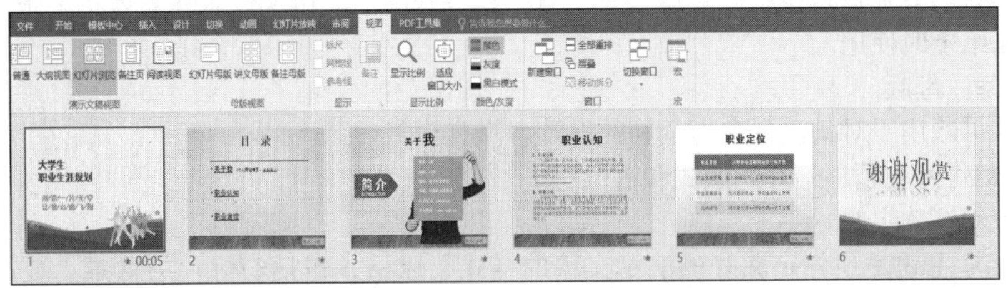

图 9-4　PowerPoint 2016 幻灯片浏览视图

④ 备注页视图。如果演讲者把所有内容以及要讲的话都放到幻灯片上，演讲就会变成照本宣科，也会变得乏味。因此制作演示文稿时，演讲者可以利用备注页，添加演讲纪要或提示等。如果需要把备注打印出来，可以在“打印内容”下拉列表中进行设置。在放映幻灯片时单击鼠标右键，在弹出的快捷菜单中单击“显示演讲者视图”命令，使演讲者看见事先添加的备注信息，而观众看不见（此操作计算机必须连接两个显示器），如图 9-5 所示。

图 9-5　PowerPoint 2016 备注页视图

⑤ 阅读视图。当演示文稿中的幻灯片较多，通过滚动条下拉显示比较费力，而且不便于阅读时，可以使用阅读视图解决不便阅读的问题，同时可以方便地在各项任务之间进行切换。

（2）母版视图

母版是一张控制全局的幻灯片，它用于设置演示文稿中每张幻灯片的预设格式。切换到“视图”选项卡，即可以设置不同的母版视图，如图 9-6 所示。

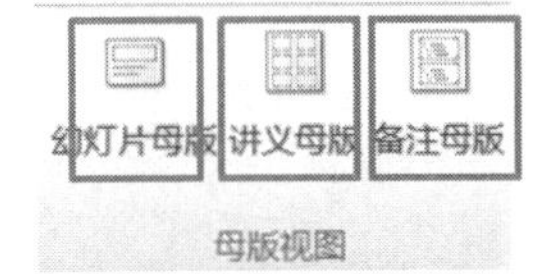

图 9-6　PowerPoint 2016 母版视图

① 幻灯片母版。

幻灯片母版是幻灯片层次结构中的顶层幻灯片，用于存储有关演示文稿的主题和幻灯片版式的信息，包括背景、颜色、字体、效果、占位符的大小和位置等。修改和使用幻灯片母版的主要优势是可以对演示文稿中的每张幻灯片（包括以后添加到演示文稿中的幻灯片）进行统一的样式更改，如统一改变幻灯片的字体、统一添加相同的对象、统一修改项目符号等。使用幻灯片母版时，无须在多张幻灯片中输入相同的信息，因此可节省大量时间。如果演示文稿非常长，并且其中包含大量幻灯片，那么使用幻灯片母版特别方便。

② 讲义母版。

讲义母版用于在母版中显示讲义的位置，其页面四周包括页眉区、页脚区、日期区和数字区，中间显示讲义的页面布局。在讲义母版中可以编辑幻灯片讲义的打印设置和版式。讲义相当于教师的备课本，如果一张纸上只打印一张幻灯片，太浪费纸了，而使用讲义母版，可以对多张幻灯片进行排版，然后将它们打印在一张纸上。讲义母版在需要将多张幻灯片打印在一张纸上时使用。

③ 备注母版。

备注母版用于对备注页进行全局的设计和修改。

4. 幻灯片主题、幻灯片版式和占位符

（1）幻灯片主题

幻灯片主题是预先定义好的演示文稿的样式、风格，包括幻灯片的背景、装饰图案、文字的字体与字号等。PowerPoint 2016 为用户提供了许多美观的主题模板，用户在设计演示文稿时可以先设置演示文稿的主题来确定文稿的整体风格，再进行进一步的个性化编辑与修改。

在“设计”选项卡中，可以选择不同的主题，也可以单独对字体、颜色、效果等进行设置，如图 9-7 所示。

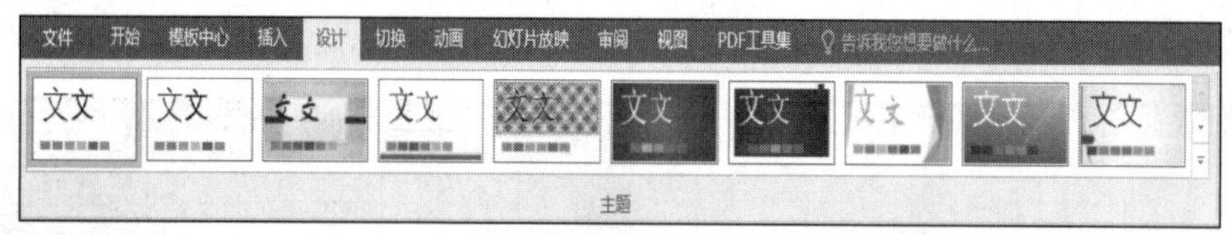

图 9-7　PowerPoint 2016 的“设计”选项卡

（2）幻灯片版式

幻灯片版式是 Power Point 中的一种常规排版的格式，通过幻灯片版式的应用可以对标题、副标题、文字、图片、表格等的排列方式等进行更加合理、简洁的布局。通常软件已经内置几个版式类型供用户使用，如“标题幻灯片”“标题和内容”等。单击【开始】|【幻灯片】|【版式】命令，就可以打开其面板，选择这些版式可以轻松完成幻灯片的制作，如图 9-8 所示。

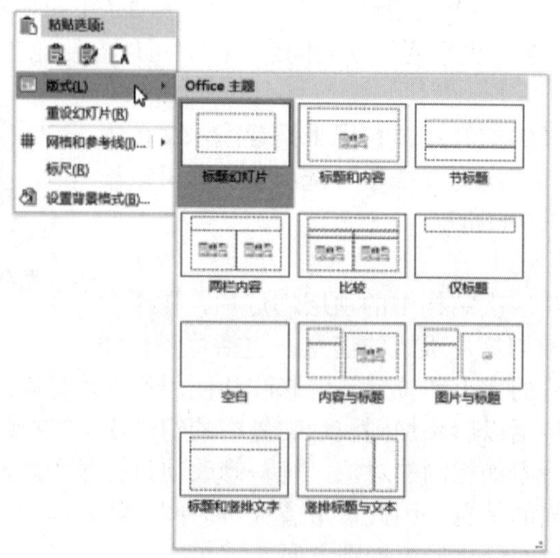

图 9-8　PowerPoint 2016“版式”面板

（3）占位符

顾名思义，占位符就是先占住一个固定的位置，可以向其中添加内容的符号标志。在幻灯片中，占位符表现为一个虚线框，可以在其中放置标题及正文文字，也可以放置图片、表格等对象。

5. 幻灯片的基本操作

（1）添加幻灯片

启动 PowerPoint 2016 之后，PowerPoint 会默认建立一张新的空白幻灯片，要添加更多的新幻灯片，可以采用以下操作。

① 单击【开始】|【幻灯片】|【新建幻灯片】命令。

② 在幻灯片的大纲区单击鼠标右键，在弹出的快捷菜单中单击“新建幻灯片”命令。

（2）选中幻灯片

在 PowerPoint 2016 中，可以一次选中一张幻灯片，也可以在大纲区中按住 Shift 键选中多张连续的幻灯片，或者按住 Ctrl 键依次单击，选中需要的多张幻灯片。

另外，在幻灯片浏览视图下，除了可以使用以上方法，还可以直接按住鼠标左键拖动选中要操作的幻灯片。

（3）复制、移动和删除幻灯片

幻灯片是演示文稿的基本组成单位，在实际制作演示文稿的过程中，除了要新建幻灯片，经常对幻灯片进行的操作还包括幻灯片的复制、移动和删除。可以对整张幻灯片及其内容进行复制、移动或删除。

① 复制幻灯片。

当需要大量相同的幻灯片时，可以复制幻灯片。复制幻灯片的操作步骤如下。

a. 在大纲区选中需要复制的幻灯片。

b. 单击鼠标右键，在弹出的快捷菜单中单击“复制幻灯片”命令。

② 移动幻灯片。

有时幻灯片的播放顺序不符合要求，就需要移动幻灯片，调整幻灯片的顺序。移动幻灯片的操作方法有以下两种。

a. 拖动的方法。

在大纲区选中需要移动的幻灯片，按住鼠标左键将它拖动到新的位置，在拖动过程中，有一条黑色横线随之移动，黑色横线的位置决定了幻灯片最终移动到的位置，松开鼠标左键时，幻灯片就被移动到黑色横线所在的位置。

b. 剪切的方法。

选中需要移动的幻灯片，单击鼠标右键，在弹出的快捷菜单中单击“剪切”命令，被选中的幻灯片消失，将鼠标指针移动到目标位置，会有一条黑色横线闪动指示该位置，单击鼠标右键，在弹出的快捷菜单中单击“粘贴选项”命令，可以根据需要选择“使用目标主题”“保留源格式”“图片”3 种粘贴方式，将幻灯片移动到目标位置。

事实上，有关幻灯片的操作在幻灯片浏览视图下进行将更加方便和直观，读者可以自己尝试。

③ 删除幻灯片。

如果某张或某几张幻灯片多余，就需要删除幻灯片。删除幻灯片有以下两种方法。

a. 在大纲区选中需要删除的幻灯片（按住 Ctrl 键可以同时选中多张幻灯片，下同），然后按 Delete 键，被选幻灯片即被删除，其余幻灯片将按顺序上移。

b. 在大纲区选中欲删除的幻灯片，单击鼠标右键，在弹出的快捷菜单中单击“删除幻灯片”命令，被选幻灯片即被删除，其余幻灯片将按顺序上移。

二、预习测试

1. 单项选择题

（1）在 PowerPoint 2016 中，移动幻灯片最方便的视图是____。

A. 幻灯片　　B. 幻灯片浏览

C. 幻灯片放映　　D. 备注页

（2）PowerPoint 2016 中共有____种视图。

A. 5　　B. 4　　C. 3　　D. 6

（3）幻灯片母版可以实现的是____。

A. 统一改变字体　　B. 统一添加相同的对象

C. 统一修改项目符号　　D. 以上都是

（4）幻灯片浏览视图下不能____。

A. 复制幻灯片　　B. 改变幻灯片位置

C. 修改幻灯片内容　　D. 隐藏幻灯片

（5）幻灯片母版视图下可以____。

A. 在大纲状态下查看所有幻灯片

B. 安排各幻灯片的位置

C. 可以添加对象，并在各个幻灯片中显示出来

D. 以上都不是

（6）PowerPoint 2016 是一个____软件。

A. 文字处理　　B. 表格处理　　C. 图形处理　　D. 文稿演示

（7）PowerPoint 2016 默认其文件扩展名为____。

A. .pps　　B. .ppt　　C. .pptx　　D. .ppn

（8）用户编辑演示文稿时的主要视图是____。

A. 普通视图　　B. 幻灯片浏览视图

C. 备注页视图　　D. 幻灯片放映视图

（9）演示文稿中每一张演示的单页称为____，它是演示文稿的核心。

A. 版式　　B. 模板　　C. 母版　　D. 幻灯片

（10）PowerPoint 2016 的视图包括____。

A. 普通视图、大纲视图、阅读视图、幻灯片浏览视图、备注页视图

B. 普通视图、大纲视图、阅读视图、幻灯片浏览视图、动画视图

C. 普通视图、大纲视图、阅读视图、幻灯片视图、图形视图

D. 普通视图、大纲视图、阅读视图、幻灯片视图、文本视图

2. 操作题

操作题解析视频

党的二十大报告指出："推进文化自信自强，铸就社会主义文化新辉煌"。凤阳花鼓戏是一种源于安徽省的优秀传统戏曲剧种，于 2006 年入选国家首批非物质文化遗产名录。为更好地宣传传统戏曲文化，下面我们为安徽省凤阳花鼓戏制作一个演示文稿。

（1）新建名为"凤阳花鼓.pptx"的演示文稿，并在该演示文稿中创建图 9-9 所示的 3 张幻灯片。第一张幻灯片的版式为"标题"，后两张幻灯片的版式为"标题和内容"。

（2）设置演示文稿的主题为"平面"，在第二张幻灯片中插入图片"素材.jpg"，设置图片格式为"映像棱台，白色"。

（3）设置第三张幻灯片中的文本框为白色背景，边框格式设为红色、3 磅、实线，文本内容“中部居中”。

图 9-9　“凤阳花鼓”演示文稿

三、预习情况解析

1. 涉及知识点

演示文稿的概念；PowerPoint 2016 工作界面；演示文稿视图和母版视图；幻灯片的版式、主题、占位符。

2. 测试题解析

见表 9-1。

表 9-1　“新建并设计大学生职业生涯规划演示文稿”预习测试题解析

测试题序号	答案	参考知识点	测试题序号	答案	参考知识点
第 1.（1）题	B	见课前预习“3.（1）”	第 1.（6）题	D	见课前预习“2.（1）”
第 1.（2）题	B	见课前预习“3.（1）”	第 1.（7）题	C	见课前预习“2.（1）”
第 1.（3）题	D	见课前预习“3.（2）”	第 1.（8）题	A	见课前预习“3.（1）”
第 1.（4）题	C	见课前预习“3.（1）”	第 1.（9）题	D	见课前预习“2.（2）”
第 1.（5）题	C	见课前预习“3.（2）”	第 1.（10）题	A	见课前预习“3.（1）”
第 2 题	见微课视频				

3. 易错点统计分析

师生根据预习反馈情况自行总结。

9.2.2　任务实现

一、新建并保存大学生职业生涯规划演示文稿文件

涉及知识点：新建、打开、保存演示文稿文件

为完成本项目，首先使用 PowerPoint 2016 完成新建演示文稿的任务，并将其命名为“大学生职业生涯规划”。

【任务 1】新建演示文稿，命名演示文稿文件并将其保存在“D:\职业生涯规划”目录下。

步骤 1：新建演示文稿。

单击【开始】|【PowerPoint】命令，也可以双击计算机桌面上 PowerPoint 2016 的快捷方式来启动 PowerPoint，单击【空白演示文档】，工作界面如图 9-2 所示，系统自动生成一个名为“演示文稿 1.pptx”的演示文稿。也可以单击【文件】|【新建】命令，新建演示文稿。还

可以在 PowerPoint 中，单击【文件】|【打开】命令，打开已经创建好的演示文稿文件。

步骤 2：保存演示文稿。

单击【文件】|【另存为】|【浏览】命令，在弹出的“另存为”对话框中输入文件名“大学生职业生涯规划”，选择保存位置为“D:\职业生涯规划”，单击“保存”按钮，“大学生职业生涯规划”演示文稿文件保存完毕。

二、新建幻灯片

涉及知识点：新建幻灯片

“大学生职业生涯规划”演示文稿由 6 张幻灯片组成。新建演示文稿文件后，演示文稿中默认有一张幻灯片，因此需要在演示文稿中新建 5 张幻灯片。

【任务 2】在演示文稿中新建 5 张幻灯片。

步骤 1：新建第二张幻灯片。

在 PowerPoint 的大纲区单击鼠标右键，在弹出的快捷菜单中单击“新建幻灯片”命令，如图 9-10 所示，在演示文稿中新建第二张幻灯片。

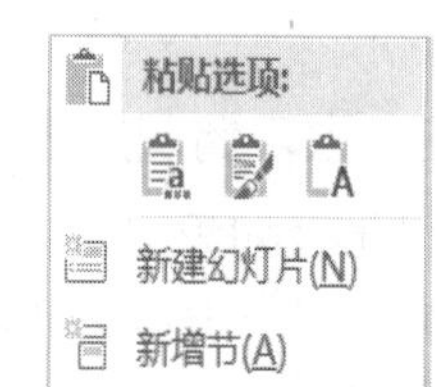

图 9-10 单击“新建幻灯片”命令

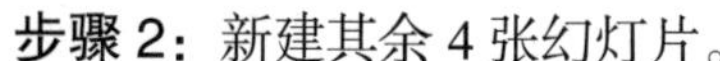
步骤 2：新建其余 4 张幻灯片。

按上述方法操作，在演示文稿中再新建 4 张幻灯片，在 PowerPoint 2016 的大纲区可以看到 6 张幻灯片的缩略图。

三、设计幻灯片

涉及知识点：设置幻灯片版式、主题、背景样式

插入新幻灯片后，首先要对幻灯片进行设计。可以利用版式、主题、颜色、字体、效果、背景样式等功能，统一幻灯片的配色方案、排版样式、背景颜色等效果，达到快速修饰演示文稿的目的。

【任务 3】设置第一张幻灯片的版式为“标题幻灯片”，第二、第四、第五张幻灯片的版式为“标题和内容”，第三张和第六张幻灯片的版式为“空白”。

步骤：设置第一张幻灯片的版式为“标题幻灯片”。

可以根据在幻灯片中插入的内容的需要，设置幻灯片的版式。选中第一张幻灯片，单击【开始】|【幻灯片】|【版式】命令，在弹出的下拉列表中选择“标题幻灯片”版式，如图 9-11 所示，即可设置第一张幻灯片的版式为“标题幻灯片”。按上述方法，分别设置其他 5 张幻灯片的版式。

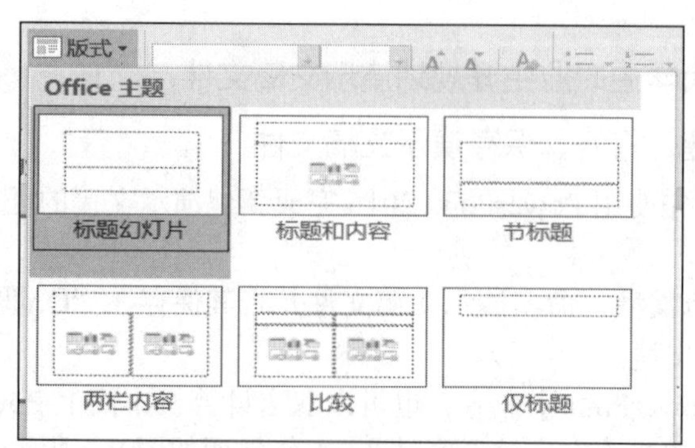

图 9-11 “版式”下拉列表

说明：

① 新建的演示文稿中包含一张系统自动生成的幻灯片，这张幻灯片的版式为“标题幻灯片”；而在 PowerPoint 的大纲区，单击鼠标右键，在弹出的快捷菜单中单击“新建幻灯片”命令，新建的幻灯片的版式默认为“标题和内容”。

② 还可以在新建幻灯片时直接设定版式，方法是：单击【开始】|【幻灯片】|【新建幻灯片】命令，在打开的下拉列表中选择某项幻灯片版式，系统就会在演示文稿中插入一张该版式的幻灯片。按上述方法操作，可以在新建幻灯片时设置好幻灯片的版式。

③ 在建好幻灯片后也可以对版式进行修改。在幻灯片的编辑区域，单击鼠标右键，在弹出的快捷菜单中单击“版式”命令，即可设置不同的幻灯片版式。

【任务 4】设置演示文稿的主题为“画廊”；设置幻灯片的背景样式。

步骤 1：设置演示文稿的主题。

单击“设计”选项卡“主题”组的“其他”下拉按钮，在弹出的下拉列表中选择“画廊”选项，如图 9-12 所示，则所有演示文稿都被应用了该主题。

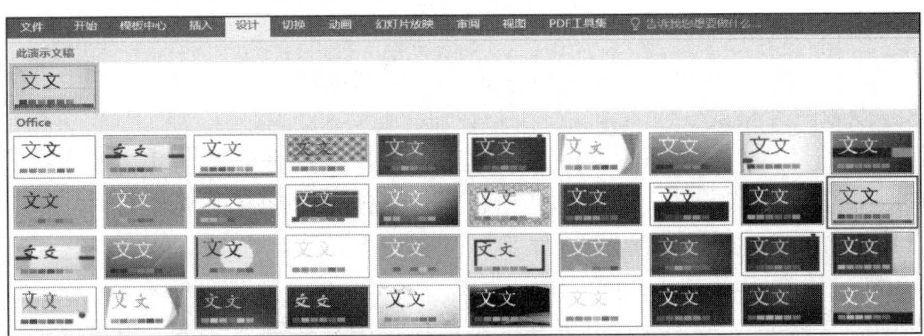

图 9-12　“主题”选项

步骤 2：设置背景样式。

选中第一张幻灯片，单击鼠标右键，在弹出的快捷菜单中单击“设置背景格式”命令，打开“设置背景格式”任务窗格，如图 9-13 所示。在“设置背景格式”任务窗格中，展开“填充”功能，选中“图片或纹理填充”单选按钮，单击“文件”按钮，然后在弹出的“插入图片”对话框中选择“背景.png”图片，选中“隐藏背景图形”复选框。也按照此方法设置第六张幻灯片中的背景图片。

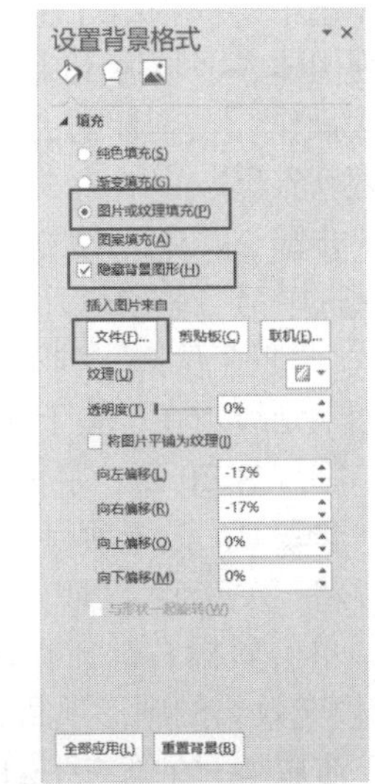

图 9-13　“设置背景格式”任务窗格

四、插入和格式化对象

涉及知识点：插入和设置图片、文本、超链接、形状、表格、艺术字、背景音乐等对象的格式

1. 插入和设置图片格式

制作演示文稿时，可以在幻灯片中插入图片，使幻灯片的演示更加直观、生动，方便观众理解。

【任务 5】在第一张幻灯片中插入“图片 1.png”；在第三张幻灯片中插入“简介.png”。

步骤 1：插入“图片 1.png”。

选中第一张幻灯片，单击【插入】|【图像】|【图片】命令，在弹出的“插入图片”对话框中找到“图片 1.png”的存储位置，选中“图片 1.png”，如图 9-14 所示，单击“插入”按钮，将“图片 1.png”插入第一张幻灯片中。

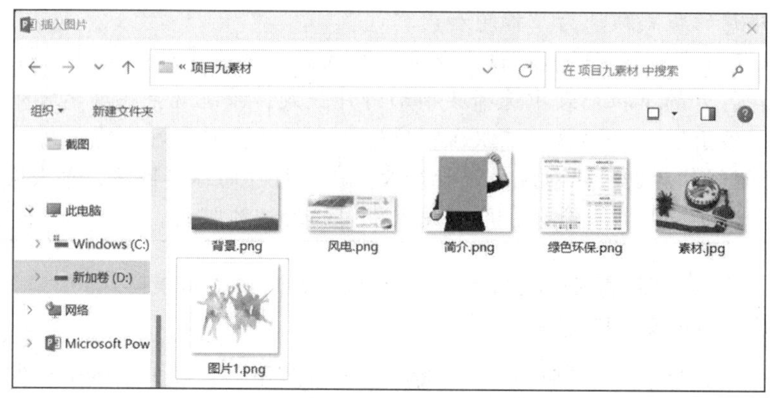

图 9-14 “插入图片”对话框

步骤 2：插入“简介.png”。

按照上述方法操作，在第三张幻灯片中插入“简介.png”。

步骤 3：设置图片格式。

选中第一张幻灯片中的“图片 1.png”，单击【图片工具 · 格式】|【大小】命令，将高度设置为 10 厘米，将宽度设置为 10 厘米。按照上述方法操作，将第三张幻灯片中的“简介.png”的高度设置为 15 厘米，宽度设置为 16 厘米。

2. 插入和设置文本格式

幻灯片中经常需要输入文本，可以在文本占位符中直接输入文本，也可以根据需要在幻灯片中插入文本框，在文本框中输入文本。文本框有横排文本框和垂直文本框两种形式。

【任务 6】分别在第一、第二、第三、第四、第五张幻灯片中输入文字，并修改字体格式。

步骤 1：在第一张幻灯片中插入文本。

选中第一张幻灯片，单击标题占位符，输入标题“大学生职业生涯规划”，设置文本的字体为黑体、字号为 48 磅、加粗、浅蓝，将标题占位符拖动到幻灯片中的合适位置。按照上述方法操作，在副标题占位符中输入“创/造/一/片/天/空 让/我/自/由/飞/翔”，设置文本的字体为微软雅黑、字号为 32 磅、蓝色，调整位置。至此，第一张幻灯片制作完成。

步骤 2：在第二张幻灯片中插入文本。

选中第二张幻灯片，在标题占位符中输入文字“目录”，在内容占位符中输入 3 段文字“关于我”“职业认知”“职业定位”，设置文本字体为黑体、字号为 33 磅、字体颜色为黑色，并添加下划线。在“关于我”之后增加文字“(个人网站首页：点击进入)”，设置字体格式为宋体、字号为 20 磅、字体颜色为黑色。

步骤 3：设置项目符号。

将“关于我”“职业认知”“职业定位”这 3 段文字全部选中，单击鼠标右键，在弹出的快捷菜单中单击【项目符号】|【带填充效果的圆形项目符号】命令。

步骤 4：在第三张幻灯片中插入文本框。

选中第三张幻灯片，单击【插入】|【文本】|【文本框】命令，在弹出的下拉列表中选择“横排文本框”选项，如图 9-15 所示。

图 9-15 “文本框”下拉列表

在幻灯片上方插入文本框，输入网址“关于我”，设置字体格式为黑体、48 磅、加粗；在“简介.png”上插入文本框，输入个人简介文字，并设置文本格式为宋体、18 磅、加粗。

步骤 5：在第四张幻灯片中插入文本和文本框。

按照上述方法，在第四张幻灯片的标题占位符中输入“职业认知”，设置文本格式为黑体、48 磅、加粗、橙色；在内容占位符中输入“行业分析”相关文本内容，设置文本格式为宋体、20 磅。按照步骤 4 的操作方法，插入一个横排文本框，在文本框中输入“职业分析”相关文本内容，并设置文本格式为宋体、20 磅。将两个小标题“行业分析”“职业分析”字体格式设置“加粗”。

步骤 6：在第五张幻灯片中插入文本。选中第五张幻灯片，在标题占位符中输入文字“职业定位。”

3. 插入超链接

PowerPoint 2016 提供了功能强大的超链接，使用它可以在幻灯片内链接各种文本、图像、多媒体等对象，也可以在幻灯片与幻灯片之间进行链接，还可以在幻灯片与其他外部文件、程序或网络之间进行链接。

【任务 7】为第二张幻灯片的文本分别设置超链接。

步骤 1：设置“点击进入”文本的超链接。

在第二张幻灯片中选中文本“点击进入”，单击鼠标右键，在弹出的快捷菜单中单击“超链接”命令，打开“插入超链接”对话框，如图 9-16 所示。在“插入超链接”对话框中，可以设置链接到“现有文件或网页”“本文档中的位置”“新建文档”“电子邮件地址”，本任务要链接到个人网站首页，所以采用链接到“现有文件或网页”。在地址栏输入个人网站首页网址“https://www.ahdy.edu.cn/zsjy/”，单击“确定”按钮，此时文本“点击进入”变为红色，并被添加了下划线。

步骤 2：分别设置“关于我”“职业认知”“职业定位”文本的超链接。

在第二张幻灯片中选中文本“关于我”，单击鼠标右键，在弹出的快捷菜单中单击“超链接”命令，打开“插入超链接”对话框，单击【链接到】|【本文档中的位置】命令，在“请选择文档中的位置”列表框中单击【幻灯片标题】|【幻灯片 3】命令，单击“确定”按钮。此时第二张幻灯片中的文本“关于我”就链接到第三张幻灯片了。依此类推，完成“职业认知”“职业定位”的超链接设置，将其分别链接到第四张幻灯片、第五张幻灯片。

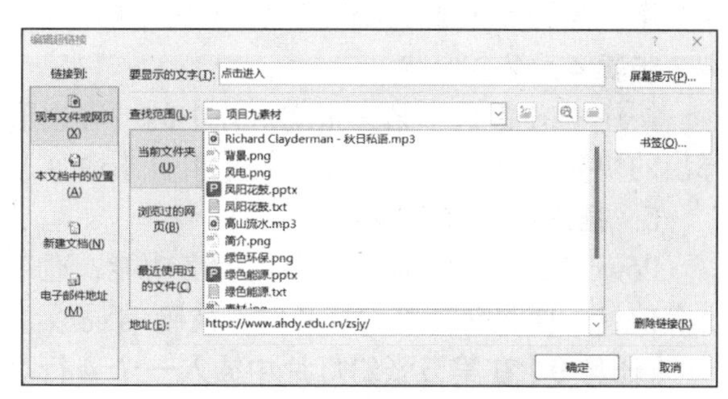

图 9-16 “插入超链接”对话框

4. 插入和格式化形状

PowerPoint 2016 提供了功能齐全的插图功能，配有形状、图形、图表的幻灯片不仅可以使演示文稿的内容更易理解，还可以使内容在演示文稿中得到更好的表达。

【任务 8】在第三张幻灯片上绘制“五边形”形状，并添加文字。

步骤 1：绘制“五边形”形状。

单击“开始”选项卡“绘图”组的“形状”按钮，在打开的下拉列表中单击【箭头总汇】|【五边形】命令，如图 9-17 所示，在幻灯片中拖动鼠标指针，绘制一个“五边形”形状。

步骤 2：设置“五边形”形状的填充色、大小和位置。

选中“五边形”形状，单击鼠标右键，在弹出的快捷菜单中单击“设置形状格式”命令，打开“设置形状格式”任务窗格，如图 9-18 所示，切换到“填充与线条”选项卡，选中“纯色填充”单选按钮，单击“颜色”后面的下拉按钮，在弹出的下拉列表中选择“蓝色”；切换到“大小与属性”选项卡，单击“大小”按钮，在弹出的下拉列表中设置高度为 4 厘米，宽度为 8 厘米；单击“位置”按钮，在弹出的下拉列表中设置水平为 0.5 厘米，垂直为 8 厘米；此外，还可以根据需要设置形状的线条、效果等属性。

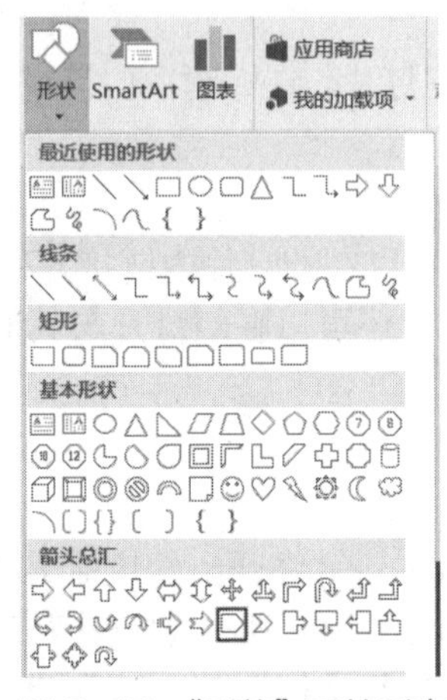

图 9-17 “形状”下拉列表

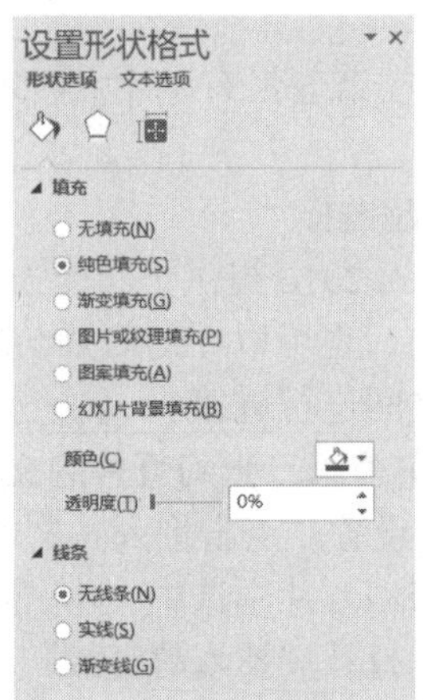

图 9-18 “设置形状格式”任务窗格

步骤 3：编辑文字。

选中“五边形”形状，单击鼠标右键，在弹出的快捷菜单中单击“编辑文字”命令，输入文字“简介 Introduction”。

步骤 4：组合形状。

按住 Ctrl 键选中第三张幻灯片中的“五边形”形状以及其中的文字，单击鼠标右键，在弹出的快捷菜单中单击【组合】|【组合】命令，将这两个对象组合成一个形状。

5. 插入和设置表格格式

PowerPoint 2016 提供了插入表格功能，通过在幻灯片中插入一些表格，可以方便陈述数字等信息，使观众浏览幻灯片时有清晰的观感。

【任务 9】在第五张幻灯片中插入一个 4 行 2 列的表格，在表格中输入相应文字内容，设置表格样式。

步骤 1：插入表格。

选中第五张幻灯片，单击【插入】|【表格】|【表格】命令，在打开的下拉列表中选择 4 行 2 列的单元格，如图 9-19 所示。

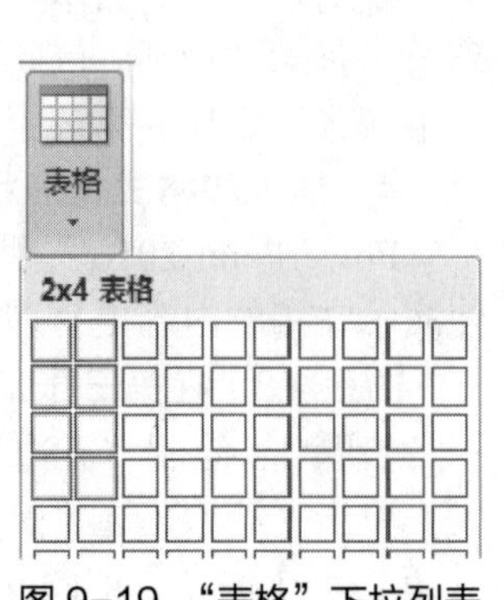

图 9-19 “表格”下拉列表

步骤 2：设置表格的底纹。

在幻灯片中选中整个表格，单击【表格工具 · 设计】|【表格样式】|【底纹】命令，在打开的下拉列表中选择“无填充颜色”选项。

步骤 3：设置表格的边框。

选中表格，单击【表格工具 · 设计】|【绘制边框】|【笔划粗细】下拉按钮 1.0 磅——，在打开的下拉列表中选择“1.5 磅”

选项，如图 9-20 所示。选中表格，单击【表格工具 · 设计】|【表格样式】|【边框】下拉按钮，在打开的下拉列表中选择“所有框线”选项。

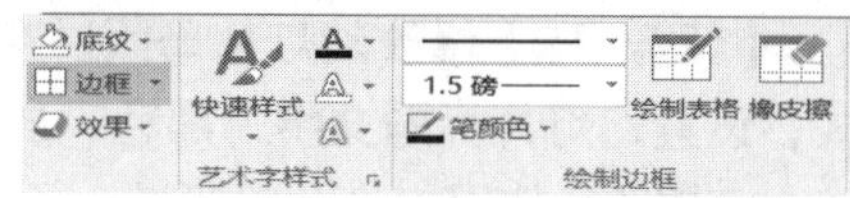

图 9-20 设置表格的边框

步骤 4：设置表格的对齐方式。

选中表格，单击【表格工具 · 布局】|【对齐方式】|【垂直居中】命令。在表格的单元格中输入相应文字内容。

步骤 5：设置表格的样式。

选中表格，单击“表格工具 · 设计”选项卡“表格样式”组的“其他”下拉按钮，在打开的下拉列表中选择“中度样式 2，强调 5”。

6. 插入和设置艺术字样式

PowerPoint 2016 提供了插入艺术字功能，艺术字可以增加演示文稿的艺术欣赏性，使演示文稿更美观。

【任务 10】在第六张幻灯片中插入艺术字“谢谢观赏”，并设置艺术字为“渐变填充-靛蓝，着色 1，反射”样式，艺术字的高度设为 5 厘米，宽度设为 16 厘米。

步骤 1：插入艺术字。

选中第六张幻灯片，单击【插入】|【文本】|【艺术字】命令，在打开的下拉列表中选择“渐变填充-靛蓝，着色 1，反射”选项，如图 9-21 所示。在文本框中删除提示文字，输入“谢谢观赏”。

步骤 2：设置艺术字样式。

选中幻灯片中的艺术字，单击【绘图工具 · 格式】|【文本效果】命令，在打开的下拉列表中单击【转换】|【弯曲】|【停止】命令，在【绘图工具 · 格式】|【文本填充】中设置填充颜色为红色。根据需要在“开始”选项卡中设置字体样式。

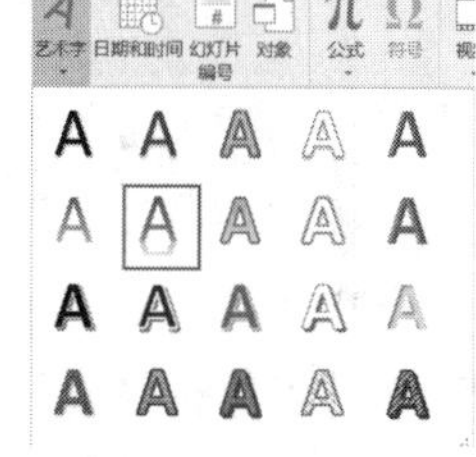

图 9-21 “艺术字”下拉列表

步骤 3：设置艺术字的高度和宽度。

选中幻灯片中的艺术字，在【绘图工具 · 格式】|【大小】组中，设置高度为 5 厘米、宽度为 16 厘米。

7. 插入并设置背景音乐的播放效果

【任务 11】在第一张幻灯片中插入背景音乐“高山流水.mp3”，设置背景音乐在幻灯片放映时循环播放，直到停止，并且放映时隐藏播放器图标。

步骤 1：插入背景音乐。

切换到第一张幻灯片，单击【插入】|【媒体】|【音频】下拉按钮，在打开的下拉列表中选择“PC 上的音频”，打开“插入音频”对话框，选中要插入的音频文件“高山流水.mp3”，单击“插入”按钮。

步骤 2：设置播放效果。

选中“音频工具 · 播放”选项卡“音频选项”组中的“循环播放，直到停止”和“放映时隐藏”复选框，如图 9-22 所示。

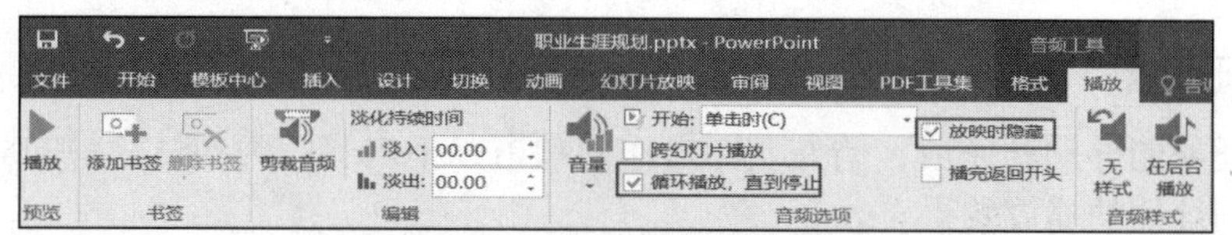

图 9-22 “音频工具 · 播放”选项卡

【任务 12】修改幻灯片母版，在所有幻灯片中添加作者信息，并修改“标题和内容”版式，设置幻灯片标题文字为黑色、居中对齐。

步骤 1：使用幻灯片母版统一添加作者信息。

单击【视图】|【母版视图】|【幻灯片母版】命令，工作界面会切换到母版视图状态，在左侧的幻灯片大纲区，可以看到每张幻灯片的大小不一样，第一张幻灯片是最大的，供所有幻灯片使用，选中第一张幻灯片（幻灯片母版），在右下角添加文本框，输入文字“作者：小明”，设置文本框填充颜色为 50%白色，效果如图 9-23 所示。

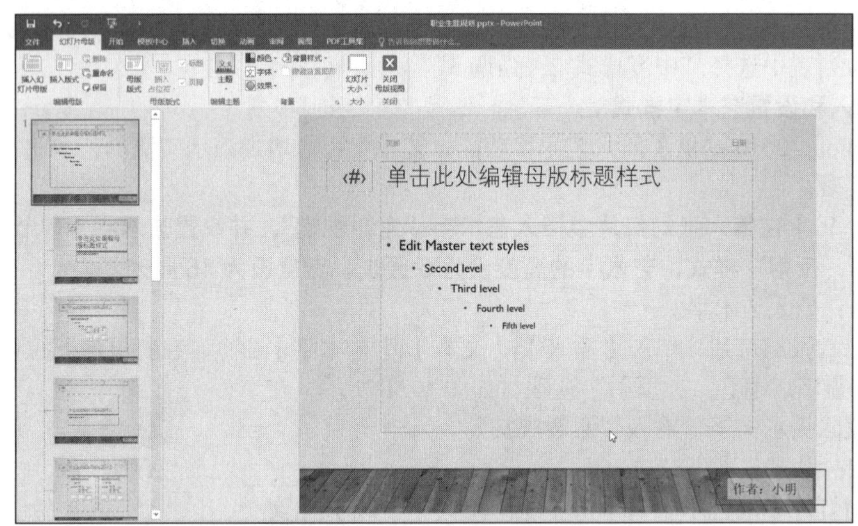

图 9-23　添加作者信息的效果

切换回普通视图，可以发现在第一张幻灯片上添加的内容在该演示文稿的每一张幻灯片中都有显示。也就是说，需要在每一张幻灯片都统一出现的元素，在幻灯片母版中设置之后，会在每一张幻灯片中统一呈现，使幻灯片的编辑更加简便，同时增加了幻灯片的统一性。

步骤 2：使用幻灯片母版统一修改“标题和内容”版式幻灯片的标题文字颜色和对齐方式。

在幻灯片母版大纲区中，选中“标题和内容”版式幻灯片，选中标题文本占位符，设置其为黑色、居中对齐。

在幻灯片母版中有多个版式，在母版的某一版式中设置的内容，只有应用该版式的幻灯片中才会出现，对应用其他版式的幻灯片没有影响。在本任务中，第二、四、五张幻灯片的版式为“标题和内容”，这 3 张幻灯片的标题会统一变为黑色、居中对齐，其余幻灯片不受影响。

步骤 3：回到普通视图。

单击【幻灯片母版】|【关闭母版视图】命令，回到普通视图界面。

9.3 任务二 设置演示文稿的动态效果

9.3.1 课前准备

为保证任务能够顺利完成，请在实际操作前预习以下内容：为幻灯片中的对象设置动画效果、设置幻灯片的播放效果。

一、课前预习

1. 幻灯片中对象的动画效果

制作演示文稿的目的是在观众面前展示。为幻灯片中的对象设置动画效果，除了可以让演示文稿内容丰富、设计精彩等，还可以帮助演讲者突出重点，控制展现流程并增加演示的趣味性。

（1）添加进入、退出、强调动画

进入、退出动画可以为文本或其他对象设置多种进入、退出放映屏幕的动画效果。强调动画是为了突出幻灯片中的某部分内容而设置的特殊动画效果。

设置进入、退出、强调动画的方法大致相同，其具体步骤为：选中要添加动画效果的对象，单击“动画”选项卡“动画”组的“其他”下拉按钮，在弹出的下拉列表中选择要添加的动画特效，如图 9-24 所示。还可以在弹出的下拉列表中选择“更多××效果”选项，在弹出的“更改××效果”对话框中选择更多的动画效果。

图 9-24　设置动画效果

① 添加动作路径动画效果。动作路径动画又称为路径动画，可以指定文本等对象沿着预定的路径运动。PowerPoint 2016 中的动作路径不仅提供了大量预设路径效果，还可以由用户自定义动画效果。

添加动作路径动画的步骤与设置其他动画的步骤基本相同，其具体步骤为：选中要添加动画效果的对象，单击“动画”选项卡“动画”组的“其他”下拉按钮，在弹出的下拉列表中选择合适的动作路径效果，即可为对象添加该动画效果，还可以选择下拉列表下方的“其他动作路径”选项，在弹出的“更改动作路径”对话框中选择更多的动作路径特效。

② 设置对象动画效果。在 PowerPoint 2016 中，还可以修改预设的动画效果。例如，设置动画触发器、设置动画播放时间、设置动画播放顺序等。使用这些功能，可以让演示文稿更加吸引人。

（2）动画触发器

动画触发器是 PowerPoint 2016 中的一项功能，在播放幻灯片时，可以通过动画触发器，自定义触发动画特效的对象。触发的对象可以是图片、图形、按钮，甚至可以是段落或文本框。

操作方式：选中设置了动画特效的对象，单击【动画】|【高级动画】|【触发】命令。在弹出的下拉列表中选择要触发动画的对象，如图 9-25 所示。

① 动画计时选项。

在 PowerPoint 2016 中，可以控制动画效果的生效时间及动画速度以获得演示文稿所需的观感。例如，设置开始、持续时间、延迟等。

操作方式：选中设置了动画特效的对象，在“动画”选项卡“计时”组中进行开始、持续时间、延迟的设置，如图 9-26 所示。

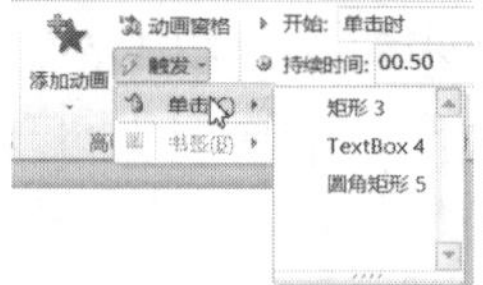

图 9-25 动画触发器

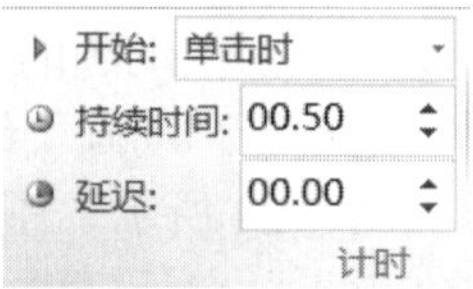

图 9-26 “计时”组

其中：“开始”下拉列表框中可以设置动画开始的方式，包括单击时、与上一动画同时、上一动画之后 3 种形式；“持续时间”微调框中可以设置动画播放的时长；“延迟”微调框中可以设置动画延迟播放的时间。

② 动画窗格。

在 PowerPoint 2016 中，使用“动画窗格”任务窗格能够对幻灯片中对象的动画效果进行设置，包括播放动画、设置动画的播放顺序和调整动画的播放时长等，如图 9-27 所示。

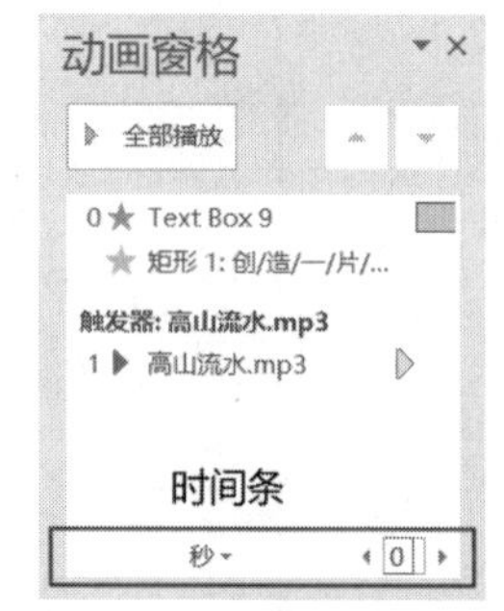

图 9-27 “动画窗格”任务窗格

操作方式如下。

a. 单击【动画】|【高级动画】|【动画窗格】命令，打开“动画窗格”任务窗格。“动画窗格”任务窗格中按照动画的播放顺序列出了当前幻灯片中的所有动画效果，单击“播放”按钮能够播放幻灯片中的动画。

b. 在“动画窗格”任务窗格中按住鼠标左键拖动动画选项可以改变其在列表中的位置，进而改变动画在幻灯片中的播放顺序。

c. 按住鼠标左键拖动时间条左右两侧的边框可以改变时间条的长度，时间条长度的改变意味着动画播放时长的改变。将鼠标指针放到时间条上，将会提示动画开始和结束的时间，拖动时间条改变其位置将能够改变动画开始的时间。如果希望“动画窗格”任务窗格中不显示时间条，可以在窗格中选择一个动画选项，单击其右侧出现的下拉按钮，在弹出的下拉列表中选择“隐藏高级日程表”选项。反之，当高级日程表被隐藏时，选择“显示高级日程表”选项可以使其重新显示。

d. 单击【动画窗格】|【秒】命令，在弹出的下拉列表中选择相应的选项可以使窗格中的时间条放大或缩小，以方便对动画的播放时间进行设置。

2. 幻灯片的播放效果

幻灯片制作完成后，就可以放映了，在放映幻灯片之前可以对放映方式进行设置。PowerPoint 2016 提供了灵活的幻灯片放映控制方法和适合不同场合的幻灯片放映类型，用户可以选择不同的放映方式和类型，使演示更加得心应手。

（1）幻灯片切换动画

幻灯片切换动画是指从一张幻灯片切换到下一张幻灯片时的动态特效。根据画面效果及需要，在切换中加入合适的动画效果、切换音效，可以提高幻灯片的质量和美感。要从当前幻灯片开始放映幻灯片，可以按 Shift + F5 组合键；要从第一张幻灯片开始放映，可以按 F5 键。

操作方式如下。

① 切换到“切换”选项卡，选择合适的切换效果，如图 9-28 所示。

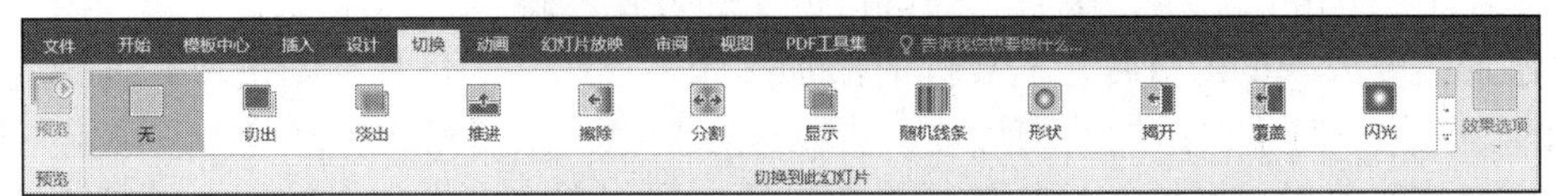

图 9-28 “切换”选项卡

② 在【切换】|【计时】组中设置播放声音、切换动画持续时间、换片方式等。完成设置后，该切换效果就会应用到当前幻灯片，如果单击“全部应用”按钮，就可以把该设置应用到全部幻灯片，如图 9-29 所示。

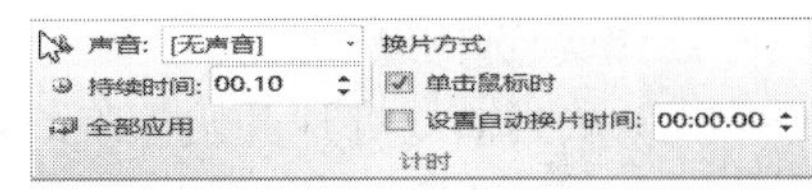

图 9-29 “计时”组

（2）幻灯片放映方式

单击【幻灯片放映】|【设置】|【设置幻灯片放映】命令，可以在打开的对话框中对幻灯片的放映方式进行设置，可以设置放映类型、放映选项、换片方式等，如图 9-30 所示。

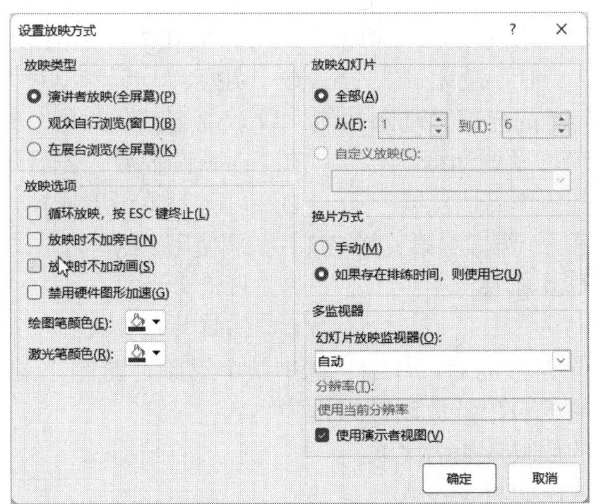

图 9-30 “设置放映方式”对话框

幻灯片有 3 种放映类型，分别是演讲者放映、观众自行浏览和在展台浏览。

① 演讲者放映。此选项是默认的放映方式。在这种放映方式下，幻灯片全屏放映，放映者有完全的控制权，如可以控制放映停留的时间、暂停演示文稿放映，可以选择自动方式或者人工方式放映等。

② 观众自行浏览。在这种放映方式下，幻灯片通过窗口放映，并提供滚动条和“浏览”菜单，由观众选择要看的幻灯片。在放映时可以使用工具栏或菜单移动、复制、编辑、打印幻灯片。

③ 在展台浏览。在这种放映方式下，幻灯片全屏放映。每次放映完毕后，自动从头开始，循环放映。除鼠标指针可以使用外，其余菜单和工具栏的功能全部失效，终止放映要按 Esc 键。观众无法对放映进行干预，也无法修改演示文稿。展台浏览方式适合于无人管理的展台放映。

除此之外，还可以设置待放映的幻灯片数量，有全部、部分和自定义放映 3 种选择。

① 默认形式为全部，即所有的幻灯片都被放映。

② 放映部分幻灯片时，可以选择开始和结束的幻灯片编号，即可定义放映哪一部分。

③ 自定义放映，用户可以根据已经做好的演示文稿的实际播放需要，自定义放映演示文稿中的部分幻灯片以及定义放映的顺序等，自定义放映的设置方法如下。

a. 单击【幻灯片放映】|【开始放映幻灯片】|【自定义幻灯片放映】命令，打开“自定义放映”对话框，单击“新建”按钮，即可自定义幻灯片放映。

b. 添加需要放映的幻灯片。若要同时添加多张不连续的幻灯片，则按住 Ctrl 键同时选中需添加的幻灯片；对于误添加的幻灯片，可以进行删除；添加完成后，单击“确定”按钮。

c. 预览放映效果。设置幻灯片的切换效果后，可以单击“播放”按钮，预览该幻灯片在放映时的切换效果是否满足需要。

二、预习测试

1. 单项选择题

（1）从当前幻灯片开始放映幻灯片的组合键是____。

A. Shift + F5　B. Shift + F4　C. Shift + F3　D. Shift + F2

（2）从第一张幻灯片开始放映幻灯片的快捷操作是按____键。

A. F2　B. F3　C. F4　D. F5

（3）要设置幻灯片中对象的动画效果以及动画的出现方式时，应在____选项卡中操作。

A. 切换　B. 动画　C. 设计　D. 审阅

（4）要设置幻灯片的切换效果以及切换方式时，应在____选项卡中操作。

A. 开始　B. 设计　C. 切换　D. 动画

（5）关于 PowerPoint 的自定义动画功能，以下说法错误的是____。

A. 各种对象均可设置动画　B. 动画设置后，先后顺序不可改变

C. 同时还可配置声音　D. 可将对象设置成播放后隐藏

（6）若只希望放映第一、第三、第五张幻灯片，应使用“幻灯片放映”选项卡中的____命令。

A. 自定义幻灯片放映　B. 自定义动画

C. 动画方案　D. 幻灯片切换

（7）在某张含有多个对象的幻灯片中，选中某个对象，设置“飞入”效果后，则____。

A. 未设置效果的对象的放映效果也为飞入

B. 该幻灯片的放映效果为飞入

C. 该对象的放映效果为飞入

D. 下一张幻灯片的放映效果为飞入

（8）如果要使一张幻灯片以“横向棋盘”方式切换到下一张幻灯片，应使用____命令。

A. 超链接　B. 自定义动画　C. 幻灯片切换　D. 动作设置

（9）在 PowerPoint 2016 中，“自定义动画”的添加效果是____。

A. 进入、退出　B. 进入、强调、退出

C. 进入、强调、退出、动作路径　D. 进入、退出、动作路径

（10）在 PowerPoint 中，要更改幻灯片上对象动画出现的顺序，应在____任务窗格中设置。

A. 幻灯片切换　B. 幻灯片设计　C. 自定义动画　D. 动画窗格

（11）在 PowerPoint 中，有关人工设置放映时间的说法，错误的是____。

A. 可以设置在单击时换页

B. 只能在单击时换页

C. 可以设置每隔一段时间自动换页

D. A、C 两种方法可以换页

2. 多项选择题

（1）播放演示文稿时，以下说法正确的有____。

A. 只能按顺序播放　　B. 可以按幻灯片编号的顺序播放

C. 可以按任意顺序播放　　D. 可以倒回去播放

（2）在进行幻灯片的动画设置时，可以设置的动画效果类型有____。

A. 进入　　B. 强调　　C. 退出　　D. 动作路径

（3）在“切换”选项卡中，可以进行的操作有____。

A. 设置幻灯片的切换效果

B. 设置幻灯片的换片方式

C. 设置幻灯片切换效果的持续时间

D. 设置幻灯片的版式

（4）将鼠标指针放到“动画窗格”的时间条上，将会提示动画的____和____的时间。

A. 开始　　B. 结束　　C. 中断　　D. 延时

（5）关于 PowerPoint 的“动画窗格”任务窗格，说法正确的有____。

A. 可以带声音　　B. 可以调整顺序

C. 不可以进行预览　　D. 可以添加效果

3. 操作题

操作题解析视频

在 9.2.1 节预习测试操作题“凤阳花鼓.pptx”的基础上进行以下操作。

（1）设置第二张幻灯片的图片进入动画为“随机线条”，开始方式为“上一动画之后”，方向为“垂直”。设置文字的进入动画效果为：展开、与上一动画同时。动画顺序为：先文字，后图片。

（2）设置第三张幻灯片的文本框的进入动画效果为：飞入、上一动画之后、自顶部、作为一个对象。

（3）设置所有幻灯片的切换效果为：向右擦除、每隔 5 秒自动换片。同时在幻灯片中加入背景音乐“秋日私语.mp3”，并隐藏声音图标。

三、预习情况解析

1. 涉及知识点

设计幻灯片动画、设置放映方式和切换效果。

2. 测试题解析

见表 9-2。

表 9-2　“设置演示文稿的动态效果”预习测试题解析

测试题序号	答案	参考知识点	测试题序号	答案	参考知识点
第 1.（1）题	A	见课前预习“2.（1）”	第 1.（8）题	C	见课前预习“2.”
第 1.（2）题	D	见课前预习“2.（1）”	第 1.（9）题	C	见课前预习“1.”
第 1.（3）题	B	见课前预习“1.”	第 1.（10）题	D	见课前预习“1.（2）”
第 1.（4）题	C	见课前预习“2.”	第 1.（11）题	B	见课前预习“1.（2）”
第 1.（5）题	B	见课前预习“1.（2）”	第 2.（1）题	BCD	见课前预习“2.（1）”
第 1.（6）题	A	见课前预习“2.（2）”	第 2.（2）题	ABCD	见课前预习“1.（1）”
第 1.（7）题	C	见课前预习“1.”	第 2.（3）题	ABC	见课前预习“2.”

续表

测试题序号	答案	参考知识点	测试题序号	答案	参考知识点
第 2.（4）题	AB	见课前预习“1.”	第 3 题	见微课视频	
第 2.（5）题	ABD	见课前预习“1.（2）”			

3. 易错点统计分析

师生根据预习反馈情况自行总结。

9.3.2 任务实现

一、设置动画效果

涉及知识点：动画效果的设置、计时、预览

可以通过为幻灯片中的对象制作各种动画效果，将比较抽象的问题用具体的动画演示出来，极大地增强演示文稿的表现力。

【任务 1】在第一张幻灯片中，设置标题的动画效果为“飞入”，设置副标题的动画效果为“波浪形”，设置副标题动画效果在上一动画开始之后，持续 2 秒，延迟 5 秒，并进行效果的预览。

步骤 1：设置标题的动画效果为“飞入”。

选中第一张幻灯片中的标题占位符，选中幻灯片中的艺术字，单击【动画】|【进入】|【飞入】命令，如图 9-31 所示。

图 9-31　动画效果选项

步骤 2：设置副标题的动画效果为“波浪形”。

选中第一张幻灯片中的副标题占位符，选中幻灯片中的艺术字，单击“动画”选项卡“动画”组的“其他”下拉按钮，在打开的下拉列表中选择【强调】|【波浪形】。

步骤 3：设置副标题的持续时间和延迟效果。

在幻灯片中选中副标题占位符，单击【动画】|【计时】|【开始】下拉按钮，在打开的下拉列表中选择“上一动画之后”，将“持续时间”设置为“02.00”，将“延迟”设置为“05.00”，如图 9-32 所示。

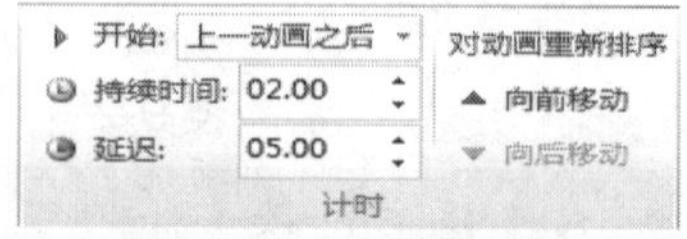

图 9-32　“计时”组

步骤 4：效果的预览。

单击【动画】|【预览】|【预览】命令，可以预览动画效果是否符合要求，如果不符合要求，可以重新设计。

二、设置幻灯片的切换效果

涉及知识点：设置幻灯片的切换效果、插入切换声音

【任务 2】设置演示文稿放映时幻灯片的切换效果，将所有幻灯片的切换效果设为“百叶窗”，并伴随有“风铃”声。

步骤 1：设置切换效果。

选中第一张幻灯片，单击“切换”选项卡“切换到此幻灯片”组的“其他”下拉按钮，

如图 9-33 所示，在打开的下拉列表中选择【华丽型】|【百叶窗】。

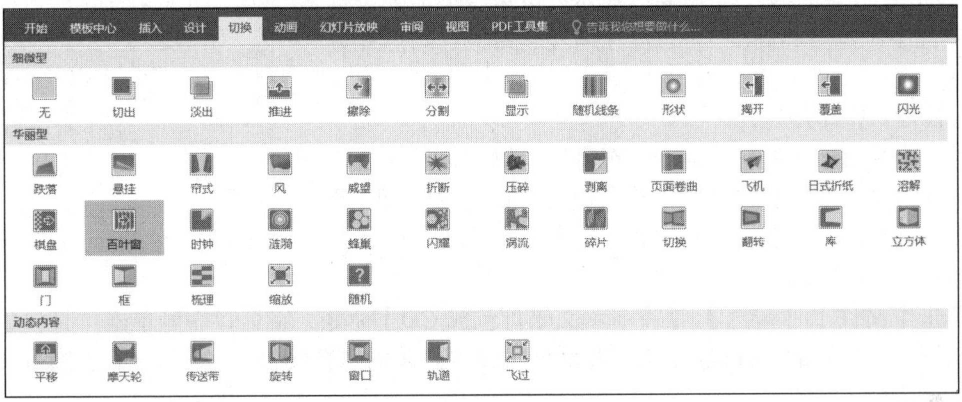

图 9-33 “切换”选项卡

步骤 2：设置切换声音。

单击【切换】|【计时】|【声音】下拉按钮，在打开的下拉列表中选择“风铃”。

三、设置幻灯片的放映方式

涉及知识点：设置幻灯片的放映方式、排练计时、录制幻灯片演示

【任务 3】设置演示文稿放映时从第一张播放到第五张，使用排练计时，让每张幻灯片放映 15 秒后自动切换到下一张幻灯片播放。

步骤 1：设置放映方式。

单击【幻灯片放映】|【设置】|【设置幻灯片放映】命令，打开“设置放映方式”对话框，在该对话框中设置幻灯片从第一张播放到第五张。

步骤 2：排练计时。

单击【幻灯片放映】|【设置】|【排练计时】命令，进入“录制”状态。屏幕左上角的“录制”对话框用于控制每张幻灯片的放映用时，如图 9-34 所示。在“录制”对话框中单击“关闭”按钮，打开“保存”对话框，单击“是”按钮，对幻灯片设置排练计时后，就可以按录制的用时设置来自动播放演示文稿。

图 9-34 “录制”对话框

说明：

① 如果播放时需要手动进行，可以单击【幻灯片放映】|【设置】|【设置幻灯片放映】命令，打开“设置放映方式”对话框，选中“手动”单选按钮，单击“确定”按钮。

② 播放演示文稿时，若想同时播放对演示文稿的讲解，可以单击【幻灯片放映】|【设置】|【录制幻灯片演示】命令，在打开的下拉列表中选择“从头开始录制”，在“录制幻灯片演示”对话框中选中“旁白和激光笔”复选框录制旁白。

四、演示文稿的打印和打包

涉及知识点：打印、打包演示文稿

【任务 4】打印“大学生职业生涯规划”演示文稿。

步骤 1：设置幻灯片大小。

单击【设计】|【自定义】|【幻灯片大小】命令，打开“幻灯片大小”对话框，如图 9-35 所示，可以根据需要设置幻灯片大小（宽度和高度）、幻灯片编号起始值、幻灯片方向等。

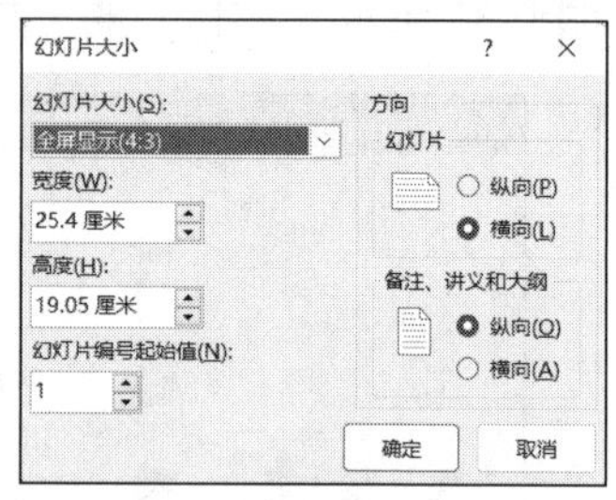

图 9-35 “幻灯片大小”对话框

步骤 2：打印幻灯片。

单击【文件】|【打印】命令，在窗口左侧可以设置打印选项，如打印份数、打印范围、打印内容、打印颜色等。此处设置打印份数为 1 份，打印全部幻灯片，如图 9-36 所示。

步骤 3：设置选项。

单击【文件】|【导出】|【将演示文稿打包成 CD】命令，在窗口右侧单击“打包成 CD”按钮，可以在打开的“打包成 CD”对话框中设置打包的包含文件、安全性和隐私保护等，如图 9-37 所示。

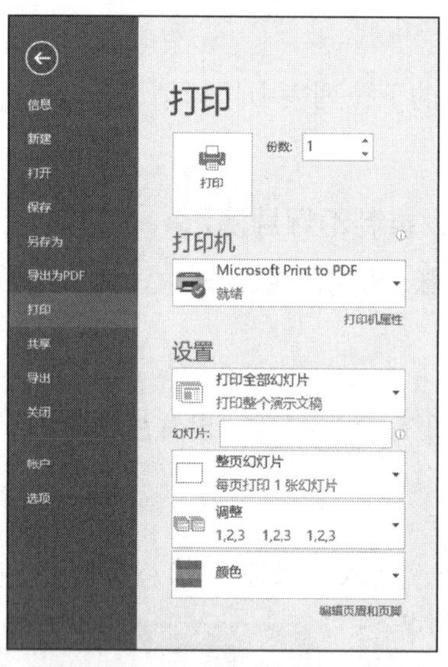

图 9-36 文件“打印”窗口

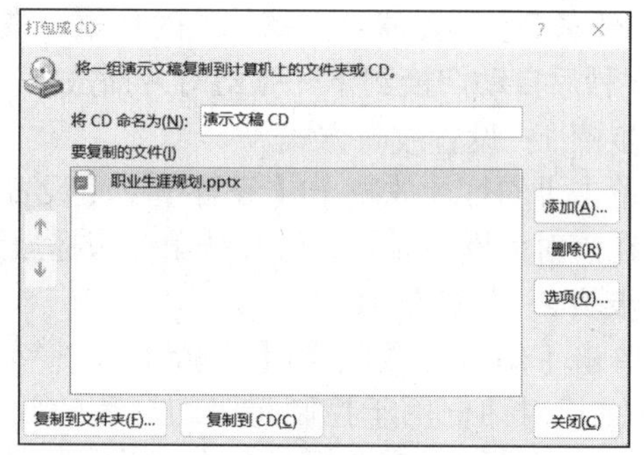

图 9-37 “打包成 CD”对话框

说明：

① 单击【设计】|【页面设置】|【页面设置】命令，打开“页面设置”对话框，也可以根据需要设置幻灯片大小（宽度和高度）、幻灯片编号起始值、幻灯片方向等。

② 单击【文件】|【打印】命令，在窗口左侧可以设置打印选项，如打印份数、打印范围、打印内容、打印颜色等。注意，幻灯片动画、切换等动态效果是无法打印的。

③ 在“打包成 CD”对话框中单击“复制到 CD”按钮，可以通过刻录机将打包文件刻录到 CD 光盘上。演示文稿打包至 CD 后，将打包后的光盘放入其他计算机的光驱中即可自动播放。当光盘无法自动播放时，在“此电脑”窗口中的光驱图标上单击鼠标右键，在弹出的快捷菜单中单击“自动播放”命令即可。

9.4 项目总结

在本项目中，我们主要完成了“大学生职业生涯规划”演示文稿的创建。

① 在完成项目的过程中，我们对 PowerPoint 2016 的特点和使用方法有了初步的了解，学习了使用 PowerPoint 2016 制作演示文稿的基础知识，会对幻灯片进行设计，能对插入的对象进行简单的格式设置。

② 按照设计幻灯片—插入和格式化对象—设计幻灯片动画的过程，进行大学生职业生涯规划演示文稿的制作，这是本项目的主要内容。

③ 掌握如何利用幻灯片母版对幻灯片样式进行统一修改的方法。

④ 制作好演示文稿的内容后，还要对幻灯片的放映方式进行设置，包括幻灯片的切换、幻灯片放映方式的设置、排练计时等。

⑤ 了解将演示文稿打包的方法。

完成本项目后，读者可以掌握演示文稿的创建方法，具备制作课堂教学课件、公司简介、产品发布宣传、项目报告、会议报告等 PPT 文档的能力。

9.5 技能拓展

9.5.1 理论考试练习

单项选择题

（1）在 PowerPoint 2016 中，可将编辑文档存为多种格式文件，但不包括____格式。

A. .pot　　B. .pptx　　C. .psd　　D. .html

（2）在 PowerPoint 2016 的“切换”选项卡中，正确的描述是____。

A. 可以设置幻灯片切换时的视觉效果和听觉效果

B. 只能设置幻灯片切换时的听觉效果

C. 只能设置幻灯片切换时的视觉效果

D. 只能设置幻灯片切换时的定时效果

（3）在 PowerPoint 2016 中，幻灯片中插入的音频的播放方式是____。

A. 只能设定为自动播放

B. 只能设定为手动播放

C. 可以设为自动播放，也可以设为手动播放

D. 取决于放映者的放映操作流程

（4）在 PowerPoint 2016 中，关于表格，下列说法错误的是____。

A. 可以向表格中插入新行和新列　　B. 不能合并和拆分单元格

C. 可以改变列宽和行高　　D. 可以给表格添加边框

（5）在 PowerPoint 2016 中，移动幻灯片最方便的视图是____。

A. 幻灯片　　B. 幻灯片浏览

C. 幻灯片放映　　D. 备注页

（6）在 PowerPoint 2016 中，使所有幻灯片具有统一外观的方法不包括____。

A. 使用设计模板　　B. 应用母版

C. 幻灯片设计　　D. 使用复制粘贴

（7）在 PowerPoint 2016 中，在演示文稿的放映过程中，代表超链接的文本会____，并且显示成系统配色方案指定的颜色。

A. 变为楷体字　　B. 被添加双引号

C. 被添加下划线　　D. 变为黑体字

（8）在 PowerPoint 幻灯片的“超链接”对话框中，设置的超链接对象不允许是____。
A. 下一张幻灯片　　B. 一个应用程序
C. 其他的演示文稿　　D. 幻灯片中的某个对象

（9）可以对幻灯片进行移动、删除、添加、设置切换动画效果等操作，但不能直接编辑幻灯片中的具体内容的视图是____。
A. 普通视图　　B. 幻灯片放映视图
C. 幻灯片浏览视图　　D. 以上都不是

（10）如果要求幻灯片能在无人操作的条件下自动播放，应该事先对 PowerPoint 演示文稿进行____操作。
A. 存盘　　B. 打包　　C. 排练计时　　D. 播放

（11）如果在 PowerPoint 中进行了错误操作，可以通过下列的____命令恢复。
A. 打开　　B. 撤销　　C. 保存　　D. 关闭

（12）在播放幻灯片时，如果要结束放映，可以按____键。
A. Esc　　B. Enter　　C. BackSpace　　D. Ctrl

（13）PowerPoint 2016 提供了不同视图以方便用户进行操作，分别是普通视图、大纲视图、幻灯片浏览视图、备注页视图和____。
A. 幻灯片放映视图　　B. 阅读视图
C. 文字视图　　D. 一般视图

（14）下面对幻灯片打印的描述，正确的是____。
A. 必须从第一张幻灯片开始打印
B. 不仅可以打印幻灯片，还可以打印讲义和大纲
C. 必须打印所有幻灯片
D. 幻灯片的页面大小不能调整

（15）采用窗口方式放映演示文稿的放映类型是____。
A. 在展台浏览　　B. 演讲者放映
C. 观众自行浏览　　D. 循环浏览

（16）若要在演示文稿中添加一张新的幻灯片，应该在____选项卡中单击“幻灯片”组中的“新建幻灯片”按钮。
A. 文件　　B. 开始　　C. 插入　　D. 视图

（17）在 PowerPoint 2016 中，在幻灯片的制作过程中，如果对幻灯片内的排列方式不满意，可以在“开始”选项卡中，单击____组中的“版式”按钮进行设置。
A. 格式　　B. 工具　　C. 文件　　D. 幻灯片

（18）在 PowerPoint 2016 中，不属于文本占位符的是____。
A. 标题　　B. 副标题　　C. 普通文本　　D. 图表

9.5.2 实践案例

党的二十大报告指出：“推动绿色发展，促进人与自然和谐共生”。近年来，我国一直在加快发展方式绿色转型。下面我们制作一个演示文稿，展示 10 年来我国以风电、光伏发电为代表的新能源发展成效。请使用 PowerPoint 2016 并按照以下要求完成操作，完成后的效果如图 9-38 所示。

（1）创建新的演示文档，为整个文档应用主题模板“环保”。

（2）在第一张幻灯片中添加文本“绿色能源，‘风光’无限”，并设置其字体字号为华文

行楷、36 磅；文本颜色设置为红色。

（3）设置第二张幻灯片中图片的进入动画效果为“缩放”。

（4）除去第二张幻灯片中文本框格式中的“形状中的文字自动换行”。

（5）设置所有幻灯片的切换效果为“溶解”。

（6）设置最后一张幻灯片中图片的超链接网址为“https://www.mee.gov.cn/”（中华人民共和国生态环境部）。

（7）利用幻灯片母版，在每一张幻灯片上添加水印“版权所有，盗版必究”文字，设置为无填充、发光样式。

（8）另存为“绿色能源.pptx”文件。

图 9-38　幻灯片效果

项目十　认识计算机网络与信息安全技术

学习目标

本项目通过讲解计算机网络、Internet 和信息安全等方面的知识，帮助读者掌握计算机网络的概念、组成、拓扑结构和分类，掌握 Internet 定义、接入方式和基本应用，掌握浏览器、电子邮件、文件传输和搜索引擎的使用方法，理解信息安全和计算机病毒的概念、特征、种类，熟悉计算机职业道德和相关法律法规，掌握基本的信息安全防范措施。

通过对本项目的学习，读者能够掌握计算机水平考试及计算机等级考试的相关知识点，达到下列学习目标。

知识目标：

- 了解计算机网络的定义、发展历程、功能和主要性能指标。
- 了解计算机网络的主要设备和传输介质。
- 了解计算机网络的拓扑结构和分类。
- 了解局域网的组成与应用。
- 了解 TCP/IP、超文本传送协议、IP 地址及域名。
- 掌握因特网（Internet）的定义、接入方式和 Web 浏览器的应用。
- 掌握电子邮件、文件传输和搜索引擎的使用。
- 了解信息安全的概念和信息安全防范措施。
- 理解计算机病毒的概念、特征、种类、危害、防治。
- 了解 Internet 的安全、黑客、防火墙。
- 熟悉计算机相关的职业道德、行为规范和法律法规。

技能目标：

- 能够将计算机接入 Internet。
- 会应用 Web 浏览器浏览网页和获取信息与资源。
- 会接收和发送电子邮件。
- 会应用 Internet 提供的服务解决日常问题。
- 能使用常用防病毒软件进行计算机病毒的防治。
- 能使用计算机系统工具处理信息安全问题。

10.1　项目总要求

小张应聘到一家新公司的信息技术部，为组建好信息技术部局域网，小张和同事们分步实施网络规划、网络组建和网络配置，实现部门内的办公计算机、移动设备接入 Internet；基于 Internet 进行信息和资源的获取，实现电子邮件收发；使用防病毒软件和计算机系统工具强化公司内各办公计算机、移动设备的信息安全防范能力，具体过程划分为以下 3 个阶段。

第一阶段：规划设计网络结构，组建信息技术部局域网，通过网络配置，实现部门内计算机等设备的互联互通和资源共享。

第二阶段：采用相关接入方式将部门内的办公计算机、移动设备等接入 Internet，利用 Web 浏览器浏览 Internet 信息和资源，收发电子邮件，使用搜索引擎检索和下载 Internet 信息与资源。

第三阶段：使用防病毒软件和计算机系统工具强化公司内各办公计算机、移动设备的信息安全防范能力。

10.2 任务一 规划和组建部门局域网

10.2.1 课前准备

为保证任务能够顺利完成，请在实际操作前预习以下内容：计算机网络的简介，计算机网络分层思想和体系结构，计算机网络设备和传输介质，计算机 IP 地址和域名，计算机网络拓扑结构和分类，局域网的组成与应用等基础知识。

一、课前预习

1. 计算机网络的简介

（1）计算机网络的概念

计算机网络是现代计算机技术与通信技术相互渗透、密切结合的产物。计算机网络是指将地理上分散的、具有独立功能的计算机、终端及附属设备，通过通信设备和通信线路连接起来，在功能完善的网络软件（网络操作系统、网络通信协议和网络管理软件等）的管理和协调下，实现资源共享和信息传递的系统。

（2）计算机网络的发展历程

计算机网络的发展经历了从简单到复杂、从低级到高级、从单机到多机的过程，其发展速度、应用范围和影响程度令人惊讶。总体来看，计算机网络的发展经历了以下 4 个阶段。

第一阶段，面向终端的计算机网络。20 世纪 50 年代至 60 年代前期，计算机网络进入面向终端的阶段，以主机为中心，通过计算机实现与远程终端的数据通信。

第二阶段，以通信子网和资源子网为组成的分组交换网络。20 世纪 60 年代中期至 70 年代中期发展起来的计算机网络，由若干台计算机相互连接成一个系统，实现计算机与计算机之间的通信。典型代表是 1969 年美国国防部高级研究计划署组织研制的计算机分组交换网（Advanced Research Project Agency Network，ARPANET），标志着计算机网络的发展进入新纪元。

第三阶段，面向开放式标准化的计算机网络。20 世纪 70 年代末至 80 年代，微型计算机得到了广泛应用，这一时期由于没有统一的标准，不同厂商的产品之间的互联很困难，人们迫切需要一种开放式的标准化网络环境。国际标准化组织（International Organization for Standardization，ISO）成立了专门的工作组来研究计算机网络的标准，提出了开放系统互联（Open System Interconnection，OSI）参考模型标准框架。只要遵循 OSI 参考模型标准，一个系统就可以和位于世界上任何地方的并且也遵循同一标准的其他任何系统进行通信，OSI 参考模型被全世界普遍接受，成为计算机网络系统结构的基础。

第四阶段，面向全球互联的高速计算机网络。20 世纪 90 年代初至今是计算机网络飞速发展的阶段，这一时期数字通信出现了。计算机通信与网络技术以高速率、高服务质量、高可靠性等为指标，出现了高速以太网、VPN、无线网络、P2P 网络、NGN 等技术，计算机网络的发展与应用渗入了人们生活的各个方面，进入一个多层次的发展阶段，向综合化、高速化、智能化和全球化发展，Internet 的发展和全球盛行是这一阶段的主要特点。

（3）计算机网络的功能

① 数据通信。数据通信是计算机网络的主要功能，用以实现计算机和计算机、计算机和终端以及终端与终端之间的数据信息传递，用户可以利用网络收发电子邮件，发布新闻消息，进行网上购物和移动支付，实施远程教育、远程医疗，进行在线娱乐等。

② 资源共享。资源共享是构建计算机网络的主要目的，用以实现计算机网络环境中的各类硬件资源和软件资源的共享，以达到减少硬件投入成本、减少软件开发劳动、提高软硬件资源利用率等目的。

③ 分布式处理。一个复杂任务可分解为若干个子任务，利用网络环境中不同位置上的计算机分别进行处理，增强网络环境中的计算机处理能力，降低成本，提高效率。

④ 负载均衡。任务被均匀地分配给网络中的各台计算机，网络控制中心负责分配和检测，当某台计算机负载过重时，系统会自动将任务转移到负载较轻的计算机中进行处理。

⑤ 集中管理。基于计算机网络建立起功能丰富的管理信息系统（Management Information System，MIS），可实现对地理位置分散的组织、部门和计算机软硬件资源的集中管理，提高工作效率，增加经济效益。

计算机网络最主要的功能是实现网络通信和资源共享。从逻辑上讲，一个计算机网络是由通信子网和资源子网构成的。

通信子网是指网络中实现通信功能的设备及其软件的集合，通信设备、通信协议、通信控制软件等属于通信子网，是网络的内层，负责信息的传输，主要为用户提供数据的传输、转接、加工和变换等。通信子网的设计方式一般有两种：点到点通道和广播通道。其组成主要包括中继器、集线器、网桥、路由器和网关等硬件设备。

资源子网是指网络中实现资源共享功能的设备及其软件的集合。在局域网中，资源子网主要由网络的服务器、工作站、共享的打印机和其他设备及相关软件组成。资源子网的主体为网络资源设备，包括用户计算机、网络存储系统、网络打印机、独立运行的网络数据设备、网络终端、服务器、网络上运行的各种软件资源、数据资源等。

（4）计算机网络的主要性能指标

计算机网络的性能指标是网络服务质量的量化表示，主要包括速率、带宽、吞吐量、时延和误码率等。

① 速率。网络技术中的速率是指连接在计算机网络上的主机在数字信道上传送数据的速率，也称数据率或比特率，单位是 bit/s（位每秒）。

② 带宽。带宽是指网络通信线路传输数据的能力，即最高速率，单位也是 bit/s。

③ 吞吐量。吞吐量表示在单位时间内通过某个网络或接口的数据量，包括全部的上传和下载的流量。

④ 时延。时延是指一个报文或分组从一个网络的一端传送到另一端所需要的时间，包括发送时延、传播时延、排队时延和处理时延 4 种，网络中的总时延是这 4 种时延的总和。

⑤ 误码率。误码率是衡量计算机网络传输可靠性的指标，它是指网络传输中错误接收的码元数占所传输的总码元数的比例，也称为出错率。

2. 计算机网络分层思想和体系结构

（1）计算机网络分层思想

计算机网络是由许多硬件、软件和协议交织起来的复杂系统。由于网络设计十分复杂，如何设计、组织和实现计算机网络结构，以保证其具有结构清晰、设计与实现简单、便于更新和维护、独立性和适应性较强等特点，需要采用科学、有效的方法。在计算机网络体系结构中，采用了分层思想，不同层次需要完成不同的功能或者提供不同的服务，每层在依赖自己下层所提供的服务的基础上，通过内部功能实现特定的服务，相同或相近的功能仅在一个层次中实现，而且尽可能在较高的层次中实现，从而形成系统的层次结构。

（2）计算机网络体系结构

计算机网络体系结构采用分层思想，需要解决的问题有：计算机网络体系结构应该具有哪些层次；每个层次负责哪些功能；各个层次间的关系是怎样的；层间如何进行交互；通信双方要确保能够达成高度默契，需要遵循哪些规则等。

综合分析以上几个问题，可以概括出计算机网络体系结构应包括 3 个方面的内容，即分层结构与每层功能、服务与层间接口、协议。所以，在计算机网络中，层、层间接口和协议的集合被称为计算机网络体系结构。

具体来说，计算机网络体系结构有 3 种，分别是 ISO/OSI 七层体系结构、TCP/IP 四层体系结构和综合了 ISO/OSI 与 TCP/IP 优点的五层体系结构，如图 10-1 所示。

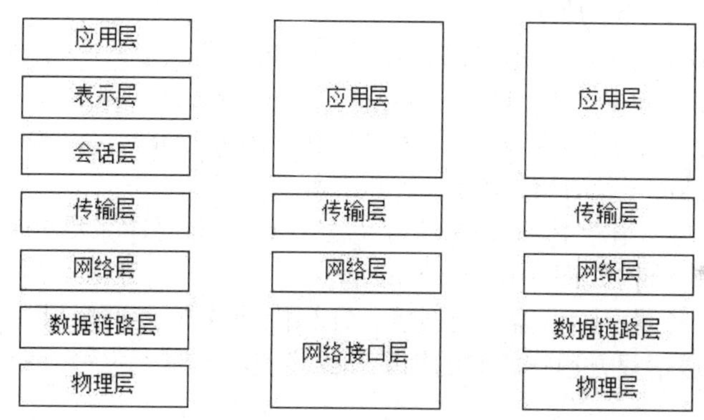

(a) ISO/OSI 七层体系结构　(b) TCP/IP 四层体系结构　(c) 五层体系架构

图 10-1　计算机网络体系结构

国际标准化组织制定的网络体系结构标准是 ISO/OSI 七层体系结构参考模型，但在实际中应用最广泛的是 TCP/IP 四层体系结构。可以说，ISO/OSI 七层体系结构是理论上的、官方制定的国际标准，而 TCP/IP 四层体系结构是事实上的国际标准。

① ISO/OSI 七层体系结构。国际标准化组织于 1984 年形成了 OSI 参考模型国际标准。OSI 参考模型从逻辑上把一个网络系统分为功能上相对独立的 7 个有序的子系统，这样 ISO/OSI 七层体系结构就由功能上相对独立的 7 个层次组成，如图 10-1（a）所示。ISO/OSI 七层体系结构由低到高分别是物理层、数据链路层、网络层、传输层、会话层、表示层和应用层。每层都能实现一定的功能，下层直接为其上层提供服务，所有层次互相支持，由低到高的第一层至第三层用于网络中两个设备间的物理连接，第四层至第七层负责互操作。各层的主要功能如下。

a. 物理层（Physical Layer，PHL）：保证在通信信道上正确传输原始比特流信号。

b. 数据链路层（Data Link Layer，DLL）：通过校验、确认和反馈等手段将物理连接改造成无差错的数据链路。

c. 网络层（Network Layer，NL）：负责控制通信子网的运行，主要解决如何将数据单元从源端发送到目标端的问题。

d. 传输层（Transport Layer，TL）：为上层用户提供端到端的可靠、透明和优化的数据传输服务。

e. 会话层（Session Layer，SL）：不参与具体的传输，它提供包括访问验证和会话管理在内的建立和维护应用之间的通信机制。

f. 表示层（Presentation Layer，PL）：提供格式化的表示和转换数据服务。

g. 应用层（Application Layer，AL）：负责为用户提供各种直接的应用服务。

② TCP/IP 四层体系结构。20 世纪 70 年代初期，ARPANET 使用的是网络控制协议（Network Control Protocol，NCP）。随着 ARPANET 的应用与发展，1973 年引入了传输控制协议（Transmission Control Protocol，TCP），1981 年引入了网际互联协议（Internet Protocol，IP），1982 年 TCP 和 IP 被标准化为 TCP/IP 协议族，1983 年 TCP/IP 协议族取代了 ARPANET 上的 NCP，最终形成较为完善的 TCP/IP 体系结构和协议规范。

TCP/IP 是 Internet 上的标准通信协议族，该协议族由数十个具有层次结构的协议组成，其中，TCP 和 IP 是该协议族中的两个最重要的核心协议，它们是 Internet 上所有网络和主机之间进行交流时所使用的共同“语言”，是 Internet 上使用的一组完整的标准网络连接协议。TCP/IP 协议族分为 4 个层次，从低到高依次是网络接口层、网络层、传输层和应用层。TCP/IP 四层体系结构如图 10-1（b）所示。

在 TCP/IP 四层体系结构中，每层都有若干个网络协议，但一个网络协议只隶属于一个层次。例如，应用层协议有 HTTP、FTP、DNS、Telnet、SMTP、POP3、SSL、RPC 等，传输层协议有 TCP、UDP 等，网络层协议有 IP、ICMP、RIP、ARP、OSPF 等，网络接口层协议有 CSMA/CD、CSMA/CA、ATM、PPP、PPPoE 等。

③ 五层体系结构。五层体系结构综合了 ISO/OSI 七层体系结构和 TCP/IP 四层体系结构的优点，其体系结构如图 10-1（c）所示。

网络环境中的服务器、路由器、交换机、计算机等设备，要能协同工作且实现信息传递和资源共享，就需要通信双方遵守相同的规则和约定，这个规则和约定就是网络协议（Network Protocol）。

网络协议是指网络中的通信双方用来交互与协商的规则和约定的集合，它规定了通信双方相互交换的数据或控制信息的格式，对特定请求应给出的响应和要完成的动作以及它们的时间关系。不同体系结构的网络之间以及同一网络中不同类型的客户机之间要实现通信，必须要求通信双方形成统一的约束规则。网络协议由语法、语义和时序 3 个要素组成。

3. 计算机网络设备和传输介质

（1）计算机网络设备

① 网络主体设备。计算机网络中的主体设备称为主机（Host），主机一般可以分为中心站（或称服务器）和工作站（或称客户机）两类。

服务器是为网络用户提供共享资源和服务的基本设备，在其上运行网络操作系统，是网络控制的核心，对工作速度、磁盘及内存容量的指标要求都较高，携带的外部设备多且大都为高级设备。服务器具有高性能、高可靠性、高可用性、吞吐能力强、存储容量大、联网和网络管理能力强等特点。随着软硬件技术的发展，具有各种功能、能适应不同环境的服务器相继出现，分类标准也更加多样化，按应用层次、处理器架构、处理器指令系统、机箱架构、用途等分类标准可将服务器划分为多种类型。

客户机是网络用户入网操作的节点，有自己的操作系统。用户既可以通过运行客户机上的网络软件，共享网络上的公共资源，也可以不进入网络单独工作。客户机一般配置要求不是很高，大多采用个人计算机并携带相应的外部设备，如打印机、扫描仪、绘图仪、手写输入板、游戏手柄等。

② 网络连接设备。网络连接设备是指把网络中的通信线路连接起来的各种设备的总称，这些设备包括网卡、中继器、集线器、网桥、网关、交换机、路由器和防火墙等。

a. 网卡。网卡的全称为网络接口卡（Network Interface Card，NIC），也称为网络适配器，是计算机网络中最重要的连接设备之一，一般插在计算机内部的总线槽上，网线则连接在网卡上。

b. 中继器。中继器（Repeater）是局域网中用来延长网络距离的最简单的互联设备，工作在 ISO/OSI 七层体系结构的物理层。中继器用于接收并识别网络信号，然后再生信号并将其发送到网络的其他分支上。其作用是放大信号、补偿信号衰减、驱动长距离电缆、增大信号的有效传输距离，对高层协议透明。从本质上看，可将中继器看作放大器，承担信号的放大和传送任务。

c. 集线器。集线器（Hub）是计算机网络中连接多台计算机或其他设备的连接设备，集线器主要提供信号放大和中转的功能，可以将其视作多端口的中继器，工作于 ISO/OSI 七层体系结构的物理层和数据链路层的媒体访问控制（Media Access Control，MAC）子层。

d. 网桥。网桥（Bridge）是网络中的一种重要设备，它通过连接相互独立的网段扩大网络的最大传输距离，工作于 ISO/OSI 七层体系结构的数据链路层，包含中继器的功能和特性，不仅可以连接多种介质，还能连接不同的物理分支，如以太网和令牌网，能让数据包在更大的范围内传送。

e. 网关。网关（Gateway）又称为网间连接器、协议转换器，在网络层以上实现网络互联，是复杂的网络互联设备，仅用于两个高层协议不同的网络互联。它既可用于广域网的互联，也可用于局域网的互联。

f. 交换机。交换机（Switch）是一种用于转发电（光）信号的网络设备，它可以为接入交换机的任意两个网络节点提供独享的电信号通路，是网络连接不可或缺的设备。最常见的交换机是以太网交换机，其他还包括电话语音交换机、光纤交换机等。

g. 路由器。路由器（Router）是连接两个或多个网络的硬件设备，在网络间起网关的作用，是读取每个数据包中的地址然后决定如何传送的专用智能化的网络设备，它会根据信道的情况自动选择和设定路由，以最佳路径、按前后顺序发送信号。路由器是互联网的主要节点设备，是网络的枢纽、“交通警察”，工作于 ISO/OSI 七层体系结构的网络层。

h. 防火墙。防火墙（Firewall）是一个由软件和硬件设备组合而成、在内网和外网之间、专用网与公共网之间的边界上构造的保护屏障，目的是防止外网用户未经授权的访问，阻挡来自外部的网络入侵。

（2）计算机网络传输介质

计算机网络传输介质是指在网络中传输信息的载体，是网络中发送方与接收方之间的物理通路。常用的传输介质分为有线传输介质和无线传输介质两大类。

① 有线传输介质。有线传输介质是指在两个通信设备之间的物理连接部分，它能将信号从一方传输到另一方，有线传输介质主要有双绞线、光纤和同轴电缆等。

a. 双绞线。双绞线是局域网中应用最为广泛的传输介质，由四组两条一对互相缠绕并包装在绝缘管套中的铜线组成，采用多种颜色进行区分。双绞线根据是否有屏蔽层可分为屏蔽双绞线与非屏蔽双绞线，目前常用的双绞线有五类线、超五类线和六类线。

与其他传输介质相比，双绞线在传输距离、信道宽带和数据传输速度等方面均会受到一定限制，但优点是价格较为低廉。利用双绞线传输信号时，信号的衰减比较大，所以双绞线适用于较短距离的信息传输，其传输距离一般不超过 100m。

b. 光纤。光纤是传输光信号的通信线路。在光缆的中央是由一定数量的光纤按照一定方式组成的缆芯，外面包有保护套，有的还包括保护层。光纤比铜芯电缆具有更大的传输容量，传输距离长、体积小、质量轻且不受电磁干扰，是远距离通信以及互联网主干中传输数据的主要介质。

c. 同轴电缆。同轴电缆本来是用于传输电视信号的，后来被广泛用于早期的局域网中。在同轴电缆的不同层面上都可以相同的中心构成传输信道，最外层的信道一般作为地线。通过放大器的放大功能，同轴电缆可以将信号传输到很远的地方。

② 无线传输介质。在计算机网络中，可在自由空间利用电磁波发送和接收信号实现无线传输。常见的无线传输介质有无线电波、微波和红外线等。与有线传输介质相比，无线传输介质有其独特的优势，特别是在一些无法铺设有线电缆的地方或者一些需要临时接入网络的地方。

4. 计算机 IP 地址和域名

（1）IP 地址

Internet 上的每台计算机都有一个唯一的标识，即 IP 地址（Internet Protocol Address）。IP 地址是 IP 提供的一种统一的地址格式，为互联网上的每个网络和每台主机分配一个逻辑地址，以此来屏蔽物理地址的差异。通过 IP 地址能够识别 Internet 上的计算机或其他网络设备。

IP 地址目前有两个版本，分别是 IPv4 和 IPv6，这两个版本的 IP 地址的主要区别是地址长度不同、进制表示不同、地址类型不同。

① IPv4 地址。目前计算机中使用的大多还是 IPv4 地址，IPv4 地址由 4 个字节 32 位二进制码组成。为了便于管理和使用，IPv4 地址采用“点分十进制”形式表示，即每个字节作为一段以一个十进制数字（范围为 0～255）表示，每段间用“.”分隔。例如，192.168.10.110 是一个有效的 IPv4 地址，256.100.202.101 是一个无效的 IPv4 地址。

一个 IP 地址由网络地址和主机地址两部分组成。其中，网络地址表示网络号部分，主机地址表示主机号部分。根据网络号所占用的位数，可以将 IPv4 地址分为 5 类，分别是 A 类（政府）、B 类（公司）、C 类（公用）、D 类（组播）和 E 类（实验），日常使用中分配给用户的 IPv4 地址主要是前 3 类。根据地址类型不同，IPv4 定义了单播地址、组播地址和广播地址 3 种类型。

IPv4 的 5 类地址的网络号和主机号长度（二进制位数）如图 10-2 所示。

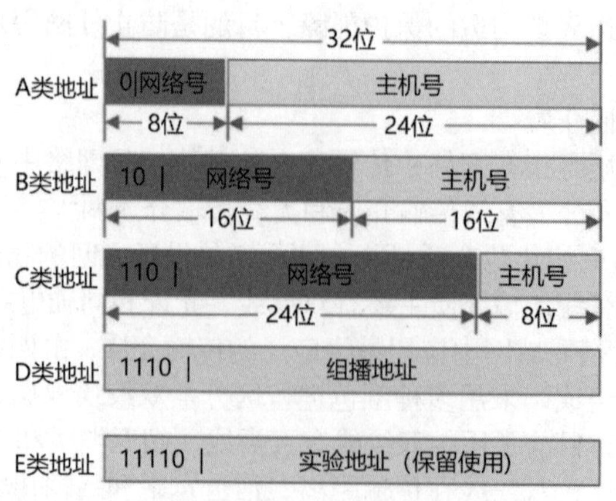

图 10-2 IPv4 的 5 类地址的网络号与主机号长度

IPv4 的 5 类地址范围如表 10-1 所示。

表 10-1　IPv4 的 5 类地址范围

地址类型	基本特征（二进制位）	地址范围	应用环境
A 类	第 1 位为 0	（1）第 1 个字节为网络地址，其他 3 个字节为主机地址 （2）地址范围：1.0.0.1～126.255.255.254 （3）10.×.×.×是私有地址，地址范围：10.0.0.0～10.255.255.255 （4）127.×.×.×是保留地址，用作环回测试	大型网络（政府）
B 类	前两位为 10	（1）第 1 个字节和第 2 个字节为网络地址，后两个字节为主机地址 （2）地址范围：128.0.0.1～191.255.255.254 （3）私有地址范围：172.16.0.0～172.31.255.255 （4）保留地址：169.254.×.×	中等规模网络（公司）
C 类	前 3 位为 110	（1）前 3 个字节为网络地址，最后一个字节为主机地址 （2）地址范围：192.0.0.1～223.255.255.254 （3）192.168.×.×是私有地址，地址范围：192.168.0.0～192.168.255.255	局域网（公用）
D 类	前 4 位为 1110	（1）不分网络地址和主机地址 （2）地址范围：224.0.0.1～239.255.255.254	组播地址
E 类	前 5 位为 11110	（1）不分网络地址和主机地址 （2）地址范围：240.0.0.1～255.255.255.254	实验地址

② 子网掩码。子网掩码（Subnet Mask）又称网络掩码、地址掩码，用来指明一个 IP 地址的哪些位标识是主机所在的子网，哪些位标识是主机的位掩码。子网掩码是针对 IPv4 地址而言的，IPv6 中没有子网掩码概念，它不能单独存在，必须结合 IPv4 地址一起使用。子网掩码的长度与 IPv4 地址的长度相同，也是 4 个字节 32 位二进制码，也可以使用“点分十进制”形式表示。

子网掩码的作用是将某个 IPv4 地址划分成网络地址和主机地址两部分，具体工作过程是：把 IPv4 地址与 32 位子网掩码进行二进制形式的按位逻辑“与”运算，就可以确定某个设备的网络地址和主机地址。简单来说，通过子网掩码可以识别一个网络的网络部分和主机部分。

③ IPv6 地址。IPv6 地址是在 IPv4 地址短缺问题出现的基础上提出的一套地址规范，可以理解为是 IPv4 地址的升级版。IPv6 地址长度为 16 个字节 128 位，是 IPv4 地址长度的 4 倍，采用“冒分十六进制数”形式表示，地址表示形式为×:×:×:×:×:×:×:×，其中，×是一个 4 位十六进制整数。即 IPv6 地址分为 8 组，每组的 4 位十六进制数间用“:”分隔。例如，FC00:0000:0000:130F:0000:009C:876A:0B13 是一个有效的 IPv6 地址。当然，IPv6 地址的表示还有其他形式，如前导 0 省略方式、0 压缩方式和内嵌 IPv4 地址等，如上述 IPv6 地址采用前导 0 省略方式可以写为 FC00:0000:0000:130F:0000:9C:876A:B13，采用 0 压缩方式可以写为 FC00::130F:0000:009C:876A:0B13 或 FC00::130F:0000:9C:876A:B13。

一个 IPv6 地址结构可以分为以下两部分。

a. 网络前缀：*n* 位，相当于 IPv4 地址中的网络号。

b. 接口标识：128−*n* 位，相当于 IPv4 地址中的主机号。

根据地址类型不同，IPv6 定义了单播地址、组播地址和任播地址 3 种类型。

（2）域名

IP 地址可以唯一地标识 Internet 中的每台计算机，但其缺乏直观性，不方便记忆并且不能显示地址组织的名称和性质，用户难以使用 IP 地址直观地认识和区别互联网上的计算机。为解决这个问题，Internet 委员会引入了一套字符型的地址来标识网络中的计算机，这个与 IP 地址相对应的名字被称为域名，也称为域名地址。域名地址是以主机（Host）、子域（Sub domain）和域（Domain）的形式表示的 Internet 地址（Address）。

IP 地址和域名是一一对应的，域名地址信息存放在一个叫域名服务器（Domain Name Server，DNS）的主机内，用户只需了解易记的域名地址，对应的转换工作留给域名服务器即可。域名服务器是一个提供 IP 地址和域名转换服务的服务器。

一台主机的名字由它所属的各级域和分配给主机的名字共同构成，如计算机名、组织机构名、网络类型名、最高层域名等。域名采用分层管理模式，由若干子域名组成，书写时按照由小到大的顺序，顶级域名放在最右边，级别最低的域名（如主机名）写在最左边，各级子域名间用“.”隔开，如“主机名. 三级域名. 二级域名. 顶级域名”，完整的域名最长不超过 255 个字符。一个域名可以包含的下级域名的数目并没有明确的规定，各级域名由各自的上一级域名管理机构管理，而最高级的顶级域名则由 Internet 的有关机构管理。

例如，有一域名为 www.ahdy.edu.cn。其中，顶级域名 cn 表示中国，二级域名 edu 表示教育机构，三级域名 ahdy 表示安徽电子信息职业技术学院，www 表示 ahdy.edu.cn 域中名称为“www”的主机。顶级域名的划分采用组织模式和地理模式两种，部分顶级域名及其含义如表 10-2 所示。

表 10-2　部分顶级域名及其含义

地理模式顶级域名				组织模式顶级域名	
域名	含义	域名	含义	域名	含义
.cn	中国	.ru	俄罗斯	.com	商业组织
.kr	韩国	.uk	英国	.gov	政府部门
.jp	日本	.fr	法国	.edu	教育机构
.sg	新加坡	.de	德国	.net	网络服务商
.au	澳大利亚	.it	意大利	.org	非营利组织
.in	印度	.ca	加拿大	.int	国际组织
.za	南非	.us	美国	.mil	军事机构

5. 计算机网络拓扑结构和分类

（1）计算机网络拓扑结构

网络中的每个设备都是一个节点。计算机网络拓扑结构是指各种网络设备与传输媒介形成的节点与线的物理构成模式，主要类型有总线拓扑结构、星形拓扑结构、环形拓扑结构、树状拓扑结构、网状拓扑结构和混合形拓扑结构。

① 总线拓扑结构。在总线拓扑结构中，所有接入网络中的设备都通过相应的硬件接口直接连接到同一条主干链路（总线）上，线路上的信息传输总是从发送信息的节点向两端扩散，能够被其他所有节点接收，传送的信号最后终止于链路两端的“终端连接器”，如图 10-3 所示。总线拓扑结构的主干链路如果出现故障，整个网络就会瘫痪。

② 星形拓扑结构。星形拓扑结构通过一个中央节点连接所有的服务器、客户机以及外部设备，任何两个普通节点间只能通过中央节点进行信息传输，如图 10-4 所示。传统上，

中央节点通常是一个称为集线器的网络设备，这里的集线器的作用类似于总线拓扑结构中的总线，用于向所有的设备进行数据广播。星形拓扑结构简单、易于扩展，便于新增节点；单个外围节点故障只影响一个设备，不会影响到全网，但网络性能和安全过多地依赖于中央节点，中央节点负载较重，一旦出现故障则全网瘫痪，所以中央节点对可靠性和冗余度的要求很高。

③ 环形拓扑结构。在环形拓扑结构中，所有的节点连接成一个环，每个节点都有两个相邻设备。数据沿着环路从一个节点传送到另一个节点，路径固定，因而没有路径选择问题，如图 10-5 所示。这种拓扑结构中，网络线缆的消耗较少，但任何节点的故障都会影响整个网络。由于可靠性差，这种结构已很少使用。

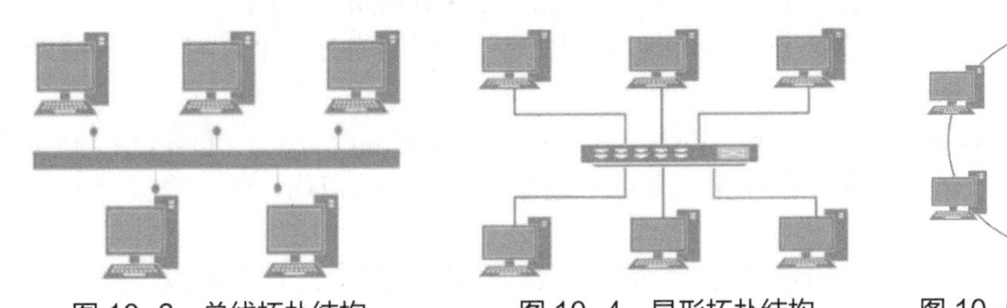

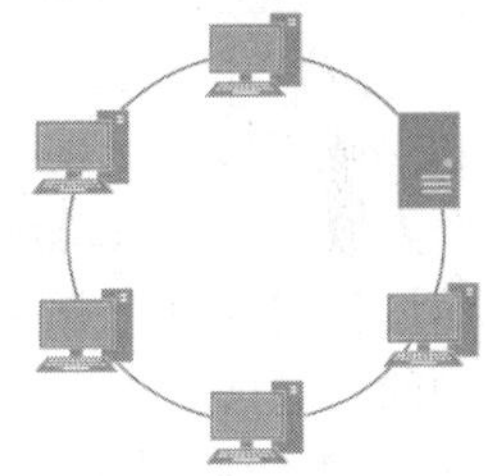

图 10-3　总线拓扑结构　　图 10-4　星形拓扑结构　　图 10-5　环形拓扑结构

④ 树状拓扑结构。树状拓扑结构可以认为是由多级星形拓扑结构组成的，只不过这种多级星形拓扑结构自上而下呈三角形分布，就像一棵树。树的最下端相当于网络中的边缘层，树的中间部分相当于网络中的汇聚层，而树的顶端则相当于网络中的核心层。它采用分级的集中控制方式，其传输介质可有多条分支，但不形成闭合回路，每条通信线路都必须支持双向传输。树状拓扑结构如图 10-6 所示。树状拓扑结构易于扩展，故障隔离较容易，但各个节点对“根”的依赖性太大，如果“根”发生故障，则全网不能正常工作。

⑤ 网状拓扑结构。网状拓扑结构是指网络中的各个节点之间均有一条专用的点到点链路，如图 10-7 所示。这种拓扑结构的网络可靠性高，容错能力强，资源共享方便，网络响应时间短；缺点是网络关系复杂不易扩充，网络控制机制复杂，路由选择和流量控制难度大，硬件成本高。

⑥ 混合形拓扑结构。混合形拓扑结构是将两种单一拓扑结构混合起来，取两者的优点构成的网络拓扑结构。一种是星形拓扑结构和环形拓扑结构混合成的“星-环”拓扑结构，另一种是星形拓扑结构和总线拓扑结构混合成的“星-总”拓扑结构。混合形拓扑结构如图 10-8 所示。这种拓扑结构故障诊断和隔离较为方便，易于扩展，安装方便；缺点是网络建设成本较高。

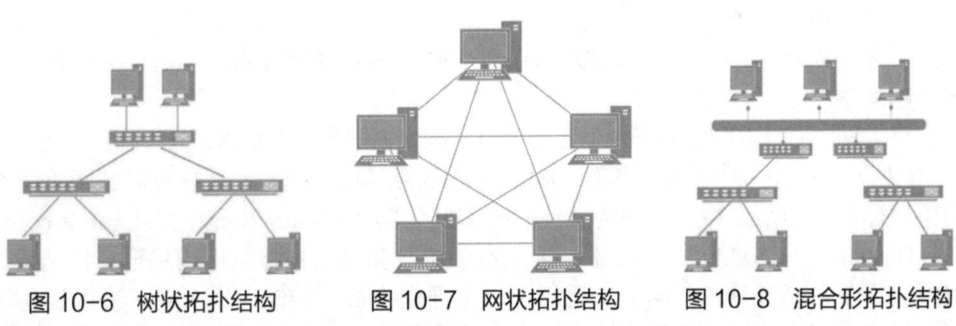

图 10-6　树状拓扑结构　　图 10-7　网状拓扑结构　　图 10-8　混合形拓扑结构

（2）计算机网络分类

计算机网络除了可以按拓扑结构分类，还可以按传输介质、传输速率、交换方式、覆盖的地理范围等方式进行分类。

① 按传输介质分类。按传输介质分类可将网络划分为有线网和无线网两大类。传输介质采用有线介质连接来实现终端设备间的数据传输的网络称为有线网，常用的有线传输介质有双绞线、同轴电缆和光纤等。传输介质采用无线介质来实现终端设备间的数据传输的网络称为无线网，常用的无线传输介质是电磁波。无线传输方式包括无线电传输、地面微波通信、卫星通信、红外线和激光通信等。

② 按传输速率分类。按传输速率分类可将网络划分为低速网（300bit/s～1.4Mbit/s）、中速网（1.5～45Mbit/s）和高速网（50～1000Mbit/s）等。

③ 按交换方式分类。按交换方式分类可将网络划分为电路交换（Circuit Switching）网络、报文交换（Message Switching）网络和分组交换（Packet Switching）网络。

④ 按覆盖的地理范围分类。按覆盖的地理范围分类可将网络分为个人域网、局域网、城域网和广域网 4 类。

个人域网（Personal Area Network，PAN）是指在便携式终端设备（手机、PDA、PAD 等）与通信设备之间进行短距离通信的网络，其覆盖范围一般在 10m 以内，可以将其视为一种特殊类型的局域网。

局域网（Local Area Network，LAN）是指局限于一个地点、一栋建筑或一组建筑的计算机网络，属于为一个单位或部门组建的小范围网络。局域网的主要特点是覆盖的地理范围较小，数据传输速率高，通信时延短，传输可靠性高，拓扑结构相对简单，支持多种传输介质。

城域网（Metropolitan Area Network，MAN）是指在一个城市范围内建立的计算机网络。其作用范围在广域网与局域网之间，借助通信光纤将多个局域网连通公用城市网络形成大型网络，实现局域网内的资源、局域网间的资源共享。城域网的主要特点是数据传输速率高，通信时延短，支持数据和话音传输，可与有线电视连通。

广域网（Wide Area Network，WAN）又称外网、公网，是连接不同地区局域网或城域网计算机通信的远程网。通常跨接很大的物理范围，所覆盖的范围从几十千米到几千千米，它能连接多个地区、城市和国家，或横跨几个洲并能提供远距离通信，形成国际性的远程网络。广域网主要特点是覆盖地理范围广，采用分组交换技术，数据传输速率相对较低，网络拓扑结构复杂，网络维护较为困难。

6. 局域网的组成与应用

局域网一般由服务器、客户机、连接设备、传输介质和通信协议等组成，主要实现局部地理范围内的文件管理、应用软件共享、打印机共享、扫描仪共享、工作组内的日程安排、电子邮件发送、传真服务等功能。

目前，全世界有 85%以上的局域网采用以太网，随着网络技术的发展，无线局域网的应用范围会越来越广泛。

（1）以太网。以太网（Ethernet）是指由 Xerox 公司创建并由 Xerox 公司、Intel 公司和 DEC 公司联合开发的一种传输速率为 10Mbit/s 的基带局域网规范，是现有局域网采用的通用的通信协议标准，使用带冲突检测的载波监听多路访问（Carrier Sense Multiple Access with Collision Detection，CSMA/CD）技术，采用竞争机制和总线拓扑结构或星形拓扑结构。

以太网设备包括计算机、网卡、网桥、以太网交换机、传输介质及各种外围设备等。外围设备是指那些根据共享需要而连接到网络上的设备，这些设备不是必需的。

（2）无线局域网。无线局域网（Wireless Local Area Network，WLAN）是指应用无线通

信技术将计算机设备互联起来，构成可以互相通信和实现资源共享的网络体系。WLAN 的本质特点是不再使用通信电缆将计算机与网络连接起来，而是使用无线方式连接，使得网络的构建和终端的移动更加灵活。WLAN 的原始标准是 IEEE 802.11，随着应用的需要，无线局域网标准也在不断完善，IEEE 委员会先后颁布了 IEEE 802.11b、IEEE 802.11a、IEEE 802.11g、IEEE 802.11n 和 IEEE 802.11ac 等标准。

WLAN 的基本设备包括无线接入点（Access Point，AP）、无线网卡等。无线 AP 类似于以太网中的路由器，它负责将无线电信号广播到任何安装了无线网卡的设备中，而安装有无线网卡的计算机则通过无线 AP 接入网络。此外，无线 AP 一般还具有连接到以太网交换机或者路由器的接口，通过该接口，无线 AP 能够成为局域网中的一个节点。

无线网卡是指使计算机可以无线上网的一个装置，除了具有一般网卡的功能，还含有能够传输无线信号的信号发射器、信号接收器及天线。如果在家里或者所在地有无线路由器或者无线 AP 的覆盖，就可以通过无线网卡以无线的方式接入网络。

目前，局域网广泛应用于个人、单位办公室、企业工厂、学校、商场等领域，提供文件管理、打印共享、工作组日程安排、Web 服务器等功能和服务。

二、预习测试

1. 单项选择题

（1）如果要将一台个人计算机接入局域网，那么必备的网络硬件是____。

A. 集线器　B. 网卡　C. 路由器　D. 网关

（2）下列各项指标中，不属于计算机网络性能指标的是____。

A. 分辨率　B. 带宽　C. 吞吐量　D. 时延

（3）数据传输速率是计算机网络的一项重要性能指标，下面不属于计算机网络数据传输速率常用单位的是____。

A. bit/s　B. Mbit/s　C. Gbit/s　D. MB/s

（4）按交换方式分类，计算机网络可以分为____。

A. 电路交换网、报文交换网、数据交换网
B. 电路交换网、数据交换网、分组交换网
C. 电路交换网、报文交换网、分组交换网
D. 数据交换网、报文交换网、分组交换网

（5）Internet 实现了分布在世界各地的各类网络的互联互通，其最基础、最核心的协议是____。

A. TCP/IP　B. HTTP　C. UDP　D. FTP

（6）下列给出的 IP 地址中，属于非法 IPv4 地址的是____。

A. 202.100.102.32　B. 192.168.20.196
C. 112.20.256.200　D. 172.16.188.168

（7）根据域名命名规范，下列给出的表示非营利组织的顶级域名是____。

A. .org　B. .edu　C. .com　D. .gov

（8）下列属于在网络层上工作的设备是____。

A. 网卡　B. 网关　C. 路由器　D. 集线器

（9）计算机网络最突出的特征是____。

A. 传送信息速度快　B. 资源共享
C. 内存容量大　D. 交互性好

（10）下列计算机网络不是按覆盖地理范围划分的是____。

A. 广域网　　B. 城域网

C. 局域网　　D. 星形网

2. 多项选择题

（1）计算机网络按逻辑功能划分可划分为____。

A. 通信子网　　B. 局域网

C. 资源子网　　D. 对等网

（2）组成计算机网络协议要素的有____。

A. 数据　　B. 语法　　C. 语义　　D. 时序

（3）下列是顶级域名划分模式的是____。

A. 组织模式　　B. 地理模式

C. 全称模式　　D. 分级模式

（4）TCP/IP 四层体系结构主要包括____。

A. 应用层　　B. 传输层

C. 网络层　　D. 网络接口层

E. 数据链路层

（5）下列属于计算机网络性能指标的有____。

A. 速率　　B. 带宽　　C. 吞吐量　　D. 时延

E. 误码率

（6）下列属于计算机网络拓扑结构的有____。

A. 星形拓扑结构　　B. 总线拓扑结构

C. 网状拓扑结构　　D. 环形拓扑结构

E. 树状拓扑结构

3. 判断题

（1）域名系统在地址表示中，从左到右依次为最高域名段、次高域名段等，最右的一个字段为主机名。（　　）

（2）ISO 划分网络层次的基本原则是：不同节点具有不同的层次，不同节点的相同层次有相同的功能。（　　）

（3）传输控制协议（TCP）属于传输层协议，而用户数据报协议（UDP）属于网络层协议。（　　）

（4）网络层是 TCP/IP 实现网络互联的关键，但网络层不提供可靠性保障，所以 TCP/IP 网络中没有可靠性机制。（　　）

（5）在 Internet 域名体系中，采用组织模式的顶级域名.com 是分配给政府部门使用的。（　　）

三、预习情况解析

1. 涉及知识点

计算机网络特征和主要性能指标、网络设备、TCP/IP、IP 地址、域名、拓扑结构、网络分类等。

2. 测试题解析

见表 10-3。

表 10-3　“规划和组建部门局域网”预习测试题解析

测试题序号	答案	参考知识点	测试题序号	答案	参考知识点
第 1.（1）题	B	见课前预习“3.（1）”	第 2.（2）题	BCD	见课前预习“2.（2）”
第 1.（2）题	A	见课前预习“1.（4）”	第 2.（3）题	AB	见课前预习“4.（2）”
第 1.（3）题	D	见课前预习“1.（4）”	第 2.（4）题	ABCD	见课前预习“2.（2）”
第 1.（4）题	C	见课前预习“5.（2）”	第 2.（5）题	ABCDE	见课前预习“1.（4）”
第 1.（5）题	A	见课前预习“2.（2）”	第 2.（6）题	ABCDE	见课前预习“5.（1）”
第 1.（6）题	C	见课前预习“4.（1）”	第 3.（1）题	×	见课前预习“4.（2）”
第 1.（7）题	A	见课前预习“4.（2）”	第 3.（2）题	√	见课前预习“2.（1）”
第 1.（8）题	C	见课前预习“3.（1）”	第 3.（3）题	×	见课前预习“2.（2）”
第 1.（9）题	B	见课前预习“1.（3）”	第 3.（4）题	×	见课前预习“2.（2）”
第 1.（10）题	D	见课前预习“5.（2）”	第 3.（5）题	×	见课前预习“4.（2）”
第 2.（1）题	AC	见课前预习“1.（3）”			

3. 易错点统计分析

师生根据预习反馈情况自行总结。

10.2.2　任务实现

一、配置部门局域网内的计算机

涉及知识点：计算机名称、工作组和网络位置的设置

【任务 1】在规划、设计并按拓扑图连接好各类硬件设备后，为局域网内的各台计算机设置计算机名和工作组，设置网络位置，确保网络互联互通，便于在局域网中发现相应计算机。

步骤 1：在桌面“此电脑”图标上单击鼠标右键，在弹出的快捷菜单中单击“属性”菜单项，打开“设置”窗口，如图 10-9 所示。

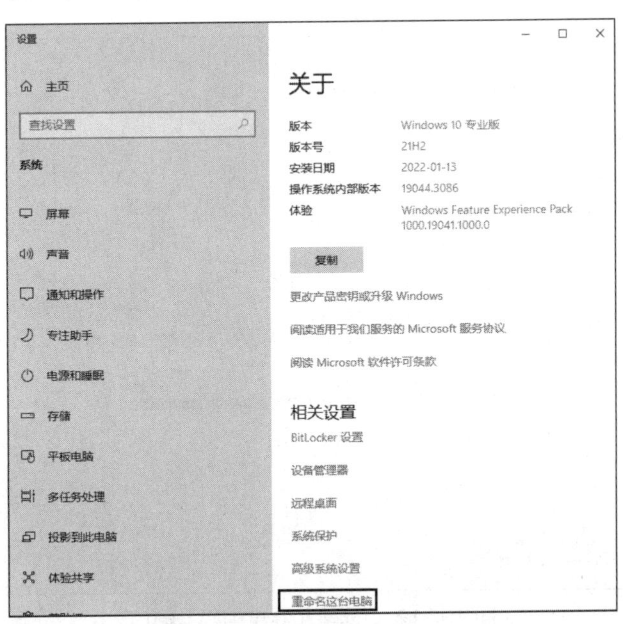

图 10-9　计算机的“设置”窗口

步骤 2：在“设置”窗口中单击“重命名这台电脑”，打开“系统属性”窗口，如图 10-10 所示。

步骤 3：在“系统属性”窗口中单击“更改”按钮，打开“计算机名/域更改”窗口，在此窗口中进行计算机名、域、工作组的设置和修改，如图 10-11 所示。

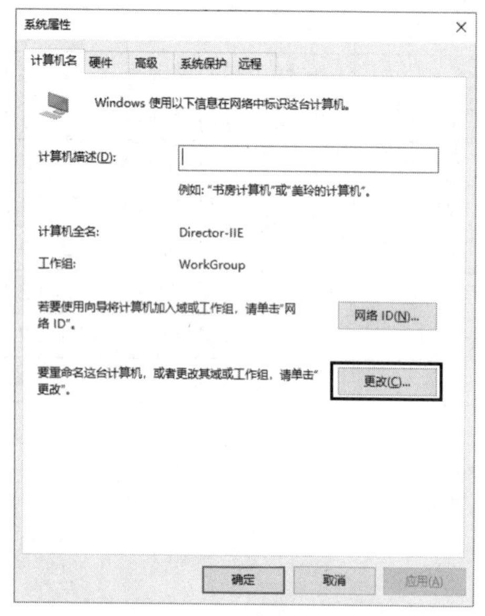

图 10-10 “系统属性”窗口

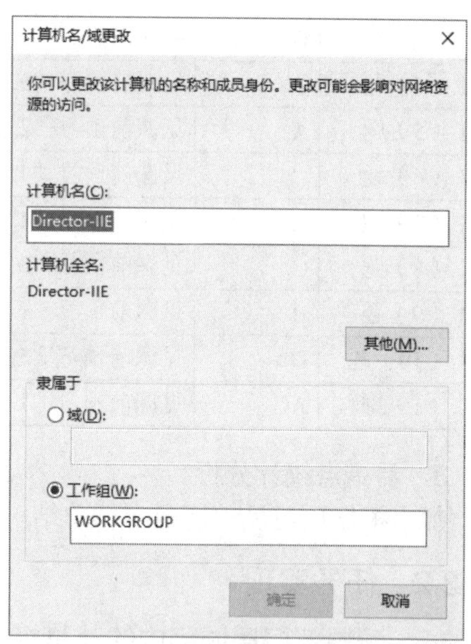

图 10-11 “计算机名/域更改”窗口

步骤 4：修改完成后单击“确定”按钮，在弹出的对话框中单击“确定”按钮后重新启动计算机，再次进入计算机系统后，计算机名和工作组等信息设置成功。

步骤 5：设置局域网内各计算机的网络位置。在桌面“网络”图标上单击鼠标右键，在弹出的快捷菜单中单击“属性”菜单项，打开“网络和共享中心”窗口，可以查看活动网络，如图 10-12 所示。

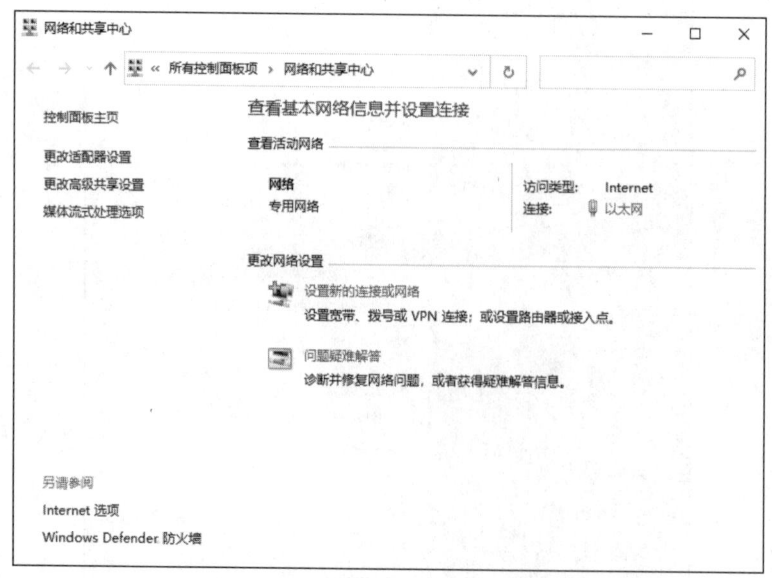

图 10-12 “网络和共享中心”窗口

说明：

也可在“控制面板”窗口中单击“网络和共享中心”选项，如图 10-13 所示，打开“控制面板\所有控制面板项\网络和共享中心”窗口，可查看活动网络等。

图 10-13　控制面板中“网络和共享中心”功能项

二、设置和访问局域网共享资源

涉及知识点：IP 地址分类、静态与动态 IP 的配置、文件夹的共享设置

【任务 2】设置局域网内的各台计算机的 IP 地址，实现局域网范围内的有线连接的计算机可以接入互联网；设置文件夹实现资源共享。

步骤 1：在桌面“网络”图标上单击鼠标右键，在弹出的快捷菜单中单击“属性”菜单项，打开“网络和共享中心”窗口，如图 10-14 所示。

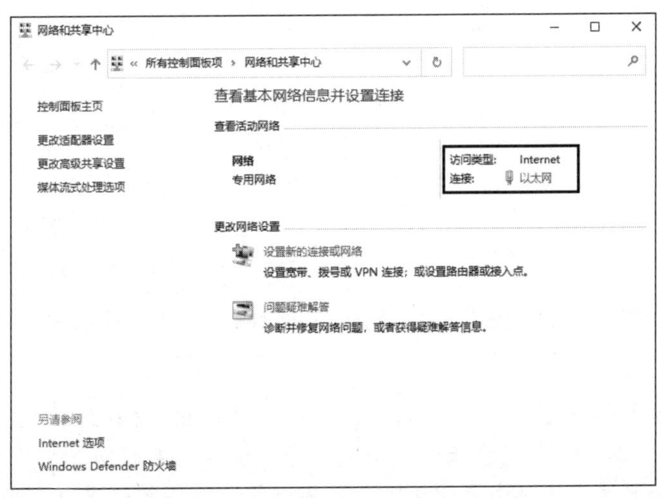

图 10-14　“网络和共享中心”窗口

步骤 2：单击“以太网”，打开“以太网状态”对话框，如图 10-15 所示。单击“详细信息”按钮，打开“网络连接详细信息”对话框，如图 10-16 所示。

图 10-15 “以太网状态”对话框

图 10-16 “网络连接详细信息”对话框

步骤 3：单击图 10-15 中的“属性”按钮，打开“以太网属性”对话框，如图 10-17 所示。选中“Internet 协议版本 4(TCP/IPv4)”复选框，单击“属性”按钮，打开“Internet 协议版本 4(TCP/IPv4)属性”窗口，可以进行 IP 地址、DNS 服务器地址等的设置，如图 10-18、图 10-19 所示。

图 10-18 所示是动态 IP 地址的配置方式，图 10-19 所示是静态 IP 地址的配置方式，应用时可根据实际情况选择一种配置方式。通过以上设置，局域网中利用有线方式连接的计算机就可以接入互联网了。

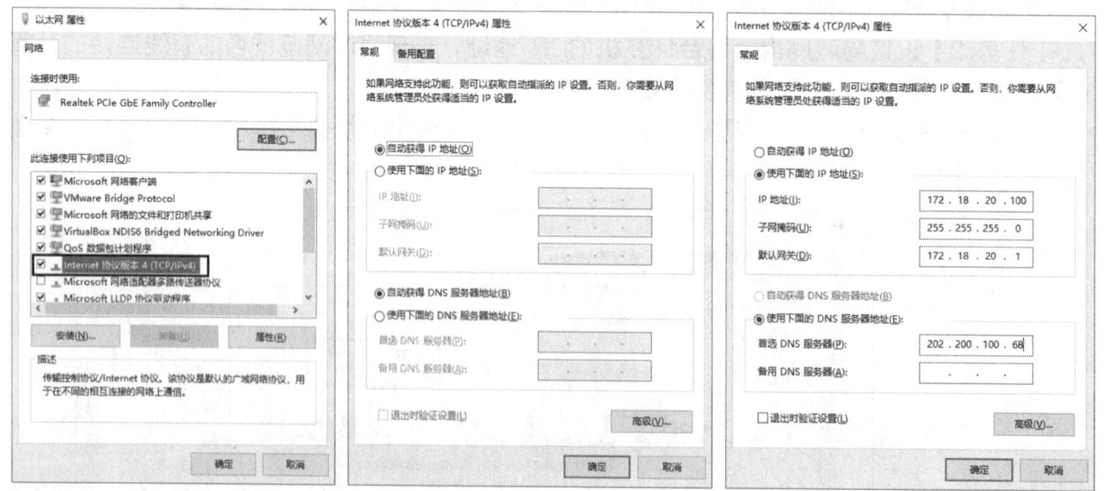

图 10-17 “以太网属性”对话框　图 10-18 动态 IP 地址的配置　图 10-19 静态 IP 地址的配置

说明：

① 利用无线方式连接的计算机和移动设备（如智能手机、平板计算机、笔记本计算机等），还需要将它们接入无线网络中，才能使用局域网资源和接入互联网。

② 需要管理和配置无线路由器，包括设置无线网络服务集标识符（Service Set Identifier，SSID）名称、密码等信息，配置好后重启路由器。配置无线路由器时应根据不同产品的特点，按提供的用户指南进行配置。

③ 无线路由器配置成功后，可让配置有无线网卡的计算机、移动设备等搜寻无线网络，

找到要连接的无线网络 SSID 名称，输入正确的用户密码后，即可正常接入无线局域网。

④ 如果网络中的计算机数量较多，配置静态 IP 地址的工作量大，且容易配置错误，此时可使用动态主机配置协议（Dynamic Host Configuration Protocol，DHCP）机制让计算机自动配置 IP 地址。此时只需要在“Internet 协议版本 4(TCP/IPv4)属性”对话框中选中“自动获得 IP 地址”和“自动获得 DNS 服务器地址”两个单选按钮。

【任务 3】计算机 D 盘中有一个文件夹，名称为“计算机应用基础共享资源”，设置该文件夹为共享文件夹，实现局域网范围内的所有用户均可以访问该文件夹资源。

步骤 1：在需要共享的名称为“计算机应用基础共享资源”文件夹上单击鼠标右键，在弹出的快捷菜单中单击“属性”菜单项，打开“计算机应用基础共享资源 属性”对话框，如图 10-20（a）所示。

步骤 2：选择“共享”选项卡，如图 10-20（b）所示。

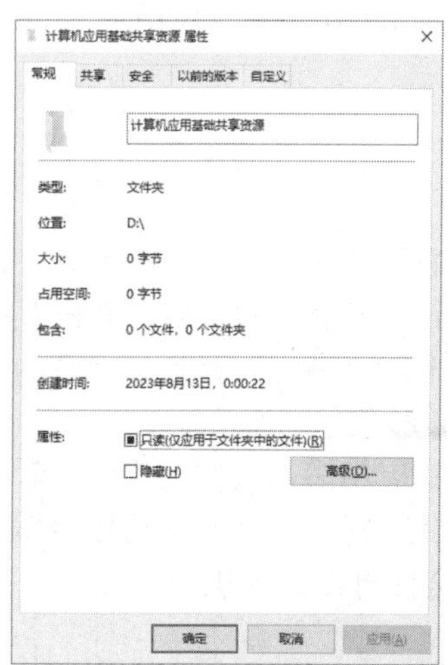

(a)“计算机应用基础共享资源 属性”对话框

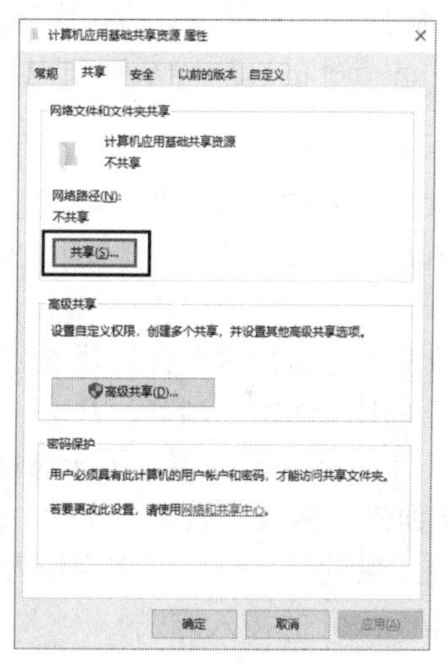

(b)“计算机应用基础共享资源 属性”对话框“共享”选项卡

图 10-20　计算机应用基础共享资源 属性

步骤 3：单击“共享”按钮，打开“网络访问”对话框，选择要共享的用户，这里设置为“Everyone”，表示局域网内每个用户都具有访问该文件夹的权限，如图 10-21 所示。设置完成后单击“共享”按钮，打开图 10-22 所示的对话框，单击“完成”按钮完成共享设置。

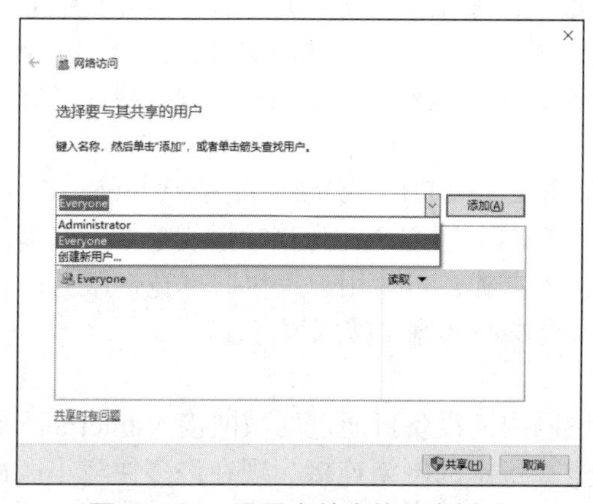

图 10-21　设置文件夹的共享权限

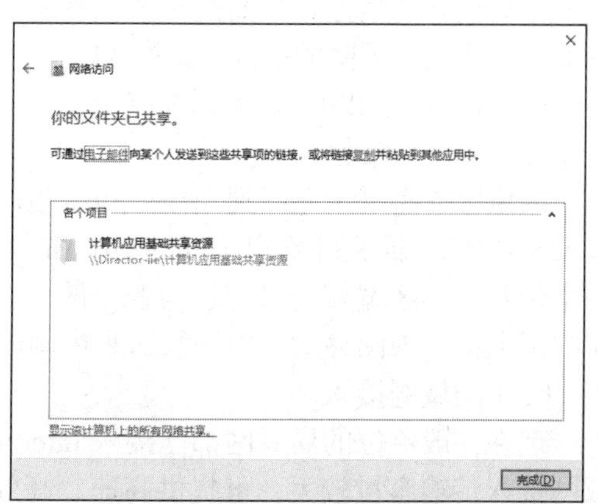

图 10-22　完成文件夹的共享设置

说明：

① 设置文件夹共享过程中，可根据用户需要设置共享文件夹的访问权限，指定允许哪些用户或组访问共享文件夹。

② 设置好共享文件夹后，就可以在局域网范围内进行共享访问。具体操作是：双击桌面上的“网络”图标，打开“网络”对话框，可以看到局域网中的所有计算机名称，双击要访问的计算机即可访问其共享资源。

③ 打印机、扫描仪等外围设备也可以设置共享，具体操作不再描述，有兴趣的读者可以自行操作体验。

10.3 任务二 接入 Internet 获取信息和资源

10.3.1 课前准备

为保证任务顺利完成，请在实际操作前预习以下内容：Internet 的发展历程、Internet 的接入方式、Internet 的应用等基础知识。

一、课前预习

1. Internet 的发展历程

Internet 的中文译名为因特网，又称国际互联网，它通过统一的协议（TCP/IP）连接各个国家、各个地区、各个机构的成千上万台计算机，是一个覆盖全球的大型计算机互联网络。它是借助现代通信技术和计算机技术实现全球信息传递的一种快捷、有效、方便的工具，为用户提供了用以创建、浏览、获取、搜索和交流信息等形形色色的服务。

现在，Internet 已经覆盖了全球的每个国家和地区，其应用渗透人们的生活、学习和工作中，已全面进入科技、教育、文化、政治、经济等应用领域。利用 Internet 可以传输文本、图像、音频、视频等，也可以实现语音对话，其缺点是安全性难以让人满意。

2. Internet 的接入方式

Internet 接入是通过特定的信息采集与共享的传输通道，利用传输技术完成用户与 IP 广域网的高带宽、高速度的物理连接。目前常见的 Internet 接入方式有以下 6 种。

（1）ADSL 接入

非对称数字用户线路（Asymmetric Digital Subscriber Line，ADSL）技术利用现有的电话线，为用户提供高数据传输速度，采用频分复用技术把普通的电话线分成电话、上行和下行 3 个相对独立的信道，从而避免了相互之间的干扰，上网时拨打或接听电话，不会发生上网速率和通话质量下降的情况。安装 ADSL 极其方便、快捷，只需要互联网服务提供商（Internet Service Provider，ISP）在电话线路上安装 ADSL Modem，不需要改动用户的现有线路。

（2）小区宽带接入

网络服务商采用光纤到大楼（Fiber To The Building，FTTB）或光纤到小区（Fiber To The Zone，FTTZ）或光纤到户（Fiber To The Home，FTTH）等方式，为整幢楼或整个小区提供共享带宽。小区宽带是目前较为普及的一种宽带接入方式，可为用户提供共享宽带服务。目前中国电信、中国移动、中国联通和中国广电均可提供小区宽带接入服务。

（3）局域网接入

现在一般单位的局域网都已接入 Internet，局域网内的设备可通过局域网接入 Internet。局域网接入传输容量较大，可提供高速、高效、安全、稳定的网络连接。现在许多住宅小区都可以利用局域网提供宽带接入。

（4）无线接入

无线接入是指使用蓝牙（Bluetooth）、Wi-Fi、全球移动通信系统（Global System for Mobile Communications，GSM）、通用无线分组业务（General Packet Radio Service，GPRS）、码分多路访问（Code Division Multiple Access，CDMA）、4G、5G 等无线技术建立设备之间的通信链路，为设备之间的通信提供基础，也称为无线连接。常用的实现无线连接的设备有无线路由器、蜂窝设备等。无线网络的发展非常迅猛，因接入方式方便、快捷，使得人们对无线网络的喜欢程度和依赖程度相当高。目前我国多数公共场所，如购物商场、餐厅、宾馆、咖啡厅和火车站等都提供免费的 Wi-Fi 接入服务。

（5）有线通接入

电缆调制解调器（Cable Modem，CM）也称“有线通”或“广电通”，是一种直接利用现有的有线电视网络，实现高速接入 Internet 的方式。该方式无须拨号，上网速度快，也属于共享带宽，但速度会受到同时上网的人数的影响，与小区宽带接入极为类似。

（6）电力线通信方式

电力线通信（Power Line Communication，PLC）利用传输电流的电力线作为通信载体。PLC 方式具有极大的便捷性，在速率上很有优势。该方式可将室内电话、电视、音响、冰箱等家电利用电力线连接起来，进行集中控制，实现“智能家庭”的梦想。

3. Internet 的应用

Internet 早期应用主要包括电子邮件、远程登录及文件传输等，但随着硬件技术、用户界面、万维网（World Wide Web，WWW）等的迅速发展和网络信息需求不断增加，Internet 的应用范围迅速扩大，特别是 Web 技术、多媒体数据传输、电子商务及娱乐方面的应用的发展更加迅速。Internet 上不仅可以传输文本信息，还可以传输图形、声音、图像、视频等多媒体信息，但 Internet 上的一些非法行径和破坏行为，给人们带来了不同层面的安全风险。

（1）WWW 服务

WWW 也称为 Web、3W，是 Internet 使用最普通、最简单、功能丰富的一种信息服务。WWW 是基于客户机/服务器（Client/Server）模式的服务系统。WWW 服务器通过超文本标记语言（Hyber-Text Markup Language，HTML）把信息组织成为图文并茂的超文本（Hyper-Text），利用超链接（Hyper-Link）从一个站点跳到另一个站点。

① Web 浏览器。Web 浏览器是计算机上用于浏览和访问 Web 服务器上的资源，并让用户与这些资源互动的客户端软件。目前流行的 Web 浏览器有微软 IE（Internet Explorer）浏览器、谷歌 Chrome 浏览器、苹果 Safari 浏览器、火狐 Firefox 浏览器、360 浏览器等。Web 浏览器具有“收藏夹”功能，可以将个人喜欢或常用的网址收藏起来，以方便下次快速直接访问；具有的“自动完成”功能，可以自动记录地址栏输入的网址、网页表单输入的信息和表单上的用户名与密码信息等。

② HTML。HTML 是创建 HTML 文档时需要遵循的一组规范，这些规范保证了服务器端的 HTML 文档显示在用户的浏览器窗口中时就是直观的网页。HTML 是表示信息的规范，通过它将 Web 服务器中的信息存储为 HTML 文档（网页）。

③ HTTP。超文本传送协议（Hyper-Text Transport Protocol，HTTP）是一个与 TCP/IP 一起工作的协议。利用 HTTP，用户可以通过浏览器访问各种 Web 资源。HTTP 既能够将浏览器的 Web 资源访问请求发送到 Web 服务器上，也可以在这之后，将 Web 服务器的响应传回给客户的浏览器。

④ URL。统一资源定位符（Uniform Resource Locator，URL）是专为标识 Internet 上的

资源位置和访问这些资源而设置的一种编址方式，平时所说的网页地址指的就是 URL。URL 由资源类型、存放该资源的计算机域名和资源文件名三部分组成。

URL 给资源的位置提供一种抽象的表示方法，并用这种方法给资源定位。只要能够对资源定位，用户就可以对资源进行各种操作，如存取、更新、替换和查看属性。这里的“资源”是指在 Internet 上可以被访问的任何对象，包括目录、文件、图像、声音、视频，以及与 Internet 相连的任何形式的数据。URL 相当于文件名在网络范围的扩展。

HTTP 是用于传输超文本信息的协议，URL 则用于帮助浏览器在浩瀚的 Internet 海洋中定位 Web 服务器。在 Internet 中，每种信息资源都可以通过 URL 来表示。由于访问不同资源所使用的协议不同，所以 URL 以协议规范（如 http://）开头，目的是表明 URL 访问某个资源时所使用的协议。URL 的一般形式如下：“<协议>://<主机>:<端口>/<路径>/<文件名>”。

⑤ 超链接。超链接是一种允许不同网页或站点之间进行连接的元素，是指从一个网页指向一个目标的连接关系，这个目标可以是另一个网页，也可以是相同网页上的不同位置，还可以是一张图片，一个电子邮件地址，一个文件，甚至是一个应用程序。

超链接是 Web 页面区别于其他媒体的重要特征之一，网页浏览者只要单击网页中的超链接就可以自动跳转到超链接的目标对象，且超链接的数量是不受限制的。

（2）电子邮件

电子邮件（E-mail）是一种用电子手段提供信息交换的通信方式，是互联网应用最广泛的服务之一。通过电子邮件系统，用户可以以非常低廉的价格、非常快速的方式，与世界上任何一个角落的网络用户联系。电子邮件可以包含文字、图像、声音、视频等多种内容。同时，用户可以得到大量免费的新闻、专题邮件，并轻松实现信息搜索。电子邮件的存在极大地方便了人与人之间的沟通与交流，促进了社会的发展。

电子邮件的工作过程与传统邮件的工作过程类似，只是这一切都是在网络上并且基于一定的协议规范实现的。一个完整的电子邮件系统包括传送、操作电子邮件的设备和软件，对邮件进行分类、存储、发送及接收的电子邮件服务器，以及收发电子邮件的个人计算机。电子邮件的基本工作过程如图 10-23 所示。

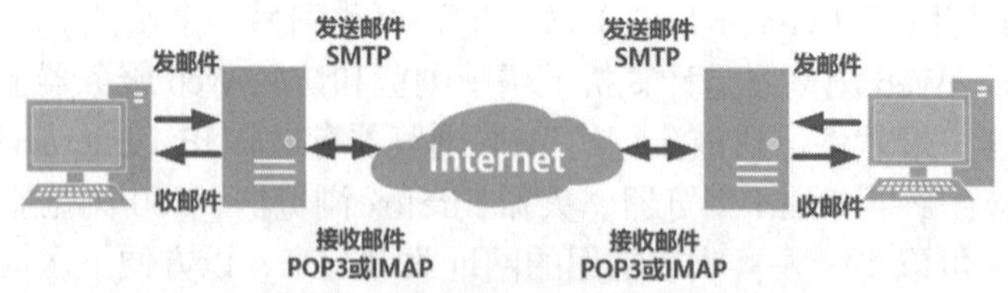

图 10-23 电子邮件的基本工作过程

在电子邮件工作过程中，主要使用 3 个协议：简单邮件传送协议（Simple Mail Transfer Protocol，SMTP）、邮局协议版本 3（Post Office Protocol-version 3，POP3）、Internet 邮件访问协议（Internet Mail Access Protocol，IMAP）。其中，SMTP 负责发送电子邮件，而 POP3 及 IMAP 负责接收电子邮件。在电子邮件客户端收发邮件时，邮件收发使用不同的协议：发件一般使用 SMTP，其端口号为 25，收件采用 POP3，其端口号为 110。

电子邮件地址格式的基本形式是：邮件账号@邮件服务器域名地址或用户名@主机域名。

电子邮件地址格式的基本形式是：用户名@服务器域名，由三部分组成，如“username@163.com”：第一部分“username”代表邮箱的用户名，对同一个邮件接收服务器来说，这个账号必须是唯一的；第二部分“@”是分隔符；第三部分“163.com”是用户邮箱的邮件接收服务器域名，用以标记其所在位置。

收发电子邮件需要有专门的软件，目前常用的软件包括浏览器及专门的客户端软件，如腾讯 QQ 邮箱、网易 163 邮箱、新浪邮箱、Coremail、Outlook Express 等。在利用邮件软件发送电子邮件时，可通过邮件软件中的“添加附件”功能来增加邮件的附件内容。

（3）文件传输

文件传送协议（File Transfer Protocol，FTP）基于客户机/服务器模式，通过客户机和服务器的应用程序，在 Internet 上实现远程文件传送，可以不受操作系统限制进行文件传输。FTP 是从 Internet 上下载文件所使用的主要协议，各种操作系统中都开发了应用于本系统的、遵守 FTP 的 FTP 应用程序。默认情况下 FTP 使用 TCP 端口中的 20 和 21 端口，其中，20 端口用于传输数据，21 端口用于传输控制信息。在 Internet 上应用 FTP 功能时要注意以下 4 点。

① 获取 FTP 权限。要使用 FTP 进行文件传送，必须先在 FTP 服务器上使用正确的账号和密码登录，以获得相应的权限。常用的权限有列表、读取、写入、修改、删除等，这些权限由管理者在为用户建立账号时设置，可以为一个用户设置一项或多项权限，如拥有读取、列表权限的用户就可以下载文件和显示文件目录，拥有写入权限的用户可以上传文件。

② 注册用户。用户登录 FTP 服务器时使用的账号和密码，必须由服务器的系统管理员为用户建立，同时为该用户设置使用权限，这样用户使用该账号和密码登录到服务器后，才可以在系统管理员所分配的权限范围内操作。注册和登录的过程就是用户通过提供的账号和密码与 FTP 服务器建立连接的过程。使用 FTP 应用软件进行注册和登录时，通常要指定登录的 FTP 服务器地址、账号名、密码这 3 个主要信息。

FTP 服务器通常开设一个匿名账号，任何用户都可以通过匿名账号登录。匿名账号的名称统一规定为“Anonymous”，密码可以自行设定，也可以为空。使用匿名身份登录的用户一般只能从服务器上下载软件。

③ 安装 FTP 客户端软件。利用 FTP 传输文件需要在计算机上安装 FTP 软件，常用的具有图形界面的 FTP 软件有 CuteFTP、WS_FTP 等。此外，还有一些非专用 FTP 软件也可以用来完成 FTP 操作，如 Web 浏览器、NetAnts 等。

④ 在 IE 浏览器中使用 FTP。通过浏览器访问 FTP 服务器，实现文件传输，可以在 IE 等浏览器的地址栏中输入包含 FTP 在内的服务器地址和账号，打开登录对话框，输入用户名和密码，连接到 FTP 服务器后的操作方法与在资源管理器中的操作方法类似。

（4）远程登录

Telnet 协议是指把本地计算机连接到网络上的另一台远程计算机上，就像那台计算机的本地用户一样共享其硬件、软件、数据甚至全部资源，对本地或远端运行的网络设备进行管理、配置、监听和维护，或者使用那台计算机提供的各种 Internet 信息服务。

Telnet 由 TCP/IP 支持，使用 TCP/IP 体系结构中应用层的远程终端协议，由 TCP/IP 完成其网络层功能，其工作的端口号为 23，采用客户机/服务器模式。所有连在 Internet 上的 TCP/IP 用户无论位于何处，都可以使用 Telnet 实现全网的远程登录，Telnet 是用来进行远程访问的重要工具之一。

使用 Telnet 进行远程登录时需要满足以下条件：在本地计算机上必须安装有包含 Telnet 的客户端程序，必须知道远程计算机的 IP 地址或域名，必须知道登录账号与密码。Windows 等操作系统中都内置有 Telnet 客户端程序供用户使用。

（5）搜索引擎

搜索引擎（Search Engine）是指根据一定的策略、运用特定的计算机程序从 Internet 上采集信息，在对信息进行组织和处理后，为用户提供检索服务，将检索的相关信息展示给用户的系统。搜索引擎是工作在 Internet 上的一项检索系统，旨在提高人们获取、搜集信息的速度，为人们提供更好的网络使用环境。根据功能和原理不同，可将搜索引擎分为全文搜索引擎、元搜索引擎、垂直搜索引擎和目录搜索引擎四大类。搜索引擎一般包括搜索器、索引器、检索器、用户接口 4 个功能模块。搜索引擎的工作流程主要有数据采集、数据预处理、数据处理、结果展示等阶段。在各工作阶段分别使用了网络爬虫、中文分词、大数据处理、数据挖掘等技术。

目前，Internet 市场上可使用的搜索引擎有很多，在我国比较著名的搜索引擎有百度、360 搜索等。

二、预习测试

1. 单项选择题

（1）Internet 的缺点是____。

A. 不能传输文件　　B. 不够安全
C. 不能实现实时对话　　D. 不能传输声音

（2）使用 IE 的____功能可以把自己喜欢的网址记录下来以便下次快速直接访问。

A. 状态栏　　B. 地址栏　　C. 导航条　　D. 收藏夹

（3）互联网上的应用服务通常都基于某一种协议，Web 服务基于____。

A. POP3　　B. SMTP　　C. HTTP　　D. FTP

（4）用户在浏览网页时，有些是以醒目方式显示的单词、短语或图形，可以通过它们跳转到目的网页，这种文本组织方式称为____。

A. 超文本方式　　B. 超链接　　C. 文本传输　　D. HTML

（5）电子邮件标识中带有一个“别针”，表示该邮件____。

A. 设有优先级　　B. 带有标记　　C. 带有附件　　D. 可以转发

（6）在 Internet 应用中，用户可以远程控制计算机即远程登录，它的英文名称是____。

A. DNS　　B. Telnet　　C. Internet　　D. SMTP

（7）电子邮件中所包含的信息____。

A. 只能是文字信息　　B. 只能是文字与图像信息
C. 只能是文字与声音信息　　D. 可以是文字、声音、图像和视频信息

（8）合法的电子邮件地址是____。

A. 用户名#主机域名　　B. 用户名+主机域名
C. 用户名@主机域名　　D. 用户名#主机名

（9）匿名 FTP 服务的含义是____。

A. 在 Internet 上没有地址的 FTP 服务
B. 发送一封匿名信
C. 允许没有账号的用户登录到 FTP 服务器
D. 可以不受限制地使用 FTP 服务器上的资源

（10）URL 用于____。

A. 定位资源的地址　　B. 定位主机的地址
C. 域名与 IP 地址转换　　D. 表示电子邮件地址

（11）Internet 与 WWW 的关系是____。

A. 都表示互联网，只不过名称不同

B. WWW 是 Internet 上的一个应用功能

C. Internet 与 WWW 没有关系

D. WWW 是 Internet 上的一种协议

（12）关于搜索引擎的概念，下列说法不正确的是____。

A. 搜索引擎是一类运行特殊程序的、专用于帮助用户查询互联网上的 WWW 服务信息的 Web 站点

B. 在互联网中用来进行搜索信息的程序称为搜索引擎

C. 搜索引擎能为用户提供检索服务，从而起到信息导航的目的

D. 搜索引擎是一种在互联网中搜集、发现信息，并对信息进行理解、提取、组织和处理的系统

2. 判断题

（1）Web 是基于客户机/服务器模式的服务系统。（　　）

（2）发送电子邮件时，可以带有一定容量的附件。（　　）

（3）HTML 是 Web 页的标记语言，其功能是描述文档的物理机构和各个部分的属性。（　　）

（4）搜索引擎是一种能够为用户提供检索功能的工具，它通过对 Internet 上的信息进行搜集、解释、处理、提取、组织、存储，为用户提供检索服务。（　　）

（5）当输入用户名、密码、邮箱等信息时，系统能够记忆，避免每次使用都要重新输入，这就是 IE 的自动完成功能。（　　）

三、预习情况解析

1. 涉及知识点

Internet 的发展历程、Internet 的接入方式、获取 Internet 信息和资源、Web 浏览器、超链接、URL、电子邮件、远程登录、搜索引擎等。

2. 测试题解析

见表 10-4。

表 10-4　“接入 Internet 获取信息和资源”预习测试题解析

测试题序号	答案	参考知识点	测试题序号	答案	参考知识点
第 1.（1）题	B	见课前预习“1.”	第 1.（10）题	A	见课前预习“3.（1）”
第 1.（2）题	D	见课前预习“3.（1）”	第 1.（11）题	B	见课前预习“3.（1）”
第 1.（3）题	C	见课前预习“3.（1）”	第 1.（12）题	D	见课前预习“3.（5）”
第 1.（4）题	B	见课前预习“3.（1）”	第 2.（1）题	×	见课前预习“3.（1）”
第 1.（5）题	C	见课前预习“3.（2）”	第 2.（2）题	×	见课前预习“3.（2）”
第 1.（6）题	B	见课前预习“3.（4）”	第 2.（3）题	×	见课前预习“3.（1）”
第 1.（7）题	D	见课前预习“3.（2）”	第 2.（4）题	√	见课前预习“3.（5）”
第 1.（8）题	C	见课前预习“3.（2）”	第 2.（5）题	√	见课前预习“3.（1）”
第 1.（9）题	C	见课前预习“3.（3）”			

3. 易错点统计分析

师生根据预习反馈情况自行总结。

10.3.2　任务实现

一、获取 Internet 信息和资源

涉及知识点：网页的浏览、保存和收藏，搜索引擎的使用

【任务 1】通过局域网接入 Internet 后，使用 Web 浏览器浏览相关 Web 站点和网页，对网页进行保存和收藏操作。

步骤 1：双击桌面 Microsoft Edge 图标，打开 Microsoft Edge 浏览器，在地址栏输入网址“www.moe.gov.cn”，按 Enter 键，打开“中华人民共和国教育部门户网（主页）”，并通过单击页面上具有超链接功能的栏目、图片、文字等查看具体内容，如图 10-24 所示。

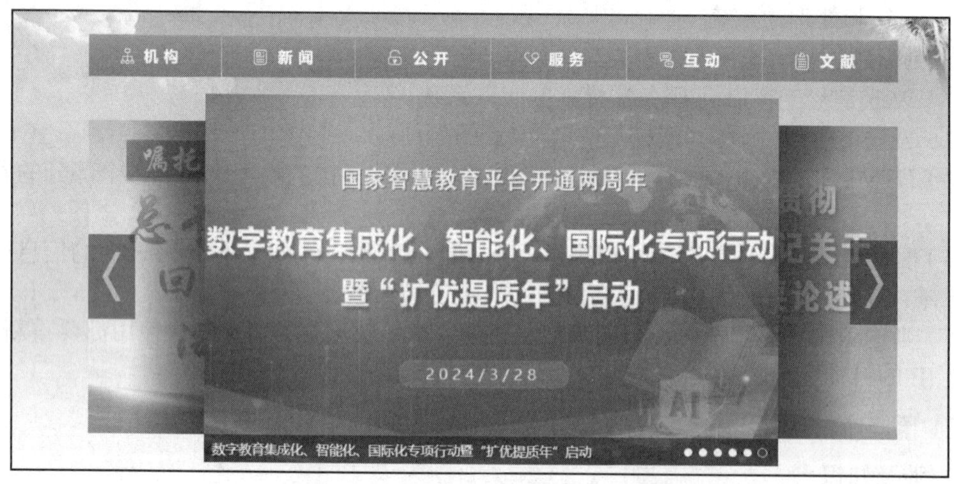

图 10-24　使用 Web 浏览器浏览网页

步骤 2：将教育部网站首页另存为本地文档，保存类型为“网页，完成”。具体操作：单击 Microsoft Edge 浏览器地址栏后的“…”（设置及其他(Alt+F)），在菜单中选择【更多工具】|【将页面另存为】菜单项，打开“另存为”对话框，设置文件名和保存类型，完成后单击“保存”按钮完成操作，如图 10-25 所示。

步骤 3：将教育部网站添加到本地“收藏夹”中。具体操作：单击 Microsoft Edge 浏览器地址栏后的“收藏夹”图标，在显示的收藏夹窗口中单击“将此页添加到收藏夹”图标，当前网页就可以添加到“收藏夹栏”中，如图 10-26 所示。

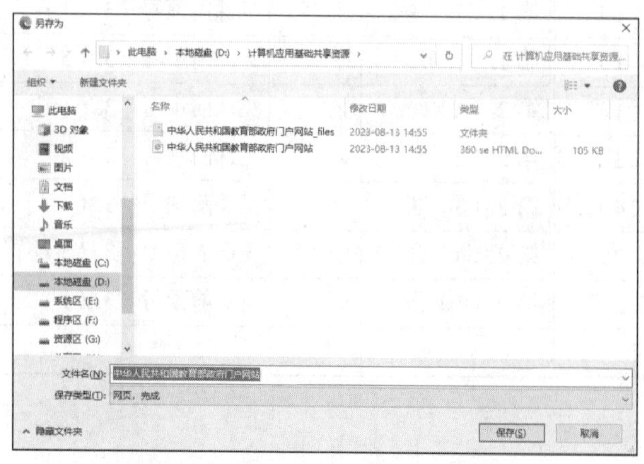

图 10-25　保存浏览器中的网页

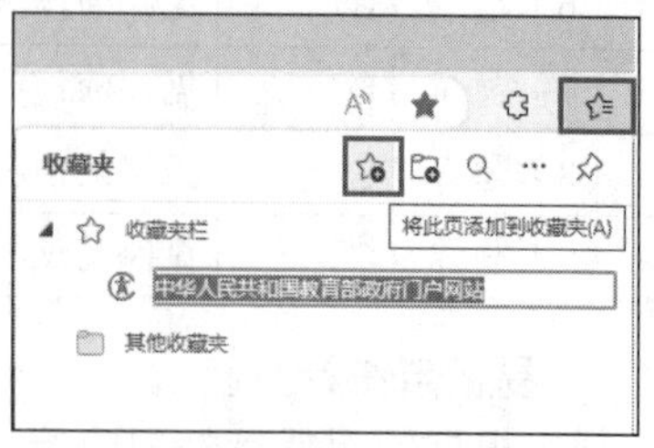

图 10-26　将网页添加到收藏夹

说明：

① 收藏夹主要用于收藏用户在使用浏览器上网时个人喜欢或常用的网页。把网页放到一个收藏夹里，用户想用的时候可以方便、快速地找到并打开。

② 默认的创建位置是“收藏夹”，也可以新建文件夹收藏，在创建好新文件夹后可以将当前网页收藏到其中。

③ 用户可以根据需要对收藏夹中的网页进行整理操作，如移动、重命名、删除等。

④ Administrator 用户收藏夹默认地址为 C:\Users\Administrator\Favorites。用户也可以根据实际需要更改收藏夹的位置。

【任务 2】使用搜索引擎（百度）在 Internet 中检索信息，检索关键字为“安徽省高校一览表”。

步骤 1：双击桌面 Microsoft Edge 图标，打开 Microsoft Edge 浏览器，在地址栏输入网址 www.baidu.com，按 Enter 键，打开百度搜索引擎主页面，如图 10-27 所示。

步骤 2：在文本框中输入检索关键字“安徽省高校一览表”，单击“百度一下”按钮（也可以直接按 Enter 键），则显示检索到的相关网页，如图 10-28 所示。

图 10-27　百度搜索引擎首页

图 10-28　使用百度搜索引擎检索到的结果

说明：

① 百度和谷歌是搜索引擎的典型代表。

② 利用搜索引擎检索相关资源（文档、图片、音频、视频、动画等），并可以利用浏览器内置的文件下载功能下载资源。

③ 如果下载的资源是一个文档（如.doc、.xls、.rar、.mp3 等）超链接，可单击鼠标右键，在弹出的快捷菜单中单击“目标另存为”命令，打开“另存为”对话框。在“另存为”对话框中指定文件的存储位置，单击“保存”按钮，开始下载文件。

④ 如果下载的资源是一个网页中的图片，可以将鼠标指针放到该图片上，单击鼠标右键，在弹出的快捷菜单中单击“图片另存为”命令，打开“保存图片”对话框，在其中指定文件的存储位置，单击“保存”按钮，就可以将图片保存到本地计算机。

二、设置 Web 浏览器的功能选项

涉及知识点：Web 浏览器功能选项的设置

【任务 3】设置 IE 浏览器功能选项，以获取个性化的浏览器功能和浏览环境。

步骤 1：双击桌面 Microsoft Edge 图标，打开 Microsoft Edge 浏览器，单击【设置及其他】，选择【更多工具】|【Internet 选项】菜单项，打开“Internet 属性”对话框，如图 10-29（a）所示。

步骤 2：在“常规”选项卡中，设置浏览器主页为 https://www.hao123.com，并选中“退出时删除浏览历史记录”复选框，如图 10-29（b）所示。

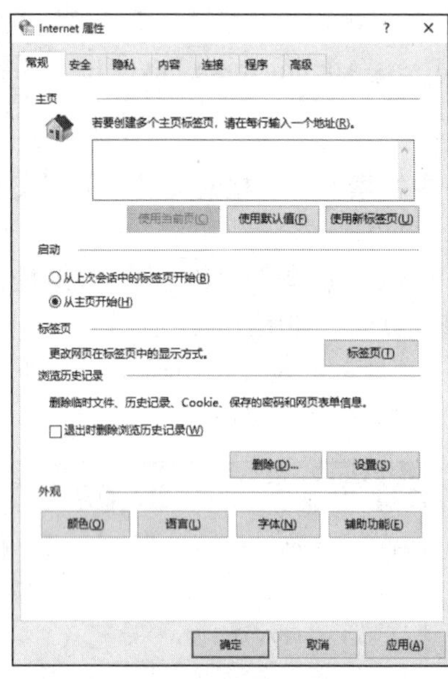

(a)“Internet 属性”对话框

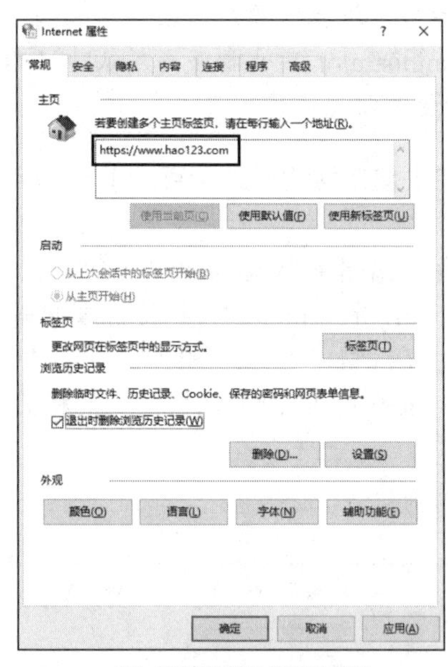

(b) 设置浏览器主页等属性

图 10-29 “Internet 属性”对话框和设置浏览器主页等属性

步骤 3：在“安全”选项卡中，选择“受信任的站点”，如图 10-30 所示；单击“站点”按钮，打开“受信任的站点”对话框，在“受信任的站点”对话框中将网址 https://www.hao123.com 添加到受信任站点列表中，如图 10-31 所示。

步骤 4：在“高级”选项卡中，可以设置 Microsoft Edge 浏览器相关的功能和属性，以使浏览器达到更好的使用效果，如图 10-32 所示。

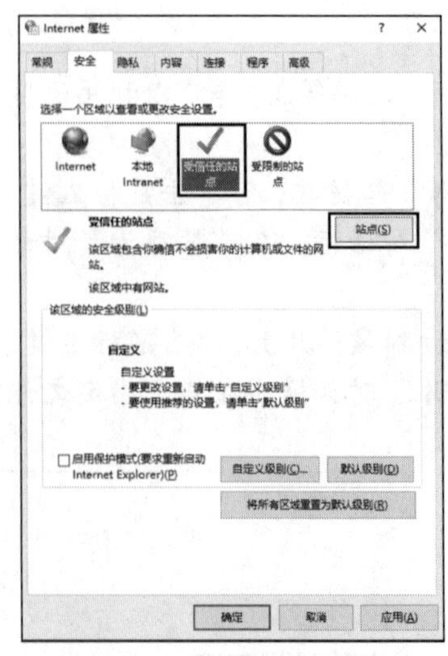

图 10-30 “安全”选项卡

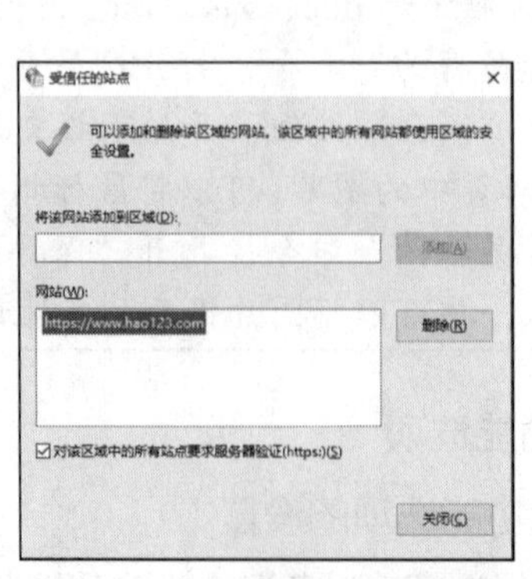

图 10-31 添加受信任的站点

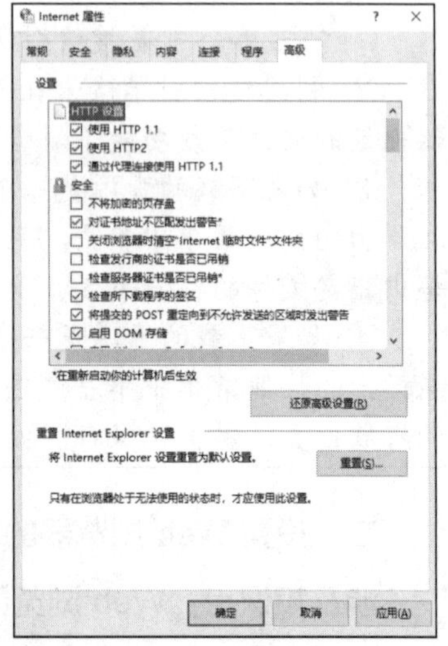

图 10-32 “高级”选项卡

说明：

① 用户在使用 MicrosoftEdge 浏览器时，可以根据自己的需要设置相关选项，以得到个性化的功能和浏览环境。

② 除可以对以上介绍的一些功能进行设置之外，还可以在“安全”“隐私”“内容”“连接”“程序”等选项卡中设置浏览器的相关功能和属性。例如，设置浏览器浏览网页时的表单上用户名、密码的自动完成功能等。

③ 在“连接”选项卡中，可以配置“Internet”“拨号和虚拟专用网络”“连接配置代理服务器”等内容。

三、使用 Outlook 2016 收发电子邮件

涉及知识点：Outlook 2016 电子邮件账户的配置和邮件收发

【任务 4】配置 Outlook 2010 电子邮件账户，并利用 Outlook 2010 进行电子邮件的收发操作。

步骤如下，如图 10-33～图 10-40 所示。

步骤 1：单击【开始】|【程序】|【Microsoft Office】|【Outlook 2016】命令，启动 Outlook 2016。

步骤 2：在 Outlook 2016 中选择“文件”菜单里的“账户设置”选项，如图 10-33、图 10-34 所示。

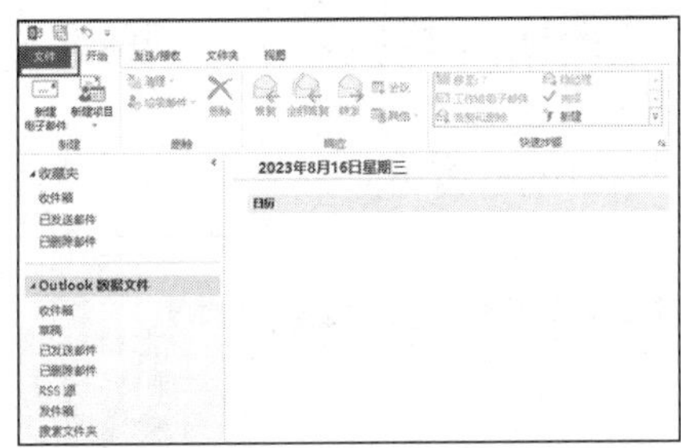

图 10-33　选择“文件”菜单

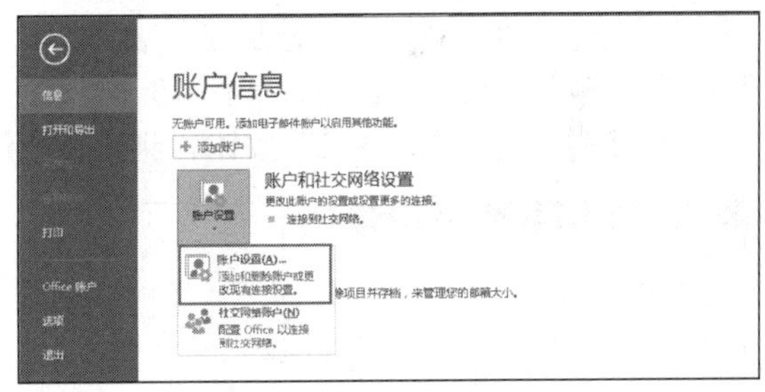

图 10-34　单击“账户设置”功能项

步骤 3：在打开的“账户设置”对话框中单击“新建”按钮，如图 10-35 所示。

步骤 4：在打开的“添加账户”对话框中，选中“手动设置或其他服务器类型”单选按钮，单击“下一步”按钮，如图 10-36 所示。

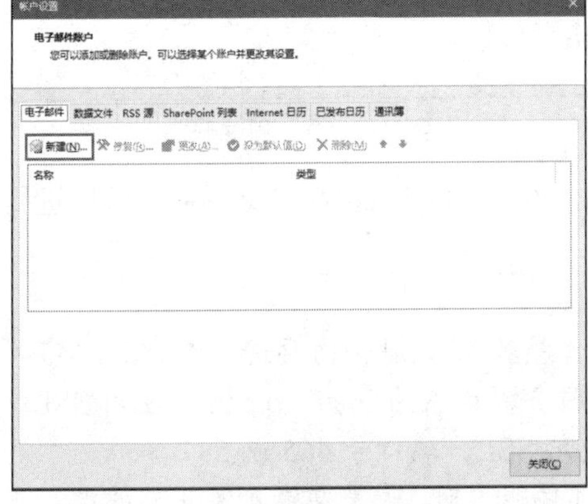

图 10-35　新建电子邮件账户

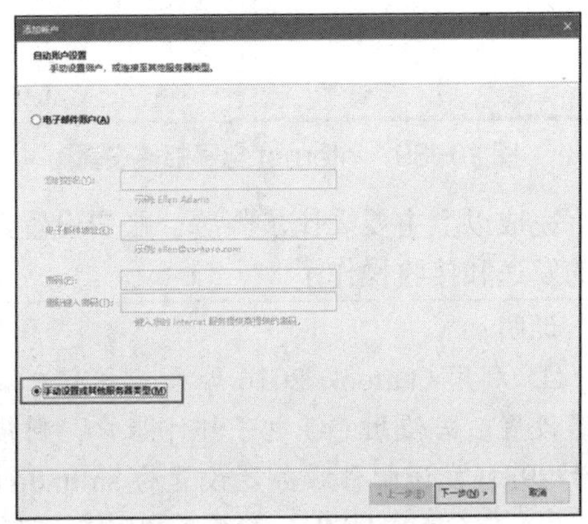

图 10-36　手动设置账户

步骤 5：在“添加账户”对话框中选中“POP 或 IMAP”单选按钮，单击“下一步”按钮，如图 10-37 所示。

步骤 6：在“添加账户”对话框中进行 POP 和 IMAP 账户设置。填写“用户信息”“服务器信息”“登录信息”后，设置账户类型为 POP3 或 IMAP，单击“其他设置”按钮，如图 10-38 所示。

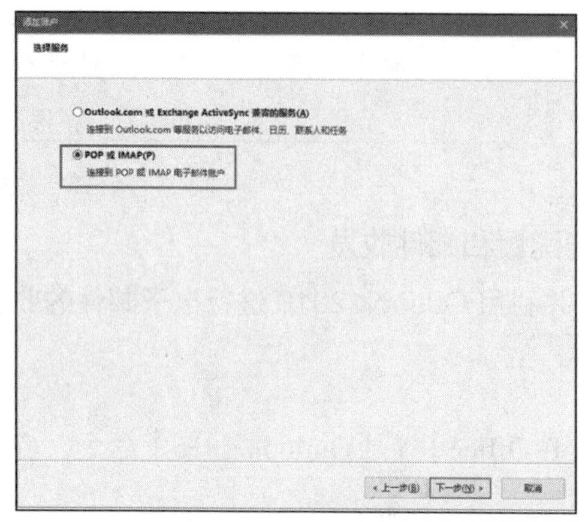

图 10-37　选择服务类型

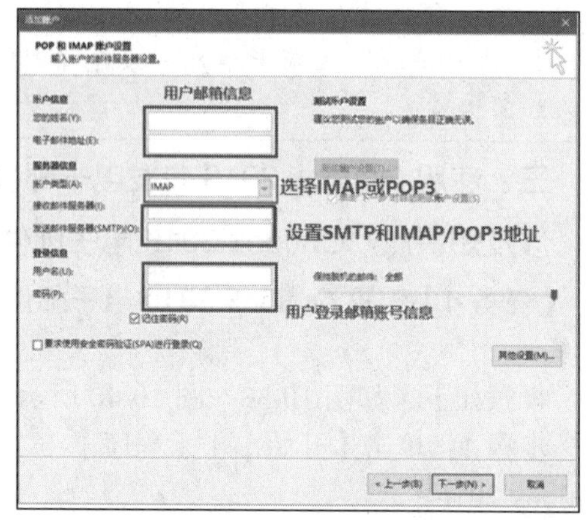

图 10-38　添加账户相关信息

步骤 7：在弹出的“Internet 电子邮件设置”对话框中单击“发送服务器”选项卡，选中“我的发送服务器(SMTP)要求验证”复选框，选中“使用与接收邮件服务器相同的设置”单选按钮，单击“确定”按钮，如图 10-39 所示。

步骤 8：单击“下一步”按钮，测试账户设置，如图 10-40 所示。

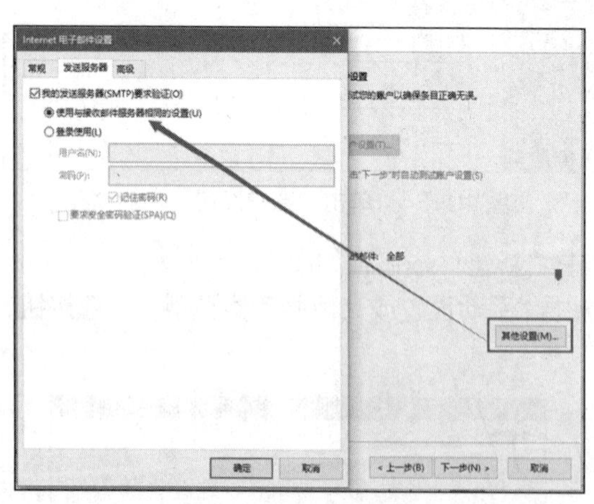

图 10-39　Internet 电子邮件设置

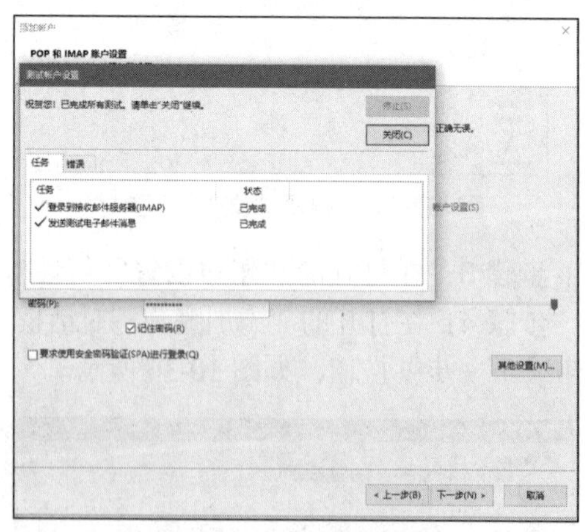

图 10-40　测试账户

完成以上主要操作步骤后，账户设置即可成功。在 Outlook 2016 主窗口中就可以进行邮件的发送和接收操作了。

说明：

① 利用 Outlook 2016 等第三方客户端进行邮件接收/发送时，需要进行 IMAP/SMTP 服务器设置。若使用 QQ 电子邮件账户，则接收邮件服务器设置为 imap.qq.com，使用 SSL，端口号 993；发送邮件服务器设置为 smtp.qq.com，使用 SSL，端口号 465 或 587。

② 在 Outlook 2016 等第三方客户端配置电子邮件账户时，如果在输入了正确的电子邮箱

地址和用户密码后，仍然无法连接到邮件服务器，那么表示电子邮件账户配置不成功。这是需要邮箱登录授权码，即配置登录信息时，不使用邮箱登录密码，而是使用授权码。可以在电子邮箱中开启相关服务，获得相应的授权码。图 10-41(a)、图 10-41(b)显示的是在 QQ 邮箱中获取授权码的操作。

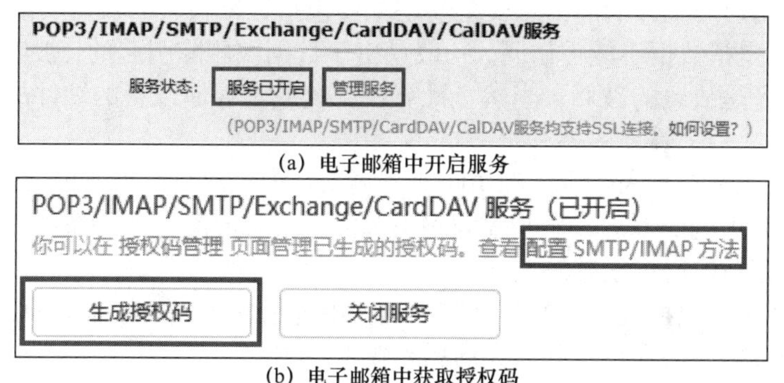

（a）电子邮箱中开启服务

（b）电子邮箱中获取授权码

图 10-41 在 QQ 邮箱中获取授权码的操作

注：本部分图示以 QQ 邮箱中获取授权码为例，截图为当前 QQ 邮箱中的基本操作方式，与以往的方式相比，略有了不同。

10.4 任务三 使用工具软件保障信息安全

10.4.1 课前准备

为保证任务顺利完成，请在实际操作前预习以下内容：信息安全、计算机病毒、信息安全防范措施、信息安全政策法规等基础知识。

一、课前预习

1. 信息安全的基础知识

随着计算机技术的发展，特别是计算机网络的普及，人们越来越依赖于使用计算机存储、传递和处理信息。计算机系统不仅包含软件、硬件、数据和程序，还包含人。由于人为因素或非人为因素，计算机的信息资源常常受到一些安全威胁。

信息安全是指信息系统的硬件、软件和数据受到保护，不受偶然的或者恶意的原因而遭到泄露、更改和破坏，系统连续、可靠、正常地运行，信息服务不中断。

（1）信息安全的基本特征

① 完整性（Integrity）。完整性是指信息在传输、交换、存储和处理过程中保持非修改、非破坏和非丢失的特性，即保持信息原样性，使信息能正确生成、存储、传输，是信息安全最基本的安全特征。

② 保密性（Confidentiality）。保密性是指信息按给定要求不泄露给非授权的个人、实体，即杜绝有用信息泄露给非授权个人或实体，强调有用信息只被授权对象使用的特征。

③ 可用性（Availability）。可用性是指保证信息和信息系统随时为授权对象提供服务，保证合法用户对信息和资源的使用不会被不合理地拒绝。可用性是衡量网络信息系统面向用户的一种安全性能。

④ 可控性（Controllability）。可控性是指对流通在网络系统中的信息及具体内容能够实现有效控制的特性，即网络系统中的任何信息要在一定传输范围和存放空间内可控。

⑤ 不可否认性（Non-repudiation）。不可否认性是指通信双方在信息交互过程中，确信参与者本身，以及参与者所提供的信息的真实性与同一性，即所有参与者都不能否认或抵赖本人的真实身份，以及提供信息的原样性和完成的操作与承诺。

（2）常见的信息安全问题

通常可能对用户产生影响的信息安全问题主要包括数据丢失、被盗及损坏。

① 数据丢失是指数据不能被访问，一般是由于数据被删除引起的，被删除的原因可能是偶然的误操作或者是故意的破坏，当然，计算机系统或者存储设备的硬件故障也可能导致数据无法被访问。

② 数据被盗通常是指未经授权的访问或者复制行为，对具有重要价值的机密数据来说，被盗所带来的损失可能要远远大于其他问题引起的损失。同时，如果系统没有配置很好的安全措施，那么数据被盗后也很难发现。

③ 数据损坏是指数据发生了非正常改变从而不能反映正确的结果，原因可能是偶然的，也可能是蓄意的破坏，通常是一些人为的恶意攻击。

另外，还可能会遇到系统及网络等方面的安全问题。这些安全问题带来的损失各不相同，但最终的结果均是影响了数据的安全性。

（3）引发信息安全的原因

① 人为原因。引发信息安全问题的原因大多是人为原因，如黑客入侵、计算机病毒的破坏等。

a. 黑客（Hacker）。黑客通常是指对计算机科学、编程和设计方面具备高度理解的人，泛指擅长 IT 技术的计算机高手。黑客精通各种编程语言和各类操作系统，伴随着计算机和网络的发展而成长。随着时代的发展，不良黑客在网络上到处入侵、破坏，使用非法手段获取和破坏重要数据，造成网络瘫痪，对网络安全带来严重威胁，给人们带来巨大的经济和精神损失。黑客逐渐演变为入侵者、破坏者的代名词。相对于黑客而言，还有一部分被称为红客、蓝客的计算机高手，他们利用自身精湛的计算机技术维护网络安全。

b. 计算机病毒。计算机病毒是人为制造的具有破坏性的程序，运行在计算机中可以破坏程序与数据，甚至可以使计算机系统无法正常工作。随着 Internet 的广泛应用，计算机病毒传播得更快、更广，其破坏性也更强。

c. 其他行为。除了黑客和计算机病毒，还存在许多其他的破坏行为，如通过网络复制、散播违法信息或个人隐私，利用计算机和网络进行各种违法犯罪活动，通过系统漏洞远程控制他人计算机等行为，都会引发信息安全问题。

② 非人为原因。信息损害有时并不像想象的那么复杂，实际上，许多信息安全问题仅仅是因为一个偶然的操作失误、不正常的电力供应或者硬件的故障所导致的。

a. 操作失误。这是每个计算机用户都有可能会犯的错误，这种情况的出现一般都是偶然的。用户只有熟练地掌握了正确的信息系统操作方法并养成良好的操作习惯，才能减少操作失误。

b. 电源问题。电源可能是整个系统中最脆弱的环节。偶然的停电、突然的电压波动都会对系统产生影响。断电会使正在运行的程序崩溃、保存在内存中的数据丢失，电压波动会损坏计算机的电路板或者其他部件。电压波动的原因主要有两个方面：一是供电公司的供电系统出现故障；二是存在雷雨天气及其他影响电力系统稳定的外部因素。

c. 硬件故障。任何高性能的计算机设备都不可能长久地正常运行，几乎所有的计算机部件都有可能发生故障。输入输出接口损坏、磁介质损坏、板卡接触不良等都是很常见的硬件故障，而内存错误导致的系统运行不稳定现象也时有发生。

d. 自然灾害。自然灾害主要包括各种天灾，如火灾、水灾、风暴、地震等。自然灾害是难以避免的，在建立信息安全保护措施时，应该考虑当自然灾害发生后，如何控制损失，使损失降低到最小甚至降为零。

2. 计算机病毒

计算机病毒是指在计算机程序中插入的破坏计算机功能或数据的、会影响计算机使用、能自我复制的一组计算机指令或者程序代码。

计算机病毒是人为的特制程序，具有自我复制能力，具有很强的感染性、一定的潜伏性、特定的触发性和很大的破坏性。计算机病毒的结构一般由引导模块、感染模块、破坏模块、触发模块四大部分组成。

（1）计算机病毒的特征

计算机病毒具有隐蔽性、传染性、破坏性、潜伏性、寄生性、可执行性、可触发性、针对性等多种特征。

① 隐蔽性。计算机病毒程序“短小精悍”，多以隐藏的文件形式潜伏在计算机中，有的计算机病毒可以通过病毒软件检查出来，有的根本就查不出来，有的时隐时现、变化无常，这类病毒处理起来很困难，具有较高的隐蔽性。

② 传染性。这是计算机病毒的基本特征，也是判断一个计算机程序是否是病毒的一项重要依据。正常的计算机程序是不会将其自身的程序代码强加到其他程序上的，但是病毒程序恰恰相反，它能把自身的代码强行附着在一切符合传染条件的程序或存储介质中，达到自我繁殖的目的。一旦病毒被复制或产生变种，其繁殖速度之快令人难以预防。

③ 破坏性。它是计算机病毒的最终目的，所有病毒程序都是为了达到一定的破坏目的而被编写的，有的目的是蓄意破坏，也有的是为了经济利益。计算机感染病毒后，启动系统时病毒程序就会运行，这时操作系统和应用软件都可能受到影响，系统启动与运行速度降低、应用软件不能正常使用、文件夹打不开和设备不能正常运行等情况都有可能发生。

④ 潜伏性。计算机病毒是一段计算机程序代码，其侵入系统后并不会马上发作，可能较长时间都会隐藏在某些文件中，等到时机成熟之后才会发作，病毒程序潜伏的时间越长，其感染范围就可能越广。

⑤ 寄生性。计算机病毒在宿主中寄生才能生存，才能更好地发挥其功能，破坏宿主的正常机能。通常情况下计算机病毒都是在其他正常程序或数据中寄生，当执行这个程序时，计算机病毒会对宿主计算机中的文件进行不断的复制、修改，使其破坏作用得以发挥。而在未启动这个程序之前，它是不易被人发觉的。

⑥ 可执行性。计算机病毒与其他合法程序一样，是一段可执行程序，但不是一段完整的程序，而是寄生在其他可执行程序上，才可以被正常执行。

⑦ 可触发性。计算机病毒程序都为其运行设置了一定的条件，当用户计算机满足这个条件时，病毒程序就会实施感染或者对计算机系统进行攻击，这就是病毒程序的可触发性。触发病毒程序的条件有很多，可能是日期、时间、文件类型、某些特定的数据或者是系统启动的次数等。

⑧ 针对性。许多病毒程序都是针对特定的操作系统（如 Windows、UNIX、Linux、macOS、DOS 等）进行攻击，病毒程序会根据用户使用的硬件和操作系统的不同而潜伏或者是攻击不同的用户。

除具有以上特征之外，计算机病毒还具有不可预见性、衍生性、主动性、欺骗性、持久性等特征。计算机病毒具有的这些特征，为计算机病毒的预防、检测和清除等工作带来很大难度。

（2）计算机病毒的种类

按寄生方式划分，可将计算机病毒分为引导型病毒、文件型病毒和复合型病毒。引导型病毒会将正常的计算机引导记录移动到其他存储空间，自身潜伏下来，伺机传染和破坏计算机系统。文件型病毒以应用程序为攻击对象，将病毒寄生在应用程序中并获得控制权，注入内存并寻找可以传染的对象进行传染。复合型病毒是指具有引导型和文件型两种寄生方式的计算机病毒。

按破坏性划分，可将计算机病毒分为良性病毒和恶性病毒。良性病毒并不破坏计算机系统和数据，但会占用大量 CPU 资源，增加系统开销，降低系统工作效率。恶性病毒是指那些一旦“发作”就会破坏系统或数据，甚至造成系统瘫痪的计算机病毒。恶性病毒的危害性极大，可能会给用户造成无法挽回的损失。

按传播媒介划分，可将计算机病毒分为网络病毒、文件病毒、引导型病毒。网络病毒通过计算机网络传播感染网络中的可执行文件，文件病毒主要感染计算机中的文件（如.com、.exe、.sys 等类型文件），引导型病毒感染启动扇区（Boot）和硬盘的系统引导扇区（MBR）。还有包含这 3 种病毒的混合型病毒，这样的病毒通常具有复杂的算法，它们使用非常规的方式侵入系统，同时使用加密和变形算法。例如，多型病毒（包含文件病毒和引导型病毒）会感染文件和引导扇区两种目标。

（3）常见的计算机病毒

计算机病毒会对计算机系统造成很大的影响，大部分的病毒都会破坏计算机程序及数据。常见的比较有影响的计算机病毒主要有宏病毒、蠕虫病毒、CIH 病毒和木马病毒 4 种。

① 宏病毒。宏病毒（Macro Virus）是一种寄存在文档或模板的宏中的计算机病毒。一旦打开这样的文档，其中的宏就会被执行，于是宏病毒就会被激活，转移到计算机上，并驻留在 Normal 模板上。从此以后，所有自动保存的文档都会“感染”上这种宏病毒，而且如果其他用户打开了感染病毒的文档，宏病毒又会转移到其他的计算机上。宏病毒是最容易编制和流传的病毒之一，很有代表性。

② 蠕虫病毒。蠕虫病毒（Worm Virus）是一种无须计算机使用者干预即可运行的独立程序，通过不停地获得网络中存在漏洞的计算机上的部分或全部控制权来进行传播。蠕虫病毒具有独立性较强、能利用漏洞主动攻击、传播更快更广、伪装和隐藏方式更好、技术更先进、追踪困难等特点，大致分为电子邮件 E-mail 蠕虫病毒、即时通信软件蠕虫病毒、P2P 蠕虫病毒、漏洞传播蠕虫病毒、搜索引擎传播蠕虫病毒等多个类别。蠕虫病毒通过扫描、攻击、复制这 3 个过程进行传播。典型的蠕虫病毒有莫里斯蠕虫、红色代码病毒、尼姆达病毒、SQL 蠕虫王、爱虫病毒、求职信病毒、熊猫烧香病毒以及罗密欧与朱丽叶病毒等。

③ CIH 病毒。CIH 病毒是一种能够破坏计算机系统硬件的文件型恶性病毒，是最有破坏力的病毒之一。CIH 病毒主要通过篡改主板 BIOS 里的数据，造成计算机开机就黑屏，让用户无法进行任何数据抢救和杀毒等操作。CIH 病毒的变种可以在网络上通过捆绑其他程序或是利用邮件附件传播，常常删除硬盘上的文件及破坏硬盘的分区表。所以当 CIH 病毒“发作”以后，即使更换了计算机主板或其他引导系统，如果没有正确的分区表备份，找回染上病毒的硬盘中的数据特别是系统主分区中的数据的概率很小。

④ 木马病毒。木马病毒（Trojan Virus）因古希腊特洛伊战争中著名的“木马计”而得名，是指隐藏在正常程序中的一段具有特殊功能的恶意代码，是具备破坏和删除文件、发送密码、记录键盘和攻击 DOS 等特殊功能的后门程序。一般的木马病毒程序主要通过寻找计算机后门，伺机窃取被控制的计算机中的密码和重要文件等，可以对被控制的计算机实施监控，进行删除文件、复制文件和更改密码等非法操作。木马病毒具有很强的隐蔽性，可以根据黑客

意图突然发起攻击。常见的木马病毒有网游木马、网银木马、下载类木马、代理类木马、FTP木马、通信软件类木马、网页点击类木马等，著名的灰鸽子、特洛伊木马等都是木马病毒。

（4）计算机病毒的检测与防治

随着计算机与网络技术的迅速发展与普及，计算机病毒制造技术越来越复杂，在各个网络应用领域中泛滥，它们侵入金融、军事、政治、电信、研究中心等众多领域，产生的危害性也日益加剧。新的杀毒软件出现后，又会有新的病毒出现，所以避免计算机系统感染病毒应以预防为主。用户预防计算机病毒的主要方法有以下 5 种。

① 在计算机系统中安装防火墙及防毒杀毒软件并及时更新。

② 尽可能不打开未知的站点和电子邮件。

③ 避免直接使用未知来源的移动介质和软件，若要用应先使用防毒杀毒软件扫描该移动介质和软件是否安全。

④ 使用正版软件，不使用盗版软件。

⑤ 对重要的数据进行备份。

即使做到以上各种预防措施，计算机也难免会感染上病毒。用户可以通过工具软件自动检测、人工检测等方法判断计算机是否感染病毒，及早发现和清除病毒，避免造成损失。工具软件自动检测是使用专门的检测软件进行检测，人工检测对用户的专业素质要求较高，但可以通过一些现象来大致判断计算机是否感染病毒：计算机系统启动异常、系统运行速度异常或系统无故死机、磁盘空间迅速变小、文件无原因地发生变化（如大小、日期变化等）、有特殊文件自动生成、文件夹打不开、防毒杀毒软件无法使用或安装、正常的外部设备无法使用等。

计算机病毒会对计算机系统造成不同程度的损害，当计算机系统感染病毒后，应借助相关防毒杀毒工具及时对其进行清除，尽可能地恢复被病毒破坏的文件和数据。当前，随着人们对信息安全的重视程度越来越高，防毒杀毒工具也得到了快速的发展和应用，很多厂商开发出高效的防毒杀毒软件产品，多数产品兼具防病毒、检测病毒和清除病毒功能。国内知名的防毒杀毒软件有 360 安全卫士、金山毒霸、瑞星杀毒、腾讯电脑管家等。

3. 信息安全防范措施

基于信息安全的特点和现状，为应对可能出现的各种信息安全问题，计算机系统管理者和使用者应从管理、技术及经济等方面全面考虑，制定完善的信息安全防范措施，以尽可能地保证信息安全。通常可以从以下 7 个方面来实施信息安全防范工作。

（1）建立计算机使用制度

计算机使用制度是指对计算机以及数据的使用做出适当的规定，通过制度来规范或约束用户对重要计算机的访问，从而保护数据的安全。计算机使用制度通常涉及两个方面：技术方面，用于对操作程序及规范做出明确的规定；管理方面，用于对每个人访问系统的权限做出适当的规定。

（2）实施物理保护

实施物理保护的目的是保护计算机系统、网络服务器、打印机等硬件实体和通信链路免受自然灾害、人为破坏和搭线攻击；验证用户的身份和使用权限，防止用户越权操作；确保计算机系统有一个良好的电磁兼容工作环境；建立完备的安全管理制度，避免非法进入计算机控制室及各种偷窃、破坏活动的发生。实施物理保护的措施主要有两个方面：一是提供符合技术规范要求的物理环境，二是限制对计算机系统硬件的访问。

① 提供符合技术规范要求的物理环境。全面考虑计算机系统、网络通信链路、数据库系统和系统硬件设备等的物理运行环境要求，做好防火、防盗、防尘、防静电、防电磁干扰、

防雷击、防断电和防潮散热等方面的措施，最大限度保护计算机设备和系统设施免遭自然灾害和环境事故等的破坏。

② 限制对计算机系统硬件的访问。限制对计算机系统硬件的访问是指限制对计算机系统的物理接触。例如，限制无关人员进入机房、给系统加锁等措施都是从物理上限制与系统的接触，避免人为破坏事故发生。

（3）授权与访问控制

计算机系统安全涉及多方面的内容，其核心是授权（Authorization）与访问控制（Access Control）。授权与访问控制是保障计算机系统安全的主要策略，其主要任务是保证系统计算机及网络资源不被内部、外部人员非法使用和非正常访问。授权是指资源的所有者或者控制者根据安全策略分配或授予其他人访问此资源的权限。访问控制是指授权得以顺利实施的基础，是一种加强授权的方法，控制资源只能被合法的用户在其指定权限范围内访问。资源包括信息资源、处理资源、通信资源和物理资源。授权与访问控制有以下 3 种类型。

① 操作系统访问控制。操作系统安全涉及多种安全技术，访问控制是其基础。在大多数操作系统中，用户登录时需要输入账号与密码，系统管理员会根据不同的用户类型为其设置不同的访问权限。操作系统还可以为文件设置访问控制列表，以指定特定用户对该文件的访问权限。当然，文件的所有者可以改变文件访问控制列表的属性。

② 应用软件访问控制。应用软件访问控制也是计算机系统安全的一个重要方面。对安全性要求较高的应用软件，一般会内置一个访问控制模型，以将用户分成不同的类型，根据不同的用户类型提供更细粒度的数据访问控制。

③ 数据库访问控制。数据库也是计算机系统的一部分，因此它的安全关系到计算机系统的安全。大多数数据库都会在操作系统的基础上提供更多的访问控制，或者提供独立于操作系统之外的访问控制。

（4）保护网络安全

保护网络安全的技术有许多，有基于软件的，也有基于硬件的，还有一些是硬件与软件相结合的。目前常用的保护网络安全的技术有以下 3 种。

① 防火墙。防火墙（Firewall）是一种重要的网络防护工具，指一种由硬件和软件有机组合的帮助计算机网络在其内网、外网之间构建一道相对隔绝的保护屏障，以保护用户资料与信息安全的计算机安全系统。使用防火墙可以有效地保护内网免受外部入侵。防火墙技术根据防范方式和侧重点的不同，主要分为包过滤（Packet Filtering）与应用代理（Application Proxy）两类技术。包过滤技术作用在网络层，对数据包进行选择；应用代理技术作用在应用层，运行代理服务器软件，对网络上的信息进行监听和检测，并对访问内网的数据进行过滤，从而起到隔断内网与外网直接通信的作用，保护内网不受破坏。

② 入侵检测。入侵是指在未经授权的情况下，试图访问信息、处理信息或破坏系统以使系统不可靠、不可用的故意行为。网络入侵者有时与黑客是同义词，他们具有熟练编写和调试计算机程序的能力，能够通过非法途径访问企业的内网。

入侵检测是一项重要的安全监控技术，其目的是识别系统中入侵者的非授权使用及系统合法用户的滥用权限行为，尽量发现系统因软件错误、认证模块失效、不适当的系统管理而引起的安全性缺陷，以采取相应的补救措施。

入侵检测作为一种积极主动的安全防护技术，提供了对内部攻击、外部攻击和误操作的实时保护，在网络系统受到危害之前拦截和响应入侵，是防火墙之后的第二道安全闸门，在不影响网络性能的情况下能对网络进行监测。从网络安全立体纵深、多层次防御的角度出发，入侵检测理应受到人们的高度重视。

③ 服务器安全。共享数据及各种资源通常都是通过服务器提供的，服务器的安全直接影响到网络及数据系统的安全。为保证服务器的安全，可以采取及时升级安装系统补丁、安装和设置防火墙、安装网络杀毒软件、关闭不需要的服务和端口、定期对服务器进行备份、账号和密码保护、监测系统日志等措施。

（5）数据的加密与解密

加密与解密过程组成了一个完整的加密系统，明文与密文统称为报文。加密系统主要包括 4 个组成部分：待加密的报文（明文），加密后的报文（密文），加密、解密装置或算法，用于加密和解密的钥匙。

加密是在不安全环境中实现信息安全传输的重要方法，传统的加密方法分为代码加密、替换加密、变位加密和一次性密码簿加密 4 种。随着密码技术的广泛应用，密码学也在不断发展和进步，新的加密技术不断涌现。

根据密钥类型的不同，可以将现代密码技术分为两类：对称加密算法（私钥密码体系）和非对称加密算法（公钥密码体系）。

（6）实施数据备份

在计算机系统的安全防范过程中，尽管使用了多种防范措施，也不能保证系统绝对安全。一旦系统出现问题，数据备份将是系统保护的最后一道防线。数据备份是指为防止系统出现操作失误或系统故障导致数据丢失，而将全部或部分数据集合从应用主机的硬盘或阵列复制到其他存储介质的过程。数据备份是一种被动的保护措施，是最重要的数据保护措施，是系统容灾的基础。

在实施数据备份时，要考虑存储备份的软硬件、备份介质、备份技术和备份策略。备份策略是指确定需备份的内容、备份时间及备份方式。在进行数据备份时，不同的计算机系统可以根据实际情况采用不同的备份策略，常用的备份策略包括以下 3 种。

① 完全备份（Full Backup）。完全备份是指备份时把计算机系统中所有需要备份的数据全部进行备份。例如，星期一用一盘磁带对整个系统进行备份，星期二再用另一盘磁带对整个系统进行备份，以此类推。这种备份策略的优点是数据恢复方便，缺点是需要备份的数据量较大、备份时间较长、占用的存储空间较大。

② 增量备份（Incremental Backup）。增量备份是针对完全备份的缺点而采取的一种备份策略。增量备份是指先进行一次完全备份，服务器运行一段时间之后，比较当前系统和完全备份的数据之间的差异，只备份有差异的数据。每次备份的数据是上一次备份后系统增加和修改过的数据。这种备份策略的优点是每次备份数据较少、耗时较短、占用存储空间较小，缺点是数据恢复比较麻烦、操作过程烦琐、可靠性不高。

③ 差异备份（Differential Backup）。差异备份是指先进行一次完全备份，之后每次备份的数据是相对于上一次完全备份之后新增加和修改过的数据。即差异备份每次备份的参照物都是原始的完全备份，而不是上一次的差异备份。差异备份策略既避免了以上两种策略的缺陷，又具有它们的所有优点。差异备份无须每天都对系统做完全备份，备份所需时间短，节省磁带空间；在进行数据恢复时，先恢复完全备份数据，再恢复差异备份数据即可。不足的是随着时间的推移，和完全备份相比，变动的数据越来越多，差异备份需要备份的数据量也可能会变得庞大、备份速度缓慢、占用空间较大。

在实际的数据备份应用中，备份策略通常采用以上 3 种类型的结合。例如，在管理、维护计算机信息系统时，管理者可以每周一至周六进行一次增量备份或差异备份，每周日进行一次完全备份，每月底进行一次完全备份，每季度进行一次完全备份，每年底进行一次完全备份等。

（7）还原数据和恢复数据

还原数据是指使用备份数据替代当前数据，以达到修复错误的目的。恢复数据是指在系统崩溃或部分数据损坏时，利用备份文件将设备上的数据抢救和恢复到备份前的状态。例如，硬盘软故障、硬盘物理故障或误操作等造成硬盘中数据破坏和丢失，就可以通过恢复数据最大限度地恢复丢失的数据，避免更大的损失。恢复数据的外延要大于还原数据，还原数据包含于恢复数据之中。

恢复数据可以通过相应的备份软件或专门的数据恢复工具来操作，如非常专业且功能强大的数据恢复工具——EasyRecovery，无论是误删除、被病毒破坏或者是磁盘格式化、重新分区后的数据丢失等，其都可以轻松解决，甚至可以不依靠分区表而按照簇进行硬盘扫描。市场上比较有名的恢复数据工具还有 R-Studio、Recover My Files、金山数据恢复等。

4. 信息安全政策法规

（1）信息安全管理体系

信息安全管理体系（Information Security Management System，ISMS）是组织机构单位按照信息安全管理体系相关标准的要求，制定信息安全管理方针和策略，基于业务风险方法，来建立、实施、运行、监视、评审、保持和改进信息安全的工作体系，是整个管理体系的一部分。它是按照 ISO/IEC 27001 标准建立的，ISO/IEC 27001 标准是解决信息安全问题的一个有效规范。

（2）计算机职业道德和行为规范

计算机信息网络技术的应用引起了社会利益的冲突，带来了一系列的现实道德问题。例如，计算机信息技术的知识产权问题，计算机犯罪、黑客与网络安全问题，信息与网络时代的隐私权保护问题，信息技术产品对消费者和社会的责任问题，信息技术应用者个人的自由权利与道德责任问题，为控制国际互联网的各种危害而建立的审查制度问题，企业的信息技术与反不正当竞争的问题等。面对这些问题，人们需要遵守必要的道德规范。

国际上，计算机协会和美国计算机协会（Association for Computing Machinery，ACM）联合制定过相关规范。其中，ACM 制定的“计算机伦理十戒”最为典型，也可以说就是计算机行为规范。它是从各种具体网络行为中概括出来的一般原则，是一个计算机用户在任何网络系统中都“应该”遵循的最基本的行为准则，其具体内容是：你不应当用计算机去伤害别人，你不应当干扰别人的计算机工作，你不应当偷窥别人的文件，你不应当用计算机进行偷盗，你不应当用计算机做伪证，你不应当使用或复制没有付过钱的软件，你不应当未经许可而使用别人的计算机资源，你不应当盗用别人的智力成果，你应当考虑你所编制的程序的社会后果，你应当用深思熟虑和审慎的态度来使用计算机。

一直以来，我国也十分关注计算机与网络使用过程中的道德与法律问题，并通过立法方式建立了一系列的法律法规，形成了一些有关计算机网络和信息安全方面的规范。党的二十大报告指出，网络和数据是国家安全保障体系的重要组成部分，必须坚定不移贯彻总体国家安全观。在使用计算机的过程中，我们一定要遵守相关的法律法规和道德规范，主要体现在以下几个方面。

① 有关网络空间安全方面。颁布《中华人民共和国网络安全法》《中华人民共和国数据安全法》等，全面规范网络空间安全管理方面的问题，更好地保障网络安全，维护网络空间主权和国家安全、社会公共利益，保护公民、法人和其他组织的合法权益，促进经济社会信息化健康发展。

② 知识产权方面。颁布《中华人民共和国著作权法》《计算机软件保护条例》等法律法规，要求计算机用户抵制盗版，尊重知识产权，不进行非法复制，不篡改他人计算机的系统

信息资源等。

③ 计算机安全方面。相关道德规范要求计算机用户不蓄意破坏计算机系统和资源，不制造病毒程序，主动安装防毒软件，不泄露信息系统安全口令，定期进行系统维护等。

④ 网络行为规范方面。相关道德规范要求计算机用户不得利用互联网制作、下载、复制、查阅、发布、传播或者以其他方式使用含有泄露国家机密，破坏国家统一和主权完整，侮辱诽谤他人和宣扬封建迷信、淫秽色情、暴力恐怖等内容的信息，不得利用网络攻击他人的计算机系统等。

二、预习测试

1. 单项选择题

（1）下列不属于信息安全基本特征的是____。

A. 完整性　B. 保密性　C. 可控性　D. 准确性

（2）以下安全问题不属于信息安全的是____。

A. 商业信息泄露　B. 网站后台数据被删除

C. 伪造篡改交易信息　D. 网银资金被盗

（3）以下不是计算机病毒特征的是____。

A. 可预见性　B. 潜伏性　C. 破坏性　D. 隐蔽性

（4）下面病毒中，属于蠕虫病毒的是____。

A. CIH 病毒　B. 特洛伊木马病毒

C. 罗密欧与朱丽叶病毒　D. Melissa 病毒

（5）以下 4 项中不属于网络信息安全防范措施的是____。

A. 身份验证　B. 查看访问者身份证

C. 设置访问权限　D. 安装防火墙

（6）____病毒能够占据内存，然后感染系统引导扇区和系统中的所有可执行文件。

A. 引导扇区病毒　B. 宏病毒

C. Windows 病毒　D. 复合型病毒

（7）目前常用的加密方法主要有____。

A. 私钥密码体系和公钥密码体系　B. DES 和密钥密码体系

C. RES 和公钥密码体系　D. 加密密钥和解密密钥

（8）____是按备份周期对整个系统所有的文件（数据）进行备份，是克服系统数据不安全的最简单的方法。

A. 按需备份策略　B. 完全备份策略

C. 差异备份策略　D. 增量备份策略

（9）以下属于信息安全管理国际标准的是____。

A. ISO 9000-2000　B. SSE-CMM

C. ISO/IEC 27001　D. ISO 15408

（10）为更好地保障网络安全，维护网络空间主权和国家安全、社会公共利益，保护公民、法人和其他组织的合法权益，促进经济社会信息化健康发展，我国制定的法律是____。

A.《中华人民共和国网络安全法》

B.《中华人民共和国国家安全法》

C.《中华人民共和国计算机信息系统安全保护条例》

D.《中华人民共和国计算机信息网络国际联网管理暂行规定》

2. 判断题

（1）熊猫烧香病毒属于蠕虫病毒，灰鸽子和特洛伊木马属于木马病毒。（　）

（2）入侵检测是一种被动式防御工具。（　）

（3）建立一个可靠的规则集对实现一个成功的、安全的防火墙来说是非常关键的。（　）

（4）信息网络的物理安全要从环境安全和设备安全两个角度来考虑。（　）

（5）恢复数据的外延要大于还原数据，还原数据包含于恢复数据之中。（　）

（6）在一个信息安全保障体系中，最重要的核心组成部分是安全策略。（　）

（7）计算机数据恢复在实际生活当中可以百分百恢复。（　）

（8）入侵检测系统可以及时地阻止黑客的攻击。（　）

三、预习情况解析

1. 涉及知识点

信息安全的基本特征、引发信息安全的原因、计算机病毒、信息安全防范措施、计算机职业道德与行为规范、计算机安全法规等。

2. 测试题解析

见表 10-5。

表 10-5　“使用工具软件保障信息安全”预习测试题解析

测试题序号	答案	参考知识点	测试题序号	答案	参考知识点
第 1.（1）题	D	见课前预习“1.（1）”	第 1.（10）题	A	见课前预习“4.（2）”
第 1.（2）题	D	见课前预习“1.（2）”	第 2.（1）题	√	见课前预习“2.（3）”
第 1.（3）题	A	见课前预习“2.（1）”	第 2.（2）题	×	见课前预习“3.（4）”
第 1.（4）题	C	见课前预习“2.（3）”	第 2.（3）题	√	见课前预习“3.（4）”
第 1.（5）题	B	见课前预习“3.”	第 2.（4）题	√	见课前预习“3.（2）”
第 1.（6）题	D	见课前预习“2.（3）”	第 2.（5）题	√	见课前预习“3.（7）”
第 1.（7）题	A	见课前预习“3.（5）”	第 2.（6）题	√	见课前预习“3.”
第 1.（8）题	B	见课前预习“3.（6）”	第 2.（7）题	×	见课前预习“3.（7）”
第 1.（9）题	C	见课前预习“4.（1）”	第 2.（8）题	×	见课前预习“3.（4）”

3. 易错点统计分析

师生根据预习反馈情况自行总结。

10.4.2　任务实现

一、使用 360 杀毒软件

涉及知识点：安装和设置 360 杀毒软件、查杀计算机病毒

【任务 1】安装和设置 360 杀毒软件，并全面查杀计算机病毒。

步骤 1：从 360 官方网站上下载 360 杀毒软件，然后双击下载的安装包（.exe 文件），按安装向导完成软件安装。

步骤 2：单击 360 杀毒软件右上角的“设置”命令，打开“360 杀毒-设置”对话框，如图 10-42 所示。

步骤 3：在“360 杀毒-设置”对话框中进行相关功能的设置。

① 在“常规设置”选项卡中选中“登录 Windows 后自动启动”复选框，设置 360 杀毒软件随 Windows 自动启动。

② 在“升级设置”选项卡中选中“自动升级病毒特征库及程序”复选框，设置 360 杀毒软件及其病毒特征库在线自动更新。

③ 在“多引擎设置”选项卡中选择相关引擎，设置 360 杀毒软件的查杀引擎。

④ 在“病毒扫描设置”选项卡中选择需扫描的文件类型、发现病毒处理方式、定时查毒等选项，设置 360 杀毒软件查杀病毒功能。

步骤 4：使用 360 杀毒软件全面查杀计算机系统病毒，如图 10-43 所示。

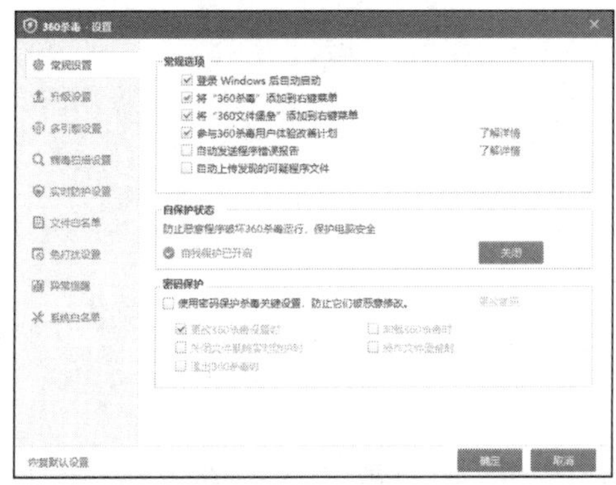

图 10-42　“360 杀毒-设置”对话框

图 10-43　使用 360 杀毒软件全面查杀计算机系统病毒

二、使用 360 安全卫士

涉及知识点：安装和设置 360 安全卫士、防护计算机系统

【任务 2】安装 360 安全卫士，并利用其进行计算机系统体检、查杀系统木马病毒、修复系统漏洞、清理系统垃圾、优化加速系统、开启系统防护等操作。

步骤 1：在 360 官方网站上下载 360 安全卫士，然后双击下载的安装包（.exe 文件），按安装向导完成软件安装。

步骤 2：在软件主界面上单击“电脑体检”，对计算机系统进行全面体检，并根据体检结果进行系统修复，如图 10-44 所示。

图 10-44　使用 360 安全卫士对计算机系统进行全面体检

步骤 3：在软件界面上单击“木马查杀”，对计算机系统进行木马扫描，并根据扫描结果进行操作。

步骤 4：在软件界面上单击“电脑清理”，对计算机系统进行垃圾检测，并根据检测结果进行垃圾清理操作。

步骤 5：在软件界面上单击“系统修复”，对计算机系统进行补漏洞、装驱动、修复异常等操作。

步骤 6：在软件界面上单击“优化加速”，全面加速计算机的开机和运行速度。

步骤 7：在“电脑体检”界面，单击左下角的“防护中心”，打开“360 安全防护中心”窗口，在该窗口中进行上网首页防护设置等操作，如图 10-45、图 10-46 所示。

图 10-45　使用 360 安全卫士进行系统防护管理

图 10-46　使用 360 安全卫士锁定浏览器主页

10.5 项目总结

在本项目中，我们学习了计算机网络、Internet、信息安全等方面的基础知识，掌握了组建局域网、应用 Internet 和使用工具软件进行计算机系统安全防范等技能。

① 了解了计算机网络的概念、发展历程、功能、主要性能指标、网络分层思想和体系结构、网络设备和传输介质、TCP/IP、IP 地址和域名、网络拓扑结构和分类等知识，具备规划、设计并组建局域网的能力，能够配置相关的网络功能，实现局域网内的计算机连通和资源共享等操作。

② 了解了 Internet 的发展历程、Internet 的接入方式、Internet 的应用等知识，实现局域网接入 Internet、Internet 基本应用、获取 Internet 信息和资源等操作。

③ 了解了信息安全基础知识、计算机病毒及检测防治手段、信息安全防范措施、计算机职业道德和行为规范、信息安全法律法规等知识，利用 360 杀毒软件、360 安全卫士对计算机系统进行查杀病毒、电脑体检、漏洞扫描、系统修复、网页防护等操作。

完成本项目的学习，读者可具备规划、设计并组建一个小型局域网的基本能力，可利用 Internet 获取信息和资源、使用 Outlook 2016 收发电子邮件、通过 360 系列软件维护计算机系统安全，具备一定的局域网管理维护、Internet 应用和信息安全防范能力。

10.6 技能拓展

10.6.1 理论考试练习

1. 单项选择题

（1）计算机网络的目标是实现____。

A. 文件查询　　B. 信息传输与数据处理

C. 数据处理　　D. 信息传输与资源共享

（2）当网络中任何一个节点发生故障，都有可能导致整个网络停止工作，这种网络拓扑结构为____结构。

A. 星形　B. 环形　C. 总线　D. 树状

（3）在局域网中的同一台计算机，每次启动时通过自动分配的 IP 地址是____。

A. 固定的　B. 随机的

C. 和其他计算机相同的　D. 网卡设好的

（4）____是通信双方为实现通信所制定的约定或规则。

A. 通信机制　B. 网络协议　C. 通信法规　D. 通信章程

（5）计算机网络通信中使用____作为衡量数据传输可靠性的指标。

A. 传输率　B. 频带利用率　C. 误码率　D. 信息容量

（6）在互联网主干线路中采用的传输介质主要是____。

A. 双绞线　B. 同轴电缆　C. 无线电　D. 光纤

（7）某计算机的 IPv4 地址是 192.168.0.1，该地址属于____地址。

A. A 类　B. B 类　C. C 类　D. D 类

（8）IP 地址有 IPv4 和 IPv6 两个版本，IPv4 地址和 IPv6 地址的二进制位数分别是____。

A. 32 位和 64 位　B. 4 位和 64 位

C. 32 位和 128 位　D. 4 位和 8 位

（9）IPv4 地址主要分为 A、B、C 等 3 类，其中 C 类地址主机号有____二进制位，所以一个 C 类地址网段内最多有 250 余台主机。

A. 16 个　B. 8 个　C. 4 个　D. 24 个

（10）域名系统中的顶级域名中，组织模式域名.com 的含义是____。

A. 非营利组织　B. 教育机构

C. 国际组织　D. 商业组织

（11）在 Internet 中，通过____将域名转换为 IP 地址。

A. Hub　B. WWW　C. BBS　D. DNS

（12）下列关于 TCP/IP 的描述，错误的是____。

A. TCP/IP 有 4 层

B. TCP/IP 中只有两个协议

C. TCP/IP 是互联网的通信基础

D. TCP/IP 的中文名是“传输控制协议/网际互联协议”

（13）家庭计算机申请了账号并采用拨号方式接入 Internet 后，该计算机____。

A. 拥有 Internet 服务商主机的 IP 地址

B. 拥有独立的 IP 地址

C. 拥有固定的 IP 地址

D. 没有自己的 IP 地址

（14）URL 中的 HTTP 是指____，在其支持下，WWW 可以使用 HTML。

A. 文件传输协议　B. 计算机域名

C. 超文本传送协议　D. 电子邮件协议

（15）常用的邮局协议版本 3（POP3）是指____。

A. TCP/IP　B. 中国邮政服务产品

C. 通过访问 ISP 发送邮件　D. 通过访问 ISP 接收邮件

（16）Internet 中，FTP 指的是____。

A. 用户数据协议　　B. 简单邮件传送协议

C. 超文本传送协议　　D. 文件传送协议

（17）人们若想通过 ADSL 宽带上网，____不是必需的。

A. 网卡　　B. 采集卡　　C. 网线　　D. 用户名和密码

（18）在下列网络接入方式中，不属于宽带接入的是____。

A. 普通电话线拨号接入　　B. 城域网接入

C. LAN 接入　　D. 光纤接入

（19）和广域网相比，局域网具有的特点是____。

A. 有效性好但可靠性差　　B. 有效性差但可靠性好

C. 有效性好可靠性也好　　D. 只能采用基带传输

（20）某个网络中各计算机的地位平等，没有主从之分，这种网络被称为____。

A. 互联网　　B. 客户/服务器网络操作系统

C. 广域网　　D. 对等网

（21）为了保证内网的安全，下面的做法无效的是____。

A. 制定安全管理制度　　B. 在内网与 Internet 之间加防火墙

C. 购买高性能计算机　　D. 给使用人员设定不同的权限

（22）在计算机病毒中，有一种病毒能自动复制传播，并导致整个网络运行速度变慢，也可以在计算机系统内部复制从而消耗计算机内存，其名称是____。

A. 木马病毒　　B. 灰鸽子病毒

C. CIH 病毒　　D. 蠕虫病毒

（23）下列软件中，不能用于检测和清除病毒的软件或程序是____。

A. WinRAR　　B. Kaspersky　　C. 金山毒霸　　D. 瑞星杀毒

（24）安全评估和等级保护使用的最关键的安全技术是____。

A. 入侵检测　　B. 防火墙　　C. 加密　　D. 漏洞扫描

（25）下列关于电子邮件的描述错误的是____。

A. 可以没有内容　　B. 可以没有附件

C. 可以没有主题　　D. 可以没有收件人邮箱地址

（26）防火墙通常采用____两种核心技术。

A. 包过滤和应用代理　　B. 包过滤和协议分析

C. 协议分析和应用代理　　D. 协议分析和协议代理

（27）下列电子邮件地址，合法的是____。

A. wang.em.com.cn　　B. em.com.cn.wang

C. em.com.cn@wang　　D. dawang@em.com.cn

（28）下面病毒中，属于蠕虫病毒的是____。

A. 宏病毒　　B. 求职信病毒　　C. CIH 病毒　　D. 灰鸽子病毒

（29）下面关于 Wi-Fi 的说法，正确的是____。

A. 蓝牙就是 Wi-Fi

B. Wi-Fi 就是中国移动提供的无线网络服务

C. 严格意义上来讲，Wi-Fi 就是我们常说的 WLAN

D. Wi-Fi 是一种可以将个人计算机、手持设备（如 PDA、手机）等终端以无线方式进行互相连接的技术

（30）未经授权通过计算机网络获取某公司的经济情报是一种____。

A. 不道德但也不违法的行为　　B. 违法行为

C. 正当的竞争行为　　D. 网络社会中的正常行为

（31）在以下行为中，违反有关使用计算机网络的道德规范和法律法规的是____。

A. 加强自我防范意识，对信息进行加密

B. 不传播、不使用盗版软件

C. 不侵入他人计算机窃取资料和散布病毒

D. 中学生进入营业性网吧浏览、制作、传播不良信息

2. 多项选择题

（1）下列关于计算机异常情况的描述，可能是病毒造成的有____。

A. 硬盘上存储的文件无故丢失

B. 可执行文件长度变大

C. 磁盘存储空间陡然变小

D. 文件或文件夹的属性无故被设置为“隐藏”

（2）下列关于计算机病毒的叙述，错误的有____。

A. 反病毒软件通常滞后于新病毒的出现

B. 计算机病毒不会危害计算机用户的健康

C. 感染过病毒的计算机具有对该病毒的免疫性

D. 反病毒软件总是超前于病毒的出现，它可以查、杀任何种类的病毒

（3）下列关于计算机网络协议的叙述，错误的有____。

A. 计算机网络协议是各网络用户之间签订的法律文书

B. 计算机网络协议是上网人员的道德规范

C. 计算机网络协议是计算机信息传输的标准

D. 计算机网络协议是实现网络连接的软件总称

（4）电子邮件服务器需要的两个协议是____。

A. SMTP　　B. POP3　　C. FTP　　D. MAIL 协议

（5）在 ISO/OSI 七层体系结构中的最低两层是____。

A. 物理层　　B. 数据链路层　　C. 网络层　　D. 传输层

（6）以下 IPv4 地址中属于 A 类地址的有____。

A. 128.0.3.12　　B. 127.255.255.255

C. 192.168.0.34　　D. 118.22.0.22

（7）下列叙述中正确的有____。

A. WWW 上的每个网页都可以加入收藏夹

B. Internet 上的域名由 DNS 统一管理

C. 每个 E-mail 地址在 Internet 中都是唯一的

D. 每个 E-mail 地址中的用户名在该邮件服务器中是唯一的

（8）下列有关局域网的叙述，正确的有____。

A. 局域网必须使用 TCP/IP 进行通信

B. 局域网一般采用专用的通信协议

C. 构建局域网时，需要集线器或交换机等网络设备，可不需要路由器

D. 局域网可以采用的工作模式主要有对等模式和客户机/服务器模式

（9）在 Internet 的 Web 页面中，可以包含的内容有____。
A. 文本　B. 声音　C. 图像　D. 动画

（10）根据网络覆盖地理范围分类，可以将网络分为____。
A. 个域网　B. 局域网　C. 城域网　D. 广域网

（11）下列关于木马病毒的叙述，正确的有____。
A. 木马病毒能够盗取用户信息
B. 木马病毒会伪装成合法软件进行传播
C. 木马病毒不会自动运行
D. 木马病毒运行时会在任务栏产生一个图标

（12）下列关于防火墙的叙述，正确的有____。
A. 防火墙是硬件设备
B. 防火墙将企业内网与其他网络隔开
C. 防火墙禁止非法数据进入
D. 防火墙增强了网络系统的安全性

（13）计算机病毒的特征有____。
A. 传染性　B. 破坏性　C. 寄生性　D. 隐蔽性

（14）计算机网络性能指标包括____。
A. 速率　B. 带宽　C. 吞吐量　D. 时延

（15）典型的数据备份策略有____。
A. 完全备份　B. 增量备份　C. 差异备份　D. 周期备份

10.6.2 实践案例

使用 Outlook 2016 收发电子邮件。

小张编制了部门年度工作计划草案，文件名为“信息技术部工作计划.docx”，现需要通过电子邮件将这份草案发送给部门经理张先生审阅，同时抄送给公司总经理柳先生，请根据以下要求使用 Outlook 2016 发送该电子邮件。

收 件 人：zhangruoxue001@qq.com。

抄　　送：liuxufeiceo@163.com。

主　　题：信息技术部年度工作计划。

邮件内容：“张经理：信息技术部年度工作计划（草案）已经编制，已通过邮件发送给您，请审阅。如有修改意见请及时反馈。具体计划见附件文档。”

注：电子邮件地址可根据实际要求变更，题中为模拟地址。